危机挑战区域发展

——纽约-新泽西-康涅狄格三州大都市区第三次区域规划

〔美〕罗伯特·D. 亚罗　〔美〕托尼·西斯 著
蔡瀛　徐永健 译

商　务　印　书　馆
2010 年·北京

Robert D. Yaro and Tony Hiss
A REGION AT RISK
The Third Regional Plan for the New York-New Jersey-Connecticut Metropolitan Area

Figure Credits

Figure 31: Harry Dodson
Figure 32: Fairfield Conservation Commission
Figure 39: New York City Department of Environmental Protection
Figure 41: © Frederick Gilbert
Figure 44(*clockwise from top left*): National Park Service; D&R Canal Commission; National Park Service; Housatonic Valley Association
Figure 46(*top*): Henry C. Eno, Courtesy Museum of the City of New York
Figure 46(*bottom*): Central Park Conservancy
Figure 48: John Turner
Figure 52: Glen Hoagland
Figure 53: Harry Dodson
Figure 54: National Park Service
Figure 56: Fairfield Conservation Commission
Figure 57: Harry Dodson
Figure 60: Green Guerrillas
Figure 61: Newark Land Conservancy
Figure 62: © Wallace Roberts & Todd, 1994
Figure 75: © Frederick Gilbert
Figure 79: Regional Plan Association/Fairfield 2000
Figure 81: New Jersey Performing Arts Center
Figure 82: © Stephanie Berger, Courtesy Lincoln Center for the Performing Arts
Figure 88: Conrail
Figure 93: Cara Lise Metz, Courtesy Garment Industry Development Corporation

Plate Credits

Plate 1A: © George M. Aronson
Plate 1C: © Regional Plan Association/Dodson Associates, 1991
Plate 2A: © Regional Plan Association/Dodson Associates, 1991
Plate 2B: © Regional Plan Association/Dodson Associates, 1991
Plate 2C: © Regional Plan Association/Dodson Associates, 1991
Plate 2E: Max Bond, Davis Brody & Associates
Plate 2F: Robert Geddes, Robert Geddes Architect
Plate 2G: John Keenen and Terence Riley, Keenen/Riley Architects
Plates 2H: Wayne Berg, Pasanella + Klein Stolzman + Berg Architects
Plates 2I: Colin Cathcart, Kiss + Cathcart Architects
Plates 2J: Jane Thompson, Thompson & Wood
Plates 2K: Robert Kliment and Frances Halsband, R. M. Kliment & Frances Halsband Architect

（中文版经作者授权出版，根据美国岛屿出版社 1996 年平装本译出）

序：当有远见　方能卓识

城市与区域的空间形态、空间结构是经济社会活动在空间上的投影。经济社会活动会引起空间结构的改变。认识和把握经济、社会、环境发展与空间重构的辩证关系，通过城市与区域空间的科学规划和有效组织，能够引导和推动经济社会的可持续发展。要想做好规划，首先要研究经济社会发展的规律，研究人类经济社会活动的特点，研究经济社会发展与自然和生态环境的共生关系。这是规划工作的重要立足点。

十多年前，当美国正走出1989～1992年经济危机的阴影，重遇发展新机而又左右彷徨之时，总部设在纽约的区域规划协会(Regional Plan Association，RPA)，以"危机挑战区域发展"为题，对纽约-新泽西-康涅狄格三州大都市区(以下简称大纽约都市地区)的发展作出展望、策划，并对以往此类规划作出客观的评价和理性的批判，其远见和勇气着实令人敬佩。

大纽约都市区处于全球竞争网络的枢纽节点，是参与全球竞争的基本组织和空间单元。规划是协调大都市区发展必不可少的行为和手段。成功的大都市区规划，由于注重发挥空间引导对经济社会发展的促进作用，因此能够超越一般空间规划的技术范畴而成为重要的管治方式。1920年以来，RPA先后编制了三次大纽约都市地区规划。三次规划应对不同时期经济社会发展面临的矛盾和问题，把提升全球竞争力、维护区域整体利益与满足各方需求相融合，突出了重点和有限目标，在规划理念和规划方法上有许多值得借鉴的经验。

三次规划无一例外，都形成于经济社会发展转折的关键时期。第一次区域规划形成于1920年代。当时第一次世界大战刚刚结束，纽约等大城市面临严峻的住房短缺；同时，随着区域城镇化的发展，城市与城市之间需要共同协调的矛盾与冲突日益增多。RPA在这样的背景之下应运而生，开启了编制大纽约都市地区规划的历史。第一次规划的主要目的是克服地方性城市规划的局限性，以更为广阔的视野对城市土地利用实施综合管理。第二次区域规划形成于1968年。二战以后，在公路建设和轿车家庭化的带动下，低密度住宅区在美国城市郊区无限制地铺开，成为典型的美国式的城市增长模式。大纽约都市地区由于低密度郊区的迅速蔓延，通勤成本显著增加、社会隔离日趋严重，区域公共设施、交通运输设施供不应求。针对这些问题，RPA在规划中明确提出，要提高纽约等中心城市的再集聚能力，遏制空间蔓延，实现多元化发展。

上世纪80年代末，纽约的国际金融中心地位趋于下降，经济波动不定，增长缓慢；社会分化现象严重；郊区蔓延侵蚀乡村地区，空气和水体受到严重污染；区域生活质量日趋下降。RPA认为，大纽约都市地区的发展面临风险和危机，可能会在全球经济竞争中丧失持续竞争力。为了正确应对挑战，RPA于1989年开始酝酿编制第三次区域规划。

1996年完成的第三次规划以提高生活质量为核心，明确提出"3E"，即"经济"(Economy)、"环境"(Environment)与"公正"(Equity)，是生活质量的基本保证。"3E"互相关联、互相促进。规划的基本目标是凭借投资与政策，从整体上重建"3E"，而避免仅仅局限于其中的某一方面，导致顾此失彼。RPA在规划中强调，生活质量已经成为评判区域在国内外竞争力大小的标准，"3E"中的每一个"E"，都对工业化国家大都市地区的长远发展具有十分深远的意义。

在"3E"之外，这个规划还有两个重要的特色：一是着力点明确。规划第三部分提出绿地、区域中心、通达、劳动力和管治等"五大方略"，看似互不关联，却是在大纽约都市地区重建"3E"的关键环节。二是注重经济可行性评估。第十一章"为实施规划而加大投入"是对于实施规划所需要的基础设施投资的分析。不仅有总规模的匡算，还给出资金来源渠道的建议，特别重要的是通过实例证明采用生态的"精明基础设施"项目，能比传统方式节省一半甚至更多的资金，关键是要对资金的投放模式加以引导。

值得一提的是，RPA是一个非官方的非营利性组织。它的主要职责是针对大纽约都市地区的发展，制定跨行政边界的综合规划，并鼓励政府与私人组织合作，促进规划实施。我一直困惑，这样一个非官方的规划机构，持续几十年接二连三地对大纽约都市地区的发展指手画脚，规划的动力和规划的权威是从哪里来的呢？

通读了规划报告,至少得到了一半的答案。首先,是 RPA 对这个地区一以贯之的长期跟踪研究,使得他们能够准确地把握增长的拐点,从而在关键的时候推出规划;其次,是 RPA 对区域发展现象和问题开展了深入细致的调查研究,使得他们能够有力地揭示拐点形成的原因,并有针对性地提出了解决问题的方案;第三,是 RPA 务实的规划风格,他们把规划工作从研究、编制延伸到对规划实施的协调和推动,重点突出,易于落实。

大纽约都市区新版区域规划自诞生之日起就得到我国规划界的关注,“3E”的理念和方法也被推介与引用到我国的城市规划,特别是大都市区域的规划中,但一直缺少全面系统的介绍。这次,广东省建设厅蔡瀛同志集合力量,完整地翻译了规划报告,为我们全面了解规划出台的背景,进一步理解规划的内容和方法,因地制宜地借鉴国外的经验提供了便利。

当前,全球性的金融危机把中国推上了经济发展模式转变的关口。我们要借鉴国外的经验,研究和总结中国城乡空间发展的特点和规律;要抓住机遇,立足当前,面向长远,加强规划,走符合中国国情、资源节约、环境友好的城镇化道路。

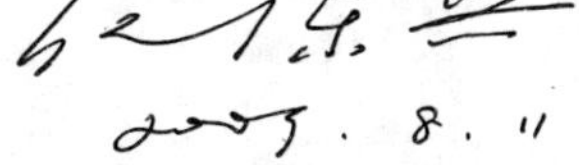

中华人民共和国住房和城乡建设部副部长

目　　录

第三部分　五大方略

第四部分　从规划到行动

图表索引

插图索引

行桥将是佛罗伦萨维琪奥桥的现代版本。同时开通公共电车、修建人行长廊、会议室、办公室、商店、餐馆和酒廊等设施，为联合国工作人员和市民服务

插图 2G　基恩·赖利的设计。该设计形成多层次的公共空间，由步行和车行系统相连接，北至贾维茨会议中心，向西沿哈得孙河延伸，拥有多元功能的中心，内部、外部空间兼具。建筑物主要包括酒店、客运码头、会展中心延伸部分、商务中心、住宅楼及一座污水处理厂。其设计灵感来自周围基础设施的城市要素，包括隧道、桥梁、斜坡、通风塔等

插图 2H　韦恩·伯格关于克林顿公园的设计。该设计主张在港务局客运站采用高架路结构来营造空间，既方便公众使用又不妨碍公共交通。将高架路之下或之间的空间用于开发城市公园，供民众使用。道路高架后车辆可以连续通行，其下部空间也将形成一个从第 9 大道到哈得孙河的公园，并纳入规划中的曼哈顿滨水区哈得孙河公园

插图 2I　服装中心西面庞大的交通体系，如果用来服务于一种 24 小时混合使用的集约型街区，完全可以承载比目前规划所设计的更大的交通容量。科林·卡思卡特的设计主张采取灵活的顶楼结构及用途，综合考虑噪音、振动、交通和其他各种干扰因素，并采用一种新的有利街区光照的建筑外形

插图 2J　简·汤普森的设计。此设计意在将潘兴广场改造成大中央车站一个有价值的建筑正面，点缀着遮阳树木、休闲椅、咖啡桌的广场将公园大道两侧紧紧相连，形成一座前院。人行天桥下的拱门将重新开放，同时公园大道第 40 街与第 42 街之间的路段禁止行车，变为步行公园

插图 2K　R. M. 克利蒙特和法国哈尔斯班德建筑师的联合设计。该设计显示了地铁、通勤列车和人行道网的连接情况。透明的亭形建筑将成为巨大的地下交通网的标志及贯通区真正的出入口，承担迎接和遮掩旅客的功能，便于隧道采光，并为城市入口处提供定位点

(第 236 页以后)

插图 3A　区域高铁系统建设的第一阶段

插图 3B　区域高铁系统建设的第二阶段

中 文 版 序

近一个世纪以来，区域规划协会一直致力于提高纽约大都市区的经济活力、宜居程度和可持续发展能力。作为美国最重要的大都市区，纽约大都市区拥有2 300万人口和1.2万亿美元的经济总量，是全球的工商业、金融、通信、传媒和研发、教育、技术中心，也是世界上最发达的都市区。

出版于1996年的《危机挑战区域发展》(*A Region at Risk*)，是区域规划协会编制的第三次纽约大都市区规划。该规划是一项综合的、事关长远发展的区域规划，其主要的任务是为迎接21世纪第一个十年的各类挑战做好充足准备。13年来，规划所提及的政策及投资计划大部分已得到落实，包括建设区域轨道网中的重要联络线、保有规划确定的区域性绿色保护区，以及强化曼哈顿区域城市核心和其他区域中心的作用等。这些都是区域规划协会不懈努力的成果。

响应规划所提出的应对气候变化的策略，纽约大都市区启动了强有力的行动，其中的重要举措是2007年纽约市制定了本市的可持续发展长期规划——《纽约2030》(区域规划协会积极参与了该规划的制定和实施过程)。

就纽约以及包括珠三角在内的世界级大都市区而言，要保持其在全球经济中的重要地位，需要成功预见并解决一系列令人生畏的难题，包括：提供充足的住房，以容纳日益增长的人口；提高运输能力，以缓解道路、铁路、机场和海港等交通运输环节的拥堵状况；控制城市无序蔓延和工业污染，以减轻其对公众健康、空气和水体质量以及生态环境带来的有害影响；教育市民，使其适应经济可持续发展的需要；节能减排，以缓和温室效应。这些挑战具有区域性并相互关联，只有通过类似于《危机挑战区域发展》所提出的区域规划和经协调的区域行动，才能有效地应对。

对于促成纽约大都市区实现这些发展目标，区域规划协会有着自身独特的优势，这主要缘于它是一个独立的非政府组织，并与区域内的企业、公众和政府领导保持着非常密切的联系，传统上拥有解决上述问题的强大领导地位。所以，尽管人员和机构随着时间推移而不断变化，区域规划协会却始终保持着对重大公共问题的密切关注，并始终拥有强大的影响力和创造力。因为重大公共投资和政策一般需要若干年的时间来完成与实施，需要以一贯的毅力和恒心来让社会各界共同关注这些重要事项，直到成功实施为止。

除纽约的事务外，区域规划协会已开始关注国家基础设施体系与发展战略的构建。通过启动《美国 2050》研究项目，区域规划协会在 2005 年后联合联邦政府、州政府和区域机构，与其他区域的市民和工商企业组织建立了伙伴关系，力争共同完成任务。

作为这些工作的一部分，区域规划协会研究了分布于全美的 11 个“巨型城市区域”，这些区域是由多个大都市区联接的网络，共享产业系统、基础设施和生态系统等。区域规划协会认为巨型城市区域将成为 21 世纪全球经济中贸易和生产的引擎。珠江三角洲显然也是其中一员，它与中国以及世界上其他的巨型城市区域（长三角巨型城市区域和京津冀巨型城市区域等）一样，如果试图提高区域的国际竞争力，则需要制定协调的区域经济发展、基础设施建设、城市开发、环境保护以及提高生活质量的战略，而实现这些战略目标将需要更高水平的跨行政边界的合作，和在更大尺度上发挥作用的新型体制、机制。

美国巨型城市区域的经济总量已超过了全国的 70%，预计在未来 40 年里，全国 1.3 亿新增居民中会有更多的人定居于这些区域，经济份额也会继续扩大。因此，区域规划协会及其相应的部门正在努力帮助这 11 个巨型城市区域构建新的规划机制，制定基础设施建设和区域发展战略。例如，区域规划协会正在为美国东北部巨型城市区域制定通达和城市开发策略，这个区域涵盖了包括纽约地区在内的横跨波士顿与华盛顿特区的 5 个主要的都市区。

纽约和珠三角注定会成为全球经济的引擎，它们也面临着类似的挑战，因此需要相互学习，包括如何通过编制区域规划和制定投资策略来应对这些挑战。《危机挑战区域发展》——区域规划协会为纽约大都市区编制的第三次区域规划——为应对这些挑战提供了一个范式。最后，我们在纽约对珠三角的领导们致以最美好的祝愿，因为他们已在区域规划领域走在了世界的前列，这将对保持经济增长和社会繁荣发挥重要的作用。

罗伯特·D. 亚罗(Robert D. Yaro)
区域规划协会执行主席
2009年5月25日于纽约

英文版前言

会长寄语

有史以来，人们向本区域集聚，为的是寻求发展机会，走向经济繁荣。本世纪上半叶(20 世纪。——译者注)，为了应对区域的快速发展，区域规划协会针对迅猛增长的人口所带来的交通、住房和公园等需求，多方建言、积极规划。根据这些规划，各公共机构特别是政府部门构筑了支撑本区域发展、扩张的基础设施。

然而，近几十年来，新问题层出不穷，突出地表现为区域经济发展水平、生活质量的持续下降。我们终于意识到，成功和繁荣的趋势并非一成不变。未来的新型区域规划，不仅要面对必然出现的增长管理，而且必须找到新的途径，以创造机会、促进增长，减少发展的不确定性。如果我们不大胆创新、抓住增长机遇，生活质量还将持续下降。我们的区域如此，我们的社区也如此，我们的家庭为此将直接受损。

20 世纪 80 年代袭来的经济衰退，对本区域的打击比其他区域更早、更沉重，也更强烈。期间，我们损失的就业岗位数超过了 75 万个。本次衰退之后，区域经济复苏缓慢。这一重要情况警示我们，本区域的经济结构存在重大隐患。因此，区域规划协会必须制定与前两次规划完全不同的第三次区域规划，为解决全球经济竞争新态势下的区域经济发展问题做出新的贡献。

在此，我要感谢每一位认识到这一紧迫问题并为之付出努力的有识之士。同时，区域要持续繁荣，商界和民间组织的领袖们必须继续支持上述行动，不仅在经济上予以支持，更要投入人力、给予智力上的支持。同时，恳请全体市民携起手来，共同就本规划讨论的重大问题及时采取行动，把握重大历史机遇，重现区域繁荣发展的美好景象。

加里·C. 文特(Gary C. Wendt)

美国区域规划协会会长

总裁寄语

我在大学期间研读过第二次区域规划，又曾任职于纽约的州政府及地方政府，因此，我对区域规划协会的重要性早有认识。能在制定第三次区域规划期间担任协会总裁，是我的无上荣耀。我就任这一要职的目标是，营造一种大胆构想、追求卓越的氛围。我知道，只要确立了这一目标，区域规划协会杰出的成员们就会全力以赴地将其变为现实。

本次区域规划的制定，是区域规划协会全体成员与咨询专家们共同奋斗的结果。罗伯特·亚罗的指导明确了规划编制程序，并形成了若干关键的规划概念，他执笔或参与执笔了本书的多个章节；托尼·希斯参与执笔和编撰若干章节；托马斯·赖特参与执笔若干章节，负责全面统稿并组织开展了有关生活质量的民意测验；杰克·迪安协调规划文本与图表印制，负责交通、人口问题专项研究，并参与执笔住房部分；克里斯托弗·琼斯为第三章（经济：向更具竞争力的全球经济转型）、第九章（劳动力方略）的第一作者；威廉·肖尔参与执笔第四章（社会公正：区域社会发展的过去、现在与未来），并全程把握区域规划协会的宗旨；雷吉娜·B. 阿姆斯特朗负责预测部分，同时执笔移民、经济发展、资本预算和可持续发展等部分内容；罗伯特·匹拉尼负责撰写第五章（环境：困境中的绿色基础设施）和第六章（绿地方略）；杰弗里·祖潘负责撰写第八章（通达方略）；雷蒙德·加斯蒂尔参与执笔第七章（区域中心方略）；约翰·范戈尔德负责撰写第十章（管治方略）；格雷厄姆·特雷斯塔德参与执笔和住房问题有关的内容；伊丽莎白·麦克劳克林为州级规划和管治部分提供文稿；琳达·摩根为“棕地”再开发和区域中心部分提供文稿；艾伯特·阿普尔顿为精明基础设施和区域资本预算部分提供文稿；威尼弗雷德·阿姆斯特朗执笔就业结构变化、商业实务和区域指标部分；妮科尔·克兰为多个章节提供文稿。

最为重要的是，本项目的顺利完成，离不开区域规划协会会长、通用基金首席执行官加里·C. 文特先生的远见卓识与坚强领导。规划编制启动之初，文特先生就意识到了提高生活质量、促进区域未来发展的重要性和重塑区域竞争力的紧迫性。这一观点贯穿于整个规划，并得到了后续开展的公众论坛和区域规划协会生活质量调查的证实。他孜孜不倦、不遗余力地向商界领袖们强调本规划的重要性，确保了区域规划协会具备顺利完成本项目的重要手段与核心能力。

总之，尽管1929年版和1968年版区域规划形成的衡量标准已高到令人生畏，我们仍全力以赴，制定出经得起考验的第三次区域规划。我们自信已实现了这一目标，当然，这还有待于本区域广大公众作出最终的判断。

H. 克劳德·萧斯塔尔（H. Claude Shostal）
美国区域规划协会总裁

导　　言

几十年前，众多的市民、商界有识之士济济一堂，展望未来（成立了未来展望小组。——译者注），为应对本区域（指纽约-新泽西-康涅狄格三州大都市区。——译者注）所面临的严峻问题共谋新策。这一地区，曾经是广袤无垠、生机勃勃的大陆边缘，如今已发展成为世界的经济、政治、文化和交通中心。同时，这里还呈现出一种全新的地域类型——大都市区。

迅猛的发展席卷了这一地区，超越了形成已久的行政边界，甚至超越了现有政府机构的管治能力。成百万计的人员，包括众多来自于偏远、陌生地区的贫穷的移民，迅猛地涌入本区域的城市学校、社区乃至社会的各个层面，令本区域几乎不堪重负。新的通信技术和产业组织方式，给本区域经济结构、工作性质等带来了革命性的变化。同时，随着机动车保有量的激增及广泛使用，城市蔓延日趋严重，导致交通拥堵等问题几乎处于失控的境地。社区和传统乡村的景观也在发生巨大的变化，但似乎是日益恶化。

于是，与会的人士决定编制一个区域规划来把握这些发展趋势，为本地区的未来描绘综合性、长远性和区域性蓝图。

上文提及的这一充满责任心的市民小组清晰地认识到，要顺应未来发展的趋势，该区域必须编制一份区域规划，即描绘出全面的、事关长远的区域性蓝图。

上述未来展望小组，即纽约州及其周边地区区域规划委员会，成立于75年前（1921年。——译者注），于1929年改组为区域规划协会。他们当年完成的区域规划即第一次区域规划，是全球第一个大都市区长远规划。该规划为纽约-新泽西-康涅狄格大都市区（简称为三州大都市区或三州地区，以下同）描绘了激动人心的前景。按区域规划协会的估计，到1965年，该区域的人口将翻一番，达到近2 000万。

该规划认为，本区域必将经历快速增长，而曼哈顿的增速则更大一些。就预计的白领人员就业量而言，曼哈顿的份额也相当可观。对此，刘易斯·芒福德持完全不同的态度，他认为应采取更有力的措施来限制大都市区的扩张并疏解城市核心区(urban core)的人口。对此，区域规划协会的首席主任规划师托马斯·亚当斯(Thomas Adams)予以回应：哪怕只是试图去阻止外来移民或限制经济增长，都将是极为愚蠢的举动；真正的挑战在于找到最佳的发展路径来实现增长、容纳增长。近年来，即便是计划经济国家的大都市，如北京、莫斯科等，先后在限制移民和经济增长方面出现的失败，多次验证了亚当斯的结论。同时，第一次规划中的一些具体提议，包括修建高速公路和桥梁、建设公园和公园绿道(parkways)以及进行郊区建设等都已变成现实(很多是通过总建筑师罗伯特·莫斯(Robert Moses)、奥斯汀·托宾(Austin Tobin)和约翰·D. 洛克菲勒爵士的设计而达致的)，大大提高了本区域的运营效率与生活质量。第一次区域规划使本区域在罗斯福新政时期和二战后期赢得了超过常规份额的联邦政府资金，为上述建设活动打下了基础。

第二次区域规划于 1968 年完成，它试图解决一系列热点问题，特别是刚刚出现的郊区蔓延趋势和城区衰落问题。过分局限于考虑机动车出行的规划和建设，是导致上述问题出现的根源。第二次规划提出了大胆的计划——将就业集中于卫星式的新城，并恢复区域轨道交通系统，使只能依靠机动车往返郊外办公园区的通勤困境得以缓解。第二次规划最大的成就是：保住了成百上千亩的开敞空间(open lands)，并对区域通勤铁路系统的建设提供了正确的指导。

实施上述区域规划绝非易事，同时也充满了争议和犹豫。作为一个非营利、非官方性质的市民团体，区域规划协会的“力量”在于其研究成果的说服力和协会委员们的影响力，并最终取决于他们所提的建议及其所包含的智慧。在某些情况下，区域规划协会的建议并未获得充分的重视，如第一次规划关于扩展区域轨道交通系统的建议，以及第二次规划对持续性蔓延提出的警告等。

20 世纪 80 年代末，区域规划协会认为，很显然，本区域面临着全新的巨大挑战。为此，协会于 1989 年决定开展第三次区域规划的编制工作，以应对我们的经济所面临的技术和全球竞争的全新压力。社会也因经济、人口方面发生的巨大变化而面临严峻挑战，原来仅发生于内城(inner-city)的问题，现已扩展到更广阔的郊区地带。我们成功保留下来的生态用地，也必然受到侵占的威胁，因为我们不断地将建成区拓展至远郊，而不是在问题出现之初就有效地予以解决。

同时，由于决策权和资金分配权迅速从联邦政府向州和区域下放，也要求本区域必须明确其优先的重点并坚持下去。这一做法的真正危险之处在于，联邦政府可能放弃对城市中心区(urban center)、老龄人口和贫困人口原本应承担的责任。然而，这一进程也给我们带来了机遇，即本区域能够再一次决定自身的发展道路，并为自身的需要提供财力支持，而较少受到联邦政府指令的拖累。

头痛医头、脚痛医脚的战略规划，在我们这个时代一直占据着主导地位。在这一背景下，决定着手编制一个长远的、全面的规划，自然又一次具备了划时代的意义。通过这一方式的推进，区域规划协会重申了长期以来秉持的观点，即本区域的问题是区域性的和相互关联的，也就是所谓“牵一发而动全身”的。这一观点在第三次规划的“三大核心要素——3E”公式中得以明确阐述。在该公式中，经济、公正和环境之间的关系，被认为是推动本区域发展的基础。

北美的空间形态因持续的郊区化而发生了不可逆转的巨变。与此同时，全球五大洲的大型中心城市(central cities)，也经历了爆炸式的扩张。人们尚未认识到的是，北美的郊区化也好，全球的城市化也罢，都是更为复杂的人文地理演变的组成部分，这一演变正在迅速地重新定义人们的生存环境。我们所处时代的基本经济真相在于，郊区本身实际上与日益萎缩的城市同样脆弱，全球其他地区迅速扩张的巨型城市也同样脆弱。这是因为，一种远比以往任何居住区都庞大的聚落类型已悄无声息地在我们身边扎下根来。由衰落的城市、新兴的郊区、后起的边缘城市和原有的农田及广袤的原野组合而成的巨大混合体，构成了动辄几百英里宽的超级大都市区。超级大都市区以迅雷不及掩耳之势发展起来，不仅作为一个能触及的实体，也构成人类新的栖居场所。

只有极少数的区域注意到了这一趋势，对他们应采取的措施进行了全面探索。相关规划包括：俄勒冈州波特兰市新版的《2040 年规划》(*2040 Plan*)，多伦多市新版的《大多伦多地区发展报告》(*Greater Toronto Area Task Force*)。1991 年，联邦政府的《地面多元交通运输效率法》(ISTEA)要求大都市规划机构编制长远交通规划，以解决土地利用和空气质量问题。但只有少数地区在规划中真正综合考虑了上述问题。而这些规划都没有考虑自身所面临的更广泛的环境、经济、社会和城市设计及管治问题。不过，下述趋势将日益明显：联邦政府将持续向地方放权，要求大都市区制定区域规划及投资策略。

众所周知,纽约-新泽西-康涅狄格三州大都市区面临的最为迫切的问题是,新的电信技术和经济发展已导致本区域在全美乃至全球市场中的地位日趋下降。伴随着我们的主导产业在全国乃至全球市场中所占份额不断减少,几十年来,我们在全国经济中的比重已呈下滑之势。曾经是本区域经济支柱的企业甚至整个行业都失去了原有的竞争力。事实上,每个经济部门都经历着重构,这一重构近期主要表现为就业机会的持续减少(这些变化已给低技能劳动者造成了沉重的负担);其次就是那些来自发展中国家的成千上万的移民持续涌入,其中很多人缺乏高级技能。随着上述趋势的延续,本国与外来低技能劳动者收入不断下降、就业机会不断缩减的状态将持续存在。

其结果将是,本区域以往未见诸文字,但已深入人心达一个世纪之久的社会契约受到威胁——应确保所有居民都有机会接受教育和职业技能培训并实现就业,并在经济增长的同时享有体面的生活。这一约定俗成的社会契约一直是我们经济、社会发展的基石。对这一基石的损坏,意味着区域未来的成功将面临威胁。因此,区域规划协会第一次面临这样的挑战:不是管理增长而是预防衰落。

与经济层面的衰退相关联的是,人们已广泛地意识到区域生活质量的日趋下降,衡量指标为不文明现象、犯罪率、无家可归率、学校衰败、道路与桥梁拥堵,以及空气质量、水体质量下降等。本区域宝贵的生态用地,包括大部分公共饮用水源区、农业用地和风景区,都屈从于史无前例的郊区蔓延而不断遭到蚕食。同时,不断上涨的房价和日益拥堵的郊区公路,意味着有能力前往目前既安全又具吸引力之住所的定居者将越来越少。我们似乎已丧失了设立公共机构、制定政策和进行投资的意愿,而这些正是本区域居民迫切需要的。

这些问题并非为我们所独有。在相当程度上,北美地区的大多数大都市区都面临着同样的挑战,不少发达国家的大都市区存在类似问题。

一般而言,大都市区特别是纽约、洛杉矶、东京和伦敦及其周边地区,尽管它们在全球商业、文化和交通中发挥着越来越重要的作用,但人们似乎已失去了对其发展的控制。上述挑战并非仅限于这些世界级的中心城市。事实上,北美地区的大都市区,无论大小,都面临许多同样的问题:因全球竞争、工业重构和移民迁入数量的迅速增长而导致就业前景不确定;贫困的中心城市、近郊(inner suburbs)与富裕的远郊(outer suburbs)之间贫富差距日益扩大;逆城市化、机动车增长对环境与交通的影响等。从这一角度看,区域规划协会编制的全面、长远的区域规划,将成为其他区域效仿的范本。

区域规划协会的结论是,上述问题能够也必须得到解决。同时,这样做的“回报”也将是巨大的——全体居民的经济机会将因此大增,环境将得到改善,生活质量将日益提高。区域规划协会相信,通过实施这一规划和加强我们与全球市场的联系,我们将逆转持续了几十年的经济衰退。通过保持我们在国家经济中的当前份额而不是继续下降,到2020年,本区域每年的经济总收入将达到2万亿美元。

作为第一个在20世纪基础设施系统中成长起来的区域,本区域比其他区域更早地面临上述问题。三州大都市区的经济规模及其作为世界商业、金融业、文化及交通中心的地位,使得上述相关趋势率先出现,且其出现的方式绝不容忽视。区域规划协会的第三次规划试图解决大多数北美大都市区面临的共同问题。不过,尽管本次规划可为其他地区提供借鉴,却不应被当做“菜谱”而直接套用;相反,它更应被视为其他区域的“前期预警系统”,以及将大都市区成功带入21世纪的巨大试验场。

第一部分　概述：面临危机的区域

在我们即将送别20世纪的今天，纽约-新泽西-康涅狄格三州大都市区展现给大家的形象是——毋庸置疑的新型全球经济中心。这一地区汇聚着全世界最先进的思想、理念，是成千上万有志之士实现梦想的福地。尽管东京、伦敦和巴黎也具有经济领导能力，但真正拥有全世界最具多样化、最具聪明才智的居民的空间载体，还是我们这个区域。三州大都市区在国际金融、传媒、信息管理、艺术和文化方面表现出的杰出领导能力，是世界上其他任何地方都无法匹敌的。近400年来，正是生活在此地的多样化且极具才干的居民，与这里博大的环境、优越的自然禀赋相结合，造就了这一地区的繁荣和创造力。

然而，在21世纪来临之际，对经济、社会和环境的评估清晰地显示出，本区域的成功准则已被打乱。尽管在全球经济中仍具有很强的实力，但本区域正面临着50多年来最严重的经济增长缓慢和发展的不确定性；尽管公营、私营部门每年都在基础设施、办公楼和住房建设上投入几十亿美元，然而，遗憾的是，我们生存的基础依然是前几代人投资的成果；尽管拥有居民多样化的历史优势，但社会分化的阴影已笼罩整个区域；尽管拥有严厉的法律，公众关注度也日益增强，但我们的空气和水体还是不断遭受污染，仅存的开敞空间也不断遭到蚕食。

我们面对的未来是，本区域必须在机遇与挑战并存的全球经济中全力以赴地参与竞争。摆在我们面前的问题是，未来25年是否会沦为自17世纪购入曼哈顿以来所开启的繁荣和活力篇章的最后一章？值得警醒的是，未来几年温和增长背后所掩盖的，可能是长期的、逐渐显现的衰退，而这一轮衰退也许是不可逆转和极其不幸的。

分析和解决上述问题的正确尺度是区域的视角。区域将是21世纪经济、社会和环境的支配性地域空间（因为大都市区内的城市和郊区是兴衰与共、紧密相连的共同体）。20世纪80年代，美国郊区收入增长最快的25个大都市区，其中心城市均实现了快速发展；而郊区收入下降的 18 个大都市区中，有 14 个出现了中心城市收入下降的现象[1]。纽约市每年约 440 亿美元即几乎 1/3 的收入被通勤者耗尽。本区域所有社区的经济、社会和环境三要素之间的相互影响程度已达到历史的最高点，甚至超越了人为划定的行政界线。我们的城市与郊区休戚相关、命运与共。

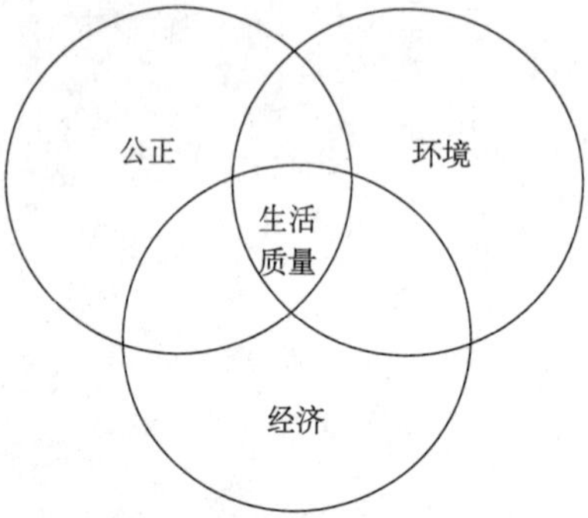

图表 1 “三大核心要素——3E”图

为重现区域的美好前景，区域规划协会编制了一个将本区域与其基础条件再次联系起来的规划。区域规划协会称这些相互联系的基础条件为“三大核心要素——3E”，即经济（Economy）、环境（Environment）和公正（Equity），它们是构成我们生活质量的重要因素。本规划的根本目标是，通过投资和实施正确的政策来重建“三大核心要素——3E”。这些资金和政策应立足于区域优势并将其加以整合，而不是仅仅关注一个“E”而损害另外两个。然而，当今的经济增长过多地变成了行政区之间的争斗，区域内各州之间往往恶性争夺投资，结果导致“零和博弈”。社会问题或遭到忽视，或被怀柔处理，而实际上那些貌似庞大的福利系统，并不能将人们带入经济发展的主流。同时，针对环境问题，实施的多半是治标不治本的短视之策。

我们所具有的多样性，导致有时很难看清楚这些“E”是如何把所有人联系在一起的：

- 我们生活在相似的环境中，呼吸一样的空气，饮用同样的水。
- 不管我们如何谋生、在何处谋生，城市与郊区的经济息息相关，一荣俱荣、一损俱损。
- 我们共同生活在由邻居、家人、朋友和同事交织的广泛网络中，这一网络跨越了社会、种族、经济、形态和行政的所有边界。

1989～1992 年，本区域的急剧衰退及后来的缓慢恢复，是其痛苦转型过程的组成部分。此次转型后，本区域的一些产业在国际和国内市场上不再占据主导地位。同时产生的变化还有，这些企业为提高绩效和竞争力而不断裁员。因此，本区域无法保障充分就业和收入的广泛增长。一个更开放、竞争更激烈的全球经济，以及各种迅速改变产品与服务之生产/提供方式的新技术的不断涌现，进一步强化了区域发展的不确定性——企业和产业的财富甚至可能在一夜之间化为乌有。尽管迄今为止，本区域还颇具竞争实力，但我们共享的经济繁荣却面临着实实在在的空前挑战，并且这种挑战已不再为本区域所独有。我们必须面对挑战，提出自己的解决方案。

一些规划师意识到，未来可能会出现就业不足甚至经济停止增长的局面。然而，更有可能的是，新的科技水平和全球经济扩张将给本区域带来多种发展机遇。也许带来的是一系列推动力量，并可能因此导致两种不同的结果——要么推行新的合作、竞争和投资模式，从而实现可持续性发展；要么社区衰退、繁荣不再。能否重塑未来，关键在于我们在这两者之间作出何种选择。

为预见可能的衰退，我们只需看看目前的状况。由此，我们就能够明白本区域已经在何种程度上丧失了曾经拥有的全球经济中心的地位。

- 1989～1992 年间，本区域减少了 77 万个工作岗位，成为二战以来全美大都市区中工作岗位减少最多的区域，事实上已抵消了本区域自 20 世纪 80 年代以来的就业增长。从 1990 年末到 1991 年的衰退期直至 1994 年间，全美就业增长了 5%，而本区域自 1992 年衰退触底以来，就业仅增长了 1%。
- 与以前的衰退不同，整个区域都遭受了数量级相近的衰退——康涅狄格西南部就业岗位减少了近 10%，新泽西和哈得孙河谷北部下降了 7%。
- 1982～1992 年间，包括 20 世纪 80 年代中期的强劲增长和 1989～1992 年的萧条期在内，本区域是全美所有大都市区中就业增长最缓慢的——比底特律、芝加哥、克利夫兰和波士顿都慢。
- 在同一时期，本区域部分关键产业部门的产出占全国的份额减少了近 1/4，包括商贸服务业、媒体和通信、高端制造业等。

与经济停滞不前同样麻烦的是，深深根植于穷人和富人之间、不同种族和族群之间的根深蒂固的不平等性。本区域特有的极端富有和极端贫困并存的局面早已众所周知。而且，过去 15 年来，收入差距越来越大。这虽然部分可归咎于全球经济力量的作用，但我们对人力资源的忽视也难辞其咎。本区域有 200 万居民属于官方定义的贫困人口，其中包括 30%的 18 岁以下人口。尽管财富增加显著，但相对于白人而言，非洲裔、西班牙裔和亚洲裔人口更易于被排斥在发展机会之外。同时，尽管贫困人口仍主要集中在城市社区，但不少郊区也日益成为贫困人口的居住地，因而也不得不承担相应的社会成本。广泛的贫困和不平等，无论从人文还是从经济的角度来看，所带来的负担都是巨大的。缺乏人道的代价使我们难以承担，也令我们羞愧无比。徒有经济增长而不能将区域内的穷人带入经济发展的主流，不能给中产阶级带来稳定的经济收益，不能消除种族和族群之间的隔阂，这样的增长既非我们所期望的，也是不可持续的。

我们现在面临的困境是，全球变化的结果与我们自身未能及时转型的现状相重合。25 年来，经济转型已在全球范围内展开，我们整整一代人却经历了精神和物质两方面的投入不足。如果我们当时能更精明地投资于学校、铁路系统、社区设计和自然资源，以减少企业成本、增强社区吸引力，我们向后冷战时期的转型就可以少些痛苦，甚至可能早已步入正轨。由于未能做到这些，现在我们不得不面对一个较长的持续调整期和缓慢的恢复期。

除了投入不足，面对全球经济的新需求，我们的转型还受到另一问题的制约，那就是遍及本区域的土地资源紧缺和“蔓延-拥堵-再蔓延”的增长模式。这一模式现已遍及全美各个大都市区。土地消耗的增长不仅降低了区域的空气质量，还因交通拥堵而导致商品销售下降、工资额外支出，从而使本区域每年损失数亿美元。更重要的是，这一模式已直接威胁到我们的生命支持系统，即区域环境。过去 30 年里，区域人口增长了 13%，但从 1962 年到 1990 年，用于工商业和居住的土地却增加了 60%。

在上一代人之前，本区域 12 000 余平方英里的土地中，只有 19%为道路、办公用地和住宅用地，现在这一比例已达到了 30%。如果我们仍不能转向精明增长，到 2020 年这一比例将达 45%。现有的 2 000 多平方英里的土地将处于危险的境地，其中包括北部辽阔的滨水区，它们为本区域提供了优于地球上其他任何城市化地区的纯净、甘甜的饮用水。此外，美丽的原野、滨水区、农用地和休闲区等保障区域生活质量的重要组成部分，也将处于危险的境地。

奇怪的是，几乎没有几个大都市区意识到正在发生的事情。美国的多个大都市区正在为其边缘地区规划“外环”——即所谓的三环、四环甚至五环，以便得到所期望的土地。

只有少数几个大都市区(希望也包括我们的大都市区),即波特兰、俄勒冈州、旧金山湾区等开始从这一思维定式中超越出来。1995 年,包括加利福尼亚最大的银行——美洲银行在内的一个联合会提交了一份题为《超越蔓延》(*Beyond Sprawl*)的研究报告,直指蔓延对各方面的危害:"毫无约束的蔓延式开发将削弱加州的竞争力,加重纳税人的负担,降低环境质量,降低每个加利福尼亚人的生活质量。"这一报告主要关注的是惊人的蔓延成本。罗格斯大学(Rutgers University)的一项研究则指出,到 2010 年,仅新泽西州的纳税人就要为之多支付 93 亿美元,而这些费用是可以通过更紧凑的发展而节省下来的[2]。

作为具有全球领导力的区域,我们有充足的理由实现精明增长。经济学家认为,21 世纪的发展单元是区域,而不是城市、郊区甚至国家。那些保持兴旺发达的区域,必然是有着强有力的中心和健康的郊区的区域。在这样的区域里,跨国公司才会感到安全。因为从经济上讲,区域就是一个单一的就业与住房市场。这意味着郊区工资的升降与中心城市的盛衰紧密相关。一个现实揭示了所有的真谛:当内城发展受挫时,郊区的发展也步履蹒跚;当内城繁荣昌盛时,郊区也兴旺发达。

有可能出现另外一种前景——不是必然发生而是有可能发生——转型的世界经济孕育了新的发展机会,但这不是必然的命运,而是一种选择。它需要思考、关注和责任,需要通过投入使区域变得更精明、更有效率、更具吸引力。这种未来并不是一种奢望。事实上,如果我们正确把握令人乐观的机遇,这种未来已在我们的掌控当中:

① 全球经济已为 21 世纪初的强劲增长做好了准备。在此期间,发展中国家将拓展全球市场,同时,新技术带来的生产力将充分释放。新的产品和媒体将会出现,正如我们已熟知的 CD-ROM、互联网等产品,而它们在十几年前还只不过是一个概念而已。效率的提高将释放更多的资源,同时在这个过程中创造新的就业机会,以满足从看护儿童到改善环境等尚未得到满足的人类需求。

② 本区域将继续在信息产业和信息技术、艺术以及需要发挥创造性才能的大量领域保持领先水平,并成为推动全球经济发展的主力。世界上超过一半的证券交易发生在曼哈顿股票交易市场,而且我们提供的企业管理服务即使不是全球最大也是全美最大的。卓越的艺术和文化机构、大学、研究院为持续保持我们在广告、广播、出版等创意产业的全球领先地位提供了保障。

③ 尽管存在蔓延式开发，我们仍是一个向心明显、发展紧凑的区域。本区域将近一半的就业岗位集中于城市，其范围大大超越曼哈顿中心城区和曼哈顿中城(downtown and midtown Manhattan)，且本区域的中央商务区将沿两河发展，大大超出了纽约市的范围，已将布鲁克林中心城区、长岛市和泽西市滨水区纳入其中。三州呈星座状分布的区域中心，如纽瓦克、怀特普莱斯和斯坦福等，进一步扩大了上述中心区域的范围。传统区域中心和新型的郊区边缘城市并存于本区域的核心地区(region's core)之内。该核心地区是沿着海岸线分布的半圆形低洼地带，大部分仍被完好无损的森林、农田所环绕。通过两代人对郊区交通走廊的开发，区域形态已从同心圆环状发展的态势转变为各子区域与区域核心有机相连的发展态势。为描述这种新的区域形态，罗伯特·格迪斯将这些子区域比喻为玫瑰花瓣，每一片花瓣通过与中心相连来支持其生长。本次规划建议，通过规划设计，进一步加强花瓣与中心之间以及花瓣与花瓣之间的联系。

④ 本区域拥有我们引领世界经济所有必需的资源，即基础设施、人力资源和自然财富。由于15年来稳定的公共再投资，本区域拥有全国40%的通勤铁路、地铁和轻轨车站。这些轨道设施是独一无二的，且基本处于健康发展的状态。从曼哈顿中央公园驾车往北行驶一小时，就能到达本区域核心地区的北部自然边缘(区域"屋顶")。那里拥有上百万英亩的自然生态系统，一系列三州地区独有的人稀林茂的高地。受到保护的大气和水体，可为高强度开发的城市化地区提供一片绿洲。最为重要的是，在这个国与国之间、文化与文化之间的差异逐渐消失的时代，我们拥有地球上最具多样化且才能卓越、充满创造力的人力资源。

这一恢复期(1992年以后。——译者注)也正是我们从过去的错误中摆脱出来、缔造成功的时期。同时，我们将第一次塑造一个长远的区域增长框架，从而使我们的竞争力、繁荣和福利一直延续到长久的未来。我们将在20世纪最后几年中作出大部分的抉择。当然，建立新的铁路联接、复兴中心城区和郊区中心、改革落后的机构和管制体系，需要花费十几年甚至更长的时间；今天的学生成长为劳动力，则需要更长的时间。但是，为在21世纪迎来一个发展势头强劲、具有高度竞争力的经济体，我们必须从现在做起：实施再投入。

还有更多的好消息值得关注：投资将带来直接收益。基础设施投资将给建筑业以及转型期遭受重创的其他行业带来就业机会；学校质量的提高，将增加本区域对技术员工家庭的吸引力。上述新增投资与支持区域主导产业发展的战略行动相融合,能改变本区域十几年发展停滞的局面,带来收入和就业的增长。

第三次区域规划号召相关各方尽快行动起来,重新把握纽约-新泽西-康涅狄格大都市区的美好未来。这一行动必须以居民为主导力量,为彼此分裂且通常见识短浅的政治领导注入活力。我们必须立即行动,同时在不可避免的经济周期和政治领导更迭中,确保我们的力量长盛不衰。

这些具有坚实基础的行动计划,标志着本次规划无论是在组织上还是在基本假设上,都与以往的区域规划迥然不同。

- 自然而然的成功不再是我们命运的一部分。成功也不能再简单地定义为经济的总体增长,而不考虑社会和环境的成本-收益。
- 此处所呈现的观点并非由专业规划师或预言家这类精英群体所创造。相反,它代表了区域自身杰出思想的精髓。因为在过去的五年间,广大居民和公民团体一直参与规划的编制。
- 本次规划要求在区域中产生一种新的力量——一个城市和郊区居民的巨大团体,体现为数以百计的居民、企业、员工和环境组织。这些组织意识到彼此之间的需要,因为区域的持续繁荣已成为大家共同的责任。

为使本区域走出全球经济衰退的困境,区域规划协会问计于区域内八大重点行业的企业领导。他们的洞察力对制定一个能增强经济实力、提高生活质量、走向更具包容性与更加繁荣的区域的发展策略,具有至关重要的作用。这些企业家通过共同努力,认定本区域未来的成功发展需要具备四个先决条件:

① 作为全球金融、通信和文化中心之一,本区域居民的才能、创造力和主动性是其主要优势。

②为培育、吸引和留住那些推动经济发展的具有创造力的有志之士,本区域必须拥有优越的生活质量、高效的基础设施、优质的学校以及具有竞争力的税率和房价。

③ 在利用新技术和新兴市场方面,需要企业和政府在具体的产业领域进行合作。

④ 为提供足够的就业机会和较高的收入水平,需要包括健康产业、高端服务业在内的多样化的经济成分。

第三次区域规划还将真正区分"真实增长"(real growth)与"虚假增长"(pseudo-growth)。如果我们增加人口或就业是以牺牲其他"E"为代价的,那就不是一种真正意义上的增长,它实际是一种衰退,尽管这种衰退或许会推迟一段时间,但一旦成为现实就不可逆转。因为任何继续破坏区域环境质量或社会公正的行为,最终都将导致跨国公司的撤离。在冷战后管制松散、互联网将全球相互联接的环境中,跨国公司可以随时关闭任何一地的分公司,而转至其他未遭破坏之处。

注释

[1] Larry C. Ledebur 和 William R. Barnes:*All In It Together*,美国城市联盟,1993 年 2 月。

[2] *Beyond Sprawl: New Patterns of Growth to Fit the New California*,1995 年的行政总结;以及 *Impact Assessment of the New Jersey Interim State Development and Redevelopment Plan*,罗格斯大学城市政策研究中心于 1992 年 2 月为新泽西州规划办公室准备的行政总结。

第一章　三大核心要素——3E

"三大核心要素——3E"中的每一个"E"，对工业化国家的每个大都市区均具深远意义。事实上，每个北美的大都市区，不论其规模大小，都有着相似的担忧：由全球竞争、工业重构和移民迁入引起的就业前景的变化；贫困化的中心城市、近郊和富裕的远郊之间不断拉开的差距；依赖机动车的逆中心化增长所导致的蔓延和交通拥堵。很明显，"三大核心要素——3E"为讨论上述区域问题提供了普遍适用的背景。

1. 经济

随着国家管理经济活动能力的下降，区域越来越亟需制定自身的发展策略。它们必须着眼于自身在全球市场中独特的优势——其经济所依赖的相关产业集群、拥有的人才以及社区和环境的特点，而不是仅仅依靠税收减免、企业激励和地区推介等政策手段。在先进基础设施建设、劳动力技能提高和生活质量提升方面形成组合良好的投资，是取得长远成功的至关重要的因素。并且，这一成功还离不开企业、政府和劳动力之间的全面合作。

本规划所扼要阐述的策略——保有多元化的高技能劳动力；对于日益老化且面临广泛转型的社会，加大相关的投入；通过更有效、更具弹性的管治体系，增强人们的创业能力——这些策略的提出，都源自于三州大都市区的独特优势和产业形象。

2. 公正

每一个世界级中心(world center)都面临着巨大的挑战,即必须逆转由于经济转型和全球人居格局的重构所带来的不利趋势。全球竞争、技术革新和结构调整导致贫富差距不断扩大,进一步拉大了长期以来存在于不同种族、民族间的差距。同时,包括纽约、芝加哥、迈阿密和多伦多这样的大都市区,吸引了大部分涌入北美的移民,由此形成了一种真正意义上的多元文化社会。技术含量低的就业岗位不断减少、中产阶级的收入停滞不前以及新移民的增加,在经济状况不稳定的时期,导致了贫民在大都市区更大规模的聚集。

新移民带来了数量庞大的人才和显著的文化多元性——比如纽约市,离开这些新移民,是不可能发展到目前的水平的。但是,容纳新移民也需要在学校、劳动力培训、住房等公共服务领域增加投资。联邦政府在这些方面的投入并没有相应地增加,导致地方政府不得不应对这些新增的需要。与此同时,对于本地居民特别是那些在低技术岗位上工作的人们而言,情况已每况愈下。移民所带来的好处,显然值得为之作短期投入,但是确保本地原有居民获得与新移民同等的服务和机会,同样十分重要。

在大都市区背景下,这些力量同样影响着城市中心区与郊区之间的差异。不同肤色、民族的中产阶级从城区搬迁到远郊,将中心城市留给了最贫困的居民。在许多大都市区,近郊与中心城市比远郊地区具有更多的共同点。大多数区域继续向外扩展,形成了新的郊区增长圈,这将进一步孤立中心城区和中心城市的社区,导致这些地区在税收减少的同时,社会福利、治安、教育和其他支出持续增加。与此同时,中等收入的白人也在继续从芝加哥、洛杉矶、波士顿以及类似的大都市迁往更小的社区。如果这种趋势延续下去,社会必将出现进一步的种族与社会分化。

3. 环境

北美大都市区的极端分散化发展已经破坏了包括河流、农田、港湾、林地等在内的绿色基础设施,而正是这些设施,才使得这些地区适宜居住并具有吸引力。在开敞“绿地”(greenfields)被不断蚕食的同时,城市的大量土地变成了被遗弃的“棕地”(brownfields),即被企业和政府遗弃的受污染的城市土地。常规的固体废弃物管理和污染控制设施在保护环境方面作用有限,而且处理费用高昂,因为其主要依赖的是“末端”处理方法——即着眼于清除已经产生的有害物质,而不是通过重新设计工艺流程来减少有害物质的产生。许多旨在保护环境的税收政策和相关法规并未鼓励传统型或新传统型的紧凑发展,而是起着相反的作用。实际上紧凑发展比蔓延式开发所产生的污染要少得多。

第二章　对策：五大方略

在后现代、后工业化时代，很多领域正在发生的变化如此巨大，以至于人们难以预料几年后的情形。同时，地方(places)所具备的品质却能够年复一年地聚集与强化。只需依赖自身丰富的自然资源和非凡的人类才智，本区域便能创造出一种恒久的生活质量与生存方式，该生存方式能容纳和经受即将到来的一切变化。

区域规划协会确定了五大相互交织的方略，通过这"五大方略"，可以以一种综合的方式回应"三大核心要素——3E"所呈现的问题。这些策略的大部分创新理念适用于其他或大或小的北美大都市区。在三州大都市区，本地特有的、持续的、足以应对"3E"挑战的实力——我们的生态系统、区域中心、交通系统、人力资源和我们携手创造的历史等，共同为未来的繁荣奠定了坚实的基础。让我们从现在起珍视它们，不管将来发生什么，我们都将拥有成功所不可或缺的全部要素：我们的流域、山脉、河流和海岸；承载了400年发展经验、理想和满足感的城镇；将我们紧密联系在一起的基础设施；新技能和不断增强的参与各种新兴经济活动的能力；内涵丰富、具有弹性的管治、税收和规制体系。

这些因素构成了第三次区域规划的基石。本规划的核心内容即"五大方略"——绿地(Greensward)、区域中心(Centers)、通达(Mobility)、劳动力(Workforce)和管治(Governance)。通过再绿化(re-greening)、再连接(re-connecting)、再中心化(re-centering)，"五大方略"将共同重新赋予区域以活力。"绿地方略"旨在保护区域的绿色基础设施，包括森林、流域、海(河)口和农田等，以建立未来发展的绿色界限；"区域中心方略"旨在使区域现有的主要就业和居住区域发展成为未来建设的焦点；"通达方略"旨在改进我们的交通网络，将强化后的区域中心连接起来；"劳动力方略"旨在为生活在本区域的群体和个人，提供将其带入经济主流所必需的技能和对外联系；为了实现这些目标，需通过新的方式来组织我们的政治机构与市民机构,并为其注入活力,这就是"管治方略"。所有这些战略共同支撑了区域的生活质量和竞争力,并引导我们成功地迈向可持续发展的 21 世纪。

1. 绿地

本区域 40%的土地即 300 多万英亩的土地,被保护完好的生态系统、滨水地带、河流、海(河)口、森林及国家级或区域级农田所覆盖,其中包括五种不同类型的珍贵景观:松林地带保护区、山地保护区、河谷保护区、滨海保护区和农田保护区。区域规划协会对这些重要保护区秉承非常明确的立场:它们是体现区域特色的重要地域,必须永久得到保护。由于这一系统对于人居环境发展起着十分重要的支撑作用,尽管它们从未被排除在开发之外,但此类开发通常应尊重其所在的自然系统。

这些自然系统并不适合于大规模的蔓延式开发。这些保护区应当作为限定城市无序增长的永久性"绿色边界",环绕区域的核心发展区。为鼓励各保护区支持适度的小规模增长,区域规划协会正在努力运用多种合理的方法,引导各个由地方控制的区域下属委员会共同承担管理重要保护区的职责。这些区域保护委员会已具雏形:长岛的松林地带管理委员会(Long Island Pine Barrens Commission)*——负责保护覆盖长岛东端唯一蓄水层的 5 万英亩土地,同时对与其紧邻的占地 5 万英亩的适宜开发区进行督察、指导。有了这一先例之后,1995 年,一个由流域内城镇和纽约市共同组建的联合会,就纽约市北部流域的保护和开发达成一致意见。通过促进适宜的开发,对于本规划方案提议的 11 个保护区而言,将使 250 万英亩的土地免遭蔓延的蚕食。

绿地并不是什么新思维,而是本区域追赶其他先进国家的现实选择。为控制郊区蔓延,越来越多的世界级中心城市已在城市的外围建立了永久性绿带。唯有如此,才能切实保护城市边缘区域重要的自然资源系统,并通过区域增长管理系统

---

* Pine Barrens 和 Pinelands 一样,专指一种生态环境,在这一地域,土壤沙质、酸性、贫瘠,只适合兰科植物等独特物种生长(最著名的是北美油松);而早先欧洲移民带来的作物在上面生长不良——这大概是这一地带被称之为荒原(Barrens)的原因。在本书译稿中,两词都译为"松林地带"。Long Island Pine Barrens 与 Central Pine Barrens 是同一地域的两种表述,在本书译稿中,统一译为"长岛松林地带"。——译者注

来控制蔓延。半个世纪前建立的伦敦绿带已成为其他区域效仿的榜样，尽管目前伦敦的发展已推进到绿带以外。巴黎的绿地规划，也要求在该区域建立一种由受保护的景观要素和自然资源构成的类似网络。为了在首都周围的山地建立起类似系统，东京的规划师正在研究一种新的方法。1994 年，由区域规划协会发起的美国-日本规划师团队，为东京南部的 Miura 区域编制了一份绿带规划。这是美国-日本大都市区规划交流的内容之一。

在北美，旧金山、芝加哥和费城已有市民团体采取了类似行动——建立大都市绿带。在波特兰，俄勒冈州大都市的绿色空间规划体现了环境组织、社区组织和波特兰大都市区服务委员会等区域性公共服务机构之间通力合作的成效。在大多伦多地区，一系列挽救橡树岭冰碛和尼加拉悬崖山脊线——它们是该区域北部与西部边缘的分界线——的个人行动，对公共部门保护和开垦区域滨湖土地的行动形成了有效的补充。

在建立绿带以阻止蔓延的同时，需要采取一项新的行动——绿化和复兴城市空间。具有吸引力的公园、运动场、街景能使城市更适宜居住和创业。提高对行道树、小树林等城市林地的管理水平，被证明是提高环境质量、提高能源利用率和土地价值的重要手段。这也是改造纽约-新泽西海港和长岛海峡城市滨水区，使其由荒废、低效利用地区转变为新的城市公共空间和开发项目的宝贵机会。要使人们在城市地区的生活、工作变得更为舒适，就必须进一步提高城市的环境质量。

2. 区域中心

尽管低技能和中、低收入工作岗位的大量减少已对很多城市社区造成了毁灭性影响，但本区域的城市和其他区域中心仍保持了令人满意的经济活力。本区域的城市核心仍拥有接近一半的就业岗位和人口，与美国其他大都市区的区域中心相比，这已是一项很了不起的成就。同时，本区域依靠高速公路发展起来的郊区在过去的 25 年间增加了 200 万个工作岗位（如今基本上已再无增长的余地）。对于 1995～2020 年间预计增加的 250 万个新工作岗位，可划分为如下三类：

随着工作方式的变化，这些新的岗位中，估计有 50 万个是居家型的或是利用互联网远程办公型的；对于其余 200 万个岗位，区域规划协会估计其中的 100 万个岗位将分布于"再中心化"的郊区(那些在步行范围内建有办公场所、商店、公园的具有城市特征的边缘城镇)。

区域中心拥有足够的土地,能再容纳100万个岗位。区域规划协会估计,本区域拥有超过5万英亩的"棕地",即废弃的工业用地、垃圾填埋场和滨水区。区域规划协会帮助丹麦一家开发商在新泽西伊丽莎白镇找到一块"棕地",可以建成拥有200多家商店的直销产品购物中心。由于区域规划协会的帮助,审核程序得以简化(审批过程须获得25个不同机构的许可),于是,开发商的整体成本与他们在"绿地"(指位于区域外围一直未被开发的地区)上进行开发的成本相当。这样,开发商节省的费用就可以用来设立10英亩的湿地(这些湿地将为濒临灭绝的燕鸥提供栖息地)。

当然,为了让就业岗位便捷进入本区域,区域中心需通过两种途径增加自身的吸引力:应让生活在其中的人们既有安全感,又有归属感;应将城市中的学校、社团与中心城区的雇主联系起来,确保成千上万生活在区域中心的人们分享发展的收益。

本次规划还建立在"支持中心化"的思路之上,该思路已被不少发达国家的区域成功采纳。规划中关于重新利用数千英亩"棕地"的建议,是伦敦、巴黎、东京、柏林和多伦多大都市区等地示范行动的缩影。那些备受赞许的行动包括:

- 伦敦努力改造东泰晤士河工业走廊,以及基业公司(Groundwork)改造全英数千英亩的废弃工业用地。
- 柏林规划利用毗邻柏林墙的码头区和废弃用地。
- 巴黎努力重新利用塞纳河沿岸的原工业用地。
- 多伦多重新利用滨湖的工业用地和港口设施。

本规划关于公交友好型社区的思路效仿了西欧和日本的通行做法,即沿铁路建设可营利的、宜居的、布局紧凑的社区。这一发展模式以传统的公交导向型发展模式为基础,构成了北美东北部和中西部成熟大都市区的主要特征。

对于三州大都市区的心脏地区,本规划建议在曼哈顿中城和中心城地区将发展铁路系统与提高市政设计水平结合起来。这借鉴了巴黎RER区域快速铁路系统建设和城市再开发大型项目(Grands Projects)建设的理念。这些战略也可应用于任何一个希望强化区域铁路系统和关键中心城区的北美大都市区。

3. 通达

在本区域及其他任何区域，交通类型都可能塑造发展的方向和形式。而且，区域的交通体系与城乡发展密切相关，因为区域发展的步伐取决于交通设施的扩张。换言之，提升交通网络的功能有助于加速地区的经济增长，有时这种加速作用极其显著。例如，在19世纪，伊利运河的完工与航海快艇的发明，以及此后铁船的引入，推动了该地区的早期繁荣。

在20世纪，本区域独一无二的交通系统(如今该交通系统包括2 000英里高速公路和1 250英里铁路)推动了两次区域建设高潮的到来。19世纪后半叶到20世纪前半叶为第一个建设高潮期，该时期的大规模开发多半以铁路为支撑，呈现高度的中心化特征。这也是三州大都市区逐步成型的时期——摩天大楼拔地而起，经济中心的地位得以巩固，曼哈顿的天际线成为世界奇观。

第二个建设高潮期发生在20世纪50～70年代，高速公路大量建造，形成了大家所熟悉的战后发展模式——以高速公路为纽带的分散化发展。在此期间，大的区域中心保持发展，而小的区域中心呈螺旋式衰退。本区域邻近核心地区内侧的部分，即阿巴拉契亚高地以南的地区，仍保持着年代更久远、依靠铁路发展起来的区域中心，同时也出现了更多依靠高速公路发展起来的新中心，包括位于"边城"(edge city)的20个郊区写字楼集中区、近40个大型购物中心(本区域可能是世界上大型购物中心最密集的地方)和几百个小型购物中心。

尽管本区域在维护和重建交通系统方面投资巨大，但正如每个驾车者和乘客所感知的一样，我们的高速公路和铁路仍存在一些亟待解决的问题：它们过于拥挤，服务的可靠性尚未达标。除此之外，我们目前还面临两方面新的问题：

① 我们的交通系统无法适应城市、郊区同步增长的新的时代要求。

② 我们的公路和铁路还不能支持一种更紧凑发展的增长模式，即增长应主要限制在核心地区之内，而不外溢至重要的滨水地域，那里有我们所依赖的饮用水源。

区域高铁(RX)系统是区域规划协会对重构后区域铁路系统的称谓，虽然该系统只比目前的系统增加了25英里铁路，却能有力地支撑位于区域中部且已变得更为强大的城市中心，并为本区域的三大机场提供高效连接。区域高铁系统的秘密是什么？是“无缝”，即相互高效衔接。本区域的高速公路从一开始就具备这个特点：当你从 I-287 高速公路下来时，无须停车就能找到一个入口驶入 I-78 高速公路。

图表 2　区域通勤铁路系统给未来发展奠定了坚实基础

本区域的铁路和地铁最初由不同的运营商各自建成。如今，七个分散的系统仍独立运行。这与东京和巴黎 35 年前的情况相似，而现在，他们都认为那样做是相当愚蠢的。过去 25 年来所建立的巴黎 RER 网络将地铁和通勤铁路联系起来，确保了成百上千的通勤者更直接、更快速地往来。东京重建之后，通勤列车能从区域的一端进入市中心的地铁，然后驶向城市另一端的第二条通勤线路。在通勤的全程，乘客仅需一张车票、一个座位。就本区域而言，只要建设 25 英里的新线路，就能把区域内所有的铁路联系起来，由此催生了一种全新的区域快车服务。

几乎北美所有的大都市区都面临着交通通达的危机，因为几乎所有的新建筑都位于只有机动车才能到达的地点。在过去的十几年里，大部分郊区高速公路变得越来越拥挤了。虽然高速公路里程几乎没有增加，但是，高速公路沿线不断兴建的新项目导致越来越多的人们需要开车出行；不仅每个人出行的次数比以往增多了，每次出行的距离也变得更长了。区域规划协会关于区域高速铁路或区域高铁系统的建议是，改造现有的通勤基础设施，主要包括创造性地重新启用被废弃或利用率不高的线路，进而提高区域的通达性。这一方法可应用于其他每一个拥有发达通勤系统的北美大都市区。本次规划提出的通过市场定价、消除瓶颈等方法来充分利用区域现有高速公路的建议，对北美的任何地区均有广泛的借鉴意义。

4. 劳动力

从十几年前开始，二战后出现的大公司终身就业的现象在北美逐渐退出历史舞台，同样的情况也发生在西欧甚至日本。唯一可替代终身就业的，是一种终身学习的新体系，唯有如此才能够保证每个人持续地胜任工作。这是先进经济体必须妥善解决的问题，而不为三州大都市区所独有。同时，整个美国都面临着这样一系列挑战，即城市的学校体系存在严重问题、寻找工作的城市劳动力和寻找劳动力的郊区雇主之间缺少联系等。

区域规划协会提出的“劳动力方略”，勾画了解决上述问题的综合性战略的大致轮廓。近十几年来，劳动力资源的储备和教育改革已经成为国家、州和地方政府关注的首要问题。一方面，技术变革的速度超过了教育、培训系统的能力；另一方面，与其他发达国家相比，我们自身的系统也暴露出一些固有的弱点。虽然产生这一问题显然是国家和地方因素使然，但区域因素同样不可忽视。城市和郊区教育系统之间的显著差异是导致国家劳动力资源陷入困境的主要因素，将城市劳动力和郊区就业机会分离开来的发展模式同样难辞其咎。

在企业团体的推动下，已有若干个州和区域经受了改革学习与劳动力资源培训系统的巨大挑战。然而，这一问题空前复杂，希望维持现状的人强烈反对上述做法。加上所需成本和投入之巨大，也使得这一改革难以持续。区域规划协会提出的“劳动力方略”号召企业、劳动力、市民、地方政府和州政府的领导人立即行动起来，支持已有的改革举措。要构建终身学习的体系，重建工作与教育之间的关系，将区域的新型劳动力资源与不断变化的劳动力市场联接起来，以加强社区和雇主之间的有形联系。所有这些理念，也适用于美国其他大都市区。

5. 管治

在全世界很多地方,大都市区的范围趋于不断扩大,已超越了通常是几百年前设置的行政边界。纽约大都市区现在包括三个州的相关区域;东京大都市区已经包括东京市政府管辖之外的三个郊区辖区;大伦敦地区不断扩展,覆盖了英格兰东南部的大部分区域,远远超出了以前大伦敦地区的边界。甚至在北美,印第安纳波利斯、迈阿密、孟斐斯和多伦多的大都市区政府或县政府,也无法对其新增的郊区就业、零售业和居住区实施有效管治。看起来只有美国西南部那些有权合并城市边缘地区的"弹性"城市,能够走在大都市区增长的前列。

由于所有人对庞大而又高高在上的政府普遍采取不屑的态度,因此,区域规划协会认为:一般意义上的大都市区政府不适合三州大都市区。三州纳税人目前对政府的共同反感,迫使区域规划协会急切地探索构建高效政府的有效途径。协会追求的目标是:政府更具责任感,并切实控制蔓延式开发对财政的负面作用。由于这些原因,本次规划关注的管治思路是,如何使现行管理机构的行为更为理性、开支更为合理,以及在自治市政府之间鼓励服务共享,并制定更为有效的州域、区域土地利用规划。

6. 结论

三州大都市区的规模和它作为世界商业、金融、文化和通信中心的重要地位,意味着全球化的任何新趋势都将在这里率先显现。即使不是最早出现,其出现方式也不容忽略。区域规划协会的第三次区域规划对北美各大都市区普遍存在的问题提出了解决方法。重振社区、再次抓住机遇并最终挖掘区域的潜力是我们共同的责任。同时,也希望我们的解决方法对其他地区有所启发。引领全球的大都市区安全、成功地进入 21 世纪,是一项颇具挑战性的重任,它需要区域之间以及区域内部各城市之间开展卓有成效的合作。

第二部分　现状与前景

什么是"三州大都市区"？该词贯穿全书并反复出现。本规划的这一部分，将回顾我们的经济、社会和环境是如何作为一个现代的、统一的区域而运作的，尽管我们的政治结构还存有殖民时代的影子。今天，三州大都市区的人口已高达近2 000万，多于世界上大多数国家；其经济总量超过5 000亿美元，能与许多先进国家媲美。假如我们是一个国家，我们将成为世界十大经济体之一，与加拿大相当。三州大都市区位于波士顿-华盛顿的"巨型城市带"的中心位置，包括约1 600个城市、城镇或乡村，土地面积近13 000平方英里，覆盖了31个县。

参照图表3，三州大都市区的范围包括：

- **康涅狄格州(Connecticut)**：费尔菲尔德(Fairfield)、利奇菲尔德(Litchfield)和纽黑文(New Haven)县。
- **新泽西州(New Jersey)**：伯根(Bergen)、埃塞克斯(Essex)、哈得孙(Hudson)、亨特顿(Hunterdon)、默瑟(Mercer)、米德尔塞克斯(Middlesex)、蒙茅斯(Monmouth)、莫里斯(Morris)、海洋县(Ocean)、帕塞伊克(Passaic)、萨默塞特(Somerset)、萨塞克斯(Sussex)、尤宁(Union)和沃伦(Warren)县。
- **纽约州(New York)**：纽约市的5个城市行政区；长岛的拿骚(Nassau)和萨福克(Suffolk)县；哈得孙河谷的威彻斯特(Westchester)、罗克兰(Rockland)、橙县(Orange)、帕特南(Putnam)、达奇斯(Dutchess)、沙利文(Sullivan)和阿尔斯特(Ulster)县。

在随后的章节中将探讨第三次区域规划中对于三州大都市区的基本预测：作为一个区域，我们是谁；如果按照现在的趋势发展下去，我们将走向何方。两条思考主线贯穿该章节：总的来说，我们是自身欲望的牺牲品；其次，我们的保护伞——轻松安逸的意识——过去曾经帮助我们走出困境，但如今已无法再发挥任何保护

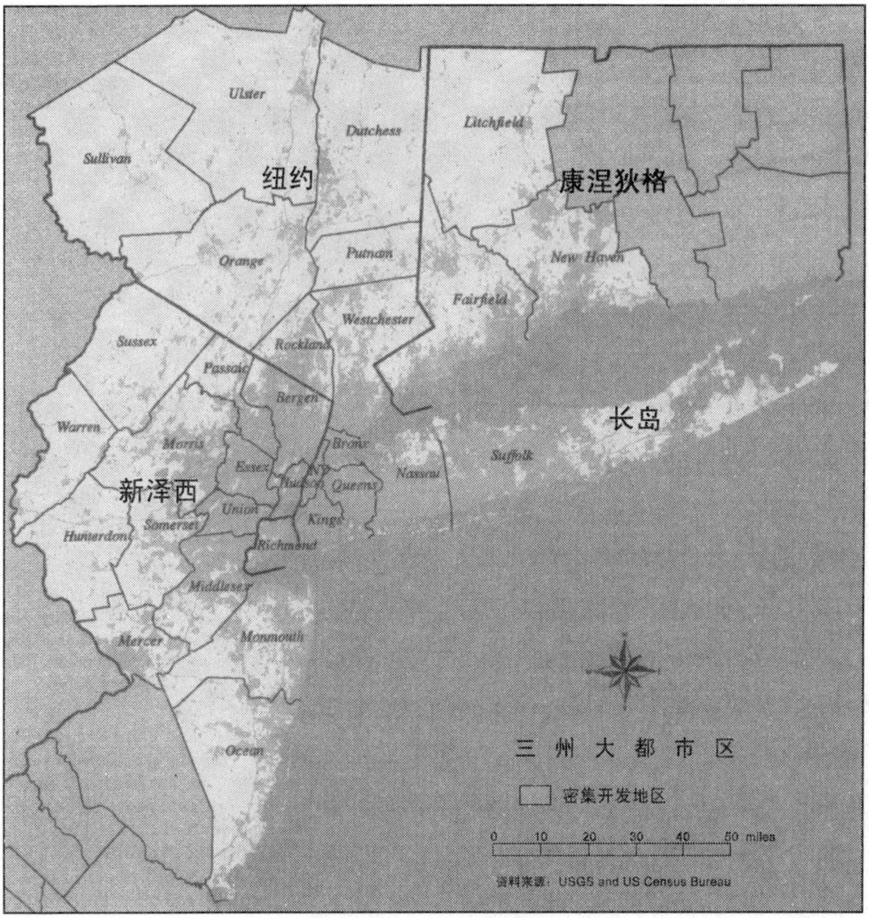

图表 3 三州大都市区

资料来源：美国地质调查局(USGS)和美国人口普查局(U. S. Census Bureau)

作用了。

安东尼·唐斯(Anthony Downs)在其新作《美国大都市区的新视角》[1](*New Visions for Metropolitan America*)中简明扼要地阐述了这一要旨，即美国大都市区的问题并不是那些阴险的叛国者策划的阴谋；相反，“罪魁祸首”正是我们自己。唐斯认为，在过去的50年内，我们得到了自己所追求的东西：完备的高速公路使得出行既快捷又频繁，也使得我们能在郊外建造面积很大的家；还把存货充足、明亮、配备空调的“一站式”购物中心安置在住宅附近；写字楼离家不远，与住宅一样建在大草坪上、隐蔽在树丛中。美国人民和政府以及企业，有能力将人类送上月球，也肯定有能力传递这些梦想。

这些梦想源于这样一个理念，即作为个体，我们拥有完全的独立性——只要认为合适，就可以自行决定是否来往，以及与什么人交往。但是，当这些梦想作用于自然景观后，造成了当前的严重问题：例如，我们坚持在任何时间驱车前往任何地点，而无须承担任何代价。当更多的人同时享有这一权利时，就导致了高速公路上真正的交通大拥堵。另一个例子是，我们希望住在选定的任何位置，且不愿与其他人相互关联或相互依靠，致使我们威胁了自身赖以生存的生命支撑系统，包括哈得孙河和特拉华河流域内的土地、北泽西高地，以及长岛松林地带。特立独行风格的最大化，削弱了我们的集体性相互依赖。那些因贫困和肤色不同而鲜有选择、被排除在这一梦想之外的人们，常常生活在一个犯罪、绝望、虐待和吸毒成瘾的世界之中。区域的个体独立与集体依赖之间的紧张关系，被写入了本规划。

本部分的第二个主题是，将东西损坏之后再去修补的传统方法已不再可行。实际上，这些传统方法已变得越来越具有危险性、不能再发挥有效作用了。因循守旧将导致我们陷入更大的困境。如何解决由我们自己一手造成的高速公路拥堵问题，就是目前所能见到的最好例子。直接拓宽现有道路或者新建更多道路的传统途径，在政治、经济和环境上的代价都极为高昂，我们不能对此视而不见。另一个例子是，我们用什么方式为新生家庭提供住房。传统的做法是夷平更多的农田、森林去建造更多的住宅。但这个方法将破坏珍贵的农田、生态敏感的动植物栖息地和重要的流域土地。而迫使新的住宅比实际需要造得更大、更昂贵的欲望，已使得我们的后代再也无法生活在怡人的小镇之中。

本规划的这一部分旨在帮助我们正确认识我们是谁，将走向何方；同时，还将树立起一面旗帜，为我们指引一条新的更安全的路径，迈向未来。

注释

[1] Anthony Downs：*New Visions for Metropolitan America*，华盛顿：布鲁金斯研究院，及马萨塞剑桥：林肯土地政策研究院，1994 年。

第三章　经济:向更具竞争力的全球经济转型

三州大都市区是全球顶尖的贸易、金融、通信和企业管理中心之一,它提供的商品和服务,超过了世界上绝大部分国家。然而,自大萧条期以来,本区域一直处于最严重的衰退之中,且复兴的步伐极其缓慢。在发展的黄金时期,低技能工人的收入几乎没有提高,而在经济放缓乃至衰退期,其收入则明显下降。技术革命和企业重构的无情步伐,更给我们所期盼的未来经济增长增添了更多的不确定性(特别是在规模和方式上)。

当整个国家为确保其在全球经济中的领先地位而深思并为之奋斗时,这些问题对本区域来说则更为尖锐。从 20 世纪 70 年代后期到 80 年代中期,本区域的发展速度略低于全国,并在最后的经济衰退期丧失了大量的就业岗位,复苏也更为缓慢和不均衡。结果是自 1987 年以来,当全美实现了 11%的就业增长时,本区域的就业率却下降了 5%。

截至 1992 年的十年间,尽管全美其他成熟的大都市区发展也不顺利,包括波士顿、克利夫兰、费城、芝加哥、底特律等,但三州大都市区的增长较之更为缓慢。相比之下,在西雅图、亚特兰大等迅速增长的区域,就业增长超过了 40%,而三州大都市区的就业增长却低于 10%。

本章是区域规划协会对本区域未来 25 年经济发展进行的预测与分析。结合经济活动的历史性转型,协会提出了近期、远期的经济预测,并按照这一预测,识别了本区域在全球经济竞争中的机遇与挑战。

这一分析的中心思想是,区域内任何一个村、镇、市、州或者邻里如果认识不到所在区域对于它们自身的重要性,就无法现实地思考自身的未来。决定贸易、资本和劳动力流动的是经济区域而非行政辖区的表现。区域内各个独立组成部分未来的繁荣,更多地依赖于它们联合起来之后与诸如大洛杉矶或者伦敦地区进行抗衡的能力,而不在于其自身之间相互竞争的能力。

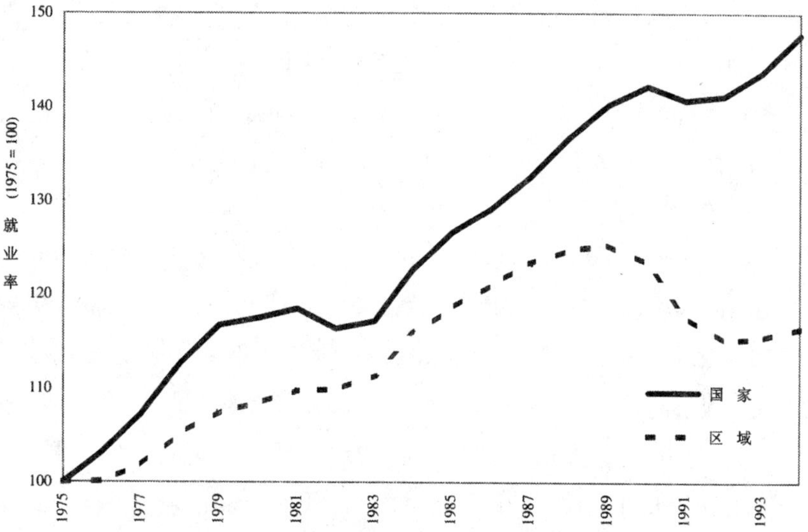

图表4　1975～1994年三州大都市区与全美就业增长情况对比

资料来源:美国劳工部及康涅狄格州、新泽西州及纽约州的劳动部(United States, Connecticut, New Jersey, and New York Departments of Labor)

区域	1982	1992	增长率(%)
1. 西雅图-塔科马	1 310 000	1 919 000	46
2. 亚特兰大	1 319 000	1 924 000	46
3. 达拉斯-福特沃思	1 930 000	2 605 000	35
4. 华盛顿-巴尔的摩	3 355 000	4 373 000	30
5. 洛杉矶-长岛	6 247 000	7 876 000	26
6. 旧金山-圣荷西	3 172 000	3 915 000	23
7. 迈阿密-劳德代尔	1 384 000	1 706 000	23
美国	**114 152 000**	**139 289 000**	**22**
8. 丹佛	1 131 000	1 377 000	22
9. 底特律-安阿伯	2 208 000	2 690 000	22
10. 芝加哥	4 046 000	4 733 000	17
11. 费城	2 175 976	3 192 000	16
12. 克利夫兰-阿克伦	1 400 000	1 579 000	13
13. 休斯敦-加尔维斯顿	2 006 000	2 247 000	12
14. 波士顿	2 978 000	3 322 000	12
15. 三州大都市区	9 675 000	10 465 000	8

图表5　1982～1992年全美最大的大都市区的就业增长

资料来源:美国经济分析局(U. S. Bureau of Economic Analysis)。

各区域为美国经济分析局定义的标准大都市统计区

目前，世界上各大都市区的增长均超越了中心城市的边界，并构成了一个个完整的经济体(过去唯有单个城市能扮演这一角色)。在美国，大都市区中的郊区份额，已从1950年的30%上升到1990年的60%以上[1]。在区域内部发生变化的同时，外部条件也经历着翻天覆地的变化。电信技术的进步、全球管制的放松、军事联盟的衰落，削弱了国家对经济发展的掌控。这使得商品、服务和人员等要素在经济区之间得以更加自由地流动。

有多份文献论及城市与郊区之间日益加深的相互依赖性以及大都市区逐步增强的主导地位。例如，安东尼·唐斯、尼尔·皮尔斯(Neil Pierce)、大卫·腊斯克(David Rusk)、威廉·巴恩斯(William Barnes)和拉里·莱德布尔(Larry Ledebur)都曾论述过郊区经济发展与中心城市命运紧密相连的关系[2]。

在三州大都市区，多方证据表明，本区域的发展既是世界总体发展趋势的一部分，也是一个地方性的问题。在这里，每个地区都必须高度关注其相邻社区的福祉。

- **本区域城市和郊区的就业增长彼此互补，而不是通过相互损害实现增长。**罗格斯大学城市政策研究中心提交给区域规划协会的一份报告指出，纽约市的发展促进了本区域郊区的发展；只有制造业是一种被替代的关系：当城市制造业就业下降时，郊区的就业反而上升。近年来，郊区制造业就业遭受的损害远没有城市制造业部门严重，部分原因在于郊区的制造业是因城市制造业的削减而实现增长的。但金融和其他服务业的就业，城市与郊区同增共减。在四个次区域中，长岛郊区的经济增长与城市的命运联系最为密切，其后依次为新泽西、康涅狄格和哈得孙中部地区[3]。
- **本区域城市发展依赖郊区为其提供丰富的劳动力资源，郊区发展则依赖城市的就业机会并实现收入增长。**纽约市依赖郊区为其提供超过1/5的劳动力资源，在管理层和专业技术层所占份额更大。因此，在纽约市产生的收入中，31%属于居住在郊区的通勤族。这440亿美元约为郊区居民总收入的1/5，受益者远不止那些居住在郊区而在城区上班的通勤族。首先，上述通勤者的消费，为郊区的商业及其雇员带来了明显收益；其次，全体郊区居民都从扩大的税基中普遍受益。除在纽约市谋生的通勤者外，其他区间流动的通勤者也对本区域地方经济发展发挥显著作用，例如

5万在伯根县和费尔菲尔德县工作的哈得孙河谷的居民，以及22万在新泽西、长岛或者威切斯特上班的纽约居民[4]。

- **区域的各个部分在1989～1992年的经济萧条中遭受了同样严重的衰退。**随着华尔街金融中心的雇员收入停止增长，金融市场衰退的警钟在区域经济中不断回响。国防预算缩减使康涅狄格州和长岛地区严重受创（因当地有大量国防承包商），很快，纽约市、新泽西和哈得孙河谷的供应商网络也受到影响。公司裁员影响到整个区域——私营企业的决策导致区域内多个地区的劳动力减少。1992年以后，所有地区开始从萧条中缓慢复苏，尽管就业岗位的变化幅度比1989～1992年间还要大。

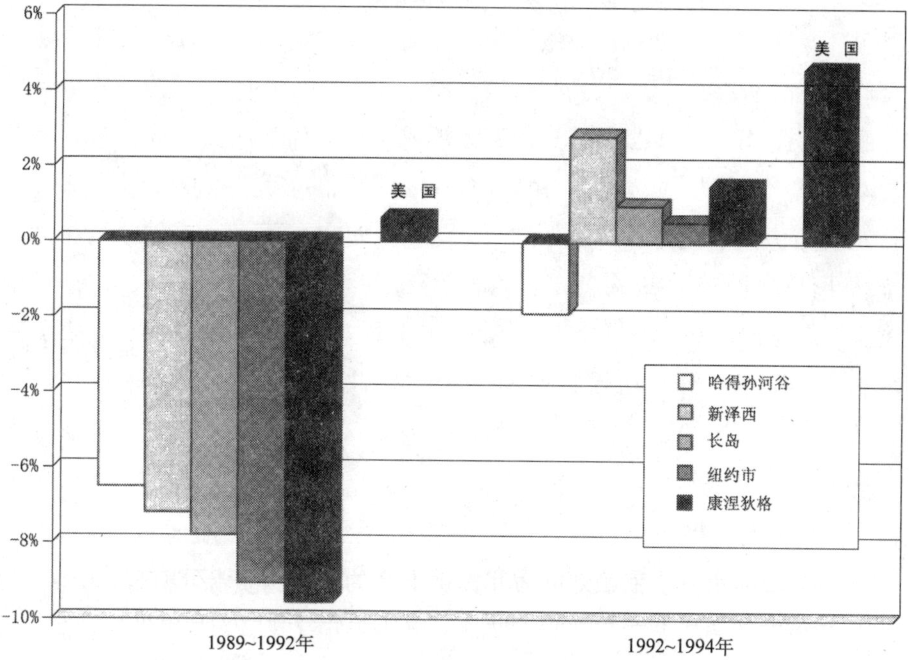

图表6　1989～1994年三州大都市区主要地区就业变化

资料来源：美国劳工部（State Department of Labor）及康涅狄格州、新泽西州及纽约州的劳动部

不同地区出现了类似的增长模式。部分原因在于，当地的每一个行业都是区域网络，或者说是由供应商、客户、合伙人、相关机构及基础设施组成的"集群"中的

一环。最好的例子就是该区域的出版、广播和通信公司形成的集群。传媒公司尽管以曼哈顿为中心,但其研究、销售、制片和后期制作等活动遍及整个三州大都市区。它们的发展依赖新泽西的印刷公司、皇后区的电影工作室和长岛的技术研究机构,也为这些机构带来业务。遍布整个区域的教育机构培养了推动媒体服务业发展的科技与创意人才,本区域还为这些人才提供了居住的家园。本区域的电信网络为整个地区媒体的联系提供运营服务,同样发挥着至关重要的作用。

追溯经济停滞的根源,我们必须认识到,为了吸引来自全美乃至全球的企业,既需要发育良好的核心地区,又需要充满魅力与活力的郊区乃至远郊地区。全球导向型的公司在区域核心地区的集聚,不管它们最终是否留在核心地区,都已成为吸引新的跨国公司到来的最主要原因。本区域其他地带的活动,无论是斯坦福的金融服务业,还是新泽西的商业服务中心,其成功与否都有赖于本区域能否继续保持全球经济活动中心的地位。同时,核心地带之外的区域中心,可为那些重要的支撑性服务行业,以及需要彼此接近但又无须成为中央商务区组成部分的活动提供高成本-收益空间。更重要的是,由区域各社区提供的多元生活方式及多种娱乐机会,是上述区域平衡发展不可或缺的部分。正因如此,本区域才能够吸引并留住那些全球性企业所依赖的资深雇员。全球经济最具讽刺意味的事实就是,我们必须为了竞争而合作。企业、州政府、地方政府和居民对确保全区域的经济繁荣享有共同的利益,而这一协作行动源于对相互依赖性的共同认识。

1. 预测:从衰退到增长

在过去的 20 年中,电脑技术、电信技术在美国商业领域中的普及与自动化制造技术的传播,带来了区域经济的重大结构转型。由于消费、产品和生产工艺的根本改变,本区域长期以来作为公司及金融活动的中心,已成为全美最先进的以知识为基础的服务型经济体,直接与全球市场紧密相连。早在 1977 年,本区域的服务业已大大超过产品制造业[5]。从那以后,服务业实现了实质性增长,市场导向已成为区域经济增长的驱动力。

当市场范围从着眼全国转变为瞄准全球,与全球信息传输、生产和配送网络联为一体,并因商品贸易的自由化协议而进一步拓展时,作为全球高附加值产品的设计、管理和金融服务的中心，服务-知识型世界城市出现了。纽约、伦敦、东京是全球城市体系的首要中心，该体系还包括巴黎、法兰克福和香港。每个城市区域都拥有世界城市基本功能的某些表现，其中以纽约为中心的三州大都市区功能最具多样性。

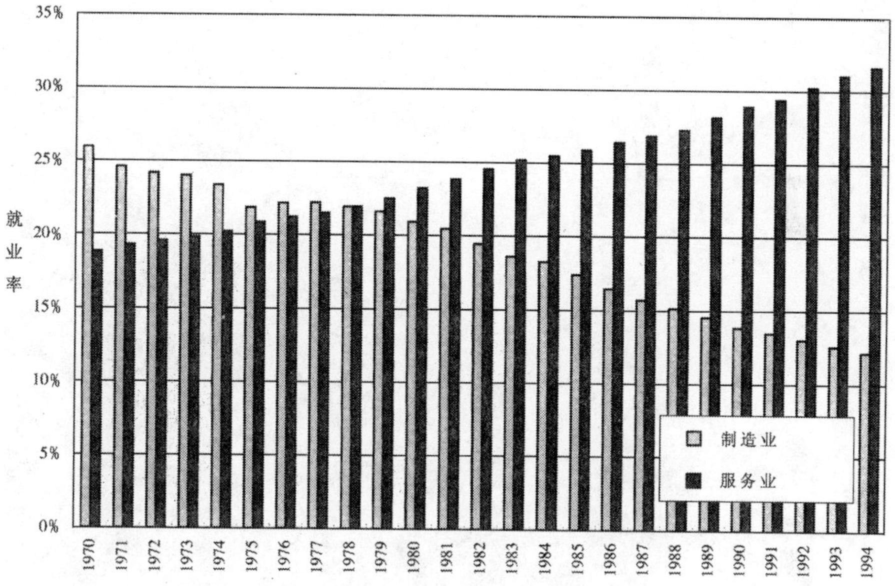

图表7　制造业与服务业就业变化

资料来源：康涅狄格州、新泽西州及纽约州的劳动部

在资本市场领域，全球半数以上的证券交易发生于本区域，远远领先于伦敦与东京。1994年，纽约证券交易所的资金周转额超过3万亿美元，而第二活跃的资本市场——东京的资金周转额还不足1万亿美元。今天，更多的外国公司选择在纽约的交易市场上市，上市量超过了伦敦、法兰克福、巴黎与东京交易市场的总和。在国际法和会计学领域，英美体系是公认的标准，而伦敦是我们唯一的竞争对手。全球20个最大的国际律师事务所中有5个在本区域注册，主导着市场；全球6个最大的会计师事务所中有5个将总部设置于本区域。

由于世界城市相互竞争，主要贸易集团开始形成并日益加强其在全球范围内的联系，国家边界随之不再能阻隔遍及全球网络的资金和信息等要素的自由流动。

要素流动有时甚至凌驾于国家的经济政策和文化差异之上。作为全球金融交易和国际商业决策中心，以及欧共体、西半球及环太平洋地区的主要贸易伙伴，本区域的经济表现越来越少地依赖国内市场。1970～1989年间，随着1977年之后出现的经济增长，本区域就业人口从790万增长到950万，与国际贸易和全球市场一体化的加速期恰好一致。

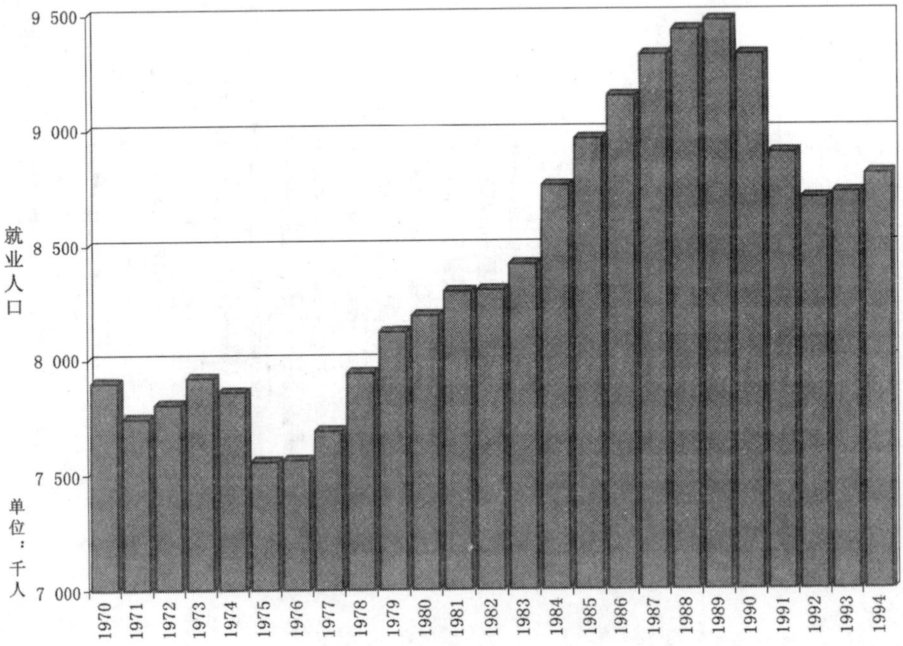

图表8 1970～1994年就业变化

资料来源：康涅狄格州、新泽西州及纽约州的劳动部

1989～1992年间，在进入全国性经济衰退期前后，正好赶上全球性资产缩水和股票市场崩盘，本区域损失了77万个就业机会，即8%的薪酬就业人口。在1990～1991年全国经济衰退期的中期，本区域损失的就业机会占全美损失总量的3/8。从1993年开始，当欧洲和日本从严重的大萧条中走出来时，本区域也逐渐复苏。到1995年中期，已产生了20万个就业机会。这些新增就业岗位与1989～1992年动荡期内失去的就业岗位有着显著的差别，也不同于1971～1989年大扩张时期产生的工作机会。

从1993年初起，除制造业、政府机关和建筑业外，本区域所有部门就业岗位的损失已得到弥补。商业、非营利行业和金融服务业中增加了更多的新机会，超过了1989～1992年间的损失。另外一部分就业机会出现在贸易和金融服务业。目前，非农产业的就业在整个区域中保持着约890万个就业岗位的水平，高于1992年的870万个就业岗位，但低于1989年的950万个岗位。制造业的就业岗位仍处于流失之中，损失量约为1989～1992年的1/4，公共部门的活动也在持续减少。当前，高级服务行业创造就业岗位的速度，较之1977～1989年间的表现不相上下，但就零售业和金融服务业而言，本轮的增长明显低于上轮。

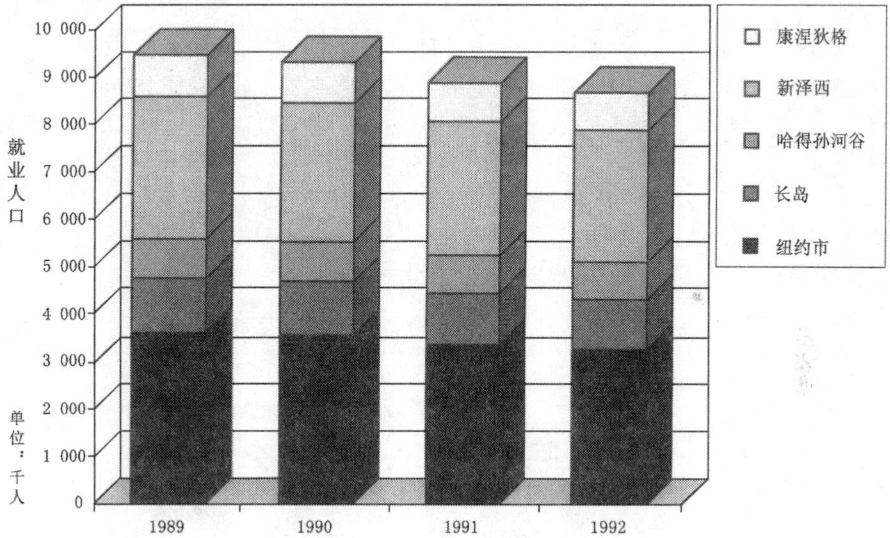

图表9　1989～1992年区域就业变化

资料来源：康涅狄格州、新泽西州及纽约州的劳动部

新增就业机会的地域分布，有别于刚刚过去的复苏期。整整25年间，纽约市未能恢复到1969年曾达到的380万个就业岗位的巅峰水平，同时所有净增就业岗位都产生于城市以外地区。可以肯定的一点是，在不断全球化的1977～1989年间，纽约市新增了42万个就业岗位，约为区域新增总量的1/4。但在1989～1992年间减少的就业岗位中，城市的流失量高达42%，仅纽约市自身就损失了1977～1989年间产生的就业岗位总量的3/4。1993年以来，纽约市大约新增了4.6万个

就业岗位，增幅较小，但与区域就业的总体复苏趋势保持一致。

1995年，本区域的就业水平保持在1 050万个就业岗位，高于1992年的1 020万个，但低于1989年的1 080万个。就业总人数大于薪酬岗位数，因为其中包含业主或自主创业者。1989～1995年间，自主就业人口从130万上升到160万。1989～1992年收缩期内自主就业人数的增长快于近年，原因是该时期那些被机器替代了的薪酬工人纷纷转向全职或兼职的独立工作合同。由于许多自主创业业主的工作具有自愿性和临时性，工作地点也不确定，因此，薪酬就业岗位是区域经济增长与发展更可靠的度量标准[6]。

随着新的工作机会不断产生，我们可以发现，经济结构的转型不仅体现在产品、行业构成及终端市场上，还体现在先进技术的运用和生产要素作用的增强上。到1993年，超过5 100万人（约占全美雇用劳动人口的43%）在工作中操作电脑[7]。平均而言，美国人均电脑使用率是德国的二倍，是日本的三倍。复杂的全球交易需要大型电脑系统，以及界定清晰的法律、金融、会计体系，同时需要更为可靠、完备的电信基础设施。在过去的十年间，跨洋电缆和卫星通信系统的总容量扩

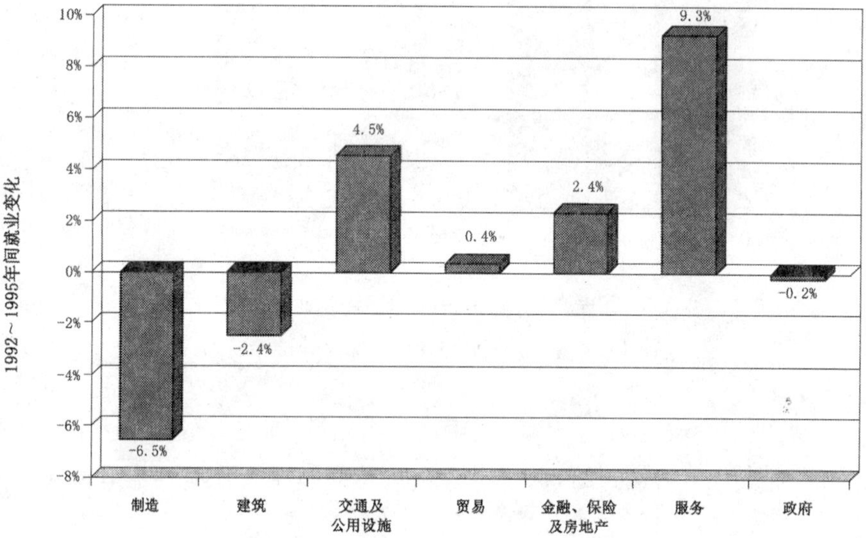

图表10　1992～1995年各行业就业变化

资料来源：康涅狄格州、新泽西州及纽约州的劳动部

大了十倍，它们已将本区域与全球其他竞争力强劲的世界城市紧密联系起来。

然而，与技术因素相比，质量意识和劳动力技能已成为决定经济竞争力的更重要的因素。对全球竞争力起关键作用的高技能工人之所以被大都市区所吸引，原因不仅在于这些地区的工作机会，还在于其生活质量。与其他生产要素（甚至包括区位优势）的重要性不断下降的趋势相反，知识经济强调的是认知能力和人际交往能力的提升。因此，教育水平是成功的最佳预测因子。1980～1990 年间，得到本区域 2/3 以上新增就业机会的均为大学毕业生。行政、管理、专业和技术领域的高技能岗位占据了新增就业机会的 3/4。

针对"人类技能如何与机器替代有效契合"的问题，或者是更为广泛的关于"技术，尤其是信息技术，其所替代的就业岗位是否超过了所创造的岗位"等问题，还不能得到肯定的答案。但显而易见的是，技术提高了对劳动者的技能要求，催生了对产品和服务的新需求，而这一切是通过提高生产力并随之提高实际收入，以及通过制造出新型产品以满足消费得以实现的。新型产品既包括直接利用新技术制造而成的产品，如交互式视频，也包括那些由于收入增长而变得可承受的服务，如家政

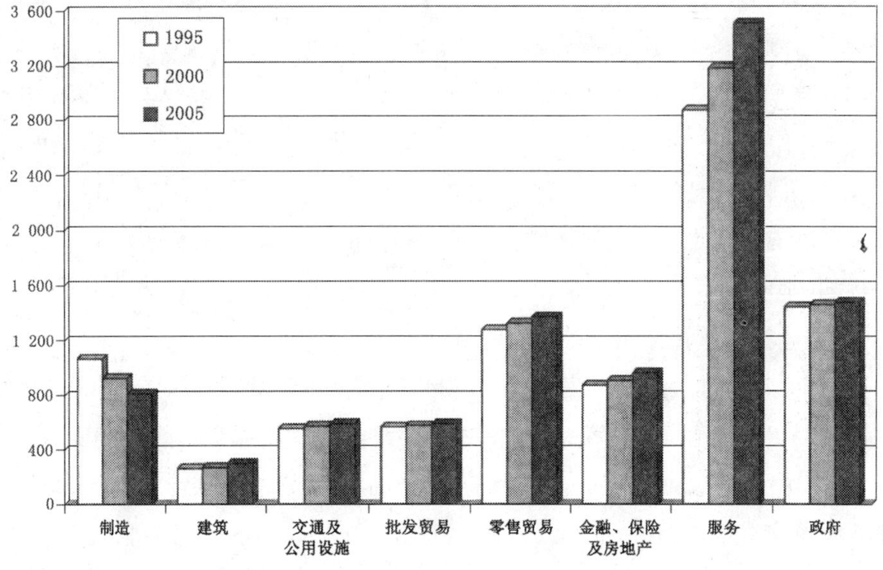

图表 11　1995～2005 年就业近期展望(区域)

资料来源：纽约市交通管理局(New York Metropolitan Transportation Council)

服务。因此，与其说新技术带来就业的净损失，不如采用与事实更相符的说法，即技术的补偿效应具有持续性，区域经济将产生新的工作岗位，既包括高技能要求的岗位，也包括低技能要求的岗位，而区域内的收入分配也将反映出生产力要素逐渐扩大的差异性。

(1) 近期展望:严重衰退后的缓慢复苏

1995～2005 年，本区域的主要特征是:从 1989～1992 年就业岗位大量减少的危机中缓慢复苏。这一近期展望的假设是国内及国际需求适度增长，本区域在全国就业中的份额持续下降。

本章所涉及的近期、远期预测均为需求驱动型预测。它们建立在对不同行业发展趋势预测的基础之上，反映的是本区域对国内乃至国际增长预期的实现情况。假定本区域将会在基础设施、劳动力和公用设施方面进行充分投资，以获得足够的能力实现需求驱动型增长。换言之，这既不是最好的也不是最坏的前景预期。如果本区域无法充分提高劳动力的技能水平或基础设施容量，就达不到预测的增长水平；相反，适宜的劳动力技能水平、充足的资金投入加上合理的政策，甚至能扩大本区域在全球增长中的份额[8]。

非农薪酬就业岗位，1995 年保持在 890 万个，到 2005 年将增加到 960 万个，即比 1989 年就业高峰期还多出 12 万个岗位。在下个十年中，区域的薪酬就业率将以 0.75% 的年均复合增长率增长，约为全美就业增长率(1.4%)的一半。1995～2005 年，预计本区域将新增 69 万个就业岗位，而按照全行业国家平均增长率来预测，则应产生 140 多万个新岗位。在这空缺的 73 万个就业岗位中，服务业、政府、零售业和制造业岗位格外引人注目。

到 2005 年，本区域应当已从 1989～1992 年的衰退中彻底复苏。然而，纽约市的完全恢复可能要到 2005～2010 年间才能最终实现。到那个时候，由于私人服务业的增长，可能再现 1989 年 360 万个工作岗位的就业水平。预计整个区域制造业的就业岗位将进一步减少，而纽约市每 3 个制造业岗位就有 1 个面临流失。其他行业包括建筑业、批发业、仓储业等，将缓慢增长。尽管制造业的就业岗位减少了，但制造业产品的产量及货运量，无论是输入还是输出，都将持续增长以适应国内市场和国际贸易的需要。但全美与本区域生产设备的进一步自动化，可能会抑制部分新增就业岗位的形成。

包括商业、高级企业服务、通信与信息、金融与房地产、非营利机构、个人护理与保健、旅游、休闲娱乐及零售贸易等在内的服务业，将在本区域新一轮增长中占据更为重要的位置，未来十年内将产生 82 万个就业岗位。这听起来或许令人振奋，但是，如果这些行业都以全国总体水平增长的话，其就业岗位甚至还可能增多 40 万个。区域内公共部门的职位则很难增加，因为政府预算的大幅削减从本质上排除了岗位增加的可能性。1995～2005 年间，各级政府的岗位数将基本保持不变，这与国家的预测再次形成鲜明对比。如果本区域公共部门能以国家公共部门预测的平均岗位增长率增长，则本区域未来十年可获得 19 万个新的公共部门工作岗位。但是，如果本区域继续落后于全国的经济发展水平，到 2005 年，本区域失去的岗位数将高达 59 万个。

对近期发展的总体看法是，这将是一个温和的复苏期，也是解决区域关键问题的重大机遇期。在这一时期，基础设施容量足以容纳就业；资本足以满足私营部门的投资；通勤、电力和通信系统也具备足够的能力来承载人流与信息流。但是本地区将在以下能力方面存在欠缺，即适应超出 1989 年水平的新型商业和就业活动的承载能力，这最初会在交通系统表现出来，之后会延伸到环境、劳动力和其他系统。因此，必须尽快投资于那些一度被忽视、现在必须修复至良好或充足状态的行业，如成人教育和劳动力市场需要的就业培训，着眼于长远的小学和中学教育，适价房的建设，以及交通和环境基础设施系统建设等。

(2) 远期展望：经济可持续增长的机会

预计本区域远期（2005～2020 年）发展的特点表现为：由强劲的全球经济驱动的经济可持续增长。这一预期假定本区域在基础设施、劳动力资源和社区建设等方面投资充分，从而能与当前本区域产业和人口的发展趋势一致，并获得在全球增长中应有的份额。

本区域如果不能满足更具竞争力的、技术更复杂的全球经济的要求，特别是如果不能在劳动技能、先进基础设施及生活质量方面进行充分投资，则以上前景无望实现。但如果在下一个十年能够充分投资并且有效拓展容量，则本区域的远期增长将在几十年里首次达到甚至超过全国的总体水平。从长远来看，本区域越来越依赖全球经济，其在经济发展中的表现将明显超过国家经济。

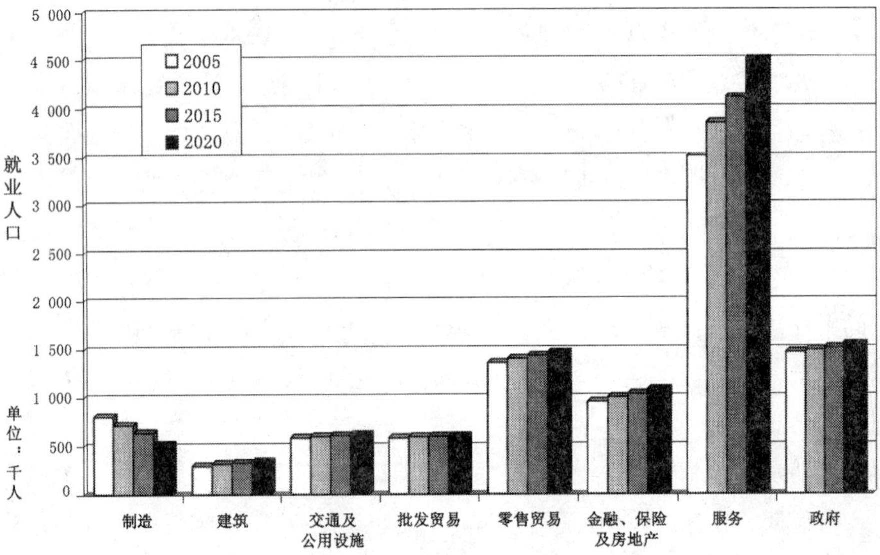

图表 12　2005～2020 年就业远期展望（区域）

资料来源：纽约市交通管理局

2005 年后，人口的制约将对美国经济产生影响。随着战后“婴儿潮”一代进入退休年龄，劳动力资源将锐减。尽管全美工作岗位的形成速度受限于劳动力的增长速度，本区域却能从国内、国际两个来源补充劳动力资源。因此，区域就业岗位的增长是人口增长的主要决定因素。2005～2020 年间，国家经济的平均增速预计为 0.7%，约为 1995～2005 年平均增速的一半。受全球经济加速增长的驱动，在对劳动力、基础设施和生活质量方面进行充分投资的前提下，本区域将达到然后超过国家的增速。在此期间，预计本区域就业增长率为 0.75%，尽管低于 1995～2005 年的预测水平，但在全美经济增长放缓的背景下，其表现仍相当突出。

全球市场力量可望在以信息产业为基础的高端服务业中，实现区域就业岗位的增加，这包括金融服务、跨国商务管理、电信和多媒体电脑服务、设计和工程、高新技术研发、艺术和旅游等。全球经济的强劲需求来自两个方面：一是发展中国家随着经济日趋成熟将加快发展步伐；二是信息技术的迅猛发展从长远来看将显著增强生产力和经济实力，尽管由此所导致的收入差距扩大的趋势也将持续。

可以肯定的是，这些行业将支持知识密集型而非劳动密集型就业岗位的增加，其特征表现为高生产率及相应的高工资。尽管全球市场中的高技能就业岗位数量有限，但由高收入者带来的地方消费将催生难以被技术所替代的个性化服务需求，个人护理、卫生保健、教育、环境服务、医疗和娱乐仅为这类需求中的一小部分。

总体而言，从长远来看，按产业划分，服务业创造的就业岗位数将由350万个上升到450万个，金融业岗位从100万个上升到110万个，零售业岗位从140万个上升到150万个，行政管理岗位从150万个上升到160万个。与此同时，制造业的就业岗位将持续下降，由80万个降到50万个；2005～2020年间，建筑业和交通运输业新增就业岗位数均不会超过10万个。

图表13　新兴服务业。如彭博新闻社(Bloomberg News)所阐明的，网络经济的重点是提供专用的信息

本区域经济发展对劳动力技能的需求可能沿两条路径分化：高端方面更为重视认知技能、交流和管理复杂系统的能力，收入高低取决于所提供的知识的价值；

低端方面则强调个人服务、手工技能，以及令人愉悦的行为和技能，收入按工作时间长短来衡量。

上述机制将使区域的富有阶层与低收入阶层之间的收入差距进一步加大，新型工作方式的出现是驱动因素之一。以知识为基础的收入机制，科技驱动型生产率的提高，以及产业集群的竞争优势，将有助于吸引并留住高端服务业从业者——全球业务经理；金融、法律、设计等行业服务人员；专家、科学家；咨询顾问；大众传媒、艺术和文化团体从业人员。许多自主就业者将独立工作或以虚拟公司的方式发挥作用，形成并再造不同的竞争形式。

相比之下，常规的产品生产与服务提供型技能岗位，包括许多蓝领和标准化白领岗位，则可能面临转移海外、被新技术所取代，或者由雇主按需取舍的命运。在持续的压力下，这类岗位的员工将不得不接受降薪以保持在全球市场上的（成本）竞争优势。那些在区域市场提供个人服务的行业，如零售、医疗保健、社会服务、政府及消费服务等，主要面对地方需求，所需要的培训和资金投入相对较少，这一因素也将从他们的生产效率和收入中反映出来。

2. 经济趋势及问题

要在业已形成的全球经济中变得更具竞争力，本区域必须认识到它所面临的新挑战。当然也存在作为发展基础的比较优势，也就是那些随着全球联系对经济成就的重要性日趋明显而日益增强的优势。

(1) 对竞争力和公正增长的挑战

全球经济转型及其对区域的影响，用以下两个词组来概括最为贴切，即“网络经济”和“沙漏经济”。

“网络经济”改变着全美及全球企业的地理区位、劳动力市场需求和营销战略。只需通过信息高速公路进行信息传输便可实现相互联系的移动业务，导致不再需要大量人工来联系客户、经理以及近距离共同工作。现有的货物和服务配送网络，必须适应新的、通常基于家庭的电子采购和配送模式。传统的通勤工作模式，也因24小时生产和日益增加的“电子通勤”而大为改观。基本技能缺乏的问题已给劳动力资源带来沉重负担，现在又必须面临电脑使用技能的新要求。

“沙漏经济”则指高收入和低收入工作岗位同时增加，中间收入岗位却不断减少的现象。第二次世界大战后的几十年间，随着收入和财富的增长，不断有劳动力从中产阶级中分离出去，但这一趋势在20世纪70年代趋于平缓。1969～1979年间，美国家庭的平均收入增长了21%，而1979～1992年间增长仅为5%。但是，占60%的中产阶级家庭的收入在1979～1992年间却减少了；占20%的最富有家庭在绝对数额及相对份额上均持续增加，占收入总额的44.6%；而占20%的低收入家庭的收入减少了14%，仅占收入总额的4.4%[9]。

此外，为追求在全球市场上的成本竞争力和证券市场中的股票价值，企业纷纷重构劳动关系，更倾向于签订短期就业合同，更多地采用绩效工资制。公司重整计划还导致兼职岗位增加，缺乏职业保障、福利待遇及适应性再培训的临时劳动力增长。同时，那些由能够运用知识、社交及虚拟办公技术的独立专业人士构成的高技能骨干队伍迅速扩充。本区域大量的外国移民、持续的就业及住房歧视、资金和教育资源的不平等，以及可能危及社会安全的预算削减，都使得驱动区域发展的力量进一步复杂化。

(2) 塑造竞争型区域

为明晰本区域的竞争优势和所面临的挑战，区域规划协会和麦格劳-希尔经济顾问公司对区域的主导产业进行了评估，并邀请业界领袖参与合作，共同确定产业重点，并制定了应对竞争力挑战的发展策略。八大输出性产业集群连同其在当地的供应网络接受了评估。这些产业集群推动着本区域作为资本市场、企业管理、信息产出、贸易和商品生产以及艺术和大众文化领域的全球中心而不断向前发展[10]。

- **金融服务业**：银行、证券、保险、房地产等。确定了本区域作为国际金融中心的领先地位，产值占区域总产值近20%。
- **商业服务业**：会计、法律、广告、咨询服务和其他专业及办公服务。为本区域复杂的企业总部和国际金融服务体系提供网络支持；本区域是全球上述服务的最大输出地区。
- **媒体服务业**：出版、广播、印刷和电信。支撑本区域成为全球通信的首要

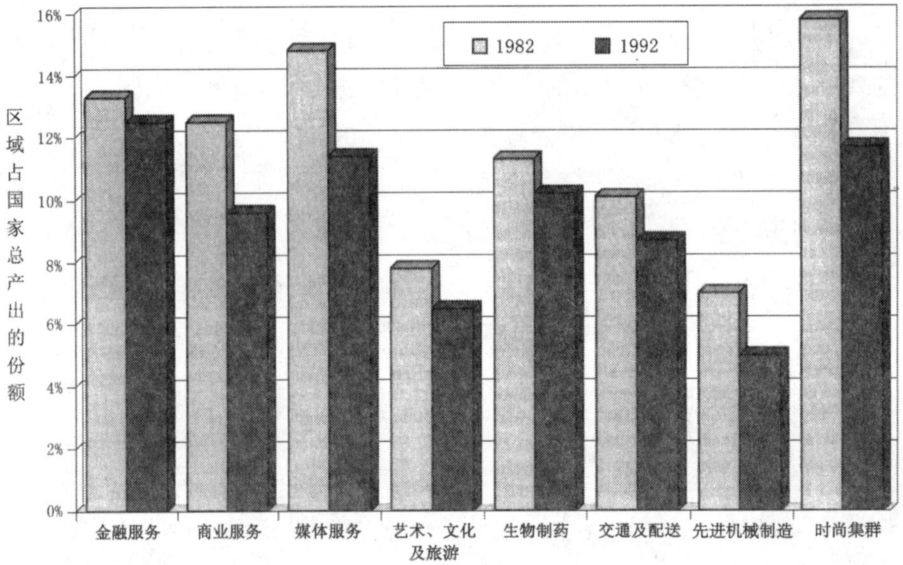

图表 14　1982～1992 年本区域主要产业集群产出占全美的份额

资料来源：麦格劳-希尔经济顾问公司(DRI/McGraw-Hill, Inc.)：*The Tri-State Competitive Region Initiative, Diagnostic Assessment*, 1994 年 4 月

中心，同时为信息驱动型经济提供强大的核心竞争力。

- **艺术、文化和旅游业：**剧院、博物馆、画廊、艺术展示中心、酒店、餐厅及旅游服务，不仅是就业机会和收入的主要来源，还是保障本区域生活品质的重要领域，其创造力源源不断，为整个经济注入活力。
- **生物医药业：**保健服务、药品和生物制品及医疗设备生产，为本区域提供了 10%的就业岗位，并提供重要的研究与技术基础。
- **交通运输和配送业：**航运和海运、公路和铁路运输、仓储和物流服务，维护着本区域作为全球商业中心的地位，是本区域与全球经济有形联系的重要组成部分。
- **先进机械制造业：**制造电子元器件、通信设备、飞机、仪器仪表和工业机械，雇用了近 30 万名员工，是构成本区域多个地方经济体的重要基础。
- **时尚集群：**生产和销售服装、化妆品、首饰。维持着本区域作为顶尖国际时尚之都的地位，并且是创造就业机会的主要来源。

由各产业集群领导人所识别出来的挑战，主要反映在劳动力构成、生产投入和每个集群的市场变化等。所有这些为公营、私营部门的战略投资及合作提供了基础。

金融服务业方面，最应优先考虑的是人力资源的极端重要性，以及担心由于电信技术、管制环境的变化可能会削弱金融专业人才和全球服务在该区域的聚集。

- 积极应对逆中心化发展，增强本区域作为金融中心的优势，保有证券交易所等重要机构，吸引外国金融公司。
- 改善区域生活质量，包括改善公共安全、降低年轻专业人士购房的相对成本、缩短通勤时间及保护、发展文化和艺术。
- 提升就职于入门和中等技能岗位的劳动人口的基本技能。

商业服务业面临的主要挑战与金融服务业类似，同样是生活质量和劳动力的问题，以及该集群大公司总部的传统客户群趋于减少的问题。

- 改善生活质量以留住和吸引专业人才，他们约占集群劳动力总数的55%。
- 通过开拓国际市场及支持本地新兴产业的发展，使集群客户基础多元化。
- 提升本区域学校和高等院校的培训能力，确保劳动力掌握所需要的专业技能。

媒体服务业是一个充满活力的产业。首先应考虑的是创意人才，同时应关注技术运用与管制环境。对于这一充满活力的行业而言，新产品开发的步伐比产业机制与管制体制更具决定性影响。

- 留住并吸引创意人才，不仅应消除影响生活质量的消极因素，还要保证区域拥有充满活力的文化生活。
- 通过清除管制上的障碍，扶持新兴产业公司成长，培育新兴企业。
- 针对通信基础设施，制定超越行业和政治壁垒的协调性投资战略。
- 培养能操作电脑并且具备通信、媒体相关基本技能的劳动力。

艺术、文化和旅游业面临的挑战，集中于保护能带来旅游收入及活跃区域经济活动的文化遗产，以及认识到艺术在创意产业（从时装设计到多媒体产品）中的重要作用。

- 维持区域作为创意人才聚集地的地位，重点关注艺术家们的住房、工作环境及专业需求。
- 将艺术与商界、政府和民间团体的行动计划更紧密地结合起来。
- 政府支持与私营企业资助相结合，共同满足艺术发展的资金需求。
- 维持本区域在艺术培训、教育领域的中心地位，特别应使艺术教育成为学校教育的核心课程。
- 通过改善交通及信息条件，提升本区域多元文化遗产的可达性和对旅游者的吸引力。

在**生物制药**领域，必须增强吸引智力资源的能力，应建立新的联盟以应对广泛的产业转型，同时亟须增强单个生物制药企业和保健机构与大型生物制药研究中心竞争的能力：

- 通过提升生活质量和增加科研经费来留住人才，改善人才供给。
- 形成生物制药企业与医疗保健供应商之间的合作机制，如建立临床试验和产品开发的伙伴关系。
- 为商业性研究与企业发展提供更多机会，解决知识产权及研究者与生物公司之间信息沟通的问题。
- 为生物制药集群创建区域标志系统，以提升区域资产，制定协调型管制政策。

对基础设施的需求取代了**交通运输及配送**领域的其他所有问题，铁路货运能力不足、高速公路拥堵、土地成本高昂等问题导致了商业货运的高成本构成。

- 全面解决公路系统拥堵的问题，将重点放在商业运输多模式联运的衔接上。
- 对限制新设施开发的土地利用政策进行改革，尤其是要改革限制工业用地再利用的一些环境制约方面的规定。
- 协调各州之间的税收和管制政策，包括对于货车规格和载重的限制，实现美国东北部的货流无缝衔接。

在**先进机械制造业**领域，最大的挑战来自由萎缩的国防预算、竞争更加激烈的市场以及高昂的生产成本共同构成的问题。

- 引导公职人员以“制造业很重要”的心态制定土地利用、税收和管制政策，

图表 15　区域道路及高速公路上的交通拥堵构成竞争劣势

支持本区域仍具优势的制造业的活动。

- 加大对公共基础设施特别是交通基础设施的投资，以降低生产成本，确保获得充足的劳动力资源。
- 通过行业培训，强化关键职位的劳动技能，增进企业与教育部门间的协作。
- 对于区域内易受成本和复杂运作影响的小型企业，加大财政、技术和管理方面的扶持力度。

时尚集群的立足点是本区域在设计、高附加值产品生产、制样、再订购生产和销售等方面的优势，其首要问题反映在产业转型方面。

- 通过改善服务和加大协同推介力度，吸引国际买家，提升本区域时尚产业集群的形象。
- 在技术升级、劳动力培训及市场营销领域，通过协调投资，形成弹性生产力。

- 通过把城市中心打造成一个更具吸引力的宜居、宜商之地，保持区域的活力与创造力。

在识别各产业所面临的竞争性挑战的过程中，各相关行业领袖就如何塑造一个与全球市场需求相适应的区域经济体，明确提出了若干应优先关注的问题。上述行业共同关注的三大优先主题是：

① 在大部分主导产业所面临的最具挑战性的问题中，“吸引并留住创新型人才的能力”被多次提及。改善本区域的生活质量显然是保持竞争力的首要关键。

② 随着对沟通技巧、判断能力、专业技能要求的不断提高，持续提升现有劳动力的劳动技能，受到了更多的关注。

③ 要保持运营成本的竞争力，并使企业具备应对快速变化的国际、国内市场的灵活性，必须形成高效率的基础设施和管制体系。

越来越多的证据表明，在这三大事关竞争力强弱并且需要优先关注的主题上，如果延续当前的趋势，我们将沿着错误的方向越走越远。

(3) 区域生活质量对比

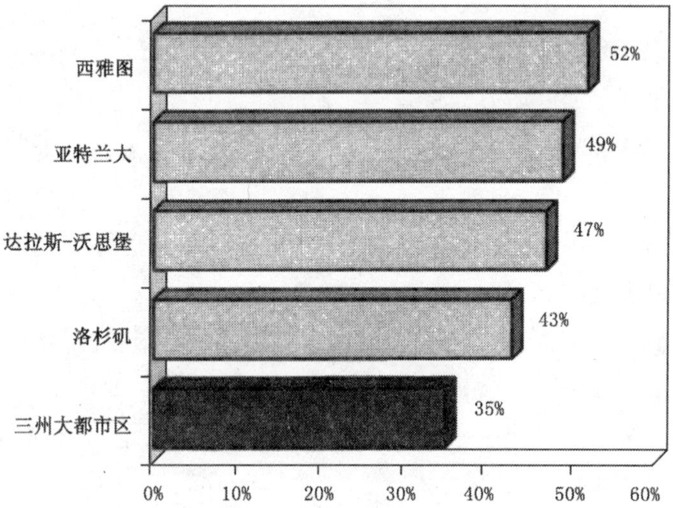

图表 16　对当地社区“十分满意”的居民比例

生活质量是描述区域居民所关注问题的惯用表述。区域规划协会联合昆尼皮亚克大学民意调查研究所，对三州大都市区及4个其他区域的居民进行了调查，以确定人们认为什么是决定其生活质量的关键要素，以及他们的满意程度如何[11]。被调查的4个其他区域——亚特兰大、达拉斯-沃思堡、洛杉矶和西雅图都不在美国东北部，但它们在20世纪80年代都经历了高速的经济增长。

调查显示，与其他大都市区相比，三州大都市区的居民对生活质量颇为不满。整个区域仅35%的人对生活质量表示十分满意，17%的人表示一定程度的不满或很不满意。相比之下，52%的西雅图居民、49%的亚特兰大居民、47%的达拉斯居民及43%的洛杉矶居民表示十分满意。调查还发现，不同收入和不同年龄段的群体对生活质量的看法存在明显差异。就三州大都市区而言，在年收入低于2.5万美元的居民中，仅28%的人持十分满意的态度，年收入在2.5万～5万美元之间的居民中，表示十分满意的仅占26%。这表明区域内中产阶级对当前的生活质量最为不满。此外，在本区域内年龄介于18～29岁之间的居民中，仅有27%的人对生活质量十分满意。

这个调查还揭示了人们对影响生活质量的关键因素的认识：安全的街道排在首位，紧随其后的是健康的社区和邻里，完善的公立学校和良好的财政制度。但当调查问及人们最喜欢所在社区的哪一方面时，最常见的答案是上班方便、靠近娱乐场所、教育设施齐备及良好的邻里或社区。

(4) 技能不足

尽管本区域不乏高水平的专业队伍与管理人才，但劳动力中仍有75%的人从未接受过大学教育，16%的人未从高中毕业[12]。尽管某些地区已有所改进，但许多城区学校学生的辍学率及学习成绩仍令人担忧。例如，纽瓦克市只有2/3的高中生在入学四年内毕业[13]。

证据显示，在不少雇主高度重视的领域，区域劳动力并不能满足雇主的要求(其基本的读写能力对雇主来说显然十分重要)。1989年的一份研究报告——《三州联合之路》("Tri-State United Way")显示，本区域总人口的22%、成年人口的18.5%不具备读写能力。该研究还估计，如果按此趋势发展，本区域每年将新增不具备读写能力的居民7万余人，到1995年，不具备读写能力的人口总数将达到450万[14]。

纽约市就业局最近的一份研究也显示，本区域居民的劳动技能严重不足。尽管被调查的雇主认为电脑使用能力越来越重要，但仍有49%的服务业雇员和33%的专业雇员存在电脑运用水平不足的问题。在所有类型的岗位中，有10%的雇员和31%的求职者缺乏基本的文化技能；28%的雇员及51%的求职者缺乏专业技术性技能；同时约有11%的雇员和45%的求职者语言表达能力无法满足要求[15]。

除了与企业生产效率有明显关联外，本区域应对经济环境快速变化的能力还依赖于劳动力对信息时代相关工具的掌握。越来越突出的一点是，不仅专业人士或办公室雇员应具备这一技能，从操作电脑辅助制图的工程师到帮助顾客挑选产品、服务的销售人员也都应该具备上述技能。

(5) 面临崩溃的基础设施

图表17　仅仅为维持现状，本区域每年都需要为正在老化及面临崩溃的基础设施投入几十亿美元

本区域在基础设施建设上每年支出约120亿美元，仅纽约州的交通设施建设费用就达55亿美元[16]。但是“面临崩溃的基础设施”现已成为本区域的老生常

谈。例如，资料显示，数以千计的地方桥梁或者存在功能性缺陷，即它们不是依据当前所使用的交通工具的重量和规格修建的；或者存在结构性缺陷，即事实上它们可能会塌陷。这其中还隐藏着一个经济发展和社会公正的问题，即所谓的隐性“补贴”。这使司机觉得过桥的费用低得不切实际。而驾车者越是认为出行成本低，驾车出行就越频繁，桥梁和道路也就损毁得越快。同时，由于驾车者并未承担全部成本，因此系统无法获得急需的资金进行维修、保养。一项保守的统计表明，全美每年未由驾车者承担的直接、间接费用约为 3 300 亿美元，即每车每公里 15 美分。这些费用表现为高速公路资产、维护和管理、停车费、产权和运营费、意外损失，以及大气、噪声和水体污染等[17]。在地方层面，新泽西的驾车者每年所获得的“补贴”超过 7 亿美元。据估计，超过 10 亿美元的地方公路运营费由物业税来承担，而不是向驾车者收取[18]。

隐性“补贴”的一大潜在问题在于，州与地方交通部门在建设、维护的真实成本方面遭受的蒙蔽，似乎不亚于广大驾车者。这使得交通部门与其他公用事业部门（无论公营、私营部门）处于分离状态，它们似乎有无穷的能力满足人们需要或它们认为人们应当需要的一切服务。在这一错误逻辑的假定下，建设、运营公路似乎是免费的。相比之下，供水与污水处理、公交运营与收费公路、私营电信与能源设施都有严格、透明的审计程序。在该程序中，成本、价格、成本回收和成本-收益都一目了然，因此可以就价格、收费和补贴需求进行理性的讨论与辩论。这一公开透明性是业主、投资商和其他债权人所严格要求的，联邦政府也对公交投资提出了这一要求，目的在于鼓励针对容量问题，形成以市场为基础的供需解决方案。例如，如果电力公司发现通过新增发电量来增加供电的成本太高，它们就会转而想其他办法来降低需求，通过宣传及向消费者提供奖励等，促使消费者在家中少用空调或买节能电器以获得折扣。在供水与污水处理行业，当它们尚不具备足以满足需求的处理能力时，会暂停系统与新管网的连接。的确，本区域交通部门中的不少单位已开始将自己重新定位为运营者或交通系统的经理人，而不再是简单的道路维修者。他们仍需要计算成本回收率，或确定必要的补贴，以维持既定的运营水平。

伴随这一纠缠不清的定价问题，产生了一个极具讽刺性的后果，那就是作为全国最富有的区域，本区域的公共财政处于捉襟见肘的境地，地方和联邦政府可用于交通基础设施投资与环境投资的资金来源正在枯竭。同时，一些关键要素，如投入大容量公交、教育设施和开敞空间的保护等方面的资金都严重不足。严峻的财政形势固然有多方面成因,但其区域影响已十分明显:大都市区运输署设想在15年内将本区域地铁和通勤铁路系统从废弃的边缘挽救回来的五年投资计划,现已无人问津。华盛顿最新流行的联邦化倾向,即将计划的制订、资助的职责向州和市下放的行动,带来的却是公交系统补贴和其他设施维护费用的大幅削减。此外,未来《联邦清洁水法》的修订,还可能进一步削减联邦政府对污染控制的资金投入。

(6) 全球中心的优势

图表18 曼哈顿支撑起整个区域,使其成为全球最重要的资本市场

无论是临时性行为还是长期投资,都应该建立在我们现有的优势之上:高附加值的产业网络、优秀的人力资源和久经考验的基础设施。作为不断演进的商业中心,本区域的核心产业形成了由供应商以及衍生行业所组成的集群,并扩散到全区域。当今的华尔街由各式各样的金融服务公司构成,它们在布鲁克林、泽西市以及斯坦福都有分支机构,其发展依赖于区域性劳动力、交通系统和电信网络。与之类似,新泽西制药产业的发展对于药学研究、生物技术的发展以及遍布全区域的相关

支撑服务具有重要的促进作用。

围绕着高附加值产业聚集起来的人才及发展起来的支撑服务，已使本区域在国际、国内经济中扮演着多项领导角色：

- **全球资本市场**：在证券及大宗商品交易所产生的全国收入中，曼哈顿所占份额越来越大，现已达到45%。世界上最大的股票、期货和期权市场与顶尖的金融服务公司在此进行交易和产品开发服务，从而保证资本在全球范围内的循环[19]。这类地区并不限于曼哈顿。纽瓦克和斯坦福的保险业及银行业，也大大扩展了其市场服务半径，从而共同形成了西半球最大的金融服务中心。尽管在外资银行领域，伦敦具有更强的国际代表性，东京拥有更大的资产基数，但纽约仍是最具活力与创造力的全球资本市场管理中心。
- **管理决策指挥总部**：包括美国公司及外国企业母公司在内的国际商业机构(超过1万家)，形成了从本区域出发，遍布全球的商品与服务生产、配送网络，从而使本区域获得了全美在世界其他国家(地区)收益总额的43%[20]。许多美国跨国企业已开始重新进行公司设计，包括减少总部的雇用人数，重新设置运营方式，并在全球范围内重新布局生产设施。这种生产力优势已在全球市场形成了更大的成本优势，从而相对于目前仍处于企业重构起步阶段的欧洲和日本公司，本区域赢得了决定性的优势。
- **信息生产者**：本区域集中了国家三大广播电视网、若干专业化有线电视网、十大出版商中的六家、主要的报纸和杂志、印刷服务、主要的在线信息提供商、大型的通信与交互式多媒体运营商，他们支撑起区域经济中的知识经济部门。他们集聚在此，主要是因为即便在充分利用电信技术的商业环境中，面对面的交流仍占据重要地位。区域制造业及教育机构推动了生物制药、电信以及其他学科领域的大量研发活动，并制定出这些领域的国际或国家标准。
- **艺术与流行文化的设计者**：通过各类的创新人才、世界级的艺术机构以及传统与新兴媒体的集聚，本区域已成为艺术与流行文化的首要设计与出口中心。加上洛杉矶，它们基本决定了全美艺术、电影、音乐和时尚消费的新趋势。这些资源与来源分化、多元文化特征日益明显的居民相结合，

图表 19 本区域在艺术领域的领先地位对于确保本区域全球中心的角色具有非常重要的作用。斯坦福艺术中心是本区域博物馆、演艺中心、影剧院、画廊、电影制片厂及艺术家们集聚地的一部分。在区域的经济活动中，艺术领域的产出超过 90 亿美元，对区域旅游业和创意产业的发展至关重要

使本区域具备了向全球消费者和大众提供原汁原味的美国艺术与娱乐的能力。

- **政府间关系中心**：联合国及其分支机构、政府间组织(IGOs)、近 200 个国家的永久性使团，以及几千个非政府组织(NGOs)，在本区域中心区位发挥着政府间关系的审议和执行功能，在民族、利益、新观念和路径等方面呈现出无与伦比的多样性。随着国家地位的相对下降、全球关系分化程度的上升，具有大洲及全球管理功能的机构的重要性日益凸显。
- **贸易与制造中心**：作为商品的生产、消费和运输者，本区域仍保持着国家商业中心的地位。全国 12%的进出口贸易由本区域的港口或机场承担运输。尽管制造业衰退了，本区域仍生产了全国 1/4 的麻醉品和处方药品、超过 1/5 的化妆品和珠宝、1/10 的服饰，并在通信器材、飞机制造、电

子产品和仪器方面占据着显著份额。

3. 致力于竞争力:投资于经济发展

未来十年经济逐步复苏的美好前景,以及可持续增长的巨大潜力,使得本区域值得凭借投资来实现区域的重塑。近期内,本区域面临的挑战不是扩大生产,而是在提高关键行业竞争地位的同时,刺激就业增长。长远来看,我们的目标是要吸引和培养高技能的劳动力,形成先进的基础设施系统,以及营造能满足知识经济需要的社区环境。

在短期内刺激经济增长并非易事,这部分缘于世界经济的低速增长;同时,解决当前生活质量、劳动力资源和基础设施不足的问题需要时间。然而,利用智能化管理以降低商业成本和撤并缺乏效率的公共部门,可能对近期增长前景产生影响。对产业集群的特殊要求,公营、私营部门的合作也可能产生短期影响。例如,多媒体产业(集群)的出现,已催生了纽约信息技术中心及区域规划协会提议的硅谷创新行动,其目的都在于提高本区域作为这一快速发展行业的领军地位。

从长远来看,本次规划提出的"五大方略",将提供一个能够解决竞争力问题的行动方案,从而为本区域在21世纪可持续、更公平的发展奠定基础。区域规划协会提出的"绿地"、"区域中心"和"通达"三大方略是三位一体的策略:通过保护开敞空间、减少交通拥堵和通勤时间、提高大气与水体质量、改善社区规划、增加住房供应和确保可持续发展的土地利用等措施,将大幅提高本区域的生活质量。"劳动力方略"一章将阐述如何构建终身学习和终身技能发展体系,并由此将我们的教育、培训机构与知识经济社会里的雇主需求重新连接起来。"管治方略"一章则阐述了为确保其他各项行动计划的成功所必须进行的制度设计。

很明显,上述行动方案必然形成投资建议,要求在基础设施及人力资源发展领域增加公共和个人支出。我们理所当然应精明地投资于此,从而获得最大的回报:即使是在财政困难的环境下,也不允许经济基础继续下滑。未来十年的投资将解决我们短期内面临的一些挑战。今后,当国内及国际经济发展的推动力不足之时,新的建设、教育及培训服务方面的支出,将继续支撑就业增长,促进经济发展。

总之,上述行动方案使我们认识到,社会公正、环境质量这些因素不仅不会与经济竞争力相冲突,还将成为经济竞争力的有机组成部分。设计这些行动方案的出发点,是实现经济增长与社会公正、环境改善的同步协调发展,而不是将经济发展视为独立于满足人类和自然资源需要之外的孤立目标。

注释

[1] 1950～1990 年美国人口普查,参见 David Rusk:*Cities Without Suburbs*,伍德罗·威尔逊中心出版社,1993 年,第 5 页。

[2] Larry C. Ledebur 和 William R. Barnes:*All In It Together*,美国城市联盟,1993 年 2 月,第 3-7 页。另见 Anthony Downs:*New Vision for Metropolitan America*,布鲁金斯研究院,1994 年;Neil R. Pierce:*Citistates: How Urban America Can Prosper in a Competitive World*,Seven Locks 出版社,1993 年;另见注释[4]。

[3] 罗格斯大学城市政策研究中心:*Is New York City Still Propelling Growth in the Tri-State Region*? 该报告于 1995 年 8 月提交区域规划协会。

[4] 1990 年美国人口普查。

[5] 如无新的解释,本章所称就业指的是美国康涅狄格州、纽约州和新泽西州劳动部提供的非农业薪酬岗位的雇佣人数。

[6] 数据来自美国经济分析局。

[7] 美国人口普查局:"Computer Use in the U. S. ",PPL 22,教育与社会分层部分,1995 年。

[8] 本次规划中的就业、人口和劳动力预测规划,由城市经济与公共关系公司的雷吉娜·B. 阿姆斯特朗(Regina B. Armstrong)研究员负责,她是区域规划协会的高级经济研究员。上述预测规划,是阿姆斯特朗研究员为纽约大都会交通委员会(NYMTC)所作的机构间一致性预测,目的是为编制三州大都市区交通规划提供基本的协调手段。该预测为比较本规划中的基础设施建议与区域交通运输机构的相关建议,提供了一致的基础。

[9] 美国人口普查局:Current Population Reports:Consumer Income,系列报告第 60～184 页,1992 年,"Money Income of Households,Families and Persons In the United States"。

[10] *The Tri-State Competitive Region Initiative*,*Diagnostic Assessment*,由麦格劳-希尔经济顾问公司于 1994 年 4 月提交区域规划协会。

[11] 区域规划协会及昆尼皮亚克大学民意调查研究所:*The 1995 Quality of Life Polls*,1995 年 4 月。

[12] 1990 年美国人口普查。

[13] 新泽西学校成绩单,*The Statewide Summary Of 1993*,新泽西州教育部。

[14] Urbanomics:"Illiteracy in the Tri-State Region",该文是 1989 年向"三州联合之路"提供的报告。

[15] 纽约城市就业部:"What Employers Require for Employment", 纽约城市就业调查研究第 1 号报告,1995 年 6 月。

[16] NYMTC 1994/95～1998/99 Transportation Improvement Program，第 46 页。该分析使用包括纽约市的 5 个区、拿骚、萨福克、威切斯特、博南和洛克兰等 10 个县的相关数据。

[17] Gouglas Lee：*The Full Cost of Highways*，1995 年 1 月提交交通研究委员会的报告。该报告认为成本应包括：高速公路投资、维护与运营管理，车主支付的停车成本、汽车所有权费用和运行费用，事故损失与污染（空气污染、噪音及水污染）。

[18] Charles Komanoff 和 Margaret Sikowitz：*Crossroad：Highway-Finance Subsidies in New Jersey*，三州交通方略，1995 年。

[19] 信息由摩根斯坦利集团公司（Morgan Stanley Group, Inc）提供。

[20] 根据美国经济分析局未公布的数据预测。

第四章 公正:区域社会发展的过去、现在与未来

本区域是人类历史上规模最大、最具多样性的区域。区域人口占全美总人口的8%,居民掌握多种语言,劳动技术水平多样化,居住密度大,收入差距居全美之首。

本区域长期居住着大量多族裔的居民。根据区域规划协会的预测,未来这种状况仍将持续。有人认为这种多样性既是优势,又会对社会构成威胁。社会发展本应更具多样性、更有活力,然而种种趋势预示,我们正在步入一个人际关系更疏远、社会更离散、空间更孤立的社会。本章包括两部分:前一部分分析区域人口的特征并预测其变化,后一部分就威胁区域繁荣和可持续发展的社会问题展开讨论。

1. 预测:多样性增强

本区域的人口历来与经济的繁荣同步增长。近年来,全球性的人口迁移导致从国外迁入本区域的移民数量稳步上升。尽管经济兴衰导致美国人口外迁的比率不断变化,但国外移民数量稳步增加的趋势却从未改变。这使得当前区域人口在肤色和种族方面更具多样性,并达到了20世纪初以来的最高水平。

伴随着本区域居民在年龄、种族结构和出生地等因素方面的显著变化,当地的教育机构、住房体系、就业市场和社会凝聚力不断面临新的挑战。全球性人口迁移与一系列经济转型的共同作用,使得新移民仅能维持生计,从而加剧了长期存在的种族隔离和阶层分异问题。目前,很多人将多样性视为障碍而非有助于经济发展的力量。但外来移民一直并将继续为本区域提供赖以生存的动力与活力,他们为全球经济的空前扩张提供了多元文化和多语种基础。

以下将简要分析本区域过去的人口统计状况,讨论当前区域人口统计变化的状况,预测人口的未来增长趋势。

(1) 1970~1995年间人口统计变化的主要情况

自1970年以来的25年里,本区域人口由1 970万增长至2 020万,增幅不足2%(实际数据已超过。——译者注),即新增人口不及全美新增人口总量的1%。由于大部分人口开始向南部、西部迁移,伴随着纽约地区的经济在20世纪70年代的急剧萎缩,本区域人口相应下降了3%。在80年代经济快速增长期,人口随之增长了3.4%。此后人口一直保持增长势头,1990~1995年尽管失业率有所上升,经济复苏也相当缓慢,但人口增长率仍达到了1.6%。

1980~1995年间人口的激增,很大程度上是由20世纪70年代后期国外移民大量涌入引起的,且新移民大多集中在少数几个主要大都市区。同时,良好的经济状况也导致了本地白人和非西班牙裔黑人净迁出数量的减少。这对人口的大幅增长也起到了一定作用[1]。

- 在70年代经济动荡期,纽约地区白人净迁出量达210万,每个地区均有人口外流,其中纽约市迁出人口占2/3。
- 80年代,区域内白人净迁出量为100万,其中2/5来自纽约市。期间约有6万美国黑人加入了外迁的行列,其中对于纽约市和新泽西的大都市地区而言,在内城居民迁往郊区的同时,黑人的净迁出量更大。
- 1990年以后,由于公司裁员、国防预算削减和工厂流水线雇用人数的减少,本地白人和黑人的净迁出量都有所增加。总体而言,1990~1995年间,共有约70万白人、10万黑人迁出本区域。

与此相反,在1970~1995年的25年里,定居于本区域的亚裔和西班牙裔移民不断增加。从净迁入来看,1970年以来,约80万亚裔移民和70万西班牙裔移民在本地定居,且亚裔人口迁入比重逐年加大:20世纪70年代为37.5万,80年代上升至78万,90年代至今已达35万。这些国外移民的迁入,使得本区域的人口种族构成在短短几年内发生了巨大变化。

目前,区域内有1 240万白人定居,占总人口的比重为61%,低于1970年的水平(占总人口比重79%、总量为1 570万);作为第二大人口群体,西班牙裔人口目前的自然增长已超过净迁入，总量已达330万，约占地区总人口的17%，高于1970年比重8%、总量160万的水平；第三大人口群体是美国黑人，人口增加基本来自自然增长，1995年总量为320万，比重16%，高于1970年的12%、总量230万的水平；最后，人口最少但增速最快的亚裔人口，总量为120万，占区域总人口的比重为6%，远高于1970年比重1%、总量20万的水平。

尽管人口多样性高于全美平均水平的只有纽约市和新泽西州，但在本区域的广大郊区，人口多样性的特征日益凸显：目前，纽约市5/8的居民是西班牙裔、美国黑人或亚裔等少数族裔群体；在新泽西州北部，少数族裔群体几乎占到总人口的1/3；在哈得孙河谷中部，约1/4的人口为少数族裔群体；在康涅狄格州和长岛，少数族裔群体所占比例均为1/5，低于全国平均水平。

纵观整个区域，极端的种族隔离长期存在。少数族裔群体大量集中于年久失修的城市中心地带，尽管人口数量快速增长，收入也逐步提高，但仍难以融入主流社会(几乎所有的居住区都是如此)。

(2) 关于新移民

从1970年至今，将近300万移民获准迁入本区域，超过了全美合法外来移民总量的1/5[2]。移民涌入三州大都市区的势头更猛：有明确意向要在本区域定居的移民，在20世纪70年代为年均8.5万人，80年代增至12.5万人，90年代接近17万人。与70年代、80年代相比，新移民逐渐倾向于在纽约市市区以外的地方(主要是本区域郊区地带的历史城市)定居。不过，本区域约2/3的新移民仍选择定居于纽约市，且该市原有移民少有迁居其他地方的倾向。

本区域的新移民，一半以上是按照《移民法》("Immigration Act")规定的家庭团聚政策获准迁入的，持工作签证获准迁入的不足10%。1990年的新《移民法》，增加了在本区域避难、多样性，以及其他优先情况下的移民准入量。本区域在家庭团聚签证方面位于全国前列，而在工作签证方面却相对落后。明显的家庭团聚性质使本区域的新移民高度集中于相应的族裔聚集区。

大批来自加勒比海和南美的移民涌入本区域，分别占过去几十年移民准入总量的60%和40%。尽管只有1/8的亚裔移民选择定居本区域，但亚裔移民仍是新移民的第二大群体——在过去25年获准移民的人口中占据优势。本区域最大的移民来源国，按移民数量排序分别为：多米尼加共和国、牙买加、中国、圭亚那、印度、海地以及刚刚从前苏联独立出来的国家。近年来，西印度洋群岛的移民数量渐减，而来自多米尼加共和国、中国和前苏联的移民数量迅速增加。

(3) 人口年龄结构变化

除了受净迁入人口——包括外国移民及其族裔、肤色构成所带来的影响之外，本区域人口的变化也受到自然因素的影响。在过去 25 年中，年龄、出生率和死亡率等方面的重要变化，已改变了区域人口的增长与结构。医疗保健事业的进步使人口的平均寿命明显延长，甚至足以抵消致命的新因素如艾滋病等所造成的影响。在"婴儿潮"时期出生的一代，已从青少年期步入了生育期，先是引发"婴儿荒"(baby bust)，后又产生"回声潮"(echo boom)效应，从而影响了出生率。近年来，死亡人数已相对减少，出生人数则不论从绝对还是相对的角度而言都在增长。

在过去的 25 年中，本区域的年均出生人数已从 20 世纪 70 年代的 26.4 万增长到 80 年代的 28 万和 90 年代的 32.7 万。相比之下，尽管人口在增长，死亡人数却相对固定于年均 18.5 万的水平。因此，区域人口增长面临的自然增长压力更大。当前，本区域人口出生总数的 49%为西班牙裔、美国黑人和亚裔有色人种，而死亡总数的 76%为白人。美国黑人和西班牙裔人口的出生率特别高，每千名适龄妇女平均生育婴儿数分别是 81 人和 71 人；比较而言，亚裔妇女的该指标为 62 人；而白人妇女的这一指标为 52 人，人口更替潜力不足。

新增外国居民低龄化，加上人口自然增长和老龄化，使本区域人口的基本结构已经改变。目前，25～64 岁适龄劳动人口为 1 080 万人，65 岁或 65 岁以上退休年龄段人口为 270 万人，不足 5 岁的学前年龄段人口为 150 万人，5～14 岁小学年龄段人口为 260 万人，15～19 岁中学年龄段人口为 120 万人，20～24 岁大学或研究生年龄段人口为 130 万人。

与过去 25 年的人口年龄分布相比，处于中年(35～44 岁)和青年(25～34 岁)年龄段内的劳动人口以及处于退休(65 岁以上)和购房(通常是 30～34 岁)年龄段内的人口数，达到了历史最高点。尽管根据近期的人口增长趋势，"5 岁以下"的人口正在迅速接近增长高峰，但 20 世纪 70 年代早期，区域内学前和小学年龄段的儿童更多；80 年代则是中学和大学年龄段的青年人口数量最多的时期。目前，本区

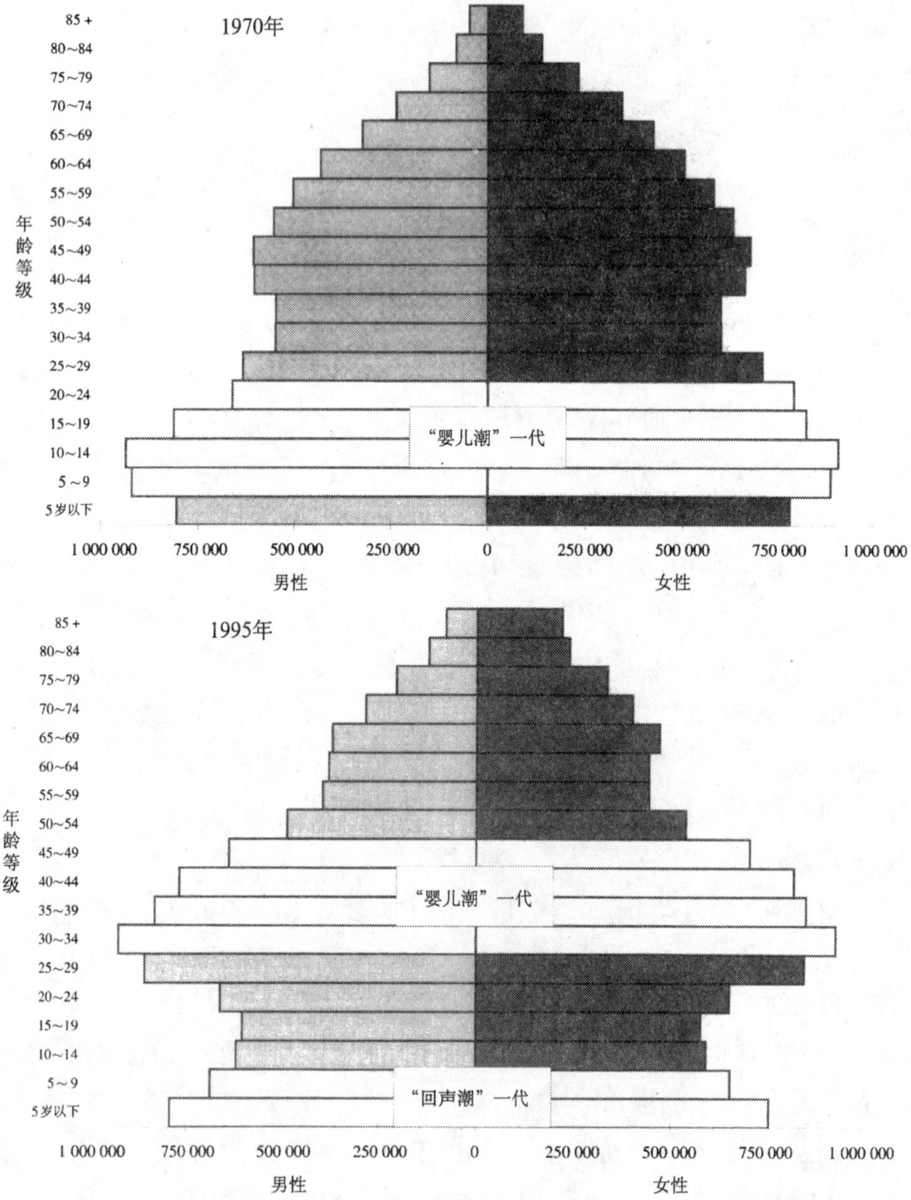

图表20　1970～1995年本区域人口的年龄构成。"婴儿潮"一代已从青少年(1970年)成长为中年(1995年),对区域的劳动力资源、住房和交通等都带来重要影响

域成年(45～54岁)和老年(55～64岁)劳动人口数量始终低于70年代甚至80年代的水平——尽管随着"婴儿潮"时期出生的一代人步入成年,这一人口状况将发生改变。老龄人口数量虽不断增加,但由于处在劳动年龄段内的人口数量达到历史最高水平,因此,赡养人口的比例仍比较合适。

(4) 对区域劳动力的影响

大量适龄劳动人口的聚集和较高的劳动参与率(特别是女性和移民参与劳动的比率),为区域提供了大量而多元化的劳动力来源。1995年,本区域16岁及16岁以上的劳动力总量达1 040万人,其中一部分已在正规经济部门就业,另一部分正在寻求就业。官方数字表明,本区域失业率略高于7%。作为全美劳动力市场的一部分,本区域劳动力总数从1970年占全美总量的10%稳步下降至现在的将近8%。尽管在整个20世纪80年代,区域失业率一直低于全美平均水平,但90年代的失业问题却对区域劳动力造成了巨大影响。

在过去的25年里,本区域人口的族裔和性别构成进一步趋于多样化,导致了劳动力性质的变化。目前,就业者或求职者中有近五成为女性(占劳动力总量的47%),超过1/3(36%)是西班牙裔、美国黑人或亚裔。这种多样性特征在纽约市表现得更为突出(59%的本地劳动力来自有色族裔群体)。在过去十年中,区域内的净增劳动力全部来自有色族裔和女性,而白人女性劳动力的绝对数量却在下降。在过去的25年间,净增就业劳动力全部出现在纽约市以外。到1995年,纽约市的就业劳动力占区域就业劳动力总量的1/3。

(5) 近期展望:更多新老面孔

鉴于整个20世纪90年代国外移民的迁入水平保持平稳,人口自然增长的作用日益突出。预计区域人口总量在1995～2005年的十年间将增加83万,即在2005年将达到2 100万。预计十年内本区域人口自然增长110万(年出生人口30万,年死亡人口少于19万),国外移民约125万,基本抵消净迁出的150万白人和美国黑人。由于短期内外来移民仍将在地区人口增长中占据重要地位(纽约市人口预计上升到750万,占区域新增总人口的1/4),到2005年,区域内约一半以上的人口将为非西班牙裔白人(占54%),另一半为有色族裔人口(其中西班牙裔占

20%，美国黑人占16%，亚裔占10%)。

预计1995～2005年本区域的新增人口中，约有一半是25～64岁的适龄劳动人口。再加上25岁以下、64岁以上的劳动人口以及新进入劳动力市场的人口，区域新增就业者或求职者可达70万左右。近期内，35～54岁的劳动人口将以最快的速度增长，这将支撑更高的经济产出。尽管有外来移民迁入，但由于年轻劳动人口进入“生育低谷期”，预计25～34岁的年轻劳动人口数量将有所下降。有色族裔劳动力和年龄偏大的非熟练劳动力，将更多地局限于收入层次低、仅需要初级技能的就业岗位。

如果常住人口中5～19岁的学龄人口年增幅度高于1%(预测值)，则小学和初中的教育设施将面临新的压力。加之移民带来的需求量不断增加，教育系统如不能获得新的资源，将难以应对这一需求。典型的购房年龄段人口(30～34岁)近25年来将首次下降，但由于被压抑的适价房需求仍未得到全部释放，因此，适龄购房人口的下降并不会缓解紧张的住房供求矛盾。此外，老龄人口预计将有所增加，其中人口老龄化和老年人寿命延长各占一半原因。1995～2005年，老龄人口将持续增长。更重要的是，尽管有一定的人口外迁，但随着“婴儿潮”时期出生的人们步入退休年龄，2005年后老龄人口将激增。

(6) 远期展望：非白种人口占多数

预计2020年本区域人口将达到2 300万，其中2005～2020年间将新增人口210万。以中等出生率推算，到2020年，新出生人口将达430万，年均出生约35万人；死亡人口约280万，年均死亡约19万人。自然增长将达到或超过150万，占新增人口总量的70%。如果本区域经济发展超过全美平均水平，则2005～2020年区域净移民量为正值(65万左右的国内外移民将加入本区)。到2010年，美国黑人、亚裔和西班牙裔人口将在总人口中占据多数。到2020年，白人可能仅占总人口的42%，亚裔和西班牙裔人口将超过黑人，其中西班牙裔人口所占的比例将达到总人口的1/4，亚裔将与美国黑人相当。

从人口发展的远期趋势看，2005～2020年间，适龄劳动人口的增长将构成整个区域人口统计变化趋势的主要特点。此外，大约40万人步入65岁及以上的退休年龄段，40万人步入20～24岁学龄段，25万人步入30～34岁首次置业年龄段。

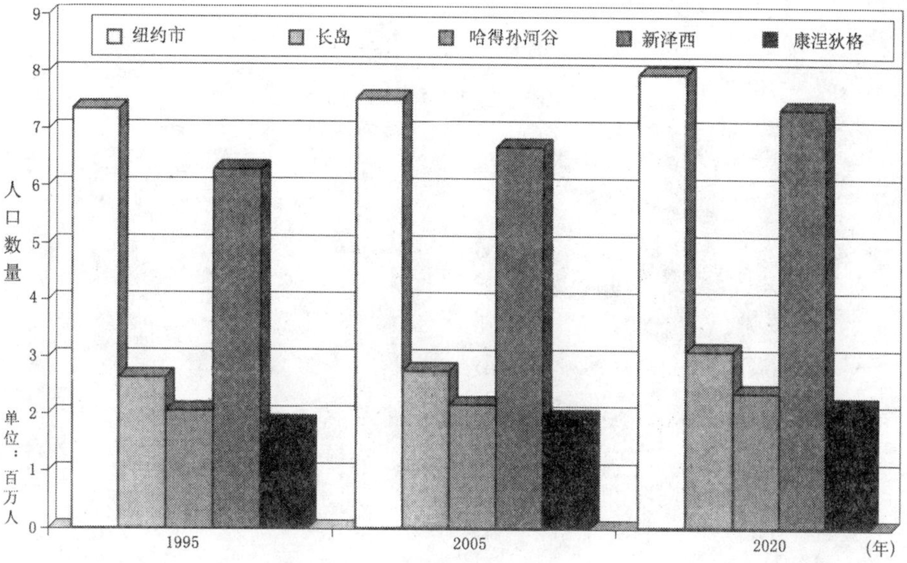

图表 21 几次区域人口增长预测

资料来源:纽约市交通管理局

与 20 世纪 80 年代学龄段人口下降相反,2005～2020 年间,中学和学前教育年龄段人口将增加。此外,还有 130 万人步入劳动年龄段,但净增量不均衡。35～44 岁年龄段的主力劳动人口将出现萎缩,而 25～34 岁的年轻劳动人口和 45～64 岁的壮年劳动人口将有所增长。至于劳动力就业的族裔结构,预计亚裔和西班牙裔人口将多于净增就业者和求职者的总量。同时由于亚裔新移民就业水平更高,因此,在未来的劳动力构成中,其比例可能超过西班牙裔劳动力。

从人口统计学的角度观察长远变化,预测值表明,本区域未来的社会活力和多样性将远高于全美平均水平。到 2020 年,本区域人口将占全美总人口的 7%,适龄劳动人口占全美的 8%。相比之下,美国其他区域所拥有的中年人口将急剧增加,预计 2030 年达到退休年龄的人口比例将由现在的 1/6 提高到 1/5。因此,本区域的人口构成相对而言将更具活力。预计到 2020 年,区域内 18 岁以下、64 岁以上的赡养人口比例仅为 58%,而全美水平为 67%。从生产力角度看,大量更年轻且更具族裔多样性的适龄劳动人口所带来的生命力,将不断加强本区域的文化创新性,而这也正是本区域长期以来赖以发展的竞争优势。如何通过更加公平的

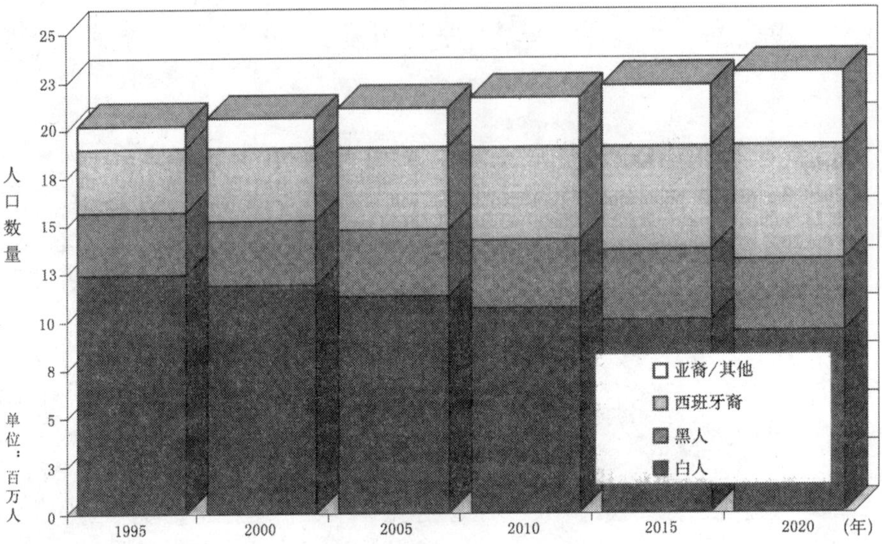

图表 22 各族裔人口增长预测

资料来源：纽约市交通管理局

就业机会来充分利用这种潜在的多样性优势，是我们面临的挑战。

2. 社会趋势及问题

长期以来美国人民一直在不断地争取平等的发展机会，这一方面是公平正义感使然，另一方面也源于我们的信念：如果不捍卫他人的权利，终有一天我们自己的权利也将被剥夺。言论自由、宗教自由不仅仅是联邦法律的条文，更是保护我们所有权利的核心价值。因此，在经济发展中追求社会公正的意义十分突出：在开放的经济体系内，限制任何一个人的机会，终将导致经济总体产出的减少，最终导致社会环境不佳，充斥不满乃至怨恨情绪，人们所追求的高品质社区将无法形成。

我们所面临的严峻挑战，恰恰是这样一个事实：随着区域人口多样性特征的不断增强，其社会环境也变得越来越不公平。1979～1989 年，由纽约/新泽西港务局(PATH)监管的 17 个县域中，20%最富裕家庭的收入增长了四成；而 20%最贫困家庭的收入仅增长 7%[3]。这种日渐扩大的不公平由多种因素引起，包括移民对收入相对较高的制造业岗位的竞争、工会权力的丧失和企业重构。不过，技术的革新似乎才是最重要的影响因素：新技术取代了一般劳动者，也使得更有经验和掌握操作技术的员工的生产率增加，其雇用价格随之提高。

由以上分析得出的区域社会公正缺失的趋势在全美随处可见。从全国来看，1979～1993 年间，60％人口的总收入下降，最底层家庭的收入降低了 15％，只有 20％人口(处于社会顶层)的收入得到了实质性提高。贫困线以下的家庭比例从 1979 年的 9.2％上升至 1993 年的 12.3％[4]。

	1979 年	1993 年	变化率	占美国居民收入总量的比例(1993 年)
收入最高的 5％	$ 137 482	$ 191 612	39.4％	—
收入最高的 20％	$ 90 805	$ 111 017	22.3％	48.6％
收入次高的 20％	$ 52 405	$ 54 946	4.8％	23.7％
收入中等的 20％	$ 38 056	$ 37 066	−2.6％	15.1％
收入次低的 20％	$ 25 198	$ 23 390	−7.2％	9.1％
收入最低的 20％	$ 11 421	$ 9 739	−14.7％	3.5％

图表 23　1979～1993 年美国家庭平均收入的变化(五分法)

资料来源：美国人口普查局：Current Population Reports，系列报告第 60～184 页和第 60～188 页

本节分析了区域社会不公正问题的现状，并预计当前的发展趋势和政策可能会进一步加剧现有问题，并引发新的问题。社会不公正问题主要体现在区域教育体制僵化、贫困群体的空间孤立和种族隔离问题的加剧等方面。此外，本节还将详细阐述另外两个值得关注的问题，即居住权问题和城市社区不受重视等问题。

(1) 机会限制

充分参与经济活动面临重重障碍，是社会问题产生的重要根源。对个人而言如此，对整个区域的健康发展也是如此。目前，区域内约 200 万人仍生活在贫困之中。对他们而言，摆脱贫困、获得财富的最大障碍是接受教育的程度偏低，以及在空间上的孤立和社会分异的不断加剧。

——**教育**

随着经济发展中就业岗位向知识型的急转，教育、培训日渐成为获得发展机会的敲门砖。区域劳动力就业结构的变化部分地反映出对知识技术需求的不断增加。20世纪80年代，约100多万经理人、专业人士和技术工人加入了区域劳动力队伍，而制造、工艺和维修类手工劳动就业岗位减少了14万。到1990年，就业人口中经理人和专业人士所占比例达35%，手工劳动者仅占21%。而在1980年，二者的比例分别是30%和26%[5]。

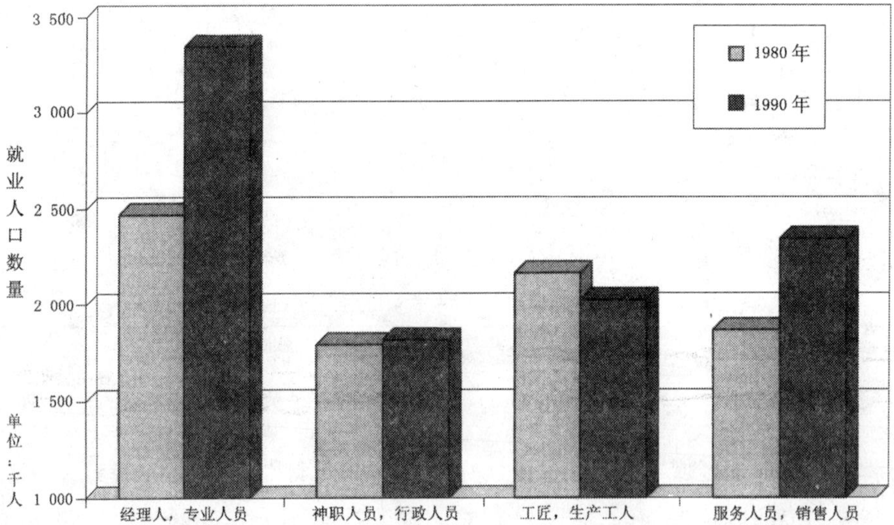

图表24 就业结构变化

资料来源：美国人口普查

职业需求的变化和技术要求的提高，使1980～1990年间本区域劳动力的受教育情况发生了巨变。大学本科以上毕业生的就业比例已提高到53%，而高中学历以下劳动者的就业人数则下降至18%。到1990年，区域内25～34岁本地出生的男性黑人中，约63%既无高中文凭也无工作[6]。尽管未来区域内许多就业岗位仍不会要求必须具有本科以上学历，但对劳动者的交流能力和技术水平将提出更高要求。

上述发展趋势强化并加剧了现有的社会不公正现象，这主要是由于接受学校教育和上岗技能培训机会不均等造成的。与主要以富裕或中等收入家庭学生为生源的学校相比,低收入家庭学生占多数的学校在教育水平和教育资源方面均明显不足,无法满足实际需求。随着接受教育程度成为成功就业的唯一决定性因素,提供公平的受教育机会显得更为重要。

尽管相当比例的移民仍能设法找到工作,但这些工作通常局限在其本族裔的小团体范围内,而涉足其他领域则受到很大限制。对他们来说,英语能力低下是获得就业机会的主要障碍,但英语培训班招生名额有限,需长时间等待。十年前的一份研究报告预测,需接受英语或成人教育培训的人口高达 250 万,其中仅有不到 5%的人能进入公立教育机构。随着移民数量的增多,这一需求无疑将进一步提高。

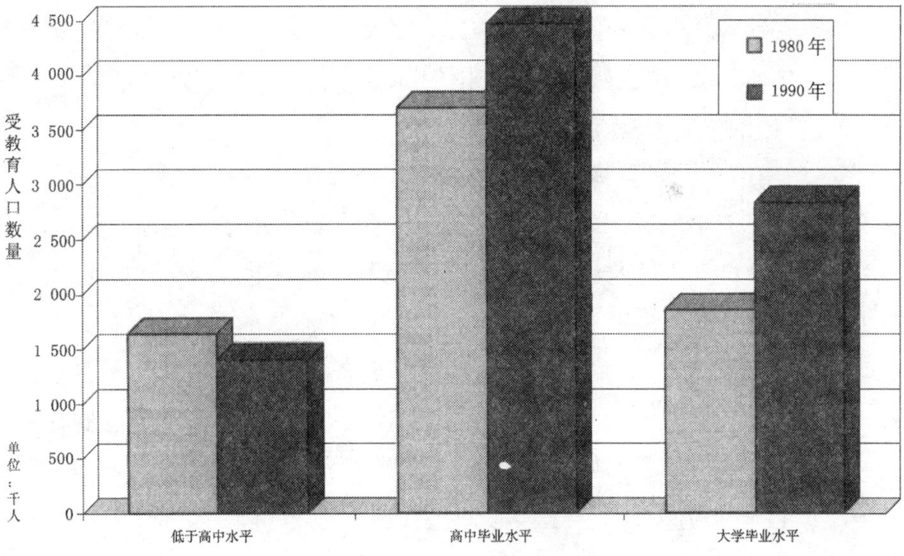

图表 25 教育水平变化

资料来源:美国人口普查

由于本区域经济恢复繁荣,以及熟练工人收入的提高,带来了更多的为其服务的低技能就业岗位。但这类低技术就业岗位远远不足以给区域内劳动技能偏低的居民提供充分的就业机会或为其减轻所面临的竞争压力,从而将工资收入提高到足以养家糊口的水平。目前,各级政府都在计划削减对教育和高校经费的资助,同时,当前的移民政策带来了更多的低技能居民,这些举措都与日益增长的教育需求背道而驰。

——空间孤立

对居住在内城的居民和有色族裔群体而言,新的就业机会越来越少,住房供给也越来越紧张。在过去的30年里,一种新的用地模式席卷了本区域,那就是在郊区修建大型的商业和工业设施,而这些地方往往缺乏公交服务。1970～1995年,城市核心区丧失了30万个就业岗位,而远郊却新增了200万个就业岗位[7]。区域内各个城市县(urban counties)的常住人口总量仅占区域总人口的46%,但在其范围内聚集的贫困人口却占整个区域的74%[8]。

人们都在寻求适价房和低税赋的地区。因此,在1970年起开始修建的170万套居住单元中,有4/5建造在本区域外围的郊区。这种外向扩展型居住-就业模式,迫使人们比以往更多地依赖驾车出行。

但是,纽约市50%的家庭和纽瓦克市40%的家庭没有私家车,而拥有私家车的家庭支出预算为年均3 000美元[9]。就业信息也难以传递到内城。因此,尽管一些郊区的雇主已到内城雇用员工并为之解决了去郊区上班的交通问题,然而这些员工发现自己从此无法脱身,也无法再寻找其他工作。

联邦政策倾向于支持在人口稀少的郊区而非在已建成的城市社区进行新的开发,这导致了地理空间上的孤立。第二次世界大战后联邦政府制定的一系列政策,从建设州际公路网到缩减公交投资,无一不使郊区居民比城区居民获益更多。鼓励和促进人们在郊区购房的政策,以及低首付、低利息房贷等,使得全国2/3的家庭首次具备了购买新房的能力,这实质上推动了新一轮的郊区开发。而城区却被排斥在类似的财政优惠政策之外,其结果是越来越多的居民倾向于到郊区买房而不是租房。因此,联邦政府实行的抵押贷款和税收减免政策,事实上已构成对郊区居民的补贴。虽然其中许多政策在目标上具有合理性,如提高自有房屋拥有率,但客观上减少了对城市地区的投资和城市的发展机会。

——**种族隔离**

著名的"布朗对教育委员会的诉讼案"(*Brown* v. *Board of Education*)表明，种族隔离式教育永远不可能平等。这一裁决有效禁止了导致种族隔离的公共机构和政府的行为。然而，种族隔离在社会中依然存在，年轻一代的美国黑人"在贫困的社区长大，他们很难掌握获得并保有一份工作的技能，或是从学校毕业。因此，等待他们的注定是无业、单亲、依靠救济的生活"[10]。很显然，低质量的教育和空间孤立导致种族隔离加剧，这些问题又相互作用，陷入恶性循环。

上述种族隔离问题不能简单地用收入差距或其他经济因素加以解释[11]。研究表明，本区域黑人的隔离程度，几乎超过了作为五大黑人聚居地的其他大都市区。更为严峻的是，1970～1990 年间，在多数大都市区种族隔离程度不断降低的同时，本区域的种族隔离问题却进一步加剧[12]。

	就业人口变化 1970～1995 年	1990 贫困线以下 人口比例(%)
布朗克斯	−700	29
金斯	−72 700	22
纽约	−273 400	20
皇后区	12 800	11
里士满	54 000	8
埃塞克斯	−39 200	14
哈得孙	−5 400	15
尤宁	−7 400	7
城市县	**−307 000**	**18**
达奇斯	31 800	5
拿骚	149 400	4
橙县	55 600	9
帕特南	15 400	4
罗克兰	50 100	6
萨福克	298 700	5
沙利文	7 800	13
阿尔斯特	23 800	8
威彻斯特	89 300	7
伯根	152 500	4
亨特顿	36 600	3
默瑟	78 400	7

（续表）

	就业人口变化 1970～1995 年	1990 贫困线以下人口比例(%)
米德塞克斯	183 600	5
蒙茅斯	133 900	5
莫里斯敦	173 200	3
海洋	101 600	6
帕塞伊克	11 200	10
萨默塞特	118 200	3
萨塞克斯	22 000	3
沃伦	12 500	5
费尔菲尔德	160 500	6
利奇菲尔德	33 200	4
纽黑文	79 100	8
郊区环带	**2 018 400**	**5**

图表 26　城区、郊区的就业变化及贫困状况

资料来源：美国经济分析局，美国人口普查

居高不下的犯罪率愈发增加了种族间的恐惧和不信任感，继而导致人们更倾向于维持种族隔离的现状。如果这种隔离问题加剧的状态不改变，有色族裔将被剥夺在主流经济中取得进步的权利，本区域将面临社会关系日渐脆弱等更为严峻的问题。

要结束这种恶性循环，一要靠教育；二要靠增加发展机会。但种族隔离引起的其他社会问题，使情况变得更为复杂。沟通技巧在经济活动中至关重要，但在种族隔离状态下的学校接受教育的学生，无法掌握未来寻求工作机会时最需要的沟通技能。例如，在纽约科技大学，许多已掌握课程知识的毕业生在与未来的雇主见面前，还需要进行专门的沟通能力训练[13]。由此可见，成功地找到工作不仅需要在校学习，还需要充分了解工作环境，明确角色定位。

(2) 居住权

本区域房地产市场的走势，也充分反映出贫困群体的空间孤立和持续的种族隔离状况。这一状况不仅是社会不公正现象的根源，也构成了整个区域的竞争劣势。近半个世纪以来，“一户家庭拥有一套独立住房”的美国梦，一直左右着国家及区域的发展模式和财政政策。但是随着本区域的房价越来越超出人们的支付能力，上述“美国梦”已近乎空想。本区域的房价与全美平均房价差异悬殊，使得本区域难以吸引到新的居民和企业，甚至连吸引国内其他地区的就业人口也困难重重。企业在选址过程中通常倾向于寻找劳动力价格低廉和低税赋的地区。但是，为当前和未来雇员提供住宿的成本，也对其决策产生重大影响。本区域的住房问题主要包括：

- 住房成本激增，购房者越来越难以承受。这些成本包括抵押贷款或房租、物业税、相关费用和运营维护费（给排水费和电费）。而本区域该类费用均十分高昂。区域内约 2/3 年收入不足 2 万美元的家庭只能租房，其房租支出超过总收入的 35%[14]。而那些无力支付不断攀升的住房开支的家庭，不得不挤住在公寓里，忍受恶劣的住房条件，或试图在本区域的外围地带寻求适价房，甚至只能干脆远走他乡。
- 本区域几乎没有适价房可供人们选择，这一现状极大地削弱了本区域的经济竞争力。不少参与了由区域规划协会发起的“提升区域竞争力行动”的商界领袖强调，获得住房机会的匮乏已严重地影响了本地吸引国内、国际人才的能力。许多大公司已因此放弃了对本区域的考虑。
- 非传统家庭在购房市场中所占比例越来越高，其住房需求已不是常规的“美国梦”所能满足。双职工家庭、单亲家庭以及其他非传统家庭需要不同类型的住房和服务——50 年前尚能接受的水平已满足不了目前的需求。新的需求可能意味着与他人共同分担责任，如有人看护儿童的游乐园；也可能意味着减少某些责任，如户外环境维护。同时，人们考虑的问题已不仅仅限于房屋的位置或户型，因为人们还有更高的要求，如希望有日托所、交通便捷、临近购物中心等。这就意味着人们不仅要重新考虑购买“什么样”的房子，还要考虑这些房子在城区、郊区的范围内建在哪里、如何布局等问题。
- 持续的种族隔离、贫富差距以及为数不多的无家可归者，已成为本区域的社会负担。尽管这些问题在不同的次区域和社区中表现出的数量与程度有所不同，但不管怎样，将一部分人排除在主流社会之外，不仅是不可持续的，也终将严重削弱区域发展的社会基础。

次区域	人口			家庭			住房单元		
	1980 年	1990 年	变化	1980 年	1990 年	变化	1980 年	1990 年	变化
康涅狄格	1 725 237	1 805 956	4.7%	599 656	676 112	12.8%	633 130	725 708	14.8%
新泽西	5 856 975	6 079 453	3.8%	1 992 819	2 206 663	10.7%	2 127 117	2 391 413	12.4%
长岛	2 605 813	2 609 212	0.1%	805 139	856 234	6.3%	859 761	927 609	7.9%
哈得孙中部	1 773 135	1 860 668	4.9%	593 985	651 647	9.7%	643 136	707 149	10.0%
纽约市	7 071 639	7 322 564	3.5%	2 785 527	2 819 401	1.2%	2 941 661	2 992 169	1.7%
地区总计	19 032 799	19 677 853	3.4%	6 777 126	7 210 057	6.4%	7 204 805	7 744 048	7.5%

图表 27　1980～1990 年本区域人口、家庭、住宅单元数量变化情况

资料来源：美国人口普查局：*Country and City Data Book*，1992 年

图表 27 总结了区域内人口、家庭和住宅单元的数量变化情况。人口的相对老龄化，加上“婴儿潮”年龄段人口的显著增长，使得家庭数量的增速远远高于人口的增速(本章另有详述)。这部分人大都在 25～40 岁之间，正处于安家立业的年龄段，他们不仅渴望拥有自己的住房，购买力也较强。为满足这类购房需求，区域内新建了更多的住宅单元，但存量住宅的价格合理性和理想性仍是关键问题。

自 20 世纪 80 年代以来，房价被急剧抬升。随着 80 年代经济繁荣期带来的就业增长，“婴儿潮”时期出生的人们开始寻求首次置业。住房需求，尤其是对适宜社区中的适宜住宅的需求，已超出了住房供给。在很长一段时间内，房价的上涨似乎不会停止。近郊地区的可开发土地资源越来越稀缺；那些房屋数量不多的低密度居住区，从某种程度上讲占用了更多的稀缺土地；而管理上的滞后可能导致新建一套住房的成本将提高 1/4。所有这些都限制了我们建造适价房的能力。

地区或县	1980 年收入	1990 年收入	收入变化率(1980～1990 年)	1980 年中位房价	1990 年中位房价	房价变化率(1980～1990 年)	房价相对于收入的变化
纽约	16.3	36.8	125.6%	92.4	487.3	427.4%	340.29%
皇后区	20.5	40.4	97.1%	51.4	191	271.6%	279.71%
布朗克斯	13.2	25.5	93.6%	48.2	173.9	260.8%	278.63%
金斯	14.7	30	104.8%	50.5	196.1	288.3%	275.10%
哈得孙	17.7	35.3	99.6%	43.5	168.5	260.9%	261.95%
拿骚	28.4	60.6	113.1%	56.6	209.5	270.1%	238.82%
萨福克	24.2	53.2	120.1%	45	165.9	268.7%	223.73%

（续表）

地区或县	1980年收入	1990年收入	收入变化率(1980～1990年)	1980年中位房价	1990年中位房价	房价变化率(1980～1990年)	房价相对于收入的变化
橙县	20.6	44	114.0%	42.2	141.7	235.8%	206.84%
威彻斯特	27.3	58.9	115.8%	83.5	283.5	239.5%	206.82%
里士满	23.8	50.7	112.5%	60	186.3	210.5%	187.11%
尤宁	25.3	48.8	93.4%	65.8	180.5	174.3%	186.62%
罗克兰	28.2	60.5	114.1%	69.6	217.1	211.9%	185.71%
阿尔斯特	18.8	40.1	113.7%	37.5	114.3	204.8%	180.12%
伯根	27.5	57.6	109.5%	76.7	227.7	196.9%	179.82%
达奇斯	23.1	49.3	113.2%	49.3	149.2	202.6%	178.98%
帕特南	26.3	58.9	123.9%	61.5	195	217.1%	175.22%
埃塞克斯	19.9	42.2	111.5%	67.1	163.8	192.3%	172.47%
帕塞伊克	21	43.1	105.0%	66.3	185.5	179.8%	171.24%
米德塞克斯	25.6	51.8	102.5%	60.7	164.7	171.3%	167.12%
默瑟	23	48.5	111.1%	49.7	137.9	177.5%	159.77%
利奇菲尔德	22.3	49.1	119.6%	57.8	166.3	187.7%	156.94%
纽黑文	21.7	46.1	112.6%	59.7	165.2	176.7%	156.93%
沃伦	21.4	45.8	113.8%	51.9	143.9	177.3%	155.80%
蒙茅斯	24.5	53.6	118.5%	64.7	180.4	178.8%	150.89%
莫里斯敦	29.3	62.7	114.3%	81.4	217.3	167.0%	146.11%
费尔菲尔德	26.6	58	118.0%	91.7	249.8	172.4%	146.10%
海洋	18.8	39.8	111.7%	48.2	126	161.4%	144.49%
萨默塞特	29.2	62.3	113.4%	77.8	196.3	152.3%	134.30%
沙利文	15.9	33.9	112.8%	37.2	93.4	151.1%	133.95%
亨特顿	26.6	61.1	129.7%	78.7	209	165.6%	127.68%
萨塞克斯	23.5	53	125.4%	61.2	156.3	155.4%	123.92%
全国平均	7.3	14.4	97.6%	47.2	79.1	67.6%	69.26%

图表 28 房价变化和收入变化的比例(单位:千美元)

1981年,本区域的房价与美国平均房价之比为1.1 : 1,这一比值在两年内稳步提升,到1983年却突然飙升。1987年底,本区域房价与美国平均房价之比达到2.2 : 1的峰值,这意味着本区域购房成本为美国其他地区的两倍以上。1987年股市崩盘以后,出现了轻微的通货紧缩,这一比例才有所下降。但其原因也并非本区域房价真正下降了,只是增速不及美国其他地区而已[15]。目前,新泽西和康涅狄格的中位房价仍为全国平均房价的两倍[16]。我们还可用另一种方式来看这个问题,即对过去十年内房价变化值与中位数家庭收入变化值的比例进行分析比较,如图表 28 所示。本区域的居民收入水平在过去十年内大致翻了一番,而房价涨了不止两倍。尽管萨塞克斯县的房价和收入增幅的差别最小,但其房价增长率相对于收入增长率而言仍高出近 1.24 倍,比全国平均值高出近两倍。

尽管本区域居民收入的增幅略高于全美水平,但是房价暴涨的速度却接近全美的三倍。可以这样粗略估算居民的支付能力:居民买房时,银行往往会提供一笔大约相当于家庭年收入 2.5 倍的抵押贷款。早在 1980 年,本区域房价与家庭收入之比约为 3 ∶ 1,这意味着家庭只需拿出 1/6 的购房款作为首付即可。但是到了 1990 年,房价与家庭收入之比跃升至 4 ∶ 1 甚至更高,这一比例迫使买房的家庭必须支付 3/8 的房款作为首付。这在一定程度上使得买房对于很多家庭而言,尤其是对于不少低收入家庭(年轻家庭和有色族裔家庭)而言,变得遥不可及[17]、[18]。

下一步的住房趋势与住户构成的变化有关。仅在 1980～1985 年间,"非家庭住户"(住在一起但无家庭成员关系的住户)的增长占据了地区入住新增量的 71%,而家庭住户只占新增量的 29%。此外,5/6 的新增家庭户主为女性。预计这一模式在 20 世纪 90 年代到 21 世纪初期将持续存在[19]。区域规划协会还预测,许多新增家庭的收入趋于下降。1990～2005 年间,年收入不足 1.75 万美元(按 1982 年的美元价值)的家庭数量将增加 100 万个,占全部新增家庭数量的 45%[20]。即使将 2.5 倍于收入的银行贷款用来购房,这些低收入家庭也无力在公开市场购买 5 万美元以上的住房,甚至连当前平均房价 1/3 以下价位的住宅也无法承受。

图表 29 显示了反映区域内各县住房状况、质量等的几项指标。前两个指标,一是住房支付能力指数;二是房租支出占收入的比重超过 35%的租房者的比例。这两个指标分别衡量了居民租房和购房的能力。第二对指标,一是 1939 年前建成的住房占住房总量的百分比;二是单套住房平均居住人数超过 1.01 人的住房比例(即文中提及的拥挤指数。——译者注)。这两个指标主要用来衡量房屋可能出现的状况,以及住房的拥挤程度。虽然从表面上看拥挤问题并不严重,但一套住房住两户人家,却是一个潜在的紧迫问题。区域规划协会 1990 年提交的一份题为"布朗克斯的新方向"("New Directions for the Bronx")的报告估计,该地区有超过

4.3万个家庭处于这种与其他家庭共居一套住宅的状态[21]。虽然对有些家庭来说，共居一套住宅有好处，但这恰恰反映出新增住房的供不应求。在这种状态下，隐私保护和居住舒适度大打折扣，由此将引发社会公正和生活质量问题。必须指出，上述指标均忽略对无家可归者的统计。

县或地区	住房支付能力指数	房租占收入之比高于35%的租房者比例	1939年前建成的住房比例	单套住房平均居住人数超过1.01人的住房比例
费尔菲尔德	62.3	31.1%	24.4%	2.9%
利奇菲尔德	80	23.5%	30.6%	1.1%
纽黑文	72.8	31.4%	27.6%	2.2%
康涅狄格	70.4	30.7%	26.5%	2.4%
伯根	67.6	29.5%	26.0%	2.5%
埃塞克斯	55	32.3%	36.7%	7.4%
哈得孙	61.5	29.2%	48.7%	9.5%
亨特顿	81.3	29.8%	25.5%	8.0%
默瑟	93.4	27.9%	28.4%	3.2%
米德塞克斯	86.6	26.7%	14.7%	3.3%
蒙茅斯	79.5	31.6%	20.2%	2.1%
莫里斯敦	80.9	24.4%	17.9%	1.6%
海洋	82.1	40.6%	6.6%	1.7%
帕塞伊克	63.3	32.8%	30.7%	7.0%
萨默塞特	88.4	24.6%	15.9%	1.8%
萨塞克斯	97.6	34.0%	17.8%	1.2%
尤宁	72.4	29.9%	30.3%	4.6%
沃伦	86.7	30.5%	33.2%	1.1%
新泽西	77.5	30.2%	25.8%	4.1%
拿骚	81	32.5%	21.3%	2.8%
萨福克	92.5	38.6%	11.7%	2.5%
长岛	86.1	35.6%	16.3%	2.7%
达奇斯	88.5	28.5%	23.8%	2.1%
橙县	86.4	35.1%	28.7%	3.3%
帕特南	86	31.6%	20.5%	1.6%
罗克兰	75.9	33.6%	15.2%	4.5%
沙利文	92.3	37.9%	26.2%	4.0%
阿尔斯特	93	31.8%	32.9%	2.2%
威彻斯特	53.4	30.5%	35.3%	4.4%

（续表）

县或地区	住房支付能力指数	房租占收入之比高于35%的租房者比例	1939年前建成的住房比例	单套住房平均居住人数超过1.01人的住房比例
哈得孙中部	77.9	31.5%	29.3%	3.7%
布朗克斯	39.4	34.5%	31.3%	16.6%
金斯	40.9	34.0%	48.0%	13.8%
纽约	20.7	28.9%	47.2%	10.1%
皇后区	55.9	30.8%	34.7%	11.8%
里士满	73.6	30.3%	24.1%	3.7%
纽约市	40	31.9%	40.9%	12.3%
地域总计	70	31.6%	30.9%	6.9%

图表29　1990年部分地区住房指标

资料来源：美国人口普查，STF 3A，1990年

图表29中的住房支付能力指数，再次凸显了此前提出的适价房数量不足的问题，该问题在区域内富裕地区尤为突出。该指数显示，中位数家庭的收入只达到了购置中等价位住房所需收入的70%[22]。此外，每个家庭还必须支出各项税款、水电费、下水道清理费等日常生活开支。从地理分布上看，该指数显示出：城市核心地区的居民收入最低，最难以承受高房价；而大量价位相对适中的住宅往往位于城市外围地区。近1/3的租房家庭将其收入的35%以上用于支付房租，高于这一阈值将超出其承受能力。房租占收入比重最高的地区是海洋县，或许是因为那里有大量高档社区。在郊区，房租与收入之比相对较低。本区域超过30%的住宅建造于1939年之前。考虑到本区域发展历程较长，出现这一情况不足为奇。文物保护的相关文献告诫我们：要以拥有历史遗迹为荣。然而，二战前建成的房屋至少拥有56年的历史，其取暖设施、下水管道和电力系统都可能已存缺陷，效率低下且很不可靠，如果得不到及时维护，情况或许会进一步恶化；另一个令人担心的问题是，年久失修的住宅还更易产生铅、石棉等有害物质。从地区分布看，纽约市及其周边地区的旧房比例最大，这些地区都是在蔓延之前建设的。另外，就拥挤指数而言，情况最严重的是城市地区，尤其是纽约市和埃塞克斯县以及新泽西的哈得孙和帕塞伊克县。住房拥挤不仅束缚了人们的活动，也加速了房屋的破损，如得不到及时维护，其使用寿命将大为缩短。

虽然上文比较关注郊区的需求，但图表29表明，城市地区如纽约、哈得孙县及

埃塞克斯县的城市地带应提供更多的房源,以解决住房拥挤、适价房比例偏低及大量旧房年久失修等问题。

(3) 城市遭忽视

尽管上一代人花费了大量心血,本区域城市持续的空洞化趋势仍然势不可当。联邦政府、州政府和地方政府采取了大量的行动,试图缓解城市贫困、改善居住条件、降低犯罪率及重建基础设施。区域规划协会通过自身的努力,在布鲁克林中心城区、牙买加中心、纽瓦克和新不伦瑞克等地区以多种方式产生了积极影响。但遗憾的是,总体而言,我们今天所面临的问题与上一代人相比同样严峻。一些区域性问题的严重性还有所加剧:即使在郊区,犯罪和贫困已不再是什么新鲜的事情。城市持续衰落有多方面原因,如前面章节所述,包括教育水平低下、经济转型造成就业岗位减少,以及居住区存在空间上的隔离或孤立等。图表 30 显示了这方面的一些重要指标。位于点划线下的三个社区代表了周边郊区的现状。

城市	人口变化率(1982～1992 年)	每千名出生婴儿的死亡人数(1988 年)	每 10 万人的犯罪案件宗数(1991 年)	生活在贫困线下的儿童比例(1989 年)
康涅狄格布里奇波特	−3.9%	10.0	12 253	2.9%
康涅狄格纽黑文	−1.7%	16.2	14 922	33.8%
新泽西泽西城	2.3%	13.9	9 201	29.7%
新泽西纽瓦克	−18.6%	19.8	14 806	37.2%
新泽西帕特逊	1.0%	13.2	7 643	26.7%
新泽西特伦顿	−4.7%	17.7	10 863	26.8%
纽约布朗克斯	2.2%	15.5	*	28.7%
纽约布鲁克林	2.5%	14.7	*	22.7%
纽约曼哈顿	4.3%	13.6	*	20.5%
纽约皇后区	3.2%	9.8	*	10.9%
纽约斯塔腾岛	11.1%	8.3	*	7.8%
康涅狄格丹伯里	8.0%	6.4	5 588	8.2%
新泽西费尔劳恩	−4.2%	11.0	2 231	2.3%
纽约峡谷溪	−3.6%	7.1	*	3.4%

* 纽约州的该项数据未分解到各下属市镇,全纽约州总量为每 10 万人 9 236 宗。

图表 30　部分城市生活质量指标

资料来源:美国人口普查局:*Country and City Data Book*,1994 年

3. 致力于公正性:为所有人创造发展机会

后面几章将详细阐述本次规划所倡导的"五大方略",这些方略将有力地促进本区域更好地落实公平发展的理念,提升区域经济发展水平,改善区域环境状况。"劳动力方略"一章将指出教育系统和体制上存在的不足,并提出将技术革新与就业机会尤其是内城社区的就业机会联系起来的策略。"管治方略"一章将阐明,如果试图让社区共享资源,打破歧视性障碍,实现其他几项方略所呼吁的变化,必须实施科学的管治。"通达方略"一章将探讨交通替代方案,试图破除制约社区就业、住房等基础设施建设的障碍。"区域中心方略"一章要求重新关注区域内已有城市中心的投资、就业和住房问题,确保更多的居民分享更高质量的生活。"绿地方略"致力于保护环境,维护大气、水体的质量,确保区域内的全体人民享有优质的开敞空间。

注释

[1] 本区域的人口由四个相互独立的族裔构成:非西班牙裔白人,非西班牙裔黑人,亚裔和其他非西班牙裔人,以及西班牙裔人。故书中提及的白人、非裔美国人或亚洲人口,均不包括西班牙裔人口。

[2] 法律准入移民数与按族裔/民族预测的净移民数不一致,因为美国存在人口再迁移现象,有些移民又返回原国,且净迁移数可包含本土出生的第二代移民。

[3] 纽约州和新泽西州港务局。

[4] 美国人口普查局:Current Population Reports:Consumer Income,系列报告第 60~184 页,1992 年,"Money Income of Households,Families and Person in the U. S.",修订版;及第 60~188 页,1993 年,"Income,Poverty and Valuation of Non-Cash Benefits"。

[5] 美国人口普查。

[6] 同上。

[7] 区域规划协会界定的本区域的城市核心区指的是纽约市的五个区和新泽西州的埃塞克斯县、哈得孙县和尤宁县。

[8] 美国人口普查。

[9] Patrick Hare:*Clunker Mortgages and Transportation Redlining: How the Mortgage Banking Industry Unknowingly Drains Cities and Spreads Sprawl*,华盛顿:1995 年。

[10] Massey 和 Denton:*American Apartheid*,哈佛大学出版社,1993 年。

[11] *Segregation and Opportunity in the Region's Housing*,《区域规划新闻》第 104 期,1979

年 7 月。

[12]　Massey 和 Denton:*American Apartheid*,哈佛大学出版社,1993 年。

[13]　1995 年 4 月 26 日对理工大学就业服务办公室主任珍妮特·格利尔(Jeanette Grill)的访谈。

[14]　美国人口普查局:Summary Tape File 3A,1990 年。

[15]　纽约州和新泽西州港务局。

[16]　Hughes and Seneca:*Ranking the Municipalities*:*Incomes and House Values*,罗格斯区域报告,1994 年。

[17]　对选定区域与城市的调查发现,所有年龄在 25～34 岁即所谓"筑巢期"核心阶段的家庭,对首套住房的购买愿望都很相似;但各年龄段黑人家庭的收入比所有年龄和族裔家庭的平均收入低 10%。

[18]　应该指出,为应对低迷的市场,发放抵押贷款的机构十年来推出了很多新产品,包括提供可变利率抵押贷款和降低首期付款的要求。

[19]　区域规划协会:"Household Formation in the Tri-State Region & the Demand for New Housing,1980～2005. Working Paper NO. 3."由雷格纳·B. 阿姆斯特朗研究员于 1990 年 9 月提交大都市区交通运输管理局。

[20]　同上。

[21]　区域规划协会:"New Directions for the Bronx",1990 年。

[22]　该指数计算方法为:每个县的平均家庭收入乘以 2.5 的抵押因子再除以 80%(反映 20% 的首期付款)。根据该指数,分别计算出各个县的平均房价。

第五章　环境:困境中的绿色基础设施

《地球宪章》(The Earth Charter)——1992 年在里约热内卢通过的关于环境和发展的宣言,已成为官方认可的 21 世纪全球发展政策。该宪章认为保护环境必须成为“发展过程不可或缺的组成部分,而不能被孤立地看待”[1]。

这一简练的表述反映了全球有识之士对于地球经济与生态环境间关系的一种全新理解。当我们享受着近年来环境保护不断强化所带来的成果,如更洁净的水体和空气时;当我们关注到新生事物,如减少甚至终止废弃物生成的新型生产方法时,我们现在已能够理解,将经济发展和环境保护完全对立起来的老套范式,是完全错误的。

在过去的 30 年中,本区域在改善环境质量方面投入不菲,并已从这些努力中得到了回报:

- 我们能够更加自在地呼吸,因为积极的废气减排措施,以及诸如催化、转化之类废气治理技术的进步,已有效地提高了本区域的空气质量。在 1992 年和 1993 年,纽约市无一宗违反联邦一氧化碳排放标准的案例。而在 1987 年,该类记录高达 90 宗[2]。
- 对污水处理设施的投资已使海水恢复了洁净,鱼类、船夫和滨水区开发商们又重新回到了海港与长岛之间的长岛峡湾。自从启动系统的海港调查至今的 84 年来,纽约-新泽西港的洁净度已达到了最高点。此外,我们得到的回报还包括:斯塔腾岛上的南沙滩和中沙滩在关闭 20 年后的 1992 年得以重新开放;康尼岛上的西吉特(Seagate)沙滩浴场在关闭 40 年后的 1988 年得以重新开放[3]。
- 1964 年以来,本区域共增加 35 万英亩开放式公园用地,由此产生了一种共识,即应保护区域的自然风貌区(这是本区域的瑰宝)并投资于城市的公共空间,例如位于纽约地区的盖特韦(Gateway)国家级休闲区(为国家首批大型城市国家公园之一)[4]。

上述成功法则相对简明易懂:纽约、新泽西、康涅狄格之所以在环境保护方面领跑全国,就是因为它们制定了全面的、影响深远的环境标准和规制。一旦这类法规经正式审议通过,州政府即可投入资金和政治资源,并使之发挥作用[5]。

图表 31 得益于水污染控制方面的环境法规和投资,自从 84 年前开展海港调查以来,如今的纽约-新泽西港是最洁净的海港

强调这些杰出的成就很重要,因为这些成就常常被那些至今尚未解决的严重问题所掩盖:本区域大部分居民至今仍在呼吸着不符合联邦健康标准的空气[6],喝着本应经多重过滤而实际只经过最基本处理的饮用水[7]。有太多的城市社区没有达到最低的公园面积标准,而大部分已建公园则变得越来越荒芜、越来越不安全。城郊的持续蔓延不断地蚕食着山丘和农田。

正在发生的管理失控产生了持续性的影响,虽然缓慢但却不容置疑地降低了本区域的生活质量。某一周,我们也许会在饮水时发现更多的氯化物,然后开始去商店购买饮用水；下一周，可能会发现自己喜欢的垂钓之地和远足路线被新的土地细分管理所破坏，从而不得不到更远的地方度过假期和周末。我们饱受堵车之苦，在货车后面，不得不吸入一股股难闻的汽车尾气和燃烧不完全的柴油燃料气。这种痛苦几乎每天都得忍受，无论是在去上班还是去海滩的路上。当享有优质环境的成本变得越来越高、环境质量变得难以捉摸时，企业和家庭将不得不搬迁到其他地方。

本区域濒临险境的动植物和土地资源是完全不可替代的。我们可以从本区域广泛而十分引人注目的生物多样性中举一个例子：蒂姆博尔响尾蛇的栖居地是其祖先遗留下来的，它们的巢穴已有 5 000～8 000 年的历史。这种动物已习惯于有规律地穿梭于纽约和新泽西的阿巴拉契亚高地。当这些巢穴被毁坏，它们便无法找到一个新的栖居地，最终将面临死亡的威胁[8]。虽然并非所有人都会哀悼这类危险物种的消失，但它表明了一个重要的事实：只要距曼哈顿 40 英里以内的范围还有响尾蛇存在，就表明生物多样性和难以驯服的野性是能够与现代文明持续共存的。

本区域处理发展与环境之间关系的情形，是全球范围内主要的资源消耗型发展模式带来全球气候变暖、生物多样性降低、渔业衰退等后果的缩影。气候变化可能是影响最为深远的后果：自 1880 年开始记录气温以来，1994 年的气温之高排行第五，而所记录的 10 个最热的年份都出现在 1980 年以后[9]。可预见的海平面上升以及其他变化所导致的直接和间接的影响也是巨大的：海平面上升会影响污水处理设施的水体流动，频繁发生的暴风雨和洪水将危及沿海的房屋、道路、桥梁。当我们更清晰地认识到全球气候变暖的趋势与二氧化碳之类的温室气体产生之间的关系时，很明显，本区域和其他地区一样，必须减少大气中碳的排放并力求达到全球标准。

本区域所有这些问题以及可能采纳的解决方案，与十几年前相比存在诸多不同。很多仍待解决的污染问题常常不能归咎于某个大烟囱，而应归咎于遍及整个环境中的多种源头或多种行为：

- 如今，水质专家非常关注这类污染源：由于雨水对房屋、道路的冲刷，使雨水中增加了化肥、油渍以及其他冲积物。这些雨水汇入河流、海（河）口后，导致了水污染。纽约州 80％以上的水污染是由此类“非点状”污染引起的[10]。

图表 32 区域的很多环境问题不能简单地归咎于某个大烟囱，实际上是遍及整个区域的一系列行为共同作用的结果

- 空气质量问题的罪魁祸首不再是高耸的工厂烟囱，而是那些低矮的、流动的、水平的“烟囱”——不断增加的机动车[11]。
- 水獭、莺等很多区域性动物无法通过占有小面积的孤立地块来满足其栖居要求，因而常常需要把这些岛状栖居地联系起来。

这些问题不能通过传统的、事后的处理思路来解决。复杂的问题需要系统的解决方法，且无情地指向这样一种策略：如果不能从源头上防止污染产生，污染就有可能遍及整个土地和水体系统。

这项工作的政治环境也变得更加微妙。虽然环保对于公众是头等重要的大事，但是企业和公共部门的官员们对于环境管理的方法普遍感到不满[12]。相关规制和环境科学的复杂性不断增强，已成为土地所有者、企业家和政府的负担。众多的小公司和小开发商由于缺乏处理土地与资源管理问题的资源及专业技术知识，不得不在土地利用控制较少甚至尚无土地利用控制的、并且不那么富裕的小社区寻求发展机会。

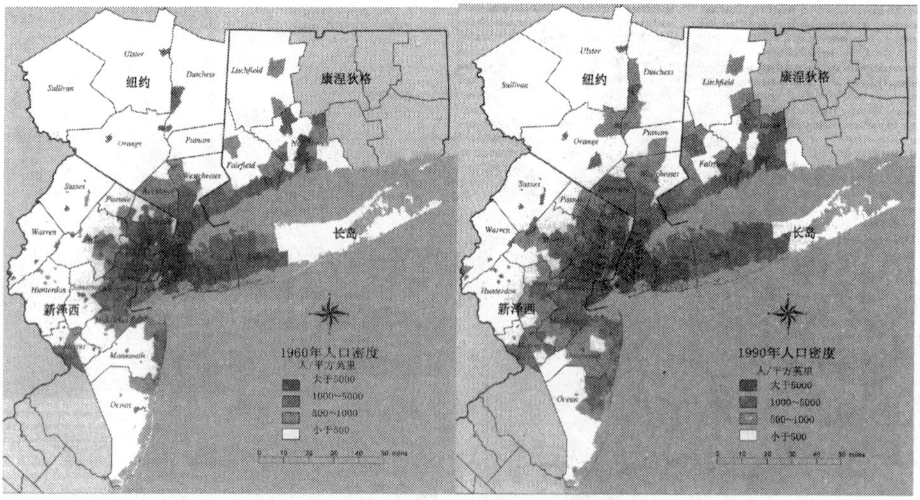

图表 33　1960 年和 1990 年各市的人口密度

联邦和州政府越来越不愿意或越来越无力提供解决环境问题所需要的资金，上级政府的行政性命令不断增多却不提供资金支持，管理责任转嫁到了更低层级的政府。这导致了地方政府的不满。为了帮助纽约和新泽西州政府实现其目标——社区饮用水符合联邦《清洁水法》（"Clean Water Act"）的标准，联邦政府在1972～1987 年间每年拨出了 6 亿美元的专款。而目前，这一数字为 2.35 亿美元。并且现在的拨款只能为社区提供低息贷款，而非直接资助[13]。来自土地和水资源保护基金以及用于购买公园用地或提高现有公园质量的联邦政府拨款，自 1978 年以来已降低了 50%以上。纽约州的该项拨款已降低了 90%以上，1994 年甚至降至130万美元[14]。结果,地方政府不得不承担越来越沉重的环境保护支出[15]。

同时,居民及其选出的代表越来越不喜欢在其社区建造改善环境的设施。本区域的很多社区认为,它们目前承建的环境设施已超出了其本应承担的义务,而这一想法往往不无道理。低收入阶层和有色族裔对这一问题的关注,造成了新的追求环境公平的社会运动。因为,几乎每个社区都不希望其住区附近有自己不喜欢的土地用途,由此往往造成这样一种结果:改善环境的基础设施根本无处安置。

1. 预测:区域周边的土地消耗

本区域的开敞空间存在着用地供应不断减少的问题,其复杂性和紧迫性超过了其他任何地区。纽约-新泽西-康涅狄格地区已经历了350多年一波又一波的发展和向外扩张。建设用地面积不断扩大——不断建造新的住宅,不断为新的企业留出建设空间。这些发展的确给每一代人带来了收益,但也让他们付出了代价——每一代人都目睹了农田、森林、水道以及珍贵的乡村地区的消失。

本区域曾一度经济增长迅猛而空间蔓延趋缓。现在,我们的经济增长速度减缓了很多,但是空间蔓延的速度却一直未降,从而不断消耗着开敞的土地资源,不断破坏着传统社区。本区域的人口在过去的30年里仅增加了13%,而土地开发面积增加了60%[16]。这意味着自1962年以来,本区域的建设用地超过了100万英亩,其中的很多土地曾经是环绕着我们的森林和农田。30年前,本区域81%的土地是开敞的绿地,而现在只有70%的土地仍保持绿色状况。我们牺牲的是绿色资源,换来的却是高成本的蔓延和看不到尽头的交通拥堵。

(1) 郊区增长

自20世纪20年代以来,大范围的郊区扩张已成为本区域发展的一大推动力量,且近十多年来这一趋势变得更为显著。大量的类似于大学校园的商业园区和工业园区从城市中心地区跳跃出来,进入先前的居住型郊区。1975～1992年,本区域新增就业岗位有90%位于核心城市县之外(仅康涅狄格州,自1950年以来,新增就业岗位的3/4配置于郊区)[17]。结果,住宅开发距曼哈顿、纽瓦克、怀特普莱恩斯、斯坦福和其他城市中心越来越远[18]。这使得郊区化不断向乡村地区(那

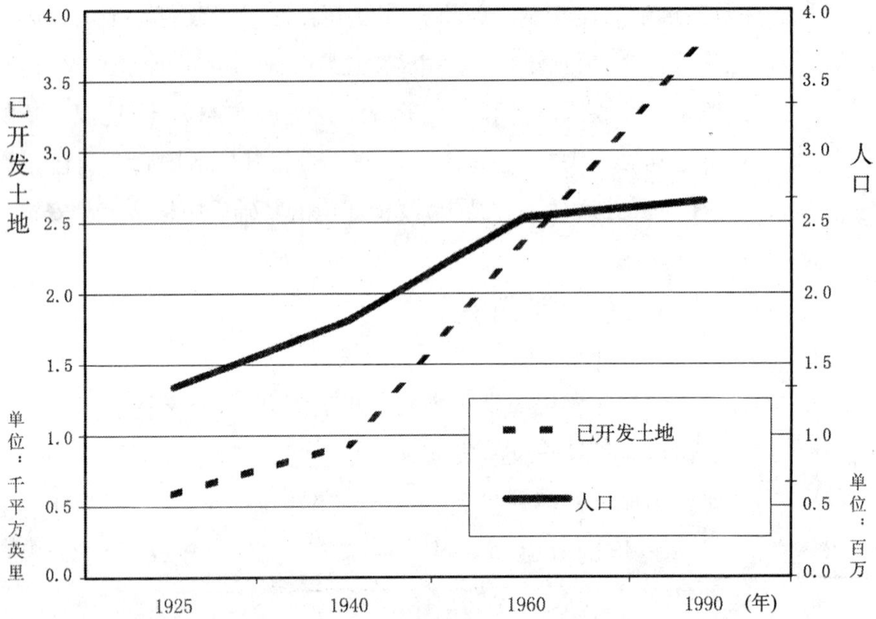

图表 34　1925 年、1940 年、1960 年、1990 年区域已开发土地和人口变化

资料来源：美国人口普查局，区域规划协会

里建设成本较低、管制要求也没那么严格）推进。1970 年以来共计建造了 170 万套住宅单元，其中 40%位于城市外围地区。1960～1990 年间，诸如康涅狄格州的布鲁克菲尔德、谢尔曼以及纽约州门罗、布鲁克黑文之类的小镇建成区面积增加了两倍。新泽西州的费农、普莱恩区等地更是达到了原来的十倍[19]。

这种发展模式一旦建立起来，就会自我循环。联邦和州政府在远离已有城镇的地方建设高速公路、铺设排污管道的做法启动了这一模式，此后个人的决定又不断促成这一模式的扩张。人们为了满足住房需要而不断向城市外围迁移。但是，随着对高质量的学校和基础设施有强烈需求的新型家庭进入社区，物业税也随之水涨船高。在这一情形之下，地方官员会作出理性的反应：他们修改土地用途，大力引进能提供税收但无须配套学校和其他服务设施的商业用地；他们不鼓励小地块、高密度的住宅，因为这些住宅的物业税不足以支撑居民所要求的服务。这样一来，住宅就不断地在更远的郊外被开发出来。

最终,本区域呈环状蔓延,新的郊区包围了原来的郊区。我们"成功"地创造了75英里的郊区蔓延。

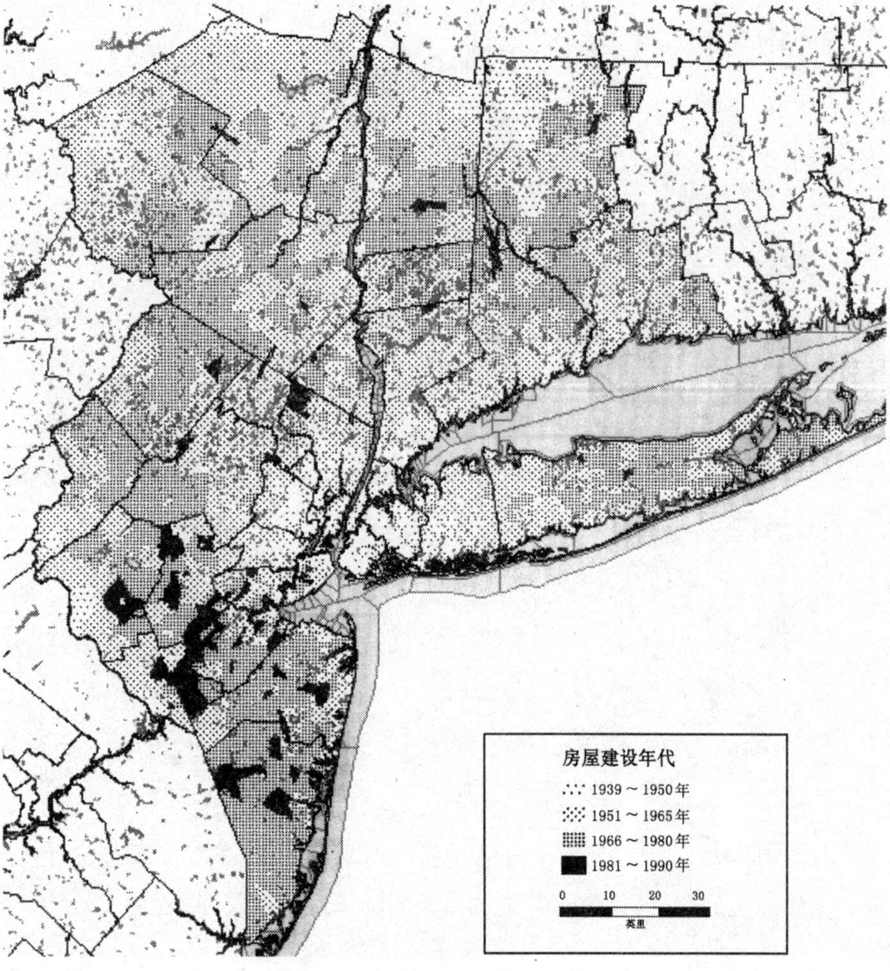

图表35 住房年代图

资料来源:美国人口普查局

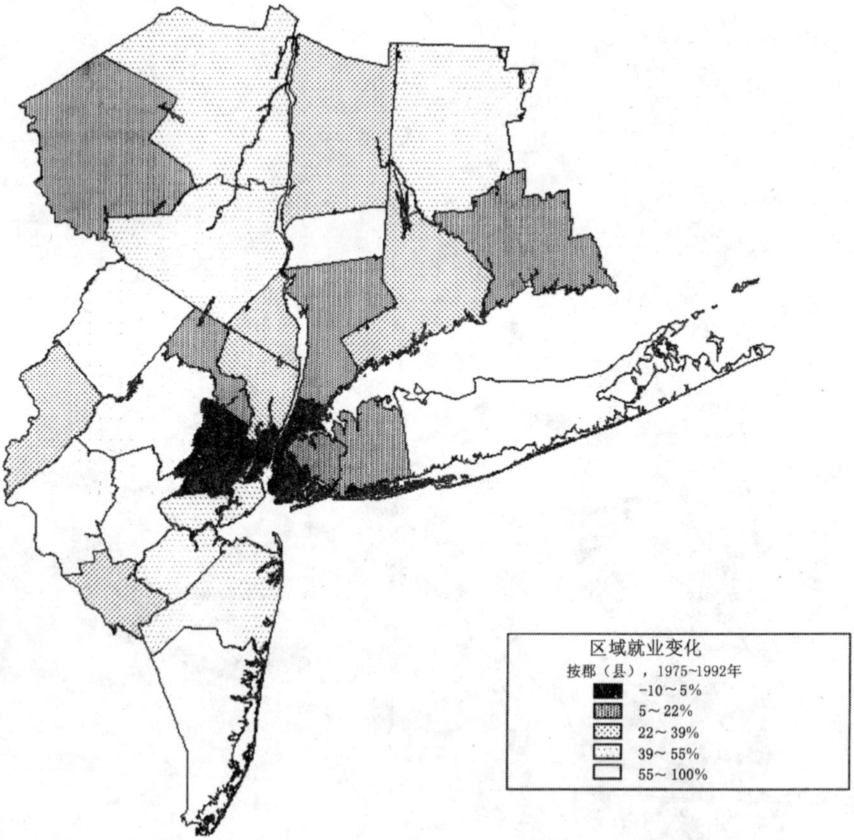

图表 36　各县就业率变化图

资料来源:美国商业部经济分析局

(2) 城市衰退

在蚕食区域外围土地的同时,我们逐渐地抛弃了城市地区,使得原本作为工作、人口集中地的城市出现“空心化”现象。1970～1990 年间,希克斯维尔、特伦顿和波基普西之类的城市减少了 10%甚至更多的人口,纽瓦克的人口减少了近 30%[20]。虽然有些区域内的中心城区仍能吸引商业投资,但是自 1975 年以来,在其他地方增加 100 万个就业岗位的同时,这些区域中心却减少了 3 万个私营部门的就业岗位。诸如纽瓦克、特伦顿、纽黑文和布里奇港之类的城市更是遭受了沉重打击[21]。

到1980年，本区域相当一部分居民已迁往城市地区之外。到1990年，城市的衰退伴随着原有乡村、小镇地区发生的郊区扩张，这意味着居住在郊区的人口进一步增长。1960年本区域城市县的人口占总人口的53%，到1990年，这一数值下降到43%。相比之下，郊区人口所占比例从36%上升到44%[22]。

导致这一巨变的原因很多且非常复杂。其中一些涉及我们的税收体制和公共基础设施建设资金的投向。用历史的观点来看，高速公路系统的建设使人们具备了在偏远郊区居住的能力。其他原因可能与文化偏见以及持续的种族、阶层、族裔隔离有关。当然与每个家庭的成本-收益测算也有关——每个人和每个家庭在决定是否搬迁及迁往何处时，往往要综合权衡一系列因素，例如住房、学校、环境质量和求职的难易程度。与郊区居民相比，多出一倍的城市居民更倾向于认为：开敞空间不足、教育质量偏低和犯罪率偏高是社区的主要问题。另一方面，城市、郊区居民在就业机会、交通拥堵、种族关系紧张以及缺少社区感方面的看法差别不大[23]。

	1975年		1985年		1993年	
中心	人口	就业	人口	就业	人口	就业
纽约市	7 894 862	2 712 800	7 071 639	2 931 400	7 322 564	2 698 500
曼哈顿中央商务区		1 510 385		1 671 600		1 411 912
布鲁克林		37 289		23 282		40 882
牙买加		16 488		13 931		17 616
长岛市		75 054		68 791		64 819
新泽西泽西市	260 545	59 506	223 532	59 559	228 537	61 441
康涅狄格纽黑文市	137 707	74 630	126 019	74 610	130 474	65 400
康涅狄格布里奇港	156 542	60 390	142 546	61 240	141 686	42 980
康涅狄格斯坦福	108 798	49 290	102 453	72 920	108 056	68 400
纽约怀特普莱恩斯	50 125	34 334	46 999	55 031	48 718	51 350
纽约波基普西	32 029	22 419	29 757	41 016	28 844	34 144
纽约希克斯维尔	48 075	17 351	43 245	25 398	40 174	20 711
纽约米尼奥拉	21 845	12 338	20 757	13 654	18 994	14 346
新泽西特伦顿	104 638	30 123	92 124	23 199	88 675	21 601
新泽西新不伦瑞克	41 885	24 641	41 442	22 256	41 711	23 357
新泽西纽瓦克	382 417	145 659	329 248	123 651	275 221	110 766
中心区合计	9 239 468	3 243 481	8 269 761	3 503 934	8 473 654	3 212 996
31个乡村地区	19 747 964	6 214 900	19 190 960	7 568 800	19 843 157	7 292 100

注：纽约和新泽西的就业为1975年、1985年和1993年的数据；康涅狄格的就业为1975年、1985年和1994年的数据；31个乡村地区为1975年、1985年和1993年的数据。

图表37 区域中心的人口和就职于私营企业的情况

资料来源：美国劳工部

2. 环境趋势及问题

人口和就业的分散布局，需要付出很高的财政和社会成本。当税收骤减的城市地区最终沦为犯罪率居高不下的衰退区时，乡村地区一夜之间变成了郊区中心，但是缺少学校、交通设施和其他公共服务设施；而难以缓解的交通拥堵导致物流不畅和居民出行不便，从而造成了高昂的发展成本。由于居住区与商业区开发的不相匹配，不断增长的物业税成为乡村和郊区社区的负担，并且增加了环境成本。人们很难把蔓延产生的原因与上述问题分开。

(1) 公园和开敞空间

持续的蔓延导致了以下最直接、最显而易见的后果：森林、农田和湿地转变为建设用地，野生动植物栖息地、休闲用地和风景资源以及多产农业用地持续丧失。例如 1964～1992 年间，本区域失去了 42%的农业用地[24]。

更为深层的问题是，绿色基础设施内部的生物过程和物理过程被打乱了。绿色开敞空间通过固定、分解大气和水中的污染物，确保了我们的环境健康。它们调节气温，让我们不必过多消耗能源而保持冬暖夏凉；它们在我们的家园附近构成缓冲区，使我们免于洪涝灾害。提供这些服务所需的投入与采取硬质工程措施相比是微不足道的。但是，当自然界系统被打乱或受到损害时，我们就不得不投入巨资来建立雨水管道系统。

纽约市饮用水供应系统是一个再清楚不过的例子。由于那些建造在山上、湿地、河谷的房屋以及企业和其他城市设施纷纷向水库排水，导致为纽约市和威彻斯特县提供饮用水的北部水痒与河道的水质面临着严重威胁。威彻斯特和普特拿姆县的克罗托内盆地可提供 14 亿加仑的饮用水，为本区域所需总量的 10%。而最近这一地区的开发使水质降到了新低(水库的水需过滤后才能饮用)，这是本区域首次出现这种情况。哈得孙西部卡茨基尔和特拉华盆地未来开发带来的威胁，以及达到联邦地表水处理规定的压力，迫使纽约市计划花费 60 亿美元来建造世界上最大的水处理设施，用于处理占需求总量 90%的饮用水。

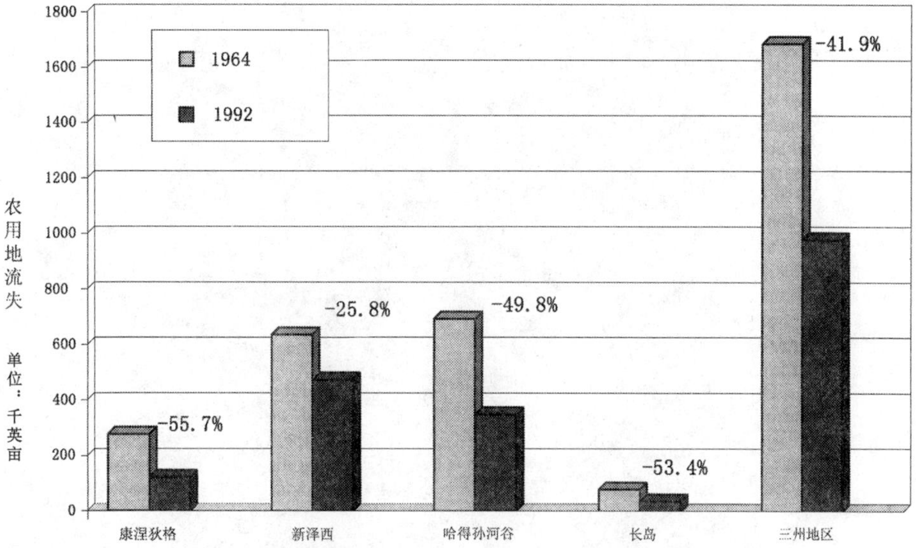

图表 38　1964～1992 年农业用地流失情况

资料来源：美国农业部农业普查(USDA Census of Agriculture)

得益于公众对健康问题的关注以及联邦环境保护部的共同推动，1990 年纽约市环保部门发起了流域保护行动，为建设昂贵的水过滤设施工程寻找替代方案。该行动的目的在于通过保护水文敏感土地，以及在河流、水库周边建立绿色缓冲区，来尽量避免病菌、污染物进入水体，从而实现对污染的多重阻隔，而不是等污水进入水库后再对其进行过滤。

作为对这一行动的回应，该流域的社区成立了流域城镇联盟。该联盟对蔓延占用土地及城市原有的管制方法提出了异议，由此导致了针对这一问题的长达近 5 年的争论。1995 年，乔治・帕塔基(George Pataki)州长推动纽约市、流域城镇联盟和美国环境保护部展开了一系列谈判，最终达成协议。该协议在水质保护与地方经济发展目标之间达成了平衡，同时明确了市政府出资控制流域污染、发展地方经济的新任务。

从短期看，这一行动的成功取决于以下因素，即纽约市有能力获取具有水文敏感性的土地，同时各城镇认同流域综合管制的各项规定。这些规定设定了住宅、企

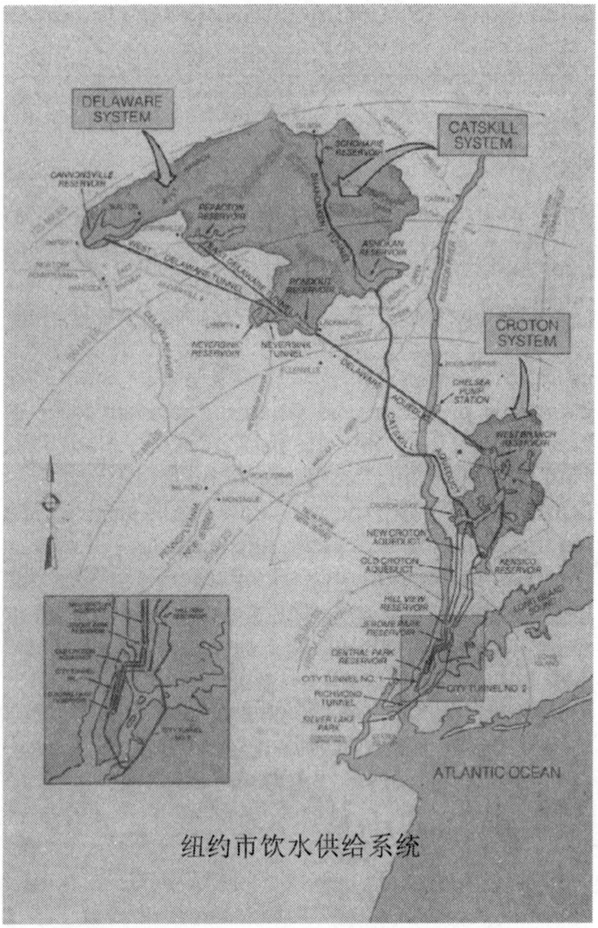

图表 39　纽约市饮用水供给系统

业与河道之间的距离，以及是否准许进行有机或化学处理、地表硬质覆盖等。而上述协议反映了居住在 2 000 平方英里滨水区内的 23.4 万名居民与下游各州 900 多万居民之间达成的全新共识。为获得长远的成功，合作各方都必须认识到：城市应当履行其统筹的职责，而流域居民和企业有权不受干扰地追求高品质的生活，且各方都能从洁净的水体和良好的保护措施中受益。

要保障向纽约州半数的居民供水，需要纽约市制定专门规章和实施相关的土地收购计划。而这 2 000 平方英里滨水区的命运，则有赖于流域内 79 个村镇的管理委员会和数以千计的土地拥有者。必须认识到，除了不断供给洁净的饮用水之外，其他许多问题也迫在眉睫。克诺顿、卡茨基尔和特拉华盆地的高山、湿地和河谷对本区域有着同样的特殊意义，正是由于它们的存在，才使得本区域更加适宜居住和工作。它们给游人和居民提供了世界级的休闲机会、引人入胜的景观、文化传统的体验。它们也是本地特有的世界濒危动植物唯一的家园。而且，旅游业的发展所依赖的健康、怡人的环境，已构成滨水区和下游大都市区经济发展的重要组成部分。

关于纽约市供水系统的未来问题及相关争论，并不是孤立存在的。为新泽西超过 300 万居民提供地表水[25]、为长岛松林地带的巨大地下蓄水层供水的阿巴拉契亚高地，正处于相似的境地[26]。

在我们失去本区域边缘开敞空间的同时，城市公共空间也陷入了困境。由于政府预算紧张，很多城市公园得不到必需的维护，更无望得到基建改善或启动娱乐休闲扩展计划。本区域内的所有城市都面临类似的问题，其中以纽约市的情况最为严峻。过去 20 年来，纽约市投资于公园的资金下降了 1/3，其人均公园建设投入指标在美国 19 个大城市中的排名已降至倒数第二[27]。这种投入的匮乏还体现在其他方面，如行道树以每年 2 000 棵的速率减少[28]。勉强达标的公园仅占全部公园的 35％[29]。结果，大量市民为追求好的生活质量迁居至乡村，由此引发了对住房、商业的新需求。

(2) 废弃的城市土地

除公园和运动场地遭到忽视外，城市中心由于缺乏再投资和再开发，留下了上万英亩的闲置土地[30]。这些从前的工业区、被污染的工厂用地往往靠近主要交通干道和工商业活动中心，很多甚至是政府的物业，包括因拖欠税款而被没收的财产、原有的固体废弃物处理设施、军事基地、港口、车站等。特别值得注意的是位于区域城市滨水区的这类用地，因为临水而对开发商具有潜在的吸引力，有望成为令公众瞩目的城市景观和休闲场所。

由于原有用途的缘故，上述地块不少已被有毒化学物质污染。政府记录在案的本区域已知或潜在的危险地块，包括 10 万余处地下燃料罐泄漏点、溢流区或工业用地。在一定的情形下，这些地点对附近居民的健康构成威胁[31]。当然，这类

图表 40 本区域普遍存在土地废弃现象。区域规划协会的尤宁县土地再利用项目正计划帮助新泽西的伊丽莎白镇在此建设零售商业中心

地点的很多污染问题已得到控制,但它们的确是降低社区活力、制约生活质量和不动价值的根源。

撇开清理这些地块的复杂程度不谈,由此产生的沉重负担,就足以令雄心勃勃的开发商不敢轻举妄动[32]。为重新利用这些土地,新的业主必须先完成土地清理工作,以达到州和联邦政府设立的公共健康标准。最初造成污染的人不可能承担土地清理的责任,额外的不确定性则随时可能导致成本的进一步增加:随着医学和科学技术的进步,健康标准可能发生变化。由于这些地块大多只是经过了初步核查,因此,修复工作一旦启动,还可能进一步发现新的污染问题(这种可能性是不容忽视的)。这些糟糕的情况使得开发商不敢问津,结果是蔓延的驱动力日益增强。

(3) 私家车及其污染

居住和就业的离心化,使得人们比以前更频繁地驾驶私家车出行。1970～1990 年,本区域的机动车出行里程增加了 60%。部分原因在于私家车的便利、舒适和实用,但土地利用的变化也推动了以私家车为中心的经济和生活方式的形成。

本区域的居民从城市迁往郊区后,面对如何上班、上学或度假休闲这类问题时,他们并无更好的选择。驾驶私家车成为其偏好的出行选择,有时候可能是唯一

图表 41　私家车不断增多，行驶里程不断增长，导致路面拥堵，并在很大程度上造成空气污染

的选择。

私家车和货车的不断增加，使三州大都市区成为继洛杉矶之后全美第二个空气洁净天数未达标的地区。新的废气排放标准、催化、转化之类的技术进步、严格的检查和维护保养等措施，已使本区域有可能进一步改善自身的空气质量。但这些成果大部分被不断增加的行车里程所抵消。单个的尾气排放管可能被净化了，但每天更多的私家车行驶更长的路程，导致了空气质量的不断下降。

用联邦政府的官方语言来讲，本区域是“重度的”臭氧超标区和“中度的”一氧化碳超标区[33]。曼哈顿空气中的固体颗粒物或粉尘含量已超过联邦规定的健康标准[34]。私家车、货车和公交车导致了本区域约 90％的一氧化碳污染和约 50％的臭氧污染，它们也是粉尘和大气中二氧化碳浓度过高的主要诱因[35]。

空气质量低劣对人体健康危害巨大。饱受过敏反应和呼吸道疾病困扰的儿童、老人以及户外锻炼者的处境堪忧[36]。哮喘发病率一直在增加，现已成为学生请假离校的主要原因[37]。

基于以上认识，1991 年的《清洁空气法》(“Clean Air Act”)修订案要求从两方面着手，确保有效治理机动车尾气的排放问题：一方面，要求在未来十几年内引入清洁型交通工具，首要步骤是使用更洁净的汽油和进一步加强对机动车的检查[38]；另一方面，应改变出行方式。其中一些要求虽意义深远却不太受欢迎。例如，雇用员工100人以上的雇主应大力鼓励上午6～10点间上班的员工积极地“拼车”(carpool)，以使单辆机动车的载人数量在现有水平的基础上增加25%。空气质量较差的州，如三州大都市区的纽约州、新泽西州和康涅狄格州，当地的雇主应提交员工出行削减计划，即众所周知的ETRP计划。要实现ETRP计划确定的目标，工作难度非常大。为此，公交使用率已很高的城区必须进一步推进公交系统的广泛使用。例如，皇后区的公交使用率应提高到44%。在无公交服务的典型郊区，私家车“拼车”率必须增加三倍。但“拼车”计划多半达不到既定目标。大量事实证明，短期内只能通过强有力的价格措施，而长期则需要通过土地利用措施来改变我们居住和工作的区位，从而有效地减少单人驾车数量，确保实现上述严格的机动车尾气减排目标。

(4) 废弃物管理

本区域在基础设施建设、自然资源管理和污染控制等方面投入巨大。1994年，联邦、州和地方政府用于本区域海岸地带水污染控制的投入达46亿美元[39]，同年用于垃圾处理的投入为28亿美元[40]。

我们未来需要更多的投入。例如，最近完成的《长岛峡湾研究》(“Long Island Sound Study”)提出，为达到规划的水质目标，未来20年的资金投入将超过170亿美元[41]。同时，还要花费约90亿美元来建设垃圾中转站、垃圾填埋场和固体废弃物回收再利用等设施[42]。

考虑到需求日益复杂而资金严重短缺，本区域的公营、私营部门的人员都在试图创新环境保护的途径：提高生产效能以从源头上减少废弃物产生；对废弃物进行回收利用，在实现环境成本控制的同时，增加下游产业经济效益；利用生态系统自身而非硬质性工程措施来进行自然资源管理和污染控制，以降低成本、增加环境收益；研究综合性解决方案，利用有限的资金完成尽可能多的任务。

如何贯彻这一新思路，以下对固体废弃物、污水处理厂处理能力等两组问题的解释，将为我们提供重要启示。

(5) 固体废弃物

本区域每年产生约2 000万吨固体废弃物[43]，其中约50%在区域内被填埋，另外 50%被回收利用、焚烧或者输送到区域外进行处理。

只要有充足的、离居住区足够远的废弃物填埋空间，本区域对于垃圾填埋的做法，无论在政治上还是资金上都是可行的。但是，多种因素共同作用引发了废弃物管理的危机。本区域现有的以及规划的废弃物填埋场将于 2000 年达到所设计的填埋处理能力，而人均废弃物产生量还在不断增加；输出垃圾的行为可能很快被定性为违法而必须终止。除非采取其他措施，否则，几年之内，本区域 2/3 的垃圾将没有场地可以填埋。

州和地方政府的官员对垃圾处理能力的危机有着清晰的认识。新一轮的规划带来了新的、更为成熟的废弃物管理方法。人们丢弃的不再是“垃圾”，而是后续生产过程中具有“营养成分”的集合体。在州政府颁布的分类体系指导下，废弃物管理者可以将多种固体废弃物确定为不同类别，如玻璃、纸类、塑料、金属等，然后为每一类物质寻求最适合的处理方法。不同的材料被有目的地压缩、回收、堆肥、产出能源或者填埋。

从垃圾收集、处理转向综合的垃圾管理，需要对废弃物管理系统展开一系列实质性的整合。在未来的 25 年里：

- 区域的公营、私营部门必须投入 90 亿美元以上，建设垃圾回收、堆肥、焚烧和填埋设施。
- 对于改造提升后的废弃物处理系统，厂家和消费者必须知道如何实现垃圾减量化。
- 工厂应扩大再生材料的使用量，如利用旧报纸和办公用纸的纤维代替来自树木的纤维，利用残余金属、空铁罐的钢铁代替从煤和铁矿石中冶炼出来的纯钢。

当政府和企业面对一系列环境和经济压力时，采取上述行动恰逢其时。

减少废弃物的产生量，是降低废弃物处理成本的重中之重。如果未来十年内本区域废弃物增加的趋势得不到扭转，本区域每年将多花费 2.67 亿美元用于收集与处理废弃物[44]。当前本区域在这方面并无好转的迹象。如果这种趋势得不到改变，在未来 25 年内，本区域产生的废弃物总量将增加 29%。这一数值是根据本区域人口和就业的预期增长以及每个人、每个职位的废弃物产生量计算出来的。而预期增长量的很大一部分来源于企业每个员工生产和处理材料量的增加。

本区域的三个州都意识到废弃物减量化的重要性，并确立了积极的目标。康

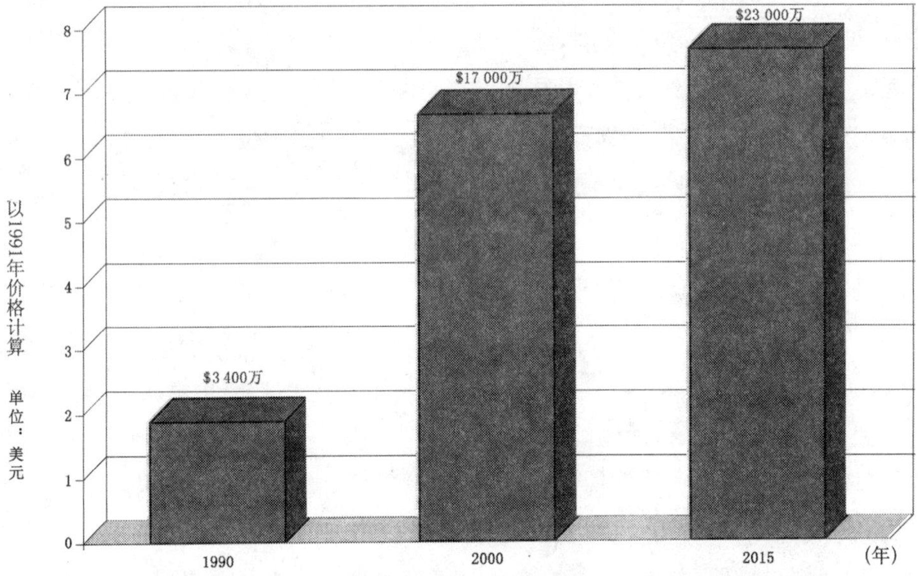

图表42 1990～2015年三州大都市区可回收材料的增长预测

资料来源：区域规划协会/泰勒斯研究所(Regional Plan Association/Tellus Institute)

涅狄格和新泽西州正在努力实现废弃物“零净增长”，这意味着康涅狄格试图达到22%的废弃物减量目标，而新泽西为26%，纽约州为10%。从整个区域看，这意味着到2000年，每年要削减200万吨的废弃物；到2015年，削减量将增加到370万吨。从2000～2015年，在废弃物减量化方面的成功，将节省约42亿美元处理资金[45]。

废弃物减量化具有多项环境方面的益处：此举将进一步提高区域的大气和水体的质量，降低环境质量维护的成本；同时，由此可避免今后为建设处理、焚化和填埋设施而引发多方争执(各地均不愿修建)。因此，具有巨大的政治、社会效益。而根据原有规划，要达到处理目标，必须建三座甚至更多的垃圾焚烧炉，且至少需要15英亩的填埋场[46]。

本区域的三个州也确定了废弃物回收利用目标。对本区域废弃物总量的40%进行回收利用，是一项财政上可行、成本-效益高且能带来环境效益的固体废

弃物管理策略。在本区域建设大规模的废弃物回收和复合处理系统，长期成本并不比建设以输出和焚烧为主的处理系统高，同时还能实现三州立法所规定的回收利用25%～60%废弃物的目标。重建废弃物收集系统，包括实现材料分类所增加的成本，完全可以通过设施替代所降低的费用来抵充，即用回收利用与复合处理设施代替昂贵的垃圾填埋和焚烧设施。

处理固体废弃物的各种常规方法在成本上差别不大，但以回收利用为基础的系统则环境成本低得多。需要理解的是，这种环境收益主要在于：在生产中可以利用所回收的材料代替原生资源。不燃烧、不填埋垃圾只是我们的第一步，接下来，利用回收得到的再生材料代替原生资源，才是环境效益的根本所在。

为了使这些回收材料真正得到循环利用，制造商必须切实扩大其使用再生材料的能力。通过回收利用计划，到2015年，再生材料将有望增加430%。此外，还有其他益处：再生材料制造业产量的持续扩大，将给区域带来巨大的收益，包括材料销售带来的税收每年预计达2.3亿美元；当地制造业由此项发展而产生的营业额、税收和工资每年预计达1亿美元。

(6) 污水处理

20世纪80年代后期，纽约市对饮用水的需求不断加大，迫使该市计划定期使用哈得孙河边的切尔西抽水泵站。这一提议在纽约市、哈得孙河保护组织以及州政府官员之间引发了激烈的争论。

当时，纽约市最大的污水处理厂——新镇溪(Newtown Creek)污水处理厂已超负荷运转(日处理量达3 000万加仑)。其结果是，纽约州随时可能被迫暂停市政管网与建筑物下水道的连接，从而导致下曼哈顿和布鲁克林中心城区经济活动的停止。这令房地产开发商十分担忧，他们强烈要求政府增加污水处理能力。但新镇溪污水处理厂所在地——布鲁克林威廉斯堡的居民强烈反对扩大该污水处理厂的规模，而纽约市政府的官员又不希望另寻新址建设新的污水处理厂，由此引发恐慌。

纽约市的解决方法是把城市水系看成一个统一的整体。从这一角度出发，很明显，传统的思路只能是在多年的争论不休和对簿公堂后，花费几十亿美元建设污水处理设施。实际上，更好的方法是加强水资源保护，以代替昂贵的工程建设。

据此，纽约市政府投资了7.5亿美元用于水资源保护项目，包括漏水检查、安装水表、安装低水流管道固定装置以及开展公众教育等，节约了30亿美元资金，获得了巨大的环境效益。1992年，纽约市正式放弃了将哈得孙河作为供水水源的计划，提高了包括新镇溪污水处理厂在内的7个污水处理厂的处理能力。

(7) 企业行为

本区域乃至全球的公司都在改变环境管理的方式。企业界正在运用创新手段回收材料、改变或重新设计材料利用工艺，以确保材料能被回收利用。早期重视污染清理，现已转为重视污染预防以及废弃物减量化。企业界都在积极开发和推广资源消耗低、环境影响小的产品和服务。环境核算方法已纳入企业运作，专业的会计机构开始提供相关教学、销售和环境核算服务，环境核算正在融入从日常管理到资金投入决策的企业运作过程之中。一些银行和保险机构正在寻求与环保企业合作，他们甚至要求协助潜在的贷款人制订环保计划，并以此作为贷款的前提条件。越来越多的企业把从源头削减废弃物、重视产品生命周期、材料流平衡确定为企业目标。由此说明，人类已越来越清楚地认识到，我们生存在一个生态系统中，该系统必须实现资源再生和资源利用的平衡。

一些企业家迅速而满怀希望地接受了这一挑战，当然也有一部分企业家行动相对迟缓。国际商会在1992年的报告开宗明义地提出了企业必须努力的方向："我们不断地领悟到，环境不是一种免费的商品或外部性要素，而是一种需要不断投资、维护和开发的、人类不可或缺的财富。"但没有人认为做到这些是简单的事情。国际商会的报告还指出："从消耗环境资产转向把环境资产看成是一种人们赖以取得收益的投资，的确任重道远。"[47]

企业界领导们承认，如果没有环境法规和来自公众的压力，这些变化不可能实现。他们迫切要求将规制和以目标为导向的激励机制结合起来，从而实现经济与环境政策相融合的目标[48]。联邦政府环境保护部和州政府环境保护部均承认，确有必要超越早期仅重视废弃物清理的工作方式，制订既带有行政强制性又具激励性的计划，支持预防污染、提高能效、减少资源消耗等行动，并由此给环境和投资者带来更大的回报[49]。

以下是本区域企业实施环境策略的实例简介：

调整生产工艺。纽约市一家企业报表的印刷公司在年仅24岁的经营者的带领下，全力减少车间操作对健康和安全所产生的不良影响。他们安装封闭式循环系统来漂洗经过预处理的胶片，并回收所有的残损胶片，进而从回收的金属银中获利。存在的问题是墨水，因为溶剂染色的过程会对员工健康造成影响，最终还会破坏臭氧层。但传统的水染工艺耗时过长，难以烘干且易弄皱纸张。通过尝试不同的墨水和干燥技术，该公司现在已能使用水溶性墨水，并意外地节约了成本。

跟踪包装和采购。对于HBO家庭包装用品公司来说，不断改进内部操作环境是其孜孜不倦的追求。厂家的包装材料是否无毒？是否由回收原料制成？能否可以再回收？HBO雇用的垃圾处理商能否为其垃圾找到市场？如果不能，能否改变这些废弃物或帮它们找到合适的市场？HBO能否通过其200万美元的年采购预算，保证其原料供货商使用环境友好型工艺？HBO的大楼是否用耐久、易维修、可回收的材料建造和粉刷？淘汰的办公室机器、桌椅等能否提供给非营利组织继续使用？为了提高公司业绩和营造更好的环境质量，需要解决一个又一个问题。

重视产品生命周期。Bristol-Myers公司的主席和首席执行官说："我们制造的每一件产品、提供的每一项服务，都可能对环境造成影响。"各个部门、每个雇主都要对其生产和销售的医药产品、生活用品由什么制成、对环境有何影响等诸多事项负责。该公司的"产品生命周期全过程污染预防手册"提供以下指导[50]：

- 制造产品的原料必须设计成可重复利用或可回收的。
- 污染预防是所有研发活动的目标和条件。
- 作为1/3废弃物来源的产品包装，必须按以下顺序选择：(a)无包装；(b)最少包装；(c)包装可回收、可重复使用或可重新填充；(d)可废物利用。
- 销售部门为供货商设定标准，检验其产品是否更少使用原料，是否使用可再生资源，是否包含可回收成分或产品是否可回收利用，能否节省能源。

Bristol-Myers公司从上述贯穿产品整个生命周期的措施中得到了什么呢？所得到的是减少了几千磅污染物和节约了上百万美元。这些措施为产品赢得了市场份额，增强了竞争优势，减少了债务，提升了公司形象。用联合国布伦特兰委员会(Brundtland Commission)的话来说，"既较好地满足了当代人的需求，又不对后代人满足需求的能力构成危害"。

这些例子说明了企业如何在这些领域有所作为，如何用更少的资源生产更多的产品、更少的废弃物。这已成为公营、私营部门共同努力的方向。不过，无论是企业界还是公共组织，暂时还没有将这些要素提升为“经营常规”。企业家要求政府精简关于废弃物管理的规程，强调他们需要政府制定目标和标准以明确“底线”，但同时也要求有充分的自由来决定以何种工艺来预防污染以及进行其他实践。只有越来越多的公司采取行动，并进一步开展对环境有益的实践，企业界要求政府改革管理的呼声才会得到更多的信任与认同。

(8) 经济与环境效益相融合

公共政策逐步出现了由“过程控制”向“为结果设定标准”转变的趋势。合作性试点项目、激励性计划、通过网络进行信息传播，已成为公共部门与私人团体共同的实践措施。不过，在很多情形下，旨在鼓励发展的公共政策实际上却在支持甚至补贴那些就业率低、耗费资源、制造垃圾的投资项目，与该项政策的初衷背道而驰。

公营、私营部门的决策者至今仍无法计算其管理和投资决策的环境成本与收益。当污染物导致空气质量降低时，公营、私营部门都将付出代价；而当水体免遭污染时，公私领域都将从中获利。然而，企业和政府很少进行如此全面的成本分析，由此导致了价格、成本和收益的偏差。

我们需要进一步研究关于环境成本和收益的完全成本核算方法。在传统的经济学和会计学中，它们常常被视为不可估计的外部因素。建立和应用经济与环境融合型的核算方法，是建立完全成本核算体系的第一步，这项工作包括美国环境部的“统筹性环境核算和资金预算项目”(“Corporate Environmental Accounting and Capital Budget Project”)。该项目联络了近700个涵盖学术和企业团体的签约机构、美国会计师管理协会的出版物和出版计划、领导“全球环境管理行动 ”(GEMI)的28个公司(其最新出版物为《污染的成本-效益读本》)(“Cost Effective Pollution Primer”)[51]。

在欧洲一些国家，经济和环境融合型的核算方法已成为辅助核算方法或称为“卫星”核算方法。它们可用来计算“绿色 GDP”。这种环境调节型的国内生产值，能显示产品和服务消耗自然资源、环境资源的情况，反映自然资源的消耗和退化情况。区域规划协会作为建立区域收入与产出核算体系的先锋，敦促本区域的州、市政府进一步应用环境收益调节型核算体系[52]。

启用“绿色费”是重构财政系统的途径之一，它将对破坏生产力的行为如交通拥堵、资源浪费和污染等增加税额，而对一些重要的行为如就业、投资等减少课税。但关于“绿色费”的探索还很少，需要进行深入的实践。在区域层面上，“绿色费”政策应该可以转换为企业成本和生活质量的竞争优势[53]。

3. 致力于可持续：保护自然基础设施

区域规划协会认为，在实现区域可持续发展之前，我们现在认为理所当然的很多思考方式和企业运作方式，诸如产品生产工艺、住宅区位选择、每个家庭每天丢弃大量垃圾等，必须得到改变。追求既能满足当代发展需求又不危及当代及后代发展需求的环境质量，是一个长期的过程。

区域规划协会提出的“五大方略”，启动了通过保护开敞空间、重新确立发展方向和提高自然资源管理水平来建设可持续发展区域的行动。

区域规划协会重点关注的是：扭转过去 30 年的发展方向，将今后十几年的发展引向城市与郊区中心。同时，本区域必须保护好关键的自然资源系统，而水源地和水源保护景观地带尤其应该得到更有效的保护。“绿地方略”设定了一个区域性开敞空间系统，通过保护 11 个指定的保护区并投资建设城市开敞空间和绿带，实现塑造发展框架、保护环境基础设施的目标。“区域中心方略”阐述了如下努力方向：修复受污染的闲置用地并进行环境友好型开发，确保城市更具活力，以减轻开敞空间承受的发展压力。“通达方略”阐述了以区域中心为发展依托的公交系统的投资策略。“劳动力方略”旨在确保上述区域中心的居民拥有相应的工作技能，从而使区域中心成为投资和发展的更佳选择。“管治方略”展现了将发展导向正确的区位、调整过时的物业税征收体系、鼓励地方社区实现可持续发展等诸多方面的州域增长管理政策。

注释

[1] 联合国：*Agenda 21*：*The United Nations Programme of Action from Rio*，联合国出版物第 E. 93. 1. 11 号，1992 年 6 月。

[2] 按平均水平超过联邦标准的天数(一天指的是 8 小时工作时间段)计算,城市规划部:*Annual Report on Social Indicators*,1994 年,见图 8-1。

[3] 纽约港水质调查记录显示,1993 年纽约州符合总标准和大肠菌群标准的情况为历年最佳,溶解氧、氮和磷的措施也有改善,尽管仍有许多区域尚未达标。Thomas Brosnan 和 Marie L. O'Shea:*New York Harbor Water Quality Survey*:*1993 Executive Summary*,纽约城市环境保护部。

[4] 区域规划协会:*Where the Pavement Ends*,*The Open Space Imperative* ♯2,1987 年,第 5 页。

[5] 根据 1991～1992 *Green Index* 一书,纽约州、新泽西州、康涅狄格州分列全美环境政策排名的第六位、第二位和第五位。详见 *1991～1992 Green Index*,华盛顿:岛屿出版社,1991 年 8 月。

[6] 美国环保部认为,阿尔斯特、沙利文和橙县北部为臭氧获得区,博南、达奇斯和沃伦县是"边缘"超标地区,其余 23 个县超标非常严重。

[7] 纽约现在正在为克罗托内河水库建造一个过滤厂,在过去的 150 年中,这个水库仅仅通过氯化和长时间容纳,就提供了达到安全标准的饮用水。

[8] Dr. William S. Brown:*Impact on the Timber Rattlesnake of Proposed Development Project of Sterling Forest*,这是 1995 年 6 月 25 日向帕利塞德州际公园委员会提交的报告。

[9] Vinikov 等 1994:Trends 93,Oak Ridge National Laboratory in EDF Letter Vol. XXVI, No. 3,1995 年 6 月。另见 *The Baked Apple*: *Metropolitan New York in the Greenhouse*,该文为美国土木工程协会主持会议的材料,大都市区部分等,1994 年 11 月 3 日重印本。

[10] 纽约州环保部:*Non-Point Source Assessment Report*,1989 年。

[11] 机动车对本区域臭氧污染贡献率约为 50%,对一氧化碳污染贡献率约为 90%。美国环保部:1992 Transportation and Air Quality Planning Guidelines,EPA 420/R-92-001,1992 年 7 月,第 4 页;资源经济中心:Annual Review of the U. S. EPA,岛屿出版社,1993 年 5 月,第 92 页(源自 TSTC 报告)。

[12] 1995 年区域规划协会开展的生活质量调查显示,清洁的空气和水是所有居民认为非常重要的因素,仅次于安全的街道这一选项。绿地与开敞空间排第四位。更重要的是,调查显示 56%的居民愿意付费保护开敞空间和公园,66%的居民愿意付费净化空气和水,仅有 24%的居民愿意付费减缓交通拥堵。

[13] 美国环保部:Region II Clean Water Act Title II and Title VI outlays.

[14] 荒野保护协会等:*Land and Water Conservation Fund*: *The Conservation Alternative for Fiscal Year 1994*,1993 年;以及环保倡导者协会:*Shortchanged*: *New York State and the Land and Water Conservation Fund*,1995 年。

[15] 政策规划与评估办公室:*Municipal Sector Study*: *Impacts of Environmental Regulations on New Jersey Municipalities*(草件),1990 年提交新泽西环保部。

[16] 人口预测基于 1960 年、1990 年美国人口普查数据;1962 年土地利用数据来源于区域规划协会 1965 年发布的"三州区域及其周边地区",以及区域规划协会和罗格斯大学库克

学院遥感与空间分析中心 1995 年发布的“三州大都市区城市土地利用”。
[17] 美国商务部。
[18] 环境质量委员会:*Connecticut Environmental Review*,1990 年第 4 页。
[19] 美国人口普查。
[20] 同上。
[21] 新泽西州和康涅狄格州劳动部门。
[22] 美国人口普查。
[23] 区域规划协会:生活质量调查,1995 年。
[24] 美国农业部的农业普查。
[25] 参见 *Drinking Waters at Risk: A Strategy to Protect New Jersey's Drinking Water Watersheds*,环境保护基金及新泽西公共利益研究集团,1994 年。
[26] 参见中央松林地带联合规划与政策委员会:*Central Pine Barrens Comprehensive Land Use Plan Vol. 2: Existing Conditions*,1994 年 1 月 13 日。
[27] 公园委员会:*Public Space for Public Life*,第 13～16 页。
[28] 公众利益倡导者办公室:*The Services Scorecard: Quality of Life Indicators*,1995 年。
[29] 纽约市:*Mayor's Management Report*,1994 年。
[30] 在区域规划协会关于“棕地”的调查报告外推加预测。Linda P. Morgan 等:*Union County Model Site Redevelopment Project: Final Report*,区域规划协会/新泽西,1994 年 6 月。
[31] 美国环保部和纽约州环保部仅在纽约市、长岛和威彻斯特,即已划定 80 000 个地块。
[32] 请参见,例如,“Staff Report to the New York State Joint Legislative Commission on Toxic Substance and Hazardous Wastes”,*The Voluntary Cleanup of New York's Contaminated Property: Barriers and Incentives*,1994 年 10 月。
[33] 见注释[51]。
[34] 1988 年以来,曼哈顿的每次颗粒物各时段测量结果都超过了国家规定的空气污染标准。
[35] 美国环保部:1992 Transportation and Air Quality Planning Guidelines,EPA 420/R-92-001,1992 年 6 月,第 4 页;资源经济中心:Annual Review of the U. S. EPA,岛屿出版社,1993 年 5 月,第 92 页。
[36] 区域规划协会:The Health Affects of Ozone,Project Clean Air No. 3,1990 年 4 月。
[37] William Taylor 和 Paul Newacheck:“Impact of Childhood Asthma on Health”,*Pediatrics*,1992 年 11 月,第 90 卷,第 5 期,第 657～662 页(来自 TSTC)。
[38] 许多人正在研究替代燃料和汽车类型[例如,信息和自然资源保护委员会主要研究天然气和氢气动力车,Amory Lovin 提出了复合塑料“超级汽车”]。
[39] 州际环境卫生委员会:1994 Annual Report,1995 年。
[40] 区域规划协会:*Existing and Future Solid Waste Management System in the Regional Plan Association Region*,区域规划协会工作文件第 16 号,1992 年。
[41] 美国环保部:*The Long Island Sound Study*,1994 年 7 月,第 19 页,EPA 842-S-94-001。
[42] 区域规划协会:*Existing and Future Solid Waste Management System in the Regional*

Plan Association Region,区域规划协会工作文件第 16 号,1992 年。

[43] 这部分的所有数据来自工作文件第 16 号,*Existing and Future Solid Waste Management System in the Regional Plan Association Region*; 工作文件第 17 号,*Environmental Impacts of Alternative Waste Management Options in the Regional Plan Association region*;以及区域议程第 1 号,*Putting a Price Tag on Solid Waste Management*。

[44] 区域规划协会:*Existing and Future Solid Waste Management System in the Regional Plan Association Region*,区域规划协会工作文件第 16 号,1992 年。

[45] 同上。

[46] 同上。

[47] Jan-Olaf Willums 和 Ulrich Goluke:*From Ideas to Action: Business and Sustainable Development*,选自国际商会绿色企业报告,国际商会下属国际环境局,1992 年。

[48] 理查德·巴斯(Richard Barth),汽巴·嘉基公司(CIBA Geigy)主席与执行总裁;大卫·布泽里(David Buzzelli),陶氏化学投资有限公司(Dow Chemical)副总裁;斯蒂芬·斯奇米行尼(Stephan Schmidheiny),首席瑞士工业家,国际商业委员会创始人,可持续发展倡导者,在哥伦比亚大学商学院 1995 年的演讲中强调了上述观点;布泽里先生还担任美国可持续发展问题总统特别委员会的副主席,巴斯先生为该委员会自然资源专门小组的理事、副组长。

[49] 美国环保部和其他机构在该地区开展了自愿合作试点项目,以提供技术援助和信息,使参与者能改善环境、减少成本。包括:"绿色照明"(节能灯)、"能源之星"(计算机)和"智慧废物";工业技术援助公司与纽约市的小中型制造商共同工作;以及新泽西州环保部启动的一项新计划,即与能掌握知识的企业代表和环保主义者组成的常设小组,共同改善监管和管理效率。

[50] *Environment* 2000: *Pollution Prevention Throughout the Product Life Cycle*. 百时美施贵宝公司,1992 年。

[51] 参见一系列新出版物,包括 *Green Ledgers: Case Studies in Corporate Environmental Accounting*,1995 年由世界资源研究院和环保部出版;以及环保部的 *An Introduction to Environmental* Accounting as *a Business Management Tool: Key Concepts and Terms*。

[52] 雷吉娜·B. 阿姆斯特朗等:*Regional Accounts: Structure and Performance of the New York Region's Economy in the 1970's*. 布卢明顿:印第安纳州立大学出版社,1980 年。

[53] 在 *Green Fees: How a Tax Shift Can Work for the Environment and Economy* 里,罗伯特·里佩(Robert Repetto)和其他学者认为,这样一个改变,可以使国家每年节省超过 500 亿美元。(华盛顿:世界资源研究所,1992 年)。

第三部分　五大方略

以“三大核心要素——3E”为核心的理念确立了第三次区域规划的目标。这一旨在提高区域生活质量的发展战略强调了应对这三大领域的挑战并强化相应能力的紧迫性，同时阐明了区域经济、社会公正、环境是如何相互紧密关联的。每一个方略都代表了三个“E”中的不同方面，并促使它们形成合力。三个“E”是区域规划协会设定的目标，而以下方略则是达到这些目标的途径。

- “绿地”创造经济价值，保护环境基础设施，避免进行昂贵的环境清理和污染控制，这对社会有益：保障了居民亲近休闲场所与自然景观的权利，并且可以保护环境，为协调地方土地利用、发展与更大区域目标之间的关系提供了一个全面而长远的规划。
- “区域中心”的资源利用率高，可降低整个区域经济发展的成本。集中于“区域中心”的开发建设还可以减少土地消耗，使现有的开敞空间得以切实保存。“区域中心”可达性高，开发相对容易。因此，投资于“区域中心”而提供的新就业岗位，将为那些亟待就业的居民带来新的机遇。
- “通达”即通过为就业中心提供良好的交通服务、改造货运系统，以及提高道路网使用效能、减少拥堵来增强区域的经济实力。“通达”将带来社会的进步：那些发展条件欠佳的社区将因此获得更多的就业机会和住房条件，与商业中心的联系也更为方便；区域“通达”程度的提高，可以改善我们的生态环境，其缘由是随着人流与客货运输速度的加快，污染问题将有所缓解。
- 实施“劳动力方略”，即通过为受过教育的劳动力提供必要的新技能，以及促使企业家们不断提高生产效率来支持经济的发展。“劳动力方略”的核心是通过缩小那些导致不平衡收入的技能差距来追求社会公正。并且，“劳动力方略”还促使开发集中于城市中心区，而不是鼓励城市蔓延并侵占开敞空间，自然环境也将因此得到改善。

- “管治”改革将鼓励地方政府部门和相关机构根据区域的需求来规划资源的利用。有限的资源可投放到更广泛的地域，能满足更多元的需求，取得更大的成效。“管治”在平衡区域社会的公平关系，特别是公共教育时至关重要。并且，当我们改革现行的鼓励蔓延的土地利用规制、逐步形成综合的环境和经济核算体系时，“管治”将对环境保护发挥十分关键的作用。

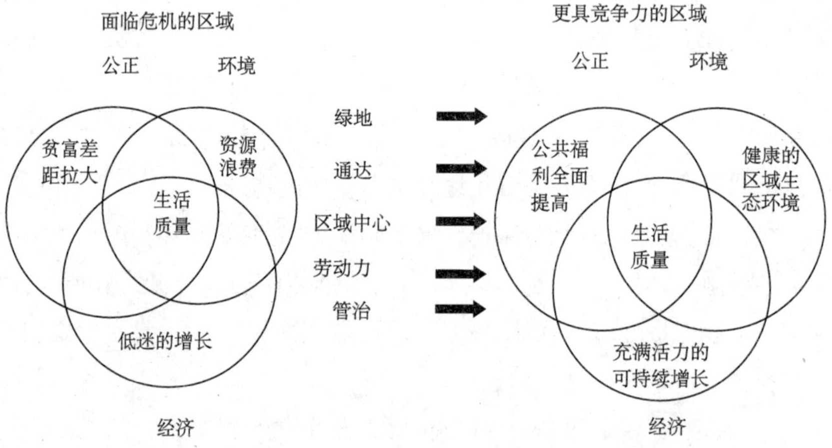

图表 43 “五大方略”对“三大核心要素——3E”的影响

因此，区域规划协会的“五大方略”在政策和投资方面整合了对“三大核心要素——3E”的考虑，这将进一步提高本区域的生活质量，引领整个区域迈向更美好的未来。

过去的习惯让我们常常以狭隘的、单一领域的、“纵向”的眼光来看待区域问题。本区域（或其他区域）的公共机构如交通、社会服务、经济发展和环境保护部门，往往孤立地处理某一方面的问题，这很像一句老话：“当你拥有铁锤后，所有的难题都变成了钉子。”这种看待区域问题的方式导致所得出的解决方案效果欠佳。为此，我们应该以更开阔的视野来综合审视问题，提出解决方案。例如，如果采用传统的、“纵向”的思路来解决皇后区牙买加海湾的水污染问题，即建造污水处理设施，所付出的政治代价和经济代价必将十分高昂。但是，由于从整体的、系统性的角度出发，纽约市采取了重建自然生态系统的方法对海湾进行自我修复，既清洁了海水，又赢得了开敞空间，还因避免购买昂贵的处理设施而节约了宝贵的公共基金。

区域规划协会的建议被分成五个部分，即“五大方略”，每一项建议均采纳新的理念来处理区域问题。这类全面的、决定性的举措，是对那些持续降低本区域经济实力、社会公正性、环境质量和生活品质的陈旧方式方法的根本超越。如果不改变传统的方式和方法，我们将永远不可能发展成为一个具有竞争力的、社会公正的、可持续发展的区域。

第六章　绿 地 方 略

三州大都市区的"绿地方略",是 19 世纪中叶弗雷德里克·劳·奥姆斯特德(Frederick Law Olmsted)关于纽约市的"绿心"——中央公园(Central Park)构想在 21 世纪的再现。尽管在中央公园建成后的一个世纪里,纽约人口迅速膨胀,但它仍然是一项超越摩天大楼、高速公路等公共工程的非同凡响的项目,至今都值得全世界学习、仿效。也正是这个项目,确立了纽约的国际大都市地位,并让市民们强烈地感受到,其居住地已成为世界永久性的组成部分。奥姆斯特德的设计,即他的绿地行动,在我们看来,正是"三大核心要素——3E"对纽约的影响:它大幅度提升了北曼哈顿的经济价值;通过奥姆斯特德称之为"民主空间"(democratic space)的方法,使城市社会重新获得了平衡——在该社会里所有的团体都得到公平对待;同时,面对早期的工业化时代,它重建了对人类活动至关重要的绿色环境。

区域规划协会关于都市区绿地的设想旨在塑造一个珍贵的区域——完整的三州大都市区。区域开敞空间体系将在保护和恢复那些支撑城市、郊区和乡村村落的自然资源系统和公共空间的同时,重新巩固城市中心的地位。当我们将绿色空间、大尺度的区域景观资源和城市与区域景观间的绿道系统,作为类似于树叶、树干和树根这样的绿色系统的组成部分来加以考虑时,"绿地方略"实际上指出了区域问题相互关联的两个重要方面,即郊区的蔓延和对城市的投资不足。

1. 主要问题

区域规划协会在 1929 年和 1968 年开展的两次区域规划中,呼吁保护一些极具重要性的自然区域。区域规划协会动员成百上千的团体机构,保护了近 100 万英亩的区域绿地。这两次规划确定了许多本区域的瑰宝,包括特拉华河峡谷、密尼瓦丝卡湖、火岛等，它们作为未来的财富和休闲胜地，得到了有效的保护。

图表 44　由于多年的倡导和区域性投资，本区域有近 100 万英亩的开敞空间受到保护

本区域尽管有着辉煌的历史，但历来仅关注兴建公园，而非从整个区域考虑来保护绿色空间。区域开敞空间和相关的生态系统具有多种功能：保护水质、降低气温、提高房地产价值。而这些因素很少被纳入到土地利用规划和决策之中，也基本上没有考虑过建设大都市区绿带，以及如何利用这些重要的开敞空间造福本区域的居民。

其结果是，我们从未充分认识到公园所具有的塑造建成区和自然环境形态及其功能的巨大潜力。现在，我们需要把目光从个别公园投向更大的开敞空间系统。两代人的逆中心式开发，已导致三州大都市区建设用地的大幅度增加。在过去的 30 年里，人口仅增长 13%，而建设用地却增加了 60%。城市远郊的建设用地以每年 3 万多英亩的速度持续消耗，这已对距曼哈顿外缘 50 多英里的大片开敞地区与环境资源构成威胁[1]。同时，这一蔓延所导致的资金外流，已使得区域的城市公共空间和自然资源质量趋于下降。

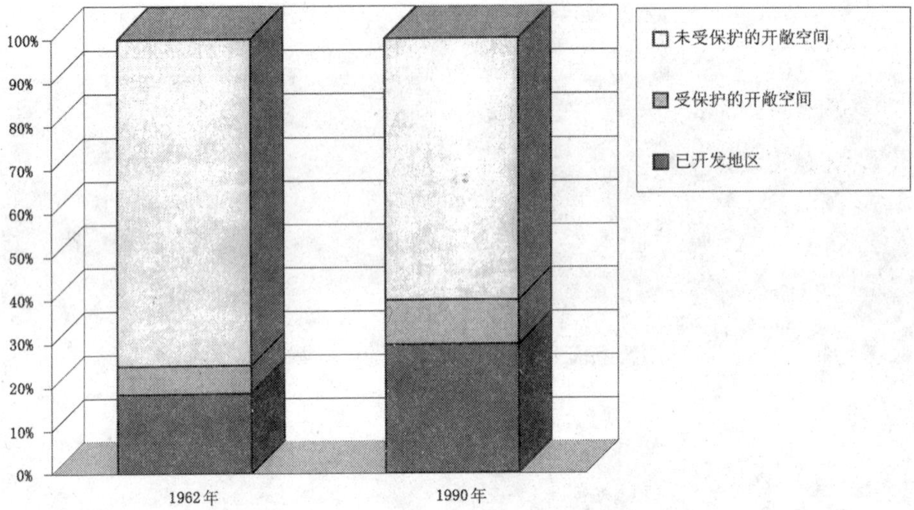

图表 45 1962 年和 1990 年本区域土地利用情况

资料来源：区域规划协会与美国人口普查局

核心利益在哪里？至少应包括以下方面：

- 必须为生存于本区域的 700 万个家庭和数量激增的学龄儿童提供公共空间，亟需为徒步旅行、野餐、游泳和其他户外活动提供开敞空间[2]。随着日常运动和贴近大自然的生活越来越受到提倡，这些都是衡量生活质量的重要标准，也是市民关注的重点。
- 必须维护大都市区尚存的大规模生态系统和珍贵的郊野(其中很多地方还拥有地球上其他地方已不存在的珍稀物种)。当栖息地被割裂得更加支离破碎时，这些资源受到了威胁。
- 随着对郊区的开发跨越了原始分水岭，本区域的水资源容量、水质与发展的要求明显不相匹配。特别令人关注的是，水资源供给地如卡茨基尔山、阿巴拉契亚丘陵、松林地带保护区等受到了严重威胁。
- 最后存留的地方耕种区和农业景观，尽管仍是美国国民经济的重要组成部分，但三州大都市区 1992 年农业用地的产出比 1964 年减少了 42%[3]。
- 乡村社区的财政和社会健康事务面临十分迫切的服务需求，城市地区亟需再开发资金和税收，且人人都要应对日益严重的交通拥堵。

区域当前的形态,即蔓延的郊区环绕着日渐衰退的中心城市,需要新的解决思路。简单地依靠增加公园数量并不足以有效地应对当今的区域性威胁。在奥姆斯特德建设中央公园的100年后,整个土地的利用系统和区域城市的持久、健康发展处在危险的境地。"绿地方略"的目的就是营造一个受保护的开敞空间系统,同时保护区域的环境基础设施,并鼓励资源高效利用型发展模式。

(1) 昔日的教训

这已不是本区域第一次面临涉及城市化和变化等有关问题。在19世纪中叶,纽约和其他兴起的美国城市都遭遇了几乎无法解决的一系列挑战:人口的快速增长几乎威胁到饮用水的供给;水污染问题日益严重,导致流行病大范围反复爆发;移民浪潮几乎撕裂了社会肌理;产业和交通技术的革命性进步致使先前紧凑的、便于步行的城市形态迅速地逆中心化。

美国首位景观建筑师、城市规划和公园设计的先驱弗雷德里克·劳·奥姆斯特德是最早对这一系列挑战予以高度关注的公众人物。1858年,奥姆斯特德提出了关于建设中央公园的设想,这个概念后来发展成为景观道路和公园系统规划,并被布鲁克林、纽瓦克、伊丽莎白、布里奇波特等区域内外的大量城市所采纳。

奥姆斯特德准确地判断到这种新的公园系统可以治愈美国的诸多城市病。奥姆斯特德通过对公园的设计,使之成为民主的公共空间和有利于移民融入大都市主流生活的场所。他设计的公园拥有新鲜的空气和从拥挤的城市街道透射过来的灯光,成为19世纪肮脏、恶疾、拥堵的城市生活中的一片绿洲。奥姆斯特德还在其设计的公园中预留了当时堪称理念新颖的城市环境基础设施,从而将给排水、防洪设施与开敞空间系统有机地结合起来。另外,他还想方设法利用城市中荒芜、废弃以及被忽视的建设用地,即当时的"棕地",并赋予这些土地新的价值,为城市的可持续发展建立了一个基本框架。

(2) 新的构想

奥姆斯特德以及与他同样大胆的继承者罗伯特·莫斯,似乎是单枪匹马地使大片绿色景观成为现实,但他们仍需要政府和社团组织的支持来更好地实现其设

图表 46 中央公园塑造了曼哈顿岛发展的形态与功能

想。今天,要在这个范围更大、逆中心化发展程度更高,也更具多样化的区域内继续推进他们的工作,需要把在几千平方英里土地上零散分布的成百上千的社区团结起来。实现新的愿景所必须考虑的问题,比奥姆斯特德和莫斯当年所面对的要复杂得多:必须对城市和已建成的郊区进行再投资;必须制定土地保护和环境管理政策,保护和恢复区域内的空气、水和动植物质量;必须为日益蔓延和日趋"千城一面"的建成环境划定一个明确、直观、稳定可靠的绿色边界;必须保护具有重要公众意义的自然资源和景观(这些资源和景观大部分由私人业主拥有,成了前庭后院的摆设)。

"绿地方略"是关于能够怎样和应该怎样营造开敞空间的宏大概念。这是一个基本架构,包括了成百上千个地方和区域保护组织、机构的运行。尽管该架构包含了一些行动建议,但并不是最后的指令。要最终解决问题,需要本区域的个人、社团组织、地方和州政府采取切实的行动。

奥姆斯特德和莫斯现在已无法面对面地领导我们了,而今的区域更为复杂、分散,他们的领导方式也不再适用。但是,如果所有的市民都能在区域层面团结起来,为区域绿化作出自己的贡献,我们的成绩将超出预期。

"绿地方略"包括三个部分:

① 划定11个区域性保护区,保护航道和为区域提供清洁水源的景观,保护我们这个区域最重大的生态系统——海港,打造最佳娱乐胜地,限制区域内的城市化核心区向外蔓延。

- 在每个保护区中,保护工作必须确保土地利用规划与对区域层级自然资源的管理相衔接,且齐头并进。在地方政府的积极参与下,新的规划、规章可依据州级规划框架,或通过区域委员会,或采用社区内部契约的方式制定。
- 可由州级层面提供规划、防治污染和获取土地所需的基金,用于应对自然资源的消耗,包括对下游饮用水用户的小额收费,增收专项物业税和保护区的房产交易税,以及资源产业税和对旅馆/汽车旅馆或其他旅游产业的税收。

② 为改善城市的生态环境质量,对城市公园、公共空间和自然资源进行全面的再投资,为城市居民提供平等享受公园的权利,并帮助城市吸引新的商户与居

民。我们这一代人有机会在城市滨水区的再开发过程中建造全新的公共空间，这一点意义尤为重大。

- 要实现这些目标，必须将居民的积极性、公众活动和创新型融资战略结合起来。该战略包括收取特定使用费；创建公园改进区；实施社区管理战略及奥姆斯特德公园更新行动；为公众提供可亲近的城市滨水空间；实施精明基础设施战略——作为改善区域水环境和空气质量计划的组成部分；恢复湿地和城市森林。

③ 形成绿道网络，连接并滋养我们的城市、郊区和受保护的景观。这些相互连接的开敞空间，将保障和恢复生态廊道、景观道路、河流和野生动植物栖息地，使开敞空间和休闲娱乐场地更接近每个家庭。

- 将地方自发行动、公众技术与资助及相关计划结合起来，建立绿道，如康涅狄格州最近采取的行动。这些以地方为主导的行动，必须一直接受州级层面协调委员会和相关规划的指引。

总体而言，上述关于区域性保护区、城市公共空间和绿道的框架，在为下一代提供健康的区域环境系统的同时，也将为整个区域提供“绿色蓝图”，构成未来更长远、更可持续发展的框架。区域规划协会的首要目标是保证“绿地方略”在2008年得到实质性启动，而这一年，正是标志性的中央公园绿地规划完成后的第150年。

要达到这些目标，区域性目标与地方利益必须结成新的共同体。满足土地业主的需要还有待于采取新的措施。这类新措施在本区域实际上业已存在，下文将对这方面的诸多持续努力进行阐述。这些方法需根据不同的环境加以调整，以便各个社区和地块均能适用。

当然，将上述总体构想变成现实，还需要资金与政策的支持。在对政府及其财政支出不信任情绪不断滋生的时代，“绿地方略”为公共政府机构和纳税者提供了建设性的未来框架。

2. 有关建议

与自然和谐发展的时代已经到来，原因不仅仅在于健康的生态系统、水量充足的河流和险峻的山脉能带给我们清洁的空气、洁净的水源。区域必须围绕自然资源系统进行开发与再开发，而不是将开发与再开发建立在自然资源的损耗之上。在当今尚未受到蔓延影响的地区，我们仍然拥有大量令人惊叹的自然资源——300万英亩的松林地带、山脉、河谷、海岸和农田。人们现在生活在这片乐土上，以后还会有更多的人在此定居。为维护自身利益，必须确保这些地区在尊重原有完整性的前提下实现发展。区域规划协会倡导将11个区域性保护区构成的系统确立为不受蔓延困扰的地区，该系统包括了本区域所有未遭到破坏的主要自然区。

不过，“绿地方略”并不一味单纯地强调保护。与自然和谐发展，意味着必须更新我们城市的开敞空间，为现在和未来的居住、经营提供必需的生态环境与休闲娱乐机会。我们上一代人可能满足于建设新的公园，而现在必须着眼于恢复、改善区域内的城市生态系统，包括森林、水源地等，保护好这些绿色基础设施及其为我们提供的清洁空气和水源。

“绿地方略”也意味着建设新型区域交通运输系统：由步行道、自行车道和自然资源走廊组成的多样化区域绿道，在滨水区和城市核心外缘直接将城市与大的自然系统重新连接起来。关于“绿地方略”，有关建议汇总如下：

①建立11个区域性保护区。

- 长岛松林地带和佩科尼克河河口
- 新泽西松林地带
- 卡茨基尔山
- 肖瓦冈克与基塔廷尼山
- 纽约-新泽西-康涅狄格三州阿巴拉契亚高地
- 特拉华河
- 哈得孙河
- 长岛峡湾
- 纽约-新泽西港
- 大西洋海岸
- 全区域耕种农田

② 对城市公园、公共空间和自然资源进行再投资。

- 沿着区域内再开发的城市滨水区建设新的公共空间
- 在公共服务不足的城市邻里地区兴建和改造公园

- 提高区域城市森林资源的质量

③ 构建区域绿道网络。

- 建立州级协调与支持机制,调动地方积极性

3. 11个区域性保护区

绿地构想的核心,是对11个区域性的大地景观和滨水地带进行保护。总体而言,这些地区能为本区域的城市、郊区和乡村提供清洁的水源和地方产品,同时基于其休闲场地的属性和壮丽景色,还可为所有年龄和层次的游客、居民提供享受户外活动的机会。这些地区保护着仅生存于本区域的珍稀与濒临灭绝的动植物。依托健康的、具有吸引力的自然环境而存在的旅游业,也成为发展各保护区经济的关键要素,且地位日趋重要。

总体而言,这11个保护区拥有本区域最大的海(河)口系统、最长的河流、最广阔的松林地带和最高的山脉。上述保护区包含了本区域主要的供水流域、地下水与地表水资源。这些保护区均以完整而连续的自然边界为界,以至从空中俯瞰,它们构成了原野和城市之间如同刀削般的界线。这些保护区都是区域尺度的,面积从10万英亩到300万英亩不等。所有这些保护区,都已在过去和当前的一系列政府规划文件中得到认可。有关文件包括:纽约州的《保护纽约州的开敞空间》("Conserving Open Space in NewYork State")、新泽西州的《州域开发与再开发规划》("State Development and Redevelopment Plan")和康涅狄格州的《保护与开发规划》("Plan for Conservation and Development")。

这11个保护区均为特殊之地,有着异常优美的景观,过去曾吸引了大量定居者和经商者,对于促进本区域在未来成为人类生活、工作的理想乐园,也具有积极的意义。

从历史的角度来看,这些保护区对于塑造本区域的城市形态发挥着关键作用。如果将这些地域的保护与本规划提出的另外两大行动,即"区域高铁系统"和"区域中心方略"相结合,并在州级规划和地方政策的协助下,鼓励现有城镇和区域中心的发展,上述保护区就能成为遏制城市蔓延以及实现形态更紧凑、资源更节约、用地更集约的增长模式的重要手段。

上述保护区都是过去保护工作所针对的重要地段，包含了区域现有公共用地的绝大部分。不过，保持私有与公有土地的环境质量，已成为难度越来越大的挑战。在过去的几十年里，在这些地域生活和工作的居民日益增多。例如，长岛松林地带和佩科尼克河河口的萨福克县 1960～1990 年间居民人口翻了一番；位于纽约-新泽西-康涅狄格州阿巴拉契亚高地的城镇人口数量同期增长了 85%；在偏远的卡茨基尔山地区，城镇人口也增加了 40%。这一增长速度，均超过了全区域同期 13%的增幅[4]。

通常，为了满足这些保护区居住和商业发展的需要，我们过于急切地在一些不合适的地方进行了粗放式开发，这包括填埋湿地、损毁森林、切削陡坡及损坏为我们提供重要生态功能的优美风景地等。为保护区域开敞空间的完整性，我们应当对每一个保护区进行保护性投资，在合适的地域获取土地，特别是保证本区域的长期环境质量不被逐块割裂。

这不是一个简单的挑战，保护这些景观已刻不容缓。过度开发已导致对景观和生态系统的肢解：开敞空间因面积过小已不再具有休闲价值，也无力保护珍稀物种，如依赖于森林生存的鸣鸟和其他鸣禽。关于纽约和新泽西高地的研究报告表明，仅 1%的地区拥有大于 5 000 英亩的森林斑块，仅 5%的地区拥有大于 500 英亩的森林斑块。作为这个区域开发程度最低的地区之一，71%的高地地区均没有大于 50 英亩的森林斑块[5]。必须将土地业主纳入保护方案，而地域面积越小，越能满足更多土地业主的需要。在长岛松林地带中心，一个区域性委员会正在全力保护由 36 000 个独立地块组成的 10 万英亩土地[6]。

此外，这些保护区内的村镇现在已是 100 多万居民居住和工作的场所。正因为如此，确保这些保护区的科学发展不能简单地依靠土地获取，甚至仅依赖已有的开发法规。在这些地区，经济开发与土地利用必须协同推进，但这类开发活动必须以对自然资源和其他景观的保护为基础。

找到解决方案绝非易事。很明显，许多人对当前的系统并不信任。根据纽约-新泽西高地地区工作组的报告，一个最新召集的由环境保护主义者、开发商、土地所有者、州及当地政府官员组成的委员会指出："由于重复建设、缺乏相容性和完整性，以及就开发、保护作出行政决策的决心不足，现行土地利用管理与自然环境保护的规章系统运行效率低下，成本高昂。"[7]

高地地区工作组指出了阻碍土地利用进程的五大关键问题。尽管这些发现均来自于高地地带的经验，却反映出本区域土地利用和自然资源管理的总体情况：

- 现有法定权力部门之间缺乏区域协调性或相容性。
- 投向土地利用和自然资源保护的资金不足。
- 缺乏合适的激励机制，不能有效地引导城市政府对土地利用和自然资源施行思路一贯的管理。
- 对愿意将自有土地保持为开敞空间的土地业主缺乏激励机制。
- 开发项目经常为冗长的审批程序和相关部门职能交叉所困扰[8]。

值得庆幸的是，在每个提议的保护区，居民、保护小组和各层级政府都已着手解决这些问题，并看到了朝着经济健康与环境健康这一联动目标而努力的必要性。本区域包括新泽西松林地带、长岛松林地带、特拉华河上流、卡茨基尔山农田总体计划在内的土地利用制度方面的经验表明，各利益相关方应携手解决共同的土地利用和自然资源管理问题。

以下是实现区域绿化愿景的构想，包括已着手和必须着手加以保护的景观保护区。

(1) 新泽西松林地带

在所提议的保护系统中，新泽西州以及长岛松林地带、卡茨基尔山、肖瓦冈克与基塔廷尼山和阿巴拉契亚丘陵这五个区域最为重要，而其中仅有一个区域以景观保护为基础。自 1979 年起，联邦松林地带保护组织和州级松林地带委员会对新泽西松林地带的开发决策给予了指导。该松林地带跨越 7 个县和 56 个自治市，面积达 110 万英亩。作为联合国认定的生物圈保护区，上述松林地带之下是大面积的地下蓄水层，容量达 17 万亿加仑，为纽约市水源容量的三倍。它们还是 54 种珍稀或濒危物种（州级、联邦政府级）的栖息地。利用松林地带的潮湿沙质土壤所带来的生产力，新泽西州已成为全美盛产酸果蔓和蓝莓的三大州之一[9]。

由 15 名成员组成的松林地带委员会，对 33.7 万英亩的“严格保护区”实施了土地利用管理——该区域原则上不允许进行任何开发。同时，对于一个面积更大的“保护区”，只允许在特定的增长区内进行开发活动。目前最显著的成效是建立了一个将开发权由保护区转移到适合开发地区的新型的、合理的管理系统。自采

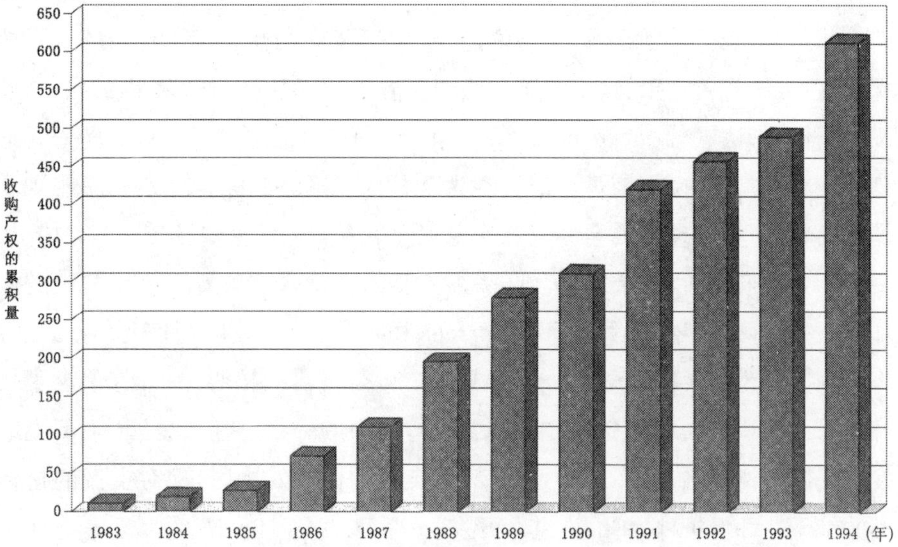

图表 47 松林地带发展信贷计划——由私营机构付费收购产权

资料来源：松林地带发展信贷银行(Pinelands Development Credit Bank)

取这一行动以来，转移的信用价值和交易记录出现了大幅度增长[10]。结果是，与附近的新泽西南部地区相比，松林地带的土地价值增长了10%[11]。这一综合的保护与开发规划，为松林地带委员会赢得了更广泛的公众支持。在1994年的民意测验中，新泽西79%的居民支持进一步保护松林地带景观[12]。

(2) 长岛松林地带和佩科尼克海(河)口

20世纪90年代中期，位于长岛东端的松林地带学习借鉴了新泽西的模式。松林地带生态系统是纽约州最重要的生态财富之一，也是纽约最集中的珍稀濒危动植物物种的聚集地。该地区有着与新泽西类似的地质构造，沙质土壤、树木繁茂，坐落在面积广阔的蓄水层之上(水资源对长岛的经济发展具有决定性的作用)。长岛东端的居民还认识到，保护松林地带对长岛的未来同样至关重要。长岛实力雄厚的度假别墅开发与旅游经济因蔓延吞噬了开敞空间与道路用地而受到严重威胁。位于长岛中心、占地250平方英里的布鲁克黑文镇，上一代还属乡村地域，但在过去30年里，每平方英里增加了1 000多人，成为本区域人口增速最快的镇[13]。

作为永久保护这些重要资源的方式,同时作为解决存在于环境保护主义者、开发者和当地政府官员之间尖锐矛盾的途径,1993 年纽约州确定了本州的第三个森林保护区:处于布鲁克黑文、水源镇和南安普敦 10 万英亩土地范围内的松林地带。《长岛松林地带法》("Long Island Pine Barrens Act")还作出了建立长岛松林地带管理委员会的规定,授权该管理委员会为森林保护区编制综合土地利用规划。该法的主要特点是,管理委员会由地方确定和配备人员。管理委员会有五名成员,其中一名为州政府官员,其余四名会同萨福克县的主管联合监督三个相关镇的保护工作。《松林地带规划》("The Pine Barrens Plan")于 1995 年 6 月 28 日正式通过,并将保护区分为两大区域[14]:一个区域为 5.25 万英亩的核心保护区,包含了长岛松林地带中面积最大、最完整的未开发部分,其中的一半已建成公园,余下土地的开发将受到严格限制;另一区域为 4.75 万英亩的协调发展区,除对宝贵的松林地带资源给予特殊保护外,将准许继续开发。

保护房地产业主的土地战略,是松林地带规划的核心。在核心地区范围内,出于生态考虑而必须保持为开敞空间的私有土地,或由公共购买,或允许土地业主转让开发权。该规划为管理松林地带休闲娱乐和生态资源设定了标准,同时建立了补偿机制(对因禁止开发而给城镇、学校体系等带来的税收损失进行赔偿)。

长岛东端面临的下一个挑战是,将建立松林地带委员会所依靠的协作精神向东延伸,以应对东面佩科尼克湾海(河)口所面临的同样严峻的资源环境问题。在这里,100 多个独立的海湾、港汊沿长岛的南汊、北汊分布,不久前被世界自然保护组织评定为西半球最后 75 个名胜区之一。该海(河)口一直支撑着几大渔业基地(1982 年,该地扇贝捕捞几乎占全国产量的 30%)。不过,赤潮和水质下降已大大削弱了渔业的生存能力,也对该区域的旅游业造成了很大的威胁(该地区的旅游业仅游船一项年收入就达 2 亿美元)[15]。

佩科尼克湾海(河)口计划(Peconic Bay Estuary Program),一项由联邦机构、纽约州、当地政府和私营部门共同开展的合作研究指出,该地区的前途维系于海湾入海(河)口范围内仅存的 3 万英亩开敞空间的命运。如同松林地带管理委员会这类全面解决问题的方案,是确保入海(河)口范围内土地利用与生态系统健康相协调的方法之一。实际上,《松林地带法》已授权将松林地带的管理和规划程序向东延伸,将佩科尼克生态系统也纳入其中。

图表 48　松林地带的沙质土壤和特有植被，覆盖了重要的地下蓄水层

(3) 阿巴拉契亚高地

绵延于新泽西、纽约和康涅狄格州的阿巴拉契亚高地面积达 200 万英亩，是本区域最大的保护区。1921 年区域主义先锋本顿·麦凯(Benton Mackaye)首次描述了其构想：保护从缅因州到乔治亚州的阿巴拉契亚荒野景观，使之成为美国东北部工业化地区绿色开敞空间的主体[16]。麦凯最大的贡献就是，提出 2 100 英里长的阿巴拉契亚山脉余脉应成为大面积荒野和乡村地区的中轴线。

特别重要的是，70 年后，以上长期被忽视的构想仍能变成现实，且不仅在缅因州，还在这里——在这一横贯美国城市化水平最高区域的中部、景观令人称奇的广

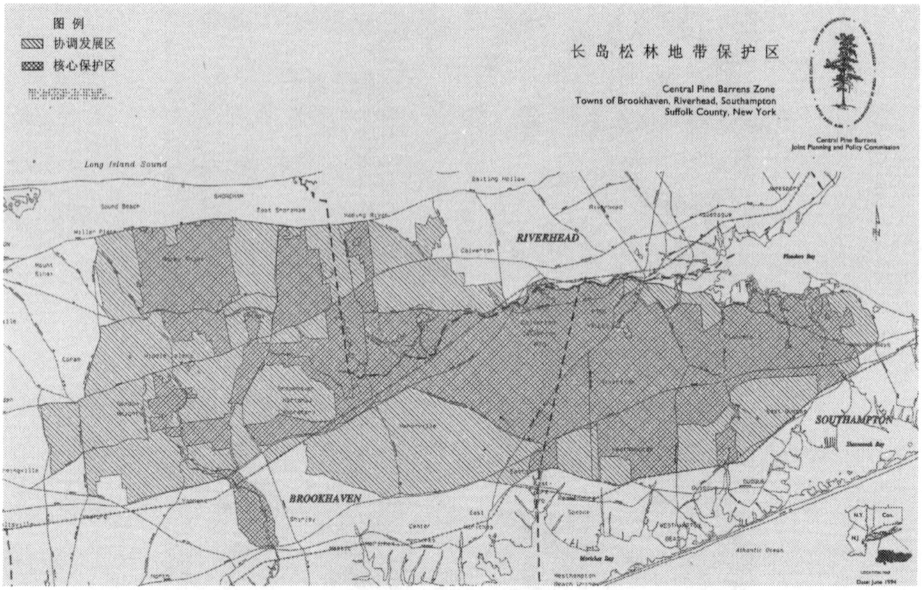

图表 49 长岛松林地带管理委员会管辖的范围

袤地带变成现实。该地带的景观充满了野性、魅力与美感，自然资源极其丰富，并提供了大量的休闲机会。包括：

- 提供 20 多万英亩的公共开敞空间，每年吸引至少 900 万游客[17]。最著名的是哈得孙高地、贝尔山、费赫尼斯特和哈里曼州级公园。
- 提供洁净的饮用水源，服务对象包括北新泽西都市区的 280 万人口(这些居民以哈得孙河以西的公共水库和地表水为饮用水源)，以及纽约和威彻斯特县的 900 万人口(其饮用水源来自哈得孙河以东的克罗托内河谷)。
- 该地区是本区域重要的生态遗产。区域内拥有珍稀与濒临灭绝的动植物的地域，近 30%都位于阿巴拉契亚高地[18]。该高地还拥有本区域卡茨基尔山以南最大的成片森林。对于数量不断减少的迁徙性燕雀的生存而言，这些森林至关重要。
- 该地区是非凡的历史文化资源所在地，拥有美国土著的岩棚和早期欧洲殖民者的聚落、道路与堡垒。铁矿石和熔炉至今仍零散分布在该地区。当年，在这里构筑了抵挡不列颠人穿越哈得孙的防线，生产了枪炮。华盛顿总统的部队用这些枪炮为国家赢得了自由[19]。

该地区一直是纽约-新泽西-康涅狄格大都市区的城市核心地区之间非正式的分界线，清晰地把本区域划分为南部和东部密集的郊区与城市中心，以及西新泽西州与哈得孙河谷的乡村景观。尽管并未划定界线，但高地广袤的开敞空间实际上已具备绿带功能。不过，高地发挥上述作用的能力现在却面临威胁。

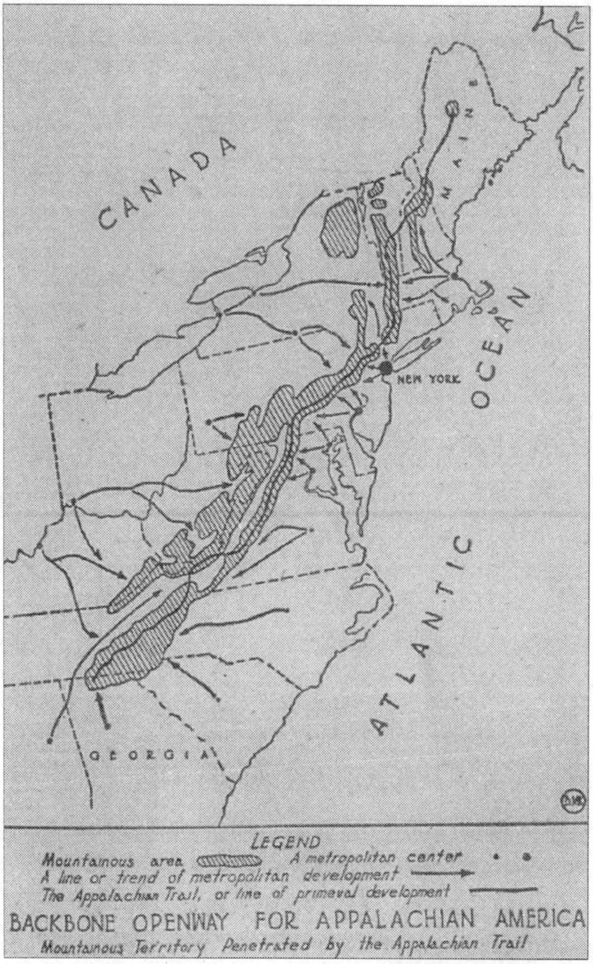

图表 50　75 年前，本顿·麦凯描述的受保护的阿巴拉契亚高地由缅因州绵延至佐治亚州

高地内有132个镇和11个县，现有人口130万。如果按现有政策和趋势发展，未来20年，这一区域的人口大约将增长20%，即增加25万人[20]。如果继续沿用传统的发展模式来满足这些未来居民的需要，包括商业、道路和公共服务等，将导致高地失去大地景观的特征，而只是类似于目前已有的从纽约市向北部、西部延展的丘陵地带。要解决这一问题，我们必须针对阿巴拉契亚高地各个部分的特点，制定不同的政策。

新泽西松林地带委员会的成功，为区域性合作与协作的多方案选择指明了方向[21]。以此为导向，高地工作组向高地区域委员会提出了相关建议。此外，一些独立规划和保护性项目还在进行，其中包括区域规划协会倡议的地方规划示范项目；西米尔福德镇将开发权从纽瓦克饮用水源保护区的敏感地带转让出去；由高地联合会和区域规划协会共同开展的"高地宝藏"重点保护项目，以及将高地余脉从哈得孙河延伸至特拉华，从而得以将众多零散景观连为一线[22]。

在纽约，正在开展的最重要行动是保护1.75万英亩森林。帕利塞德斯州际公园委员会、区域规划协会和其他组织将纽约、新泽西州政府的资金和联邦政府资金结合起来，由政府买断土地，先后终止了兴建3.5万人规模的新城和800万平方英尺的商业与办公空间的行为。在哈得孙河的东岸，北帕特南绿道规划提出了如何完整保护帕特南县境内哈得孙高地的长远构想——该区包含了作为纽约市饮用水源的重要组成地段。

在康涅狄格州，区域规划协会和胡萨托尼克山谷协会合作，创建了利奇菲尔德县开敞空间论坛。该论坛是地方保护组织在县级层面共同努力的结果。其长远目标是，通过为地方保护组织提供技术支持，鼓励民众对绿色开敞空间进行切实保护。诺福克已实施了一个启动性示范项目，建立了开敞空间资源的地方名录，从而迈出了实现论坛目标的第一步——建立自下而上的县域开敞空间名录。该论坛将帮助地方组织在地方特有环境下保护重要开敞空间资源。

(4) 肖瓦冈克与基塔廷尼山

纽约州的肖瓦冈克与新泽西的基塔廷尼山脉，是位于纽约阿尔斯特县罗森戴尔镇到新泽西州特拉华的峡谷，山脊线延绵90余英里[23]。这些山脉拥有非同寻常的、外观令人称奇的石英结晶和石灰岩峭壁；"天空湖泊"；稀有的动植物群落，包括全球罕有的山顶低矮松群；特有的休闲资源，包括 75 英里长的 19 世纪马车运输通道和落基山脉以东最好的攀岩区。与佩科尼克河河口一样，肖瓦冈克也是自然保护组织确定的“最后的名胜区”之一[24]。

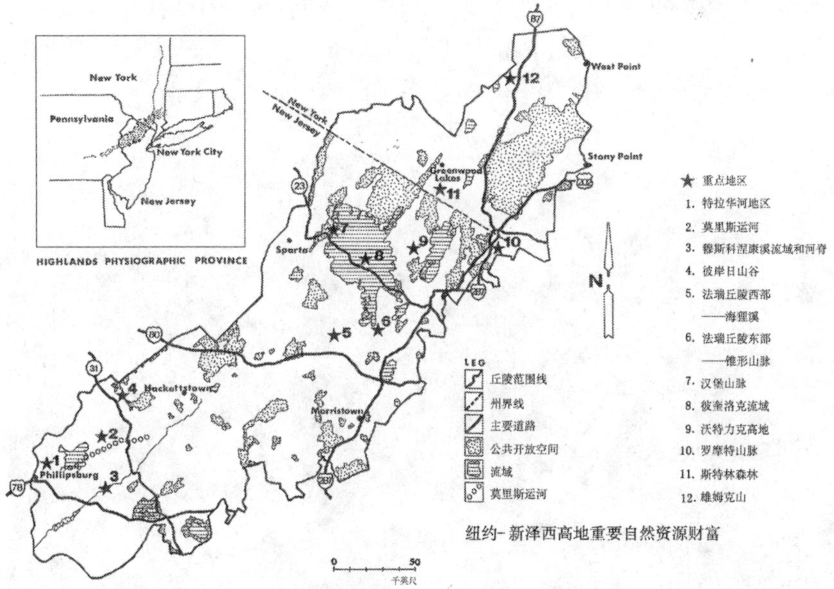

图表 51 高地资源

与区域内提供高质量环境和适价房的其他地区一样，过去 30 年里，肖瓦冈克与基塔廷尼山周围 17 个镇建成区面积将近翻了一番，人口增加约 80%[25]。与这一增长相伴的是，这一时期提出了一些重大保护措施。新泽西州的肖瓦冈克山和纽约 52 号公路以北的基塔廷尼山均受到了保护。基塔廷尼山主要为公园机构所拥有，著名的如高点州立公园和特拉华河裂隙国家休闲保护区。北肖瓦冈克面积为 1.8 万英亩的核心地区包含在明尼沃肯州立公园和国家历史景观胜地——莫霍克保护区(非营利的)之内。现在还有部分北部区域未受到保护，相关保护行动如获成功，将有助于使上述公共可达性较高的保护区得到完整保护，或形成缓冲区。

南肖瓦冈克的保护工作尚未得到足够重视。一方面，大部分地域还是森林覆盖的未开发地；另一方面，众多小地块分属不同业主，难以简单地通过土地购买来实施保护。目前正在采取的两方面行动将有助于本地区的未来保护：一是由国家公园服务组织和“纽约-新泽西山脉通道论坛”最新建造的长达36英里的肖瓦冈克山通道，其位置介于高点的阿巴拉契亚小径与明尼沃肯州立公园的绵长小径之间；二是各自治市越来越意识到，要把山脊线作为宝贵的资源保护下来，传统的区划制必须坚持下去。许多城镇已开始探索如何通过相互合作来保护相关区域，这包括划定山脊覆盖区，从而使环境和景观瑰宝成为区划制所承认并加以保护的资源[26]。

图表52 肖瓦冈克山脉拥有重要的生态、休闲和景观资源

(5) 卡茨基尔山

卡茨基尔山包括两大交叠的重要景观：卡茨基尔公园和纽约市水源保护区。卡茨基尔公园在广袤荒野的核心地带形成一条“蓝线”，成为由纽约州官方认可的著名景观区域。该公园包括28.8万英亩的公有土地和具有100年历史的纽约州立森林保护区——“永远的荒野”。4 000英尺以上的山峰、世界知名的鲑鱼溪流和带有大型滑雪区域的公营、私营休闲娱乐场所，这些都使该公园成为本区域最重要的娱乐休闲地和自然开敞空间。

与同样兴建于100年前的纽约州阿多勒达克公园不同，在卡茨基尔公园蓝线范围内70.55万英亩的土地上，几乎没有开展任何关于土地利用或区域管理的协调活动。州政府针对保护区的不同单元实施单元管理规划，通过长远举措，加强对森林保护区资产的科学利用。特别是在28号公路上建立了“卡茨基尔解说中心”，使得每年来此游览的约53万名游客对公园有了更全面的了解和体验。

卡茨基尔区域是纽约市90%饮用水的源头。埃斯普斯、斯科哈里和特拉华盆地的水汇聚到水库、沟渠系统，不断增加供水量，向该州南部地区每日输送10亿加仑洁净饮用水。该水源的水质一直非常出色——洁净而甘甜。不过，出于对未来增长和开发以及最新颁布的联邦地表水处理规定的综合考虑，已促使纽约市从健康和成本两方面因素出发，有意识地全面审视其水源保护计划。根据联邦环境保护部、纽约州和水源保护区内相关城镇组成的联合委员会最近签署的合作协议，未来15年纽约州将投资15亿美元用于水源保护。纽约市目前在卡茨基尔拥有6万英亩土地，该计划将使水源保护区内的市属土地面积增加三倍。该计划还包括为改善当地水质筹集基金，并制订与区域水源保护要求相适应的经济发展计划[27]。水质若被破坏，其代价将令人生畏：根据联邦政府的强制要求，纽约市必须对水进行过滤，其基建成本估计超过50亿美元，年运营成本约为2亿美元。

图表53　卡茨基尔区域也是纽约市90%饮用水供给系统的水源地

作为本区域最大的两个公共土地的业主，纽约州和纽约市的所作所为十分关键。但卡茨基尔的原始森林和水源保护区的命运，很大程度上仍掌握在50个拥有管辖权的村镇手中。在这些镇、村之中，只有约2/3编制了区划或其他的土地利用管理规划，编制地方综合规划的不到1/2。其结果是，大部分水源保护区的发展和土地利用决策很少关注开发建设对水质的影响，以及不同发展模式对城镇的特征、交通、开敞空间和经济长远竞争力的影响。

"三大核心要素——3E"发展模式能帮助地方政府更好地保护自然资源，确保其不损害地方经济的健康发展，以及保障当地居民及房地产业主的权益。这种保护式开发的模式已开始实施，包括纽约市倡导的完整农田计划，即向农民直接颁发许可证，通过最优管理来防止污染；卡茨基尔中心和伍德斯托克土地信贷中心为保护小比费基尔水源保护区而开展的土地保护行动；区域规划协会支持的地方计划——改造传统紧凑型村庄（亨特村和佛兰芒村），为发展中的乡村地区探寻替代蔓延式土地利用和沿公路发展商业的发展模式。最终，平等的各方即地方社区、州和市必须结成联盟，共同关注和保障卡茨基尔在新世纪的发展前景。

(6) 哈得孙河和特拉华河

哈得孙河和特拉华河作为本区域的两大河流，已成为绿色通道建设的重心。此举主要在于保护和改善滨水区丰富的生态群落，以及充分利用这里的休闲娱乐资源。

水质出众、野生动植物种类丰富、景观优美、休闲场所众多等，都是特拉华河沿岸保护工作的丰硕成果。捕鱼、打猎和划船给特拉华河上游地区带来的经济收益每年超过1 700万美元[28]。下游地区为新泽西州、宾夕法尼亚州的1 300万居民提供饮用水，最后流入大海并为特拉华湾地区入海（河）口的鸟类、鱼类栖息地提供养分。通过沿途城镇、私人土地业主、市民组织和国家公园服务机构多年的努力，建设了一条绵延206英里的绿道（从汉考克、纽约到特拉华海（河）口，再向下直至特伦顿和新泽西）。

特拉华河上游已列入国家野生与景观性河流系统。因此，国家公园服务组织与特拉华河上游管理委员会将共同努力，帮助地方政府满足相关土地利用的准则。同时，管理委员会将向成员市镇提供技术和资金援助，以应对河流管理问题[29]。

图表 54　特拉华河上游——73 英里长，位于汉考克与特拉华海(河)口国家休闲区之间，是美国北部列入国家野生与景观性河流系统的主要河流之一

尽管盆地地区 15 个镇中仅有 11 个镇是该管理委员会的成员，且并非所有的成员都达到了国家公园服务组织的标准，但管理委员会和国家公园服务组织的良好关系还是为鼓励地方合作提供了宝贵途径。

在特拉华河下游，宾夕法尼亚遗产保护组织发起并组建了由 120 个公营或私营机构形成的合作体，共同建设沿河绿道(从国家休闲保护区一直向南直至特伦顿)。绿道计划鼓励当地的土地业主和市镇确定绿道范围内重要的公有、私有土地并对其加以保护。

纽约州另一计划是沿哈得孙河建立绿道。从 1991 年开始，哈得孙河谷绿道社区管理委员会一直通过给予技术支持和为地方规划项目筹资等方式，鼓励哈得孙河沿岸的社区保护并提供到达河岸的通道。该计划的最终目标，是建立一个沿河社区的集合体，致力于保护并提升哈得孙河绿道的品质。绿道遗产保护这一合作机构，一直在为建设哈得孙河绿道这一长远目标而努力。我们能在其建成之后，步行或骑车从哈得孙河口北上至奥尔巴尼甚至更远。

图表 55　哈得孙河谷是本区域最著名的开敞空间之一

哈得孙河生物种类丰富，由于潮汐定期施以的影响，使包括西鲱和斑纹鲈鱼（在西海岸均属最佳品质的鱼料）在内的大量鱼类得以繁衍。哈得孙河还是大西洋候鸟重要的迁徙中转地，如秃鹰这一濒临灭绝的鸟类每年冬天都要途经哈得孙河[30]。然而哈得孙最为人们所称道的却是其壮观的景色。这里是美国风景油画的发源地，自然景观依然充满魅力。哈得孙河是纽约州第一个被誉为州级景观胜地的地区。

自主的绿道建设计划，在分享岸线的社区乃至全区域提高了哈得孙河和特拉华河的身份与知名度。保护河流资源最终成功的关键，在于计划所涉及的技术力量、融资能力和各个成员的团结合作。只有这样，才能共同对河流资源进行有效的保护与管理。

(7) 纽约-新泽西港和长岛峡湾

这一地域是沿纽约-新泽西港和长岛峡湾的港湾发展起来的，这里的水体反映出过去几十年的工业活动。沿海港边缘 7 万英亩的潮汐湿地，构成了生命力旺盛的生态系统，曾一度使该海港成为名副其实的"奥伊斯特贝海湾"，而如今却只剩下 1.5 万英亩。30 多万英亩的水域也已被填平。被废弃的工业设施所占据的地段，曾为大都市建设做出过贡献，而今却成为居民接近海岸的障碍[31]。恢复这些城市水域与滨水区，将同时满足自然和人类的需要，即一方面提高海岸线栖息地和入海(河)口的自净能力，另一方面提高位于区域核心的这一"蓝色财富"的可达性。

图表 56　生态恢复可以通过利用河流、潮汐和湿地植物所具备的保存、加工营养物质的自然能力，来改善栖息地的环境和水质

尽管生态恢复学还不成熟，但在海峡和海港区的多个地段已显示出生命力。本区域能够利用河流、潮汐和湿地植物所特有的保存、加工营养物质与净化污染物的天然能力，来改善栖息地的环境和水质。尽管这些人造湿地不可能与纯天然湿地的复杂程度相媲美，但它们带来的益处，远高于入海(河)口和沿岸常见的明渠、堤坝和其他工程设施。

最近有一些这方面的成功案例："纽约市盐沼保护组织"正在利用排污者缴纳的罚款，沿阿瑟基尔兴建、恢复湿地；费菲尔德保护委员会已修复了沿长岛峡湾的支流——南松林溪至湿地的潮汐流；阿瑟基尔和拉里坦海湾已成为新泽西奥朋特社团和新泽西保护基金会研究的课题；纽约-新泽西海湾管理者正在制定保护整个海湾栖息地的综合规划。

图表 57 长岛峡湾是本区域的"城市海洋"

我们要鼓励和倡导现有的这些努力。但是，除非公众可亲身感知这些水域，否则，这些努力的真正价值仅为少数专家所知晓。海港和海湾一直是国家海（河）口研究计划的重点领域，该计划建议花费数十亿美元来达到《清洁水法》的要求——获得高品质的水体，这是我们通过努力能实现的目标。但如果没有广大公众的支持，实质的公共投资就不可能实现。同时，改善水质还需要成千上万的海岸居民与内陆居民改变行为方式。例如，要对径流中的污染物加以控制，就要靠人们管理好他们的停车场、农场、草地和滨水区等。但如果要求人们保护其根本无法接近的水域，那他们为什么要照办呢？

成千上万在长岛峡湾游玩的游客，每年花费在游泳、钓鱼、航海和骑摩托艇等娱乐项目上的开销约50亿美元。炎热的夏天，公众海滩的游客太多，以至于不得不经常限制游客进入。水手们把本水域变成了全球赛艇运动中心之一。公营、私营的自然保护区为公众提供了与生动、复杂的海（河）口地域接触的大量机会。然而，对于正好邻近海湾的村镇居民而言，上述亲水机会反而最为有限。例如，康涅狄格州的海岸线仅有20%为公有，而公众可接近的娱乐休闲空间仅占5%，也就是说只有这一小部分才真正可为本州居民所使用。纽约州的情况也比较相似，在整个340英里的海岸线中，仅有五段向公众开放，其中两段在东萨福克县——与实际需求相去甚远。纽约州海峡地带的垂钓地，仅有1/3对公众开放[32]。

近年来，康涅狄格州采取了较平和的方式，提高长岛峡湾的公共可达性。在增加通道及同样重要的改善通道等工作中，都取得了虽缓慢却十分稳固的进展。这一低调的成功，是两方面共同努力的结果：第一，地方和州政府一直致力于获取和提升公共通道；第二，地方区划管理官员和州海岸管理者按照州海岸管理条例，要求土地所有者提供公众进出海岸的通道。唯有如此，方可获得沿海岸线进行开发的许可。通过这种方式，获得了近10英里的海岸线和包括人行道、港口和码头等在内的通道。最近，纽约州编制了一份长岛峡湾海岸管理计划草案，也建议采用类似策略。

这种方法切合实际并取得了相应的效果。然而，这一方法并不能保证以尽可能快的速度新增公共通道，从而达到清洁海峡、提升旅游业并最终把海峡建成吸引运营商和适宜就业的魅力之地的目的。因此，针对长岛峡湾通道问题，需要本区域采取新的措施甚至制订新的双州保护计划，以确保充分利用这一非凡的自然资源。

纽约-新泽西海港是本区域最神秘的生态宝藏——开敞水域面积约为1 500平方英里，滨水岸线长达770英里，直接排污区为3 000平方英里。入海（河）口是滨海鸟类和水鸟的重要保护区。例如,阿瑟基尔航路是美国东北部最大的苍鹭群居地;大量鱼类在海(河)口游弋,游入河流上游产卵繁殖。

该海港还一直是海运和工业的重要经济资源,同时持续接纳本区域的大部分污水排放。不过,随着水质得到不断改善,海港已拥有并将继续拥有丰富的野生动植物和休闲资源。随着1972年联邦《清洁水法》的实施,海港的水质已达到了一个世纪以来的最高水平。然而,具有讽刺意味的是,海港未来面临的风险要比海峡大得多,因为我们迟迟无法解决以下问题:多年前的废旧工业设施限制了居民接近滨水区的机会,使得海港的健康发展实际上根本没有支持者。由于水体已变得更为洁净,许多工业设施也已迁离。因此,目前我们拥有建设滨港公园的绝佳机会。奥姆斯特德和莫斯如果还健在,他们一定会迅速地抓住这一机遇,掀起第三轮城市塑造和城市公园建设的高潮。

已有不少地方采用了一些大胆创新的举措,包括建设哈得孙河公园和曼哈顿西侧的南河岸公园、新泽西州哈得孙河滨人行道、总督岛的联邦政府设施、东河上从曼哈顿桥延伸至大西洋大街的布鲁克林桥公园等。这些只是一些最为知名项目中的部分案例,我们还需继续努力。同时,纽约、新泽西和联邦政府应采取更多行动,提升盖特韦国家级休闲区的品质,为公众亲近海岸提供通道。牙买加海湾在建设公共近水通道方面虽已开展了实质性的工作,但对海湾的总体利用仍显不足。目前,还可考虑利用本区域正在形成的轮渡网络,提供到达桑迪胡克、罗克威尔及桑迪胡克海滩的交通服务。

(8) 大西洋海岸

大西洋海岸是本区域宝贵的自然财富。其沙滩、沙丘岸线长达200多英里,水域适合游泳。大量公共投资大大提高了市民到达长岛海滩、新泽西海滨的便捷程度。所有这些使得这一地域成为了世界上最独特的景点之一。

沿岸分布的海滩沙堤大部分具有变动性和短期性构造,海浪和潮汐会在这一处不断侵蚀,而同时又在另一处不断堆积。因此,本地域的房屋构造取决于潮水漫淹和水下砂石的侵蚀情形。事实上,必须全体加盟"联邦洪水保险计划",以确保投保的房屋达到防洪建筑的标准。尽管应由房主提供一定的费用,但靠自给自足是远远不够的(在洪灾严重的年份往往需要几十亿元的投入)[33]。因此,州政府有必要通过提供沙滩补给和灾难援助来应对侵蚀与洪灾问题。

图表 58 沙滩海堤

今后，这一问题有可能变得更为严峻。全球气候变化预测表明，未来的海平面将上升，沿海暴风雨包括飓风将更为频繁，也更具破坏性。

纽约、新泽西和联邦政府必须确保承担有关职责。既然要用公共基金来减轻暴风雨对沙滩和其他海岸区的破坏，就应当让公众均能从中受益。来自纳税人的有限资金首先应当用于保护公众海滩、高强度开发的高地、公交运输设施或因公共活动而侵蚀严重的区域。例如，在纽约州，州长的专门委员会制定了一套应对1992～1993年雪灾的专项政策[34]。

公共机构应考虑如何更好地把"联邦洪水保险计划"、地方区划制度和开敞空间用地收购战略等结合起来，以便让上述公共政策共同发挥作用——限制在洪水泛滥区建房，减轻纳税者的负担，特别是受灾地区利用政府发放的保险金维修或重建时的负担。就全国而言，总体核算办公室估计，2%的联邦政策受益者获取了"联邦洪水保险计划"赔付量的43%[35]。新泽西的"蓝色土地"计划是破解难题的一部分答案。该计划将动用3 000万美元，通过本州的开敞空间计划，向洪水泛滥区的土地所有者收购土地。更大比例的全国洪水保险基金也可参照此方式使用。由此，可在沿海以及其他滨水地带建立新的公共空间，同时减轻日益沉重的预算负担。此外,州、地方和联邦政府必须考虑如何将地方土地利用管理与洪水保险条款更好地结合起来,以确保新的住宅和商业项目不会建造在洪水淹没区。

(9) 农田

保护本区域的11个保护区,特别是农田,是另一项挑战。那些关注农田保护的人士深知,仅把注意力放在农田上是不够的,我们更需要保护农民。只有当农民继续种植农作物并具有经济效益时,土地才可能保持其农地属性。

1964～1992年间,我们31个县的农田面积由170万英亩降至100万英亩以下[36]。本区域现存的大多数农田跨"大流域"分布,从新泽西的萨塞克斯县沿沃基尔河谷延伸到纽约州的达切斯县。不过,生产力最高的农田位于长岛的北叉地区,景色最优美的是汉特顿县连绵起伏的富饶农田。

保护农田和农民最直接的方法是"开发权购置计划"(PDR),也就是农民将农田的开发权向州或当地政府出售。尽管成本很高,但该项政策可保障农田永久用于农业生产,同时农民可获得补偿资金,且这一资金通常会用于改进农场的经营状况。康涅狄格州和新泽西州都有这样的开发权购置计划:1995年,康涅狄格州实现了对161个农场共计24 250英亩农田的保护;新泽西州的相关行动,保护了148个农场共计22 085英亩农田;纽约州最近制订了相关州域计划;萨福克县制订的计划,对154个农场上的6 941英亩农田进行了安排[37]。除这些公共计划之外,还有一些本区域的土地信托公司,其中最知名的是达切斯县土地保护公司,也与农民开展过一些积极合作,其工作量甚为可观。

无论是采用上述计划还是获得土地的其他计划,本区域显然无法对区域内所有农田的开发权进行收购。要使土地保持耕种状态,需要调整或降低物业税、遗产税和所得税等,通过这些公共政策来保护农民。此举将使农民能够制定新的营销策略,通过诸如纽约市的"绿色市场"、新泽西州的特产销售活动或增加顾客自摘自采活动的农民自主市场,把本区域的农产品与本区域上百万的消费者直接联系起来。这还有助于制定促进农民与郊区新移民和睦相处的土地利用与环境发展战略。作为将农民团结起来共同应对土地利用、市场营销和经济发展等问题的重要实践,纽约州的农田保护计划,是以县为基础的规划与技术援助计划的典范。

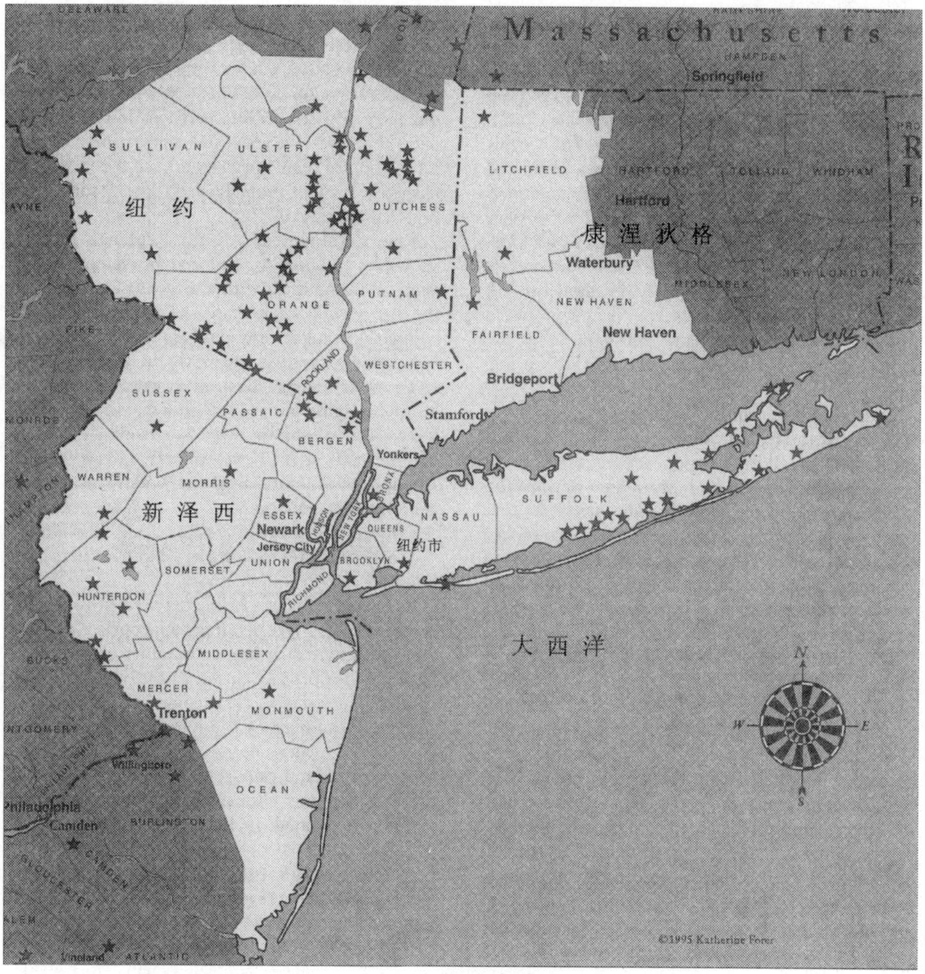

图表59 三州地区绿色市场农户分布

资料来源：纽约市环境管委会(Council on the Environment of New York City)

(10) 建立区域性保护区

如上文所述，许多保护区的保护工作已有序开展并取得了显著成效，不少其他保护区也开始形成工作思路和开展类似的行动。

上述创新行为涉及一系列政策，其成功的原因在于维持区域重点问题与地方控制的微妙平衡。保护区的水质、景观资源和其他自然资源最好由或只由区域层面加以管理。事实上，地方层面通常缺乏管理这些资源所需的资金与技术力量。但保持地方的掌控非常重要，因为如果没有当地居民积极主动地参与保护工作，任何行动都不可能获得成功。更重要的是，地方的土地利用管理权是保证实现区域保护目标的最佳综合手段。

就区域保护区内的新开发项目而言，应从设计阶段就强化已有社区的特征，并以维持人与自然的平衡发展为目标，这也是社区发展成功与否的检验标准。遗憾的是，很多城镇目前采用的区划方法，很可能带来完全不同甚至非常危险的发展模式，包括大地块宅基地的细分和公路沿线商业带等。这类开发无须大规模推进，就可导致水质下降、交通量大增、适价房减少，以及吸引游客的乡村特征的彻底消失等。

近年来，既保护社区特征、促进有序发展，又鼓励适度开发的新型增长管理手段，已在全国各个乡村社区中建立起来并得到检验。许多乡村设计手册(包括区域规划协会及其职员编写出版的手册)中描述了这类手段，可以供规划师参考[38]。

这些手段包括：

- **控制增长速度。**迅速增长的社区应控制居住与商业增长率，将开发控制在适当的程度，使之与所能提供的基础设施、教育以及其他服务相匹配。
- **开敞空间细分与区划规章。**乡村地区，特别是拥有重要文化、流域或野生资源的地区，必须通过区划确定为低密度区，最好是规定为组团式发展区。例如，华盛顿州金县(西雅图)的乡村地区，区划确定的最小地块为10英亩；加利福尼亚州的玛里琳县(金门桥以北)，农田和山坡周边区划确定的最小地块为40英亩。大部分位于保护区类似地区的最小地块为2～3英亩，结果形成的是大地块的郊区而非乡村。就为数众多的在本区域追求乡村生活的居民而言，必须确保他们的居住地保持乡村风貌不变。更大的乡村地块面积和强制性、组团式开发模式将有利于保证实现上述目标。保护区内的城镇可将大面积地块区划和组团式规定结合起来，以保持乡村特征。组团式规定在下列两种情况下最为有效，一是有强制性组团式开发的规定；二是存在实施组团式开发的强大激励机制。组团式开发规章也应为保护有用的开敞空间提供有力的指导，确保其用于野生动植物栖息、休闲、耕种等用途。

- **村镇中心(Village and Town Centers)。**村镇中心应采用鼓励高密度、混合用地的中心式开发的土地区划。所有的商业和大多数居住地开发都应在中心地带进行。可考虑与“开发权转让”(TDR)相结合,将开发权从拥有重要自然资源的地区转让出去。
- **改进场地规划。**城镇应采用场地规划评审、道路布置等规划设计准则,确保新的土地细分和商业开发活动适应于现有社区发展的特征。空间尺度要求、建筑体量、建筑形态与建筑材料、指示牌等新的开发特征,都必须与传统的绿色发展型社区高度匹配。
- **交通管理。**城镇应采用土地细分的道路指南等手段,减少“断头路”,鼓励建设棋盘式路网以分散交通负荷和方便步行者使用。就建设尺度而言,应确保街道符合村级规模的要求,杜绝部分乡村细分条例所要求的建设过宽马路的现象。采用“之”字型车道、车道缩窄,以及在转角和人行交叉路口设置路缘石延伸进入车道等交通宁静措施,缓解交通压力。
- **适价房。**城镇应通过对开发密度给予奖励以及其他激励手段,在村镇中心和组团式开发地块增加适价房的年均供给量。
- **雨污处理。**保护区如果位于公共水源、蓄水层保护区范围内或靠近重要的河流或海(河)口,就应鼓励建设先进的污水处理系统。在区域增长管理战略的框架下,中心污水处理厂的建设应有助于激励和促进新的开发在传统的镇村中心进行。这些设施可能需要采用新型处理技术,如马萨诸塞州众多乡村社区所采用的太阳能水处理技术。雨水管理的改进,则主要通过集中资源新建或恢复湿地和对雨水处理系统进行更好的维护来实现。

同时,我们也要保证改进后的地方土地利用规划、规章与区域性管理目标及州级政策融为一体。

- 实现上述目标最直接的方法,是成立区域委员会。它们既包括新泽西松林地带管理委员会这样的州级机构,也包括长岛松林地带管理委员会这样的地方控制型机构。其基本宗旨是或由地方政府修改地方规划以实现区域目标,或将某些自主权让渡给区域实体。管理机构还可对遵从准则的社区提供奖励和技术援助。地方对管理机构的掌控,则可帮助市政官员消除对权力让渡的担忧。

- 适用性最强的方法是采用州域规划机制，如新泽西州域规划中划定政策区域和指定区域中心，就是指导州级政府实行相关基础设施和管理政策的有效框架。地方政府通过"双向认可程序"推进了新泽西州域规划的编制，又因为受到该程序的鼓励，地方政府制定了符合州域规划的地方规划。州域规划能为保护区体系提供政策背景。但现有的新泽西和康涅狄格州的州域规划，并未对州级或地方政策产生应有的影响。纽约州则至今尚无这样的规划，尽管其开敞空间保护规划划定了作为保护重点的主要资源区，包括所有建议设立的保护区。
- 另一种方法是像哈得孙河谷绿道委员会所倡导的那样，签订地方间协议。鼓励地方政府实现区域目标并协调其行动，靠的是一套激励机制系统，形式包括法律支持、州政府采取相应政策或相关授权。这套方法最适用于那些担心自己权利受到侵犯的地方政府。但由于相关方面都是自发行动，因此，难免出现因工作关注重点不同而导致行动迟缓的现象。

上述行动均需要新的资金支持。规划、土地购置和污染防治计划都需要经费支持，而且花费巨大。保护区近期实施的两大综合行动可反映大致情况：实例之一是纽约市在其 1 900 平方英里的饮用水源保护区投资 15 亿美元用于土地收购、污水处理厂改造和污染防治[39]；实例之二是为达到长岛松林地带管理委员会设定的目标，将投资 0.75 亿美元完成收购土地和制订管理计划。以这两项行动作为参照，如按单位英亩计算，在其余保护区实施类似行动，费用将达 60 亿美元左右。这还不包括那些满足现有环境规定的行动，如长岛峡湾管理规划中的水污染控制计划。

也可通过对已有行动计划的再思考和已有基金的重新投入来满足上述需要：

- 饮用水保护计划可通过土地保护来防止污染。如前所述，纽约市正在卡茨基尔和哈得孙高地实施一项目标远大的计划。实施《新泽西水债券法》的资金正用于收购土地，水质管理计划的再投资也已被用来解决流域问题。也许还存在其他方法，如将基础设施、水处理花费（或节余）、土地保护和规划联为一体。
- 开发权转让计划的应用和其他新型保护区融资技术，都可以减少公众在这方面的支出。新泽西松林地带委员会通过开发权转让计划，保护了 1 万多英亩的土地。其资金来源实际上是私营开发商去更适宜地段从事更高密度的开发而“节余”下来的资金。

- 三个州都在持续地推进土地收购计划，这些计划已充分认识到在保护区集中收购土地的重要性，纽约州的计划尤为明确。近年来，这些计划的资金来源——纽约州的环境保护基金、新泽西州的绿地计划和康涅狄格州的休闲自然遗产保护基金——都因州级基金重新投向其他预算优先项目而出现动摇。新泽西正在通过发行通用债券的方式，募资 3.4 亿美元用于土地保护。然而，即使是在享有“花园之州”盛名的新泽西，也需要寻求专项资金或至少是一贯而连续的资金来支持类似行动。
- 联邦土地与水保护基金一直是联邦和州级土地收购行动的主要资金来源。然而，联邦土地上的石油、天然气收益所提供的基金，现在越来越多地用于其他联邦计划。况且，本区域得到的联邦投入一直都低于其应得份额。从 1987～1993 年，纽约州得到的联邦资金为 900 万美元，远低于 50 个州的平均水平(2 700 万美元)，与加利福利亚州的 2.48 亿美元相比更是相形见绌[40]。本区域的国会代表应采取相应行动，确保短期内争取更多资金投放于本区域，并着手调整投资结构，确保类似于斯特灵森林和长岛松林地带等创新型合作项目得到联邦政府的资助[41]。
- 对于已有的税收，包括物业税、遗产税和所得税等，都需要重新构思，以确保它们不向私人土地业主发出错误的信号或对保护行动构成限制。事实上，区域规划协会关于教育融资的建议如获认同，将有助于理顺现有的物业税结构(目前该税收结构迫使不少地方官员在学校与环境之间作出“两败俱伤”的选择)。

考虑资金的新来源，无论是直接针对保护区，还是结合州域开敞空间计划进行开发，均应以本规划所倡导的“用者付费”原则为基础。保护区的开敞土地和洁净水体是相对有限的资源，必须付费使用。此外，能带来新的资金来源的新途径，必须确保公平地对待保护区的居民、下游城市及郊区居民。

可考虑以下途径：

- 对从保护区汲取饮用水的城市与郊区，适当地额外收取少量费用。该费用将有助于保护我们目前的饮用水源，可避免将来为建造更为昂贵的处理系统而支出费用；同时它也有助于鼓励保护水资源，避免为下游居民不必要地新增污水处理能力。事实上，纽约市饮用水流域系统已建立了这样的机制，该地的水费和污水处理费已用于该州北部地区。估算表明，新泽西州每天从公营、私营的水运营商那里获得约 12 亿加仑的水量，如对每加仑征收 0.001 美分的税，则每年可获得 4 000 万美元左右的收益。

- 专项房地产转让税可与开发活动直接挂钩并为之筹集资金。全美约 40 个州制定了相关规定，如马里兰州和佛罗里达州规定将其中一部分房地产转让税用于收购开敞空间的土地。在纽约州现有的环境保护基金中，1996 财年征收的 9 000 万美元主要来自该州的过户税（每 500 美元房产收取 2 美元税款）。在本区域范围内，若对每 1 000 美元房产征收 1 美元的税，带来的年收入将高达 4 000 万美元[42]。但这项收费只应对保护区内的大宗土地业主和（或）短期交易行为收取。另外，纯粹作为房地产重新投资或财产继承部分的过户交易，应享有豁免权。
- 针对房地产因邻近保护区而升值的情况，还可考虑设置物业税附加费。本区域的一些地方，特别是在新泽西的莫里斯敦县，已利用由此征收的资金来支持土地保护活动，税率大约是每 100 美元征收 1～2 美分。如果整个区域按 1 000 美元估计征收 1 美分税率计算，每年将产生 2.8 亿美元的附加费[43]。这部分附加费应只在保护区收取。为减轻房产业主的负担，对 10 万美元的起步增值部分，不应征收附加费。
- 还有一些金额更小的征税方式，可为保护计划筹集资金。但是，如果仅依靠其中的任何一项，都不可能获得持续的税源。
- 旅馆/汽车旅馆或其他旅游项目因保护区而增强了吸引力，因此应当对其征税。哈得孙河谷绿道委员会的资金即来源于这一渠道，具体方法是对绿道所在县的旅馆/汽车旅馆征收 0.2%的税。
- 对广告牌征税。广告牌降低了开敞空间的自然景观价值，却可从道路投资和维护中获益。对纽约州的相关提议是，将本项收入用于地方造林计划。
- 对保护区内的开采活动如采矿、挖沙等进行征税。

插图 1A　纽约-新泽西高地对郊区蔓延构筑了距纽约市仅 25 英里的绿色边界

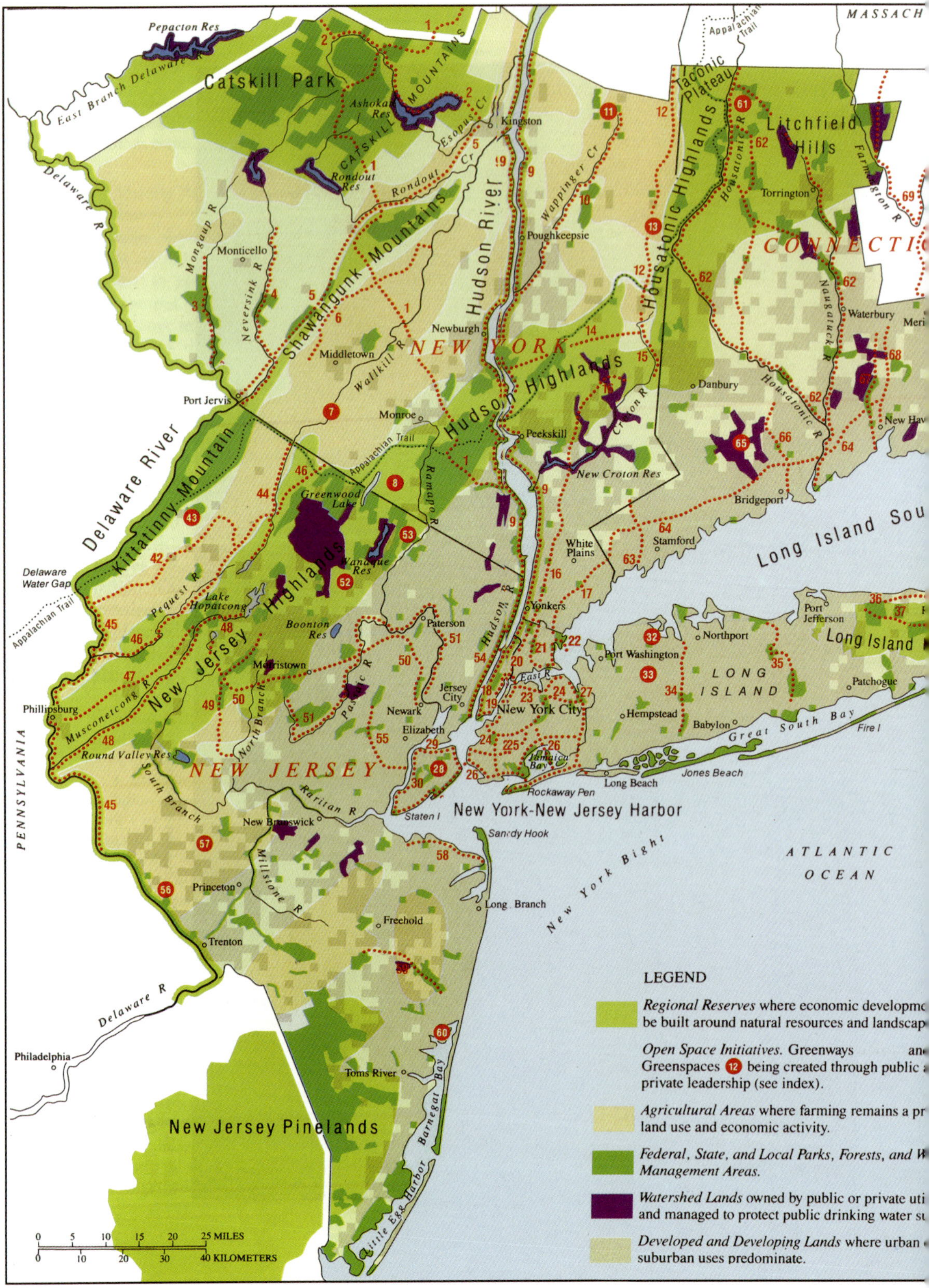

插图 1B　绿地总图(区域规划协会)

区域规划协会

都市绿化计划

都市绿化计划的愿景是保护开敞空间、绿道、偏远自然风光和纽约-新泽西-康涅狄格都市区的郊区地带。通过这个计划，本区域可以保护其重要的自然资源系统，休闲度假场地及农场和森林。这些自然保护地区可以帮助各区域重塑增长

区域保护地

为了完成绿化计划,我们应协助各地社团管理9个特殊地区，或称为"区域保留地"，这些地区拥有本区域重要的，但日益受到城市蔓延威胁的景观、生态和水资源。

Catskill Park
Delaware River Valley
Hudson River Valley
Long Island Pine Barrens/Peconic Estuary
Long Island Sound
The Appalachian Highlands of New York, New Jersey and Connecticut
New Jersey Pinelands
New York-New Jersey Harbor
Shawangunk/Kittatinny Mountains
Atlantic Seashore
Agricultural Areas

绿道和绿色空间计划

该计划意味着把绿道和绿色空间结合起来，保护和提升各地河流、小道和城市开敞空间，72个最重要的公共和私人空间绿化计划分别如下：

NEW YORK

1. Long Path
2. Route 28 Corridor
3. Mongaup River and Reservoirs
4. Neversink River and Gorge
5. Delaware and Hudson Canal/Ontario and Western Right-of-Way
6. Shawangunk Kill
7. Black Dirt Agricultural Area
8. Sterling Forest
9. Hudson River Shore Trails
10. Wappinger Creek
11. Stissing Mountain
12. Harlem Valley Right-of-Way
13. Nellie Hill
14. Putnam/Northern Tier Greenway
15. Great Swamp
16. Putnam Division Right-of-Way
17. Hutchinson River Parkway
18. Hudson River Waterfront Park
19. East River Esplanade
20. Harlem River Esplanade/Putnam Railroad Greenway
21. Bronx River Trailway/Soundview and Ferry Point Parks
22. East Bronx-City Island Greenway
23. Queens-East River Greenway/North Shore-Flushing Meadow Trail
24. Brooklyn-Queens Greenway/North Brooklyn Greenway/Piers 1-5
25. Cross Brooklyn Greenway
26. Shore Bikeway/Jamaica Bay-Forest Park Trail
27. Laurelton Parkway Greenway/Rockaway-Gateway Greenway
28. Staten Island Greenbelt
29. North Shore Esplanade/Staten Island Railroad Trail
30. West Shore Greenway
31. South Shore Esplanade
32. Oyster Bay Estate and Waterfront
33. Underhill Estate
34. Nassau-Suffolk Border Trail
35. Cross County Trail
36. North Fork Trail
37. South Fork/Montauk Trail
38. Dwarf Pine Barrens
39. Shinnecock Bay Tidal Wetlands
40. Robbins Island
41. Long Pond Greenbelt

NEW JERSEY

42. Paulins Kill Trail
43. Bear Swamp
44. Wallkill River Greenway
45. Delaware River Greenway
46. Lehigh and Hudson Right-of Way/Pequest Greenway
47. Morris Canal
48. Musconetcong River
49. Lamington/Black River
50. Lenape Trail/Patriots' Path
51. Passaic River
52. Pyramid Mountain/Turkey Mountain/Farny Highlands/Wyanokie Highlands
53. Ramapo Mountains and River
54. Lower Palisades Cliffs/Hudson Waterfront Walkway
55. Rahway River/Arthur Kill Tributaries
56. Kuser Mountain
57. Sourland Mountain Ridge
58. Bayshore Project
59. Manasquan River
60. Northern Barnegat Bay/Metedeconk River

CONNECTICUT

61. Robbins Swamp
62. Housatonic River and Tributaries
63. Mianus River
64. Merritt Parkway/Wilbur Cross Parkway
65. Bridgeport Hydraulic Lands
66. Pequonnock River
67. West Rock Ridge Trail
68. Boston and Maine Right-of Way/Farmington Canal
69. Farmington River
70. Metacommet Trail
71. Metabasset Trail
72. New Haven Water Co. Lands

注：该图由玛利亚慈善机构、美国自然保护协会和USDA森林服务组织共同提供。

现状

传统发展模式

新型发展模式

插图 1C　替代性的规划手法和区划制度能在不危害本区域资源的前提下满足地方需要。本组插图显示了一座村庄在传统规划模式、新型规划模式下的未来预测情况及发展导则

- 对运动设施征税，包括赛艇、自行车和越野车，这些设施的使用直接影响公共空间的有效性。

新税种总是不受欢迎的，但某些专门税种可能适用。区域规划协会于 1995 年开展的生活质量调查表明，本区域大多数居民愿意为绿地、洁净空气和洁净水体支付更多的费用。开征专项税正是途径之一。本区域 65%的居民表示，他们愿意花更多的钱来保护开敞空间和公园。66%的居民愿意为确保空气和水源的洁净而支付费用。

4. 投资于城市开敞空间

提高我们城市、郊区环境的愉悦度，包括建设公园和其他绿地，对吸引和留住居民与商业至关重要。区域规划协会于 1995 年开展的生活质量调查表明，对于从本区域迁往郊区的 60%的居民而言，户外休闲是其考虑的首要因素。无论是城市还是郊区居民都没有意识到，在未来的十几年里，区域中心地带也能提供毫不逊色的户外体验。此地早已具备了这种潜力，所要做的就是改造城市公园、道路和其他公共空间，对其进行再绿化，特别要将本区域最大的城市公共空间——纽约-新泽西港、哈得孙河和长岛峡湾变为公共资产。

图表 60 城市公园有助于增强城市的宜居性

大量事实表明，开敞空间对城镇发展作用明显：

- 管理良好的、有吸引力的开敞空间，对社区和中心区的再开发具有积极作用。大量研究清楚地表明，靠近公园和行道树或林地、面向开敞空间或水景景观的地段，能显著提高租金水平、提升物业价值并增加物业税[44]。
- 城市公园使区域内所有居民都能享有骑车、打球的乐趣，是阳光下的休闲场所。这对那些没有私家花院或无法前往郊野公园的家庭非常重要。就教育事业而言，休闲娱乐活动意义重大，对年轻人尤其如此。
- 通过植树和管理街道、公园及庭院的树木来绿化城市，将有效地提高城市的生态环境质量。美国森林服务组织的专家们证实，行道树能使城市夏季最高气温下降3～5℃，可减少空调使用支出及高峰时段的电力需求，并大大抑制了低空臭氧层污染物的生成，这对人类健康构成直接威胁[45]。
- 河流和湿地保护技术，不仅能再造栖息地，其清洁水体的作用远比建造污水处理厂这样的大型工程措施效率更高、成本更低。它们可成为净化城市水体的重要方式。居民以及在海(河)口生存的大量鱼类和水鸟将从中受益。

图表61　通过种植和管理树木来绿化城市，能有效改善环境质量、节约能源

维持并提高城市公园和公共空间的质量与水平，对纽约、纽瓦克、特伦顿、波基普西、布里奇波特和斯坦福等城市极为重要。这同样是一个重要的区域问题：如果

区域中心可以留住居民，郊区蔓延的动力就随之变小。

(1) 城市滨水区

对本区域城市滨水区的改造，有利于营造卓越的新型公共空间。这意味着除公园外，还将产生通勤轮渡、旅店和由水体而衍生的商业中心。公共空间的利用成为滨水区再开发的有机组成部分之后，开发商和城市能将滨水区的益处向纵深地域伸展。同时，生态恢复新技术的应用与水质提升以及对城市生态学的日益重视，都为提升纽约-新泽西港、长岛峡湾、哈得孙河以及其他水体的环境质量、挖掘其休闲潜力创造了前所未有的良好条件。

由市民发起或由政府主导的大量规划行动，提高了本区域城市滨水区的公共可达性。新泽西滨水区通道项目、布鲁克林桥公园、哈得孙河公园、南河滨公园等计划，是滨水区规划赢得社区与政治支持的代表性案例。应针对区域内所有城市滨水区，着手推进和大力支持类似计划。

要实现这些计划，应将公共通达性与适当的商业用途结合起来。哈得孙河公园保护计划和布鲁克林桥公园建设计划，都试图通过纳入足够的衍生性开发如码头和旅馆来筹集所需的资金。新泽西滨水区通道项目即将启动，它实际上是作为哈得孙沿河地区总体再开发的一部分而设计的，其中还包括一个轻轨系统。公众对滨水区兴趣浓厚，因此必须高度重视滨水区的自然资源。同时必须认识到，如果能与积极的、适当的商业用途相结合，先前的不少工业地域也能吸引大量的游客。

负责指导滨水区开发的公共机构必须认识到，本区域应采用强有力的方式来刺激经济发展，提高生活质量。沿岸管理机构不应回避其保障滨水区公共可达性的责任，这是确保滨水区再开发惠及居民、商业和房地产业主的唯一出路。那些拥有滨水区土地的公共机构和经济开发组织，应确保其土地对公众开放，即便是间歇性开放也无妨。以 75 英亩布鲁克林桥公园的造价为基准进行估算(一个有限制性开发要求的公共土地上的项目)，在本区域城市中心新建 20 个滨水公园，大约需要 10 亿美元的基建投入。

(2) 邻里公园和娱乐休闲

本区域迫切需要增加城市公园和娱乐休闲空间的数量，但更重要的是提高其

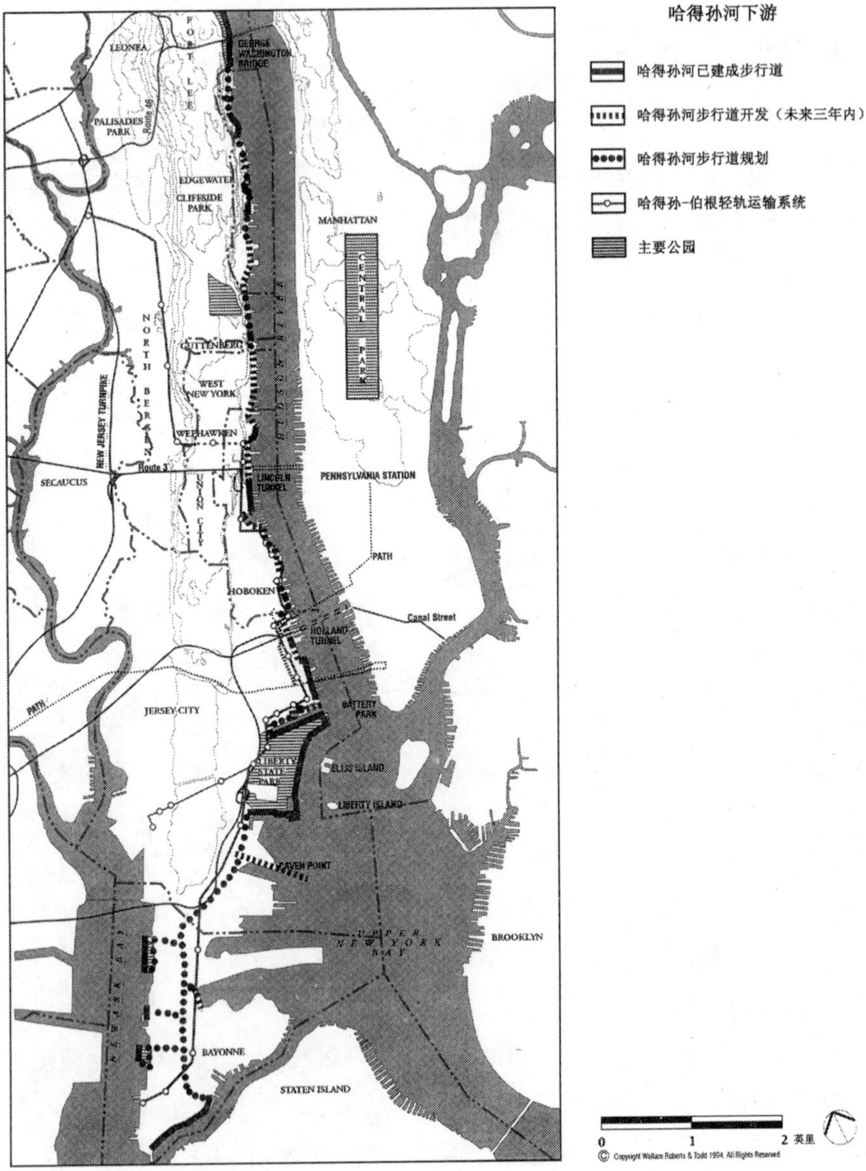

图表 62　哈得孙河下游有许多大型再开发项目，包括滨水区走廊项目

质量。许多城市社区每 1 000 人拥有的公园用地不到 1.5 英亩，远低于全国 8 英亩的平均水平。此外，还有许多公园利用率不高、维护水平低下、缺乏休闲计划或

存在安全问题,这些公共空间需要额外的关注和资源。在城市预算持续减少的情况下,公园往往成了削减开支的首选项且削减额最多。

通过实施社区管理战略和对邻里居民积极性的调动,有助于实现上述目标。通过招募志愿者或付费雇用等方式让当地居民直接参与公园的管理工作,能用较少的资金达到加强管理的目的。让更多的当地居民在公园游憩,还可减少犯罪行为,增强民众对公园的安全感。

成功保护纽约景观公园和中央公园的经验表明,还可通过募集私人资金来推动这类行动。大量由奥姆斯特德设计和继承了其传统的公园,应是这方面工作的重点。诸如布里奇波特的海滨公园、纽瓦克的布兰奇布鲁克公园和特伦顿的凯威尔公园,都是本区域城市开敞空间的典范。通过募集私人资金的支持,如奥姆斯特德公园专项修复基金,可推进上述行动。

图表 63 城市公园和休闲空间的质量是构成宜居城市的重要元素

图表 64 布赖恩特公园的维修改造带来周边地区的房租和物业价格的增长

然而,私人资源毕竟无法全面满足系统的需求。纽约市公园理事会预计投入 1.95 亿美元进行基础建设,在服务不足的邻里地区新建 100 座公园,并花费 2 000 万美元用于公园维护。在本区域最大的 20 个城市实施类似计划,在 25 年的规划期内预计花费 10 亿美元[46]。确保公园预算的最直接方法,就是确保经选举产生的官员了解公园的价值,并在安排预算时优先考虑公园的建设与管理。同时必须寻求新的筹资方式,并将筹措的资金用于公园建设。保护区范围内的物业税附加费和房地产转让过户税等,也可用于城市公园。与城市公园直接相关的潜在资源,还包括公园的特别提升区。如布赖恩特公园所显示的,由于公园改造带来了地产升值,因此,为公园改善而支出的税收已实现了自身消化。不过,这些手段应主要用于支持富裕地区的公园建设。另一项收益来源于公园相关建筑物如谢伊体育场、扬基球场等公园系统内部场所的特许经营收入。娱乐休闲项目的筹资方式之一是参照旧金山现有的做法,每售出一张职业体育比赛门票即收取一定的附加费。该附加费可在纽约市和哈肯萨克梅多兰兹开发委员会所属的村镇内收取。

(3) 管理城市自然资源

改进城区内自然资源的管理,需要重新思考如何达到环境的要求,即要将对绿色基础设施的保护融入城市规划项目,并利用传统的"灰色"基础设施资金加以支持。

斯塔腾岛南部的"蓝带"工程,是公众投资政策创新的典范。这一工程的关键环节在于,通过兴建湿地和采用其他措施改善岛内排水,以解决城市街道积水的问题。为此,纽约市大大减少了修建昂贵雨水管道的支出,同时为野生动植物提供了栖息地和公共开敞空间。另一个类似的例子是纽约市牙买加湾海(河)口的修复计划。这个新型水质计划实现了改善污水处理系统与保护自然系统及野生动植物栖息地的结合。其结果是野生动植物特别是鱼类栖息地的环境得以改善,同时新增了娱乐休闲空间,而实现强制性水质目标的成本还不及传统水质改善与野生动植物管理计划的一半。可将类似方法推广至本区域的其他海(河)口系统。区域规划协会相信,在州和联邦政府财政资助缩减的背景下,这些行动将极大地降低净水成本,并在保护野生动植物、发展商业、渔业和休闲娱乐方面获得更大的收益。如果本区域将其每年7.5亿美元的沿海污水处理投资中的5%用于保护生态系统,则25年内可恢复约2万英亩湿地。

通过植树和维护本区域的城市森林、行道树和庭院园林,城市道路和邻里地区将从两方面获益:(1)物业升值,公共空间可达程度提高;(2)提高城市中心的空气质量。对于已有的计划和"再绿化"网络,可通过直接援助或加强树木栽种、维护与开发决策、能源与空气质量之间的联系获得支持。我们需要探索其他"精明基础设施"方案来维护森林的生命力。鉴于城市森林具有提高大气和水体质量及节约能源的作用,可考虑利用《清洁空气法》基金、气候变迁计划、道路维修基金和能源保护基金等,为城区植树及相关维护筹集资金。另一套政策的核心则是在传统的城市规划与社区森林目标之间建立更明确的联系。即便是在已采纳这类政策的地方,执行树木种植与维护规章的力度仍然不够。在本区域种植200万棵树木以绿化城市、郊区的树木种植计划,连同25年的维护计划,共需花费约10亿美元[47]。

5. 区域绿道网络

目前,本区域的市民团体、州政府机构和公共组织等,都在规划、筹资建设绿道。原因显而易见:保护开敞空间廊道,可以促进更自由的人流、水流和野生动物流,这是孤立地块无法提供的。

绿道是由多种要素构成的混合体,包括小径、景观道路、主要用于休闲目的的自行车道和非机动车道。它们把公园与缺乏开敞空间的邻里及商业中心连接起来,能成倍地提升公园的价值;它们是河流、小溪和湿地的缓冲区,能净化地表径流、截留洪水;它们通过提供核心栖息地之间连续的植物覆盖面,为野生动植物的生存和维护生物多样性提供了保障;通过界定受保护的开敞空间廊道的范围,有助于地方政府实现精明增长[48]。

在本区域31个县的范围内,75条绿道的建设计划已启动。要真正建成绿道系统,需要地方对于推进上述项目的支持及民众的继续努力。最佳实现方式是制订和实施区域性计划,以促进地方相关项目的协调和衔接。这类工作已在三个州和纽约市展开:

- 通过集中地方力量,鼓励向承担项目的社区组织提供技术援助,康涅狄格州正在构建州域绿道网络。成功的案例包括:哈萨坦利克河、法明顿运河和梅里特公园绿道。州政府最近成立了常设机构——绿道管理委员会,并批准了小额资本资助和规划援助计划。重要的是,授权实施这些计划的法律明确规定,地方自定的绿道规划与政策,将来必须得到州级机构的认可。
- 纽约州已将绿道概念纳入开敞空间保护规划,并识别了一系列州级休闲走廊,包括特拉华和哈得孙河道及长街。纽约公园与保护协会正在发起"纽约绿道"行动,以此推进各地的绿道建设。州环境保护部则正在制作一套手册和音像资料,鼓励地方编制开敞空间规划,包括绿道建设规划。

图表 65　全区域都在计划建设绿道

- 按照新泽西州环境保护部和新泽西环境委员会联合编制的《绿色足迹——新泽西州绿道规划》(“Green-print—A Greenway Plan for the State of New Jersey”)所提出的要求，新泽西州成立了新泽西保护基金会。到 1996 年建成时，“绿色足迹”将包含州内所有的保护区以及将其连接起来的绿道。
- 纽约市城市规划等部门编制了绿道规划，这一规划重点在于地方支配联邦《地面多元交通运输效率法》提供的相关资金。主要结论包括：运用公路建设资金将沿布鲁克林的海滨公园绿道改建为步行道和自行车道，为布鲁克林-皇后区绿道增添重要建设内容，以及收购斯塔腾岛北岸荒废铁路的路权。由开敞空间邻里联盟领导的大都市绿道委员会将负责加快建设和完善市域绿道系统。

为了鼓励各地在市民主导下付出的巨大努力，除了进行州域规划和协调行动之外，还应辅之以向地方机构和自治市提供小规模资金。康涅狄格州近期已通过了这一法案，纽约和新泽西州也正在开展类似的行动。该类资金由基层活动组织使用，将产生长远效应。

另一调动地方积极性的方式是提供技术援助。国家公园服务组织的河流与小径保护援助计划，是联邦政府帮助地方机构和自治市建设及维护绿道的优秀范例。

绿道为我们提供了私家车出行的替代性选择，这对减少交通事故和空气污染

图表 66 康涅狄格绿道分布图

资料来源：康涅狄格绿道委员会(Connecticut Greenway Committee)

非常有益，也是建设公交友好型宜居城市的一种途径。许多已建成的绿道，利用的均是联邦《地面多元交通运输效率法》提供的交通基金。自从该计划启动以来，联邦和地方政府已投入约1亿美元用于改善三个州的自行车道和步行道。今后十年内如要维持同样的规划和建设水平，则需要另外投入10亿美元[49]。

6. 下一步的行动

"绿地方略"构想的实现，需要成千上万的区域公共机构官员、市民活动家、环境保护主义者和商界领袖共同行动。这项方略需要花费时间、投入精力，也离不开强大的政治资本和坚定的财政支持。

这些都是每一代区域领导人所必须面对的。迄今为止，正因为他们当初的正确决策，下一代居民才可能继续拥有绿色的开敞空间、洁净的水体和大气，并在其中游憩和享受生活。我们只需想象——如果曼哈顿没有中央公园会是什么样子，就可以理解上述思路及相关投资的价值。

为推进“绿地方略”，区域规划协会正在启动三项长期行动：

第一，建立包括商界和保护组织代表在内的拓展性绿地保护网络。该网络将为信息共享和技术支持提供平台；它还能直接或通过媒体的作用，提高本区域对绿色基础设施的重视程度，并使公共机构官员直接参与“绿地方略”。

第二，开展长期研究，从大都市区的城市、郊区与乡村景观层面，评估本区域的生态形式与功能。“绿地方略”概念需要以坚实的生态与自然资源研究为支撑，研究重点应包括“绿地行动区”的生态稀缺性、生物多样性及栖息地类型的典型性；现存开敞空间的最优规模和管理政策；绿地单元与周边环境的关系等。通过与生态系统研究院、罗格斯大学和美国森林服务组织等机构的专家共同努力，区域规划协会将深入研究如何科学管理生态系统，探索多种有效评估其功能的途径。

最后，区域规划协会将联合环境保护主义者、商界领袖及地方、州级和联邦政府官员共同工作，通过示范项目和有针对性的舆论引导，在“绿地方略”中发挥领导作用，贡献规划经验。

注释

[1] 人口预测基于 1960 年、1990 年美国人口普查数据；1962 年土地利用数据来源于区域规划协会 1965 年发布的“三州区域及其周边地区”报告，以及区域规划协会和罗格斯大学库克学院遥感与空间分析中心 1995 年发布的“三州大都市区城市土地利用”报告。

[2] 例如，根据公园、娱乐和历史建筑保护办公室的数据，南纽约州州立公园的游客数量在过去的 6 年里增加了 32%。

[3] 美国农业部农业普查。

[4] 美国人口普查。

[5] 美国农业部森林服务中心：*New York-New Jersey Highlands Regional Study*，1991 年。另见 Richard Lathrop：*Landscape Ecological Analysis of the Sterling Forest*，罗格斯大学库院遥感与空间分析中心，1995 年。

[6] 中央松林地带联合规划与政策委员会：*Proposed Final Central Pine Barrens Plan*，1995 年 4 月。

[7] 区域规划协会：纽约-新泽西高地工作小组报告，1992 年 9 月。

[8] 同上。

[9] *A Brief History of the New Jersey Pinelands and the Pinelands Comprehensive Management Plan*，松林地带委员会，1989 年。

[10] 松林地带发展信贷银行年度报告,1992 年。

[11] Patrick Beaton:*The Impact of Regional Land Use Controls on Property Values:The Case of the New Jersey Pinelands*,1991 年。

[12] 罗格斯大学为新泽西保护基金会设立的 Eagleton 政治研究院,1994 年。

[13] 美国人口普查。

[14] 中央松林地带联合规划与政策委员会:*Final Central Pine Barrens Comprehensive Land Use Plan*,1995 年 6 月。

[15] 全美海(河)口计划,Peconic Estuary Nomination Document,1993 年。

[16] Benton MacKaye:*The New Exploration:A Philosophy of Regional Planning*,哈考特:布莱斯有限公司,1928 年。

[17] 根据美国农业部林务局 1991 年开展的纽约-新泽西高地区域性研究,纽约-新泽西高地有 145 000 英亩开阔空间(从哈得孙河到特拉华河)。同时,在纽约州博南县 12 293 英亩的西北部规划区内有 20 357 英亩开阔空间,康涅狄格州的利奇菲尔德山规划区内有 17 000英亩开阔空间(来自区域规划协会:*Where the Pavement Ends:The Open Space Imperative* #1,1987)。900 万游客数量仅包括前来州立公园游玩的人员(来自 New York-New Jersey Highlands Regional Study,美国农业部森林服务中心,1991 年;Robert Freedman:*Personal Communication*,康涅狄格州土地与森林部,1994 年)。

[18] 三州范围内有 4 243 个地块因濒临危险或因拥有珍稀动植物种而闻名,其中 1 256 处位于高地周边的镇。数据来源于康涅狄格州环保部、生物多样性数据库、纽约州自然遗产项目和新泽西州自然遗产项目。

[19] 高地的资源及其所面临的风险为最近的多项研究所证明,包括:美国农业部森林服务中心:New York-New Jersey Highlands Regional Study,1991 年;新泽西州地区绿道特别工作组:*Skylands Greenway,A Plan For Action*,1990 年;新泽西保护基金会:*The New Jersey Highlands:Treasures at Risk*,1992 年。

[20] 美国人口普查和区域规划协会/纽约大都会交通委员会预测值。

[21] 区域规划协会:纽约-新泽西高地工作小组报告,1992 年 9 月。

[22] 本轨道是纽约-新泽西铁路会议、新泽西保护基金会和国家公园服务机构河道与铁道保护项目共同推进的一项工程。

[23] 其他关于雄格姆的信息见以下资料:Erik Kiviat:*The Northern Shawangunks:An Ecological Survey*,莫霍克保护区,1988 年;Peter Fairweather 和 George Schnell:*The Shawangunk Mountains:A Critical Environmental Area*,发展、规划和土地利用研究学会,1987 年;David Church 和 John Myers:*Shawangunk Ridge:Conservation and Design Guidebook*,卡茨基尔保护和发展中心及纽约-新泽西小径协会,1993 年;Karl Beard 和 Eric Hollman:*The Shawangunk Ridge Trail:A Feasibility Study for Relocating the Long Path*,纽约-新泽西小径协会和国家公园保护组织,1990 年 2 月。

[24] 自然保护署、莫霍克保护署和很多州立机构都在尽力全面地收集生物资料,并制定管理策略以维护纽约州山脉所独有的生物多样性特征。

[25] 1960年和1990年的美国人口普查。

[26] David Church 和 John Myers:*Shawangunk Ridge:Conservation and Design Guidebook*,卡茨基尔保护和发展中心及纽约-新泽西小径协会,1993年。

[27] 纽约市环境保护部:“Key Elements of Watershed Accord”,1995年11月。

[28] 巴克斯县海(河)口管理处:Delaware River Greenway Factsheet,1992年。

[29] 特拉华河上游镇协会和国家公园服务组织:“Final River Management Plan:Upper Delaware Scenic and Recreational River”,1986年。

[30] *Hudson River Estuary Management Plan(Draft)*,纽约州环境保护部,1990年9月。

[31] D. F. Squires 和 J. S. Barclay:*Nearshore Wildlife Habitats and Populations in the New York/New Jersey Harbor Estuary*,康涅狄格州立大学,1990年。

[32] 纽约州政府:*Long Island Sound Coastal Management Program(Draft)*,1994年3月。

[33] 政府海岸侵蚀控制工作组总结报告,第2卷,第134页,1994年9月。

[34] 政府海岸侵蚀控制工作组总结报告,第1卷和2卷及摘要,1994年9月。

[35] 政府海岸侵蚀控制工作组总结报告,第2卷,第75页,1994年9月。

[36] 美国农业部农业普查。

[37] 所有数据来源于美国农业信托机构。

[38] Robert D. Yaro 等:*Dealing with Change in the Connecticut River Valley:A Design Manual for Conservation and Development*,1988年;Randall Arendt 等:*Rural by Design*,1994;Randall Arendt,*Designing Open Space Subdivisions*,1994年;以及 John Feingold、Robert Pirani 和 Graham Trelstad:*Managing Watersheds:Combining Watershed Protection and Community Planning*,区域规划协会以及纽约市环境保护部,1996年。

[39] 纽约市:“Long Term Watershed Protection and Filtration Avoidance Program”,1993年;以及纽约市环保部:“Key Elements of Watershed Accord”,1995年11月。

[40] John Samatulski 和 Eric Siy:*Shortchanged New York State and the Land & Water Conservation Fund*,环保倡导者协会,纽约奥尔巴尼:1995年。

[41] 关于改革的一个建议由国家公园系统顾问委员会土地与水保护基金评审委员会提出,*An American Network of Parks and Open Space:Creating a Conservation Recreation Legacy*,国家公园服务组织以及得克萨斯州公园和野生动物部,1994年8月。

[42] 本区域房地产交易量的预测值基于美国政府普查,1986年可课税地产价值及企业商业记录。

[43] 美国政府普查局,1986年可课税的地产价值。

[44] 参见以下资料,如 Tom Fox:*The Value of Parks and Open Space*,邻近开敞空间协会,1992年。

[45] *Urban Forests*,1993年8月/9月;E. Gregory McPherson、David Nowak 和 Rowan Rowntree:*Chicago's Urban Forest Ecosystem:Results of the Chicago Urban Forest Climate Project*,美国农业部森林服务技术总报告 NE-186。

[46] 公园委员会和中央公园管理处:*Public Space For Public Life* ,1993年12月。

[47] 环境行动联盟:*New York City's Urban Forest*,1995年8月。

[48] 参见 Jonathan Labaree:*How Greenways Work*,国家公园服务组织以及大西洋环境中心,1992年。

[49] Rails-To-Tails 保护组织强化资助项目,类别1和类别7,1995年6月。

第七章　区域中心方略

在本次规划中，区域规划协会明确重申了上次规划的承诺，即强化本区域的城镇中心。区域中心是近距离提供居住、就业、教育、商业和娱乐功能的中心地，是最有可能为最大多数、最具多样性的人口提供机会的社区形式。遵循这一原则，本规划将目标确定为：将区域未来十年大部分的经济增长重新引导至区域中心。通过更有效地利用土地、能源、基础设施和其他资源，区域中心能够为区域带来巨大的经济、环境效益。区域内数以百计的城镇中心是近400年来人类聚居的产物，是我们最灿烂的文明——艺术、建筑和文化的集中体现，也为区域未来的增长提供了永恒的支撑。我们必须立刻采取行动，重建区域中心，使它们在未来25年内走向繁荣而不是衰落。

1. 主要问题

在过去的30年里，人口、经济增长逐渐远离区域中心，预计在下一世纪(指21世纪。——译者注)这一趋势还将继续。涉及全美的有关研究预计，“远郊”在下一世纪将成为主要的城市形态[1]。短期内，随着区域经济的复苏，兴建最快的是郊区写字楼宇而不是传统的中心城区。前几章已指出，区域中心与郊区相比，人口流失更多、犯罪案发更频繁、失业率更高[2]。这一趋势始于郊区写字楼宇的建设。20世纪80年代初，在郊区地带即除纽约市、新泽西州的哈得孙、埃塞克斯、尤宁县之外的31个县，写字楼面积占房屋总量的13%。到90年代，这一比例上升至35%(十年内增长近两倍)，意味着共增加了1.73亿平方英尺的办公空间[3]。

区域中心可以为区域繁荣提供所必需的经济、公正和环境之间的平衡，但其发展需要更有力的推动，需要我们为此付出努力。我们应制订区域中心复兴与重建行动计划，范围包括从曼哈顿中城到波基普西、从布里奇波特到莫里斯敦镇，以及从中央商务区到小城镇商业街的广大地区。关于区域中心还存在多种争论，而解决区域中心发展困境的办法更为复杂。为集中规划，区域规划协会提出四项系统目标：

- 将相当比重的新增就业安排在区域中心，而不是近郊或远郊的高速公路附近。
- 强化以社区为基础的组织，并将这些组织与其所服务的居民与区域经济紧密联系起来，以达到振兴内城的目的。
- 回收废弃的“棕地”，用于新的商业、工业及住宅开发。
- 将更多的郊区住宅与商业开发吸引到公交友好型区域中心。

将就业机会集中于区域中心，并不意味着区域中心就能自然而然地获得充分的经济、文化和环境利益，但却是必要的开端。中心城区长盛不衰，区域必将受益。综观整个区域，某些区域中心可能丧失了就业和其他中心城区的活动，但总体来说，城市还是吸引并保持了区域近一半的就业岗位。与美国其他正经历区域中心衰退甚至崩溃的大都市区相比，这已是一项了不起的成就。充满活力的中心城区已成为本区域主要的支撑力量。但 25 年来，郊区在新增就业方面已占据绝对优势，净增就业岗位约 200 万个，而城市核心地区的就业岗位却减少了 30 万个[4]。预计 1995～2020 年间，本区域有望新增 250 万个就业岗位，包括在岗聘用与自主创业岗位。这些岗位配置于何处，直接关系到规划实施的成败。

目前，许多郊区的增长空间已开始耗尽，而拥堵的交通和不断攀升的房价，迫使新企业到区域内其他地方选址[5]。它们将如何选择，是重返区域中心，还是走向更外围的地区，将是选择的关键。这也是未来 25 年内成千上万的企业将面临的选择。它对区域发展提出了一个重大课题：是选择远离核心地区，在区域的中心城区以外发展，还是通过引领，将发展重新导入区域中心？

为未来 25 年内预计新增加的 200 余万个就业岗位设定基准目标，现在适逢其时。区域规划协会建议，通过努力，在区域性中心城区安排 100 万个就业岗位。我们必须提出创新性战略，帮助区域性中心城区保住其就业份额。保有这一份额的目标宏大且与近期趋势相背离；但如果区域中心得不到半数的新增就业岗位，则可能会失去其区域经济主导地位的重要内核。首先应确保区域性中心城区留住尽可能多的出口就业岗位,这类就业岗位与国内外市场直接相连。拥有区域中心地位的城市,无疑有能力支撑大量的新增就业。目前,在中心城区的核心地区,空置的办公空间约为 5 000 万平方英尺,能容纳 25 万个就业岗位。此外,通过填充、扩张已成功改造的区域中心及继续提升区域中心的活力,可进一步补足办公空间。

年份	在岗聘用	自主创业	总计
1995	8 899 000	1 584 000	10 483 000
2000	10 743 000	2 235 000	12 978 000

图表 67　未来的就业增长

资料来源:NYMTC 基准预测

此外,本规划以行政边界而非更小的混合用途核心地区来界定中心城区,强调将多样化的就业机会而不仅仅是办公室岗位集中到中心城区。尽管许多就业机会未必能直接为维持、重建混合用地型区域中心作出贡献,但是,它们将发展集中在已城市化的地区,在混合型收入人群附近安排新的就业机会,可为亟需资金的自治市带来税源,有利于实现经济、公正和环境的协调发展。

本规划的首要任务,是将新增就业岗位集中导入区域性中心城区。不过,本规划承认,许多新增就业岗位也可能配置在别处,毕竟这些工作岗位是为区域性中心城区之外的市场服务的。但这并不意味着余下的上百万个就业岗位就有理由占用绿色开敞空间或加剧道路拥堵。本规划建议,将办公室、商店及公园布置在步行可达的范围内,从而将从纽约哈帕克到新泽西帕瑟伯尼的新兴郊区中心改造得更具城镇风貌。更重要的是,应依靠区域现有的紧凑社区集群来完成规划任务,包括新罗谢尔、纽约、沃特伯里、康涅狄格、伊丽莎白、新泽西等传统混合用地型区域中心和麦迪逊、新泽西等小型居住类区域中心,以及纽约绿带内的紧凑型社区。

(1) 实施区域中心战略

实施区域中心战略,需要各级政府、商业机构和社区群体通力协作。成功的区域中心发展战略,应包括以下基本因素:

- 在三州地区建立州域增长管理系统,鼓励区域中心的发展而不是向乡村蔓延。该系统将明确城市增长边界,划定城市服务范围,明确激励或要求，促使社区采用符合这一目标的规划与规章。

- 实施区域性改革，缩小城市与郊区之间税收的差距，并使城市、郊区更公平地承担提供社会服务、适价房等责任。
- 通过市域规划与投资计划，提高城市生活质量，改善公共服务状况，包括学校、公共安全等。
- 企业尽量将业务发展及拓展选址于区域中心，帮助这些地段的开发和再开发。

(2) 区域设计原则

区域规划协会在上次规划中指出，早在20世纪60年代，新兴的近郊型零售带、大型购物中心、办公园区和大地块分区，就被认定是对景观和社区固有特征的破坏。上次区域规划还警告我们，不要放弃历史悠久的城市社区。这一警告并未引起本区域和其他美国大都市区的重视。我们围绕州际高速公路和机动车建立了一种新的文明，从而渐渐远离了城市和老的郊区邻里。

在很多地方，郊区高速公路上挤满了机动车，空气质量、水体质量趋于恶化，因为以前的乡村地区已被蔓延的郊区所替代。在那些鼓励蔓延式增长以扩大税源的社区，纳税人因缴税压力过大而抗议不断，他们对公共服务、基础设施也提出了更高的要求。地价上升所导致的房价攀升，占据了人均资源中相当大的比重。郊区居民不得不忍受交通拥堵、高额税收和抵押贷款的压力，同时发现，生活已变得更不方便、更不安全，与邻居及社区的联系也更少了。他们所背离的城市和老郊区，也由于人们对城市的忽视和贫困人口的聚集，变得越来越缺乏吸引力和安全感了。面对这一趋势，越来越多的居民被迫迁居至更外围的郊区或远郊，导致更外围的圈层遭受上述发展模式的威胁。最后，不少居民只有选择离开这一区域，去追寻更令人满意的生活质量和更多的经济机会。

为应对这种趋势，新都市主义协会应运而生，成员包括——佛罗里达州的安德列斯·杜安伊(Andres Duany)、伊莉莎白·普莱特-齐伯克(Elizabeth Plater-Zyberk)与加利福尼亚州的彼得·卡尔索普(Peter Calthorpe)等。新都市主义协会已开始推广郊区增长的替代模式，该模式的理念是建设新型的、经科学规划的、用地紧凑的混合用地型村镇中心。一些未秉承紧凑式、公交导向型镇村中心建设的传统地区,已开始采用这种替代模式。大量新城规划,包括20世纪由雷蒙德·欧文(Raymond Unwin)、弗雷德里克·劳·奥姆斯特德爵士和约翰·诺伦(John Nolen)等英、美规划师共同发起的花园城市运动,实际上是建立在传统的城镇规划模式之上的。区域规划协会制定的1929年版区域规划,首次在美国宣扬了这一模式[6]。这些趋势已在规划界、建筑界掀起了一场重要运动,从而提高了新社区的设计水平,反过来又将人文主义带回了城市设计领域。

不过,现今的三州大都市区已是一个发展成熟的地区,不再需要建设大量新的城镇。我们已建成的环境,包括数以百计的传统城镇和村落,其中的很多村镇由区域铁路系统联为一体,有着相当大的填充与扩展空间。出于这一原因,尽管新的规划模式往往是对二战后蔓延模式的超越,本规划却更注重引导开发和投资重新集中于现有的区域中心,而不是在区域的边缘地带进行新的开发。

成功的区域中心大多是历经几代演变而最终形成的社区网络。本区域和其他依托铁路交通系统发展起来的大都市区所面临的挑战是:如何复兴、重建、整合以及逐步填充现有的城镇中心集群。而在已出现蔓延或"棕地"已被回收的地区,则可运用新都市主义原则,创建新的区域中心,通过加大密度来遏止蔓延;也可根据这一原则,在绿地网络的适宜区位规划设计小型社区。区域规划协会关于区域中心的基本规划和设计理念,可运用于本区域以及其他地区[7]。现概括如下:

- 规划设计应谨记区域概念。区域体现了我们生活、工作的基本自然、文化与经济环境,必须为所有社区规划和建筑设计提供组织架构和背景条件。
- 将规划建立在各个地区的自然、人文结构之上。每个区域都有其独一无二的存在理由、自然环境、传统文化和聚落类型,它们必将成为新规划和新设计的基础。区域主义学派先驱麦凯指出,规划师的责任是发掘每一个区域的内在潜能,而不是将自己的解决方案强加给区域。他同时指出,人们需要通过接近城镇、乡村和旷野来满足其自身的需求,这就要求我们的规划应充分考虑进入这三类环境的通道[8]。
- 社区重建与改造优先。重建被二战后发展模式所破坏的城市、郊区,是我们肩负的特殊职责。为避免开发建设占用绿地,必须优先改造、填充和扩展现有的社区。这一原则特别适用于三州大都市区,因为这里拥有由传统乡村、城镇和区域中心构成的成熟网络。

图表 68 三州大都市区现有的中心城区有着丰富的历史文化底蕴，如斯卡斯代尔和纽约。因此，没有必要在郊区地带进行新的城镇开发

2. 有关建议

一方面，区域规划协会希望现有的区域中心能够在未来 25 年内出现大幅就业增长，即在中央商务区、核心地区的 11 个区域性中心城区和遍布整个区域的规模较小的紧凑型中心城镇内，配置至少 100 万个新增就业岗位。上述规模较小的中心城镇是围绕一条干道或一个中心城区建立起来的社区，往往有铁路通过且便于步行。另一方面，区域规划协会寄希望于郊区边缘型城市建设。作为具有真正区域中心特征的全天候活力社区，它们或许能容纳另外 100 万个新增就业岗位。

本区域中央商务区的发展状态，构成区域健康发展的基础。本区域的中央商务区已超越了曼哈顿摩天大楼式的历史传统。新的中央商务区仍以曼哈顿中城和中心城区为核心，但已延伸跨越州界和两条河流，并将东河东岸的布鲁克林中心城区、长岛市、泽西市部分地区和哈得孙河西岸部分地区纳入其中。中央商务区仍然是推动区域经济增长的巨大引擎，也是吸引世界各地人才的巨大磁铁。

未来 25 年里，除了支持中央商务区发展，本区域为何要花费如此巨大的精力来再次强化区域中心的发展呢？因为商业、艺术、研究和教育等都在区域中心发展、繁荣，区域中心的发展有利于启发思维、消除偏见，有利于推动社会进步。

区域规划协会提出了区域中心再造行动，建议采取以下四大举措：

① 强化区域的中央商务区。

- 将曼哈顿中城外缘改造成拥有轻轨环线服务的贯通式地区。
- 协调公交设施建设，实现下曼哈顿地区与区域高铁系统的连接，确保该地区的国际金融中心地位。
- 通过提高公共空间的环境质量，整合教育、文化、商业和交通资源，增强布鲁克林中心城区市民的身份认同感。
- 通过新的区域高铁系统联络线和相应的开发来复兴长岛市，包括为联合国扩建、新建办公区。
- 建设新型大运量公交系统，提高泽西城和哈得孙河滨水区的可达性。

② 投资建设 11 个区域性中心城区。

- 将区域其余新增的就业岗位，吸引至紧凑发展的区域中心。
- 针对依托铁路发展的区域中心，在其自然、人文构架上进行建设，并使其与新的交通线路相连，如区域高铁。
- 优先改造、重建现有社区而不是占用绿地。

③ 建立激励机制，鼓励在公交便利、适合步行的区域中心进行新的投资和开发。

- 可采用的规划技术手段包括设立重点专项改造区，修改区划，鼓励高密度，以社区为基础安排就业并进行开发。
- 与政府机构、社会团体一起，反对逆中心式发展模式，如偏远的、缺乏规划的办公区、零售区的开发活动。
- 运用混合用地规划设计原则，引导全区域的开发与再开发。

④ 支持在区域中心开发新的功能。

- 鼓励将居家业务配置在小镇、村庄和其他紧凑型区域中心，通过信息技术，将城乡社区与区域经济发展紧密相连。
- 支持开展关于艺术、文化遗产和自然保护区的规划，并通过这一关键技术手段，保留和建设永具活力的区域中心。

3. 区域中央商务区

投资于区域中心，前提是必须明白该区域中心特别是纽约市和曼哈顿对于实现整个区域的经济、社会和环境目标的重要性。如果区域中央商务区发展停滞不前，必然导致整个区域持续的经济衰退、社会隔离和扩张式增长。这将使社会进一步两极分化，并吞噬本区域最后遗存的开敞空间。

(1) 贯通区

区域规划协会建议，在曼哈顿区第32街与第44街之间的两河地带构建一个贯通区，发挥区域贯通通道的新作用——树立新形象，提高通达性，增加开发机会。区域规划协会已与建筑师们共同开展工作，寻求综合的公交改进方案，包括更新或新建的宾夕法尼亚车站、中央车站、捷运公交先驱广场站、北河渡轮站和区域高铁几大新车站等区域性出入口，以及兴建作为市政设计改进系统的贯通区轻轨环线。目前，贯通区内六个商业提升区在安全性、环境卫生、城市景观等方面已得到明显改善。同时，沿第42街从东河到哈得孙河建设轻轨系统的提议，已将重点放在改进区域核心地区的地面交通系统上。区域规划协会还建议，在此基础上借鉴巴黎的成功经验，将新的区域轨道系统建设与提升市政设计水平、新建博物馆以及其他公共空间和改造街道风貌等一系列重大项目相结合，为本区域树立一个积极向上的新形象。上述行动，已使巴黎在提升形象与增强城市活力等方面获益匪浅。贯通区的建设蕴藏着巨大的商业、住宅开发及营造新公共空间的机会，特别是第8大道以西地区，随着未来轻轨系统的建设，交通将更为顺畅。

建设贯通区理念的核心是建设轻轨环线系统，从而在街道层面上将现有公交系统的所有构成要素紧密联系起来。同时，它还可以连接本地区绝大多数的旅游景点(插图2D)。此举所产生的综合效应，即为旅游者、居民和通勤者提供一种全新的服务。它将是易识别的、恒久的、积极的街景，并成为将曼哈顿地区连为一体的力量。原建议方案为：由第42街开发公司经营一条自东河河畔的纽约联合国总部新增办公区，延伸至哈得孙河，再穿越贾维茨中心的轻轨路线。对此，区域规划协会提出了贯通区轻轨环线，建议拓展上述路线，具体方案为：从会展中心向东穿过宾夕法尼亚车站至先驱广场，并在此继续向北至百老汇，穿过剧场区后，到达哥伦布环形公园和林肯中心。自此驶往哥伦布环形公园的过境车辆将不再穿越百老汇，在哥伦布环形公园和林肯中心之间，将实行北向的单向通行。这一方案将缓解曼哈顿几个最为拥堵的交叉口——哥伦布环形公园、先驱广场和时代广场的交通压力，同时开放杜菲广场和时代广场地区，使其成为世界级巨型公共空间之一——成为一个名副其实的文化娱乐区。上述交通管制措施，与区域规划协会制定的限制曼哈顿道路出入容量的政策完全一致。

轻轨环线可以发行列车通票，为全体旅游者、居民和通勤者提供服务。进入贯通区的任何人都能换乘轻轨：无论他是从大中央车站或宾夕法尼亚站乘通勤列车进入贯通区，还是从港务局车站乘通勤公共汽车到达；又无论是从第33街乘坐捷运公交到达，还是从宾夕法尼亚站乘坐美国国铁（Amtrak，以下简称美铁。——译者注）到达；甚至是乘坐通往中心城区的16条地铁线路中的任何一条抵达，抑或是乘坐哈得孙河或东河的渡轮过来（离轻轨环线都只有几步之遥）。当与服务机场的两个火车站连通后（见第六章“通达方略”连接机场部分），轻轨还将为出入机场的乘客提供服务。

1994年，区域规划协会召集一批建筑师和城市设计师召开了由罗伯特·格迪斯（Robbert Geddes）主持的会议，讨论通过实施贯通区计划，改造区域核心地区的问题。插图2E-2K反映了如何通过与针对性投资和新轻轨系统相关联的城市设计来改造贯通区的有关设想。这一工作，是区域规划协会展望区域中心发展前景、开启发展新篇章的标志。

(2) 下曼哈顿地区

区域规划协会建议，建设区域高铁连接线，使曼哈顿中城、长岛市、哈得孙河谷、西南康涅狄格州、新泽西州以及机场与区域高铁相连，确保下曼哈顿金融区成为区域内交通最便捷的地区之一。这些改进将解决区域第二大就业中心与其他大部分地区交通不畅的问题，而这种交通不畅正是引发该区经济衰退最重要的原因。同时，上述公交改进计划应与保护曼哈顿建筑特色的行动相结合。近一个世纪以来，闻名遐迩的高楼大厦的汇集，已使下曼哈顿地区成为世界上最重要的摩天大楼区。纽约市、下曼哈顿纽约市中心联盟（即本地区的商务提升区）等共同提出了本

地区的发展战略,其要点包括:

- 商务提升区与城市共同努力,通过改造历史性公共空间、增加步行街以及其他改进措施,吸引就业者、居民和游客,重建集聚型中心城区。
- 设立中心城区纪念性景点旅游专线,巩固本地区旅游胜地和文化中心的地位。
- 根据社会研究所和纽约市规划委员会的提议,划定一个特殊片区,在维护该区历史特色的同时,允许兴建住宅与混合型建筑,并将区内就业者与居住者之比提高至接近中城的 8 : 1 的水平。
- 根据商务提升区、传媒和通信联合公司的共同提议,为城市新兴的传媒产业提供孵化器建设空间。
- 实施短期的房地产、税收激励政策,恢复信心,以启动再开发。

总体而言,这些战略措施有助于本地区吸引工业、服务业及住宅开发相融合的新型组合,从而对其金融服务和行政办公等核心职能加以补充、强化。与区域中央商务区内所有其他重要中心城区,即目前的布鲁克林中心城区、泽西市和长岛市等的战略规划相结合,下曼哈顿地区将再度成为世界上最令人兴奋、最具有吸引力的中心地区之一。

(3) 布鲁克林中心城区

在以往工作的基础上,区域规划协会将继续努力,帮助布鲁克林中心城区树立醒目的形象。作为区域中央商务区的组成部分,该地区具有成为新的现代大都市区中心的潜力[9]。为达到这一目的,区域规划协会和布鲁克林中心城区社区机构已为该地区编制了一份全面的总体规划。

布鲁克林中心城区拥有成为大型中心区的所有要素:经布鲁克林大桥直达市民公园和古老市政厅的中轴线景观,七所高校,世界级的文化机构,充满活力、适合步行的零售区,最新型的办公与学术研究综合体,重要政府机构和联邦法院、州法院总部所在地,通勤轨道系统和优良的公交通道,多样化的人口以及史上最著名的豪宅区等。布鲁克林中心城区居民达 230 万人,每天的通勤者和游客量达 25 万人[10]。

以上要素必须以基础设施为支撑,并结合有关机构间的合作以及其他行动来

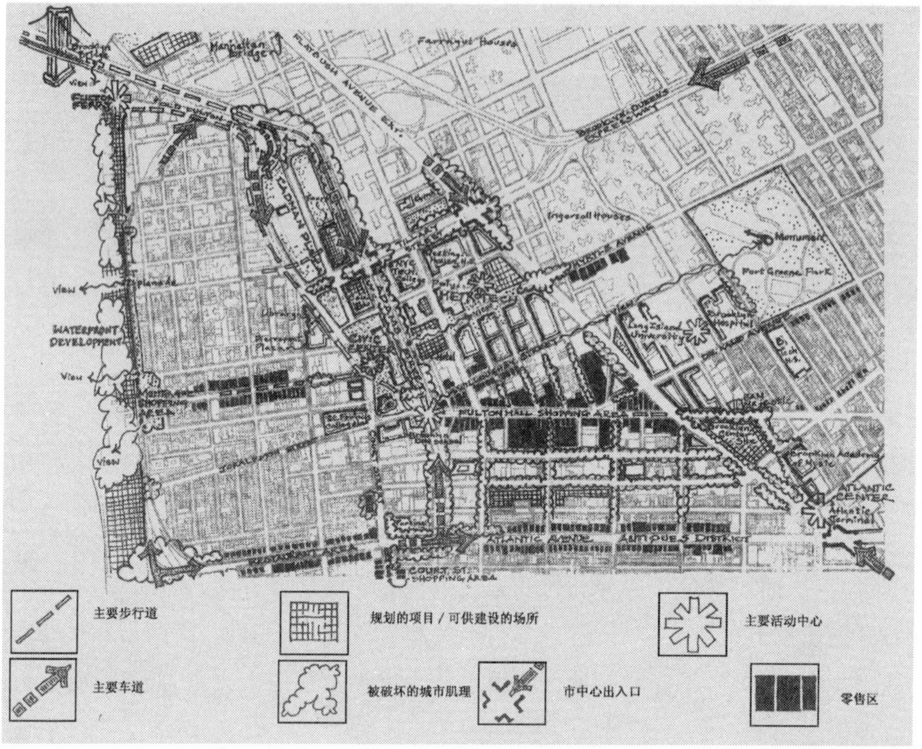

图表 69　富于挑战性的布鲁克林中心城区城市设计

帮助布鲁克林中心城区充分发挥优势，包括位于三州大都市区几何中心、地处区域中央商务区范围内的区位优势。尽管布鲁克林有着为雇员、学生和居民提供设施服务的潜力，但上述群体认为布鲁克林还有诸多亟待改进之处，特别是其公众形象，具体体现在诸如街头夜间不安全、城市组织的凝聚力不足、地方特色不鲜明，以及某些地区缺乏吸引力等。

对布鲁克林中心城区复兴所提出的总体目标和重点建议包括：

- 使布鲁克林中心城区成为一个 24 小时充满活力、汇聚多种活动的社区。协调好商务提升区与第 84 管区的行动，提高当地的安全性，增强居民的安全感；继续建设中部的大学中心或宿舍等，供当地大学校园共享；提供更多娱乐机会。
- 提升布鲁克林中心城区的环境质量和形象，建立活动中心之间的联系。

改造临街店铺及其立面，鼓励开发或临时使用闲置地块；改进步行环境和自行车道，研究穿梭式公交服务的可行性。

- 促使商店和餐馆更好地为布鲁克林中心城区的雇员及周边居民提供服务。大力发展零售业，重点扶持沿威洛比走廊和默特尔大道的零售业，鼓励发展巴姆(BAM)文化区。
- 利用布鲁克林中心城区的高等教育机构促进经济发展。制订产学研联合行动计划，协调高等教育和文化机构发展，并鼓励本地雇员充分利用周边的教育、文化资源。
- 说服市级、州级和联邦政府官员继续集中投资于布鲁克林中心城区，为其基本建设项目提供资金，包括改造长岛铁路车站和亚特兰大大道地铁站等。促使有关政府机构继续驻留布鲁克林中心城区，劝阻任何将行政功能撤离本区的行为。
- 加强布鲁克林中心城区各社区间的协调，强化领导以实施以上及其他建议。

(4) 长岛市

最近，为响应强化产业发展的号召，市政府和美铁建议在长岛市增设办公室与媒体就业中心。重点工作包括改善地铁服务和服务于美铁、长岛铁路及新泽西通勤铁路的换乘联运设施。区域规划协会则提出了修建通往威彻斯特、长岛的区域高铁方案，这同样有助于提高该地区的交通服务水平。同时，在辖区范围明确界定的皇后广场和花旗集团大楼之间，着手翻修与新建一些建筑，最终延伸至阳光地带码头，且与改造更新后的皇后区西岸滨水区相连。一系列新规划可加强本区域与曼哈顿以及近郊居住、就业中心的联系，从而促使更新后的长岛市远期发展成为区域中央商务区的另一个充满活力的组成部分。

长岛市的复兴，也将在联合国和本区域的未来发展中发挥重要作用。最近不少研究成果呼吁联合国合并其在全球范围内过于分散的业务，增强机构的协调性与相容性。因此，如果联合国总部驻留纽约，则其扩展的可能性很大。长岛市皇后区西部的开发建设和区域规划协会所提议的城际轻轨环线，将为整个区域提供拓展、改进出入通达程度的空间，并为联合国机构在本区域的扩展提供服务。

(5) 泽西城和哈得孙河滨水区

1966 年区域规划协会在其报告《哈得孙河下游》(*The Lower Hudson*)中指出,新泽西滨水区废弃的工业、交通设施将为该地区带来巨大的土地开发和开敞空间扩容的机会。30 年后,新泽西建设"黄金海岸"的愿望将逐步实现。20 世纪 80 年代末,有关人士提议将多达 4 万套住宅单元、3 300 万平方英尺的空间纳入从乔治·华盛顿大桥到拜亚的滨水开发区。尽管目前不少项目尚未完成,但位于交易广场和新码头的办公、住宅与零售综合发展区已初具规模。

两大问题将对该区未来的发展产生决定性的影响:一是发展大容量公交捷运系统,以保证宝贵的滨水区用地不必为车道和停车场而牺牲。滨水区轻轨系统即将兴建,将泽西市的交易广场和其他滨水开发区相连。其中,新泽西通勤铁路车站设在霍博肯,停车换乘地集中于梅多兰慈。二是保证再开发能够使公众在空间和视觉上更亲近滨水区,以便远离河岸的企业、居民等都能分享这一宝贵的开敞空间。计划修建的哈得孙河滨水步行道是一条 18 英里长的不间断步行林荫道,目前已部分建成,其建设进度取决于滨水区项目的推进速度。但由于市场萧条,部分开发商不愿履行新泽西海岸地区管理条例所规定的义务,步行道的建设受到了影响。

4. 区域性中心城区

区域规划协会坚信,区域内已建成的 11 个具备公交服务的中心城区可容纳很大一部分预计的新增就业。此外,通过对附近因遭受污染而废弃的"棕地"进行再开发,可为容纳上述新增就业发挥补充作用。

- **三州大都市区的中央商务区:**纽约曼哈顿至第 72 街合并区,以及另外三大城市的中心城区,即布鲁克林中心城区、长岛市中心城区、泽西城和哈得孙河滨水区的周边地区。
- **11 个区域性中心城区:**纽黑文、布里奇波特、斯坦福、怀特普莱恩斯、波基普西、希克斯维尔、米里奥拉、牙买加、纽瓦克、新不伦瑞克和特伦顿。这些地方拥有公共交通、混合用地及中心基础设施,承载条件适合进行重建与拓展。同时,新一轮规划可能带来的区域高铁项目,将把这些中心城区与区域经济发展更紧密地联系起来，从而创造成千上万个新的就业岗位。

- **城市核心和区域性中心城区的内部及其附近的"棕地"地区：**区域规划协会预计本区域有5万多英亩的废弃用地，而这些用地通过州政府或公私合营式的再开发，可产生显著收益。能使现有区域中心的周边地区继续保有就业和税收，而不是分散至绿带地区。

区域规划协会列出的这11个区域性中心城区的选择指标如下：(1)已形成混合用地型中心，在区域就业中占有相当比重；(2)拥有扩展和提升中心城区职能所需的建筑群与街区；(3)拥有状况良好、发车频率高的双向轨道交通服务；(4)已实施或近期将实施重大公交或换乘联运改善计划。换言之，即已具备或即将具备支撑新增就业的基础设施与生活条件(图表70)。区域性中心城区不必依照固定范例来创造和吸引新增就业。相反，各自治市应尽全力发动公营、私营部门联合采取相关行动。

	区域中心应具备的条件				
区域中心	是否为拥有大量区域就业和可用住宅的混合用地型中心？	是否拥有扩建前述混合用地型中心所需的建筑群？	是否有两条或更多铁路线交会？	是否拥有状况良好、发车频率高的双向轨道交通？	是否已实施或近期将实施重大公交或换乘联运改善计划？
区域性中央商务区	是2 000 000（加上5个自治镇一共370万）	是	是	是	是
纽黑文	是86 227	是	是	是	中性
布里奇波特	是62 492	是	否	是	否
斯坦福	是78 754	是	是	是	是
怀特普莱恩斯	是59 711	是	否	是	是
波基普西	中性23 768	是	否	是	否
希克斯维尔	中性24 107	是	是	是	中性
米里奥拉	中性17 963	是	是	是	是
牙买加	是	是	是	是	是
纽瓦克	是152 585	是	是	是	是
新不伦瑞克	是32 265	是	否	是	否
特伦顿	是57 808	是	是	是	是

图表70　区域性中心城区矩阵

资料来源：美国人口普查局：《上下班出行》(*Journey to Work*)，华盛顿：1990年。

从供给方面讲，上述地区已具备了基础设施与相关制度方面的优势。不过，大部分区域性中心城区仍需实施更有力、更可持续的发展战略来吸引新的就业者。尽管这些区域中心已保障了相当部分的就业，但许多地方仍存在便捷和安全程度不够高、步行和公交环境不够好等问题，尚不足以吸引足够多的预期就业增量。强化中心城区的成效，已从斯坦福、新不伦瑞克、牙买加和布鲁克林中心城区以及其他几个商业提升区的成功经验中体现出来，它们是吸引多个利益主体、留住就业的典范。而成功的关键在于制定并有效实施缜密的发展战略，不仅包含区划制度、激励政策、总体规划等公共规划手段，还包括私人倡议与社区投入。

新泽西滨水轻轨按计划开工在即，通过纽新港务局过哈得孙河捷运、新泽西通勤铁路系统和区域高铁，泽西城将与新泽西州其他就业中心连为一体；在纽瓦克，一个表演艺术中心即将开工建设，它将成为中心城区持续复兴的文化支柱；斯坦福将研究建设连接交通中心和不断扩张的中心城区之就业区的步行系统；布里奇顿正在实施滨水区复兴计划，试图将其建设成为主要的休闲旅游区。新不伦瑞克也在扩建其文化和居住/商业区。

图表 71　纽约怀特普莱恩斯是一个区域性中心城区，
过去 30 年来利用新的投资不断发展壮大

区域规划协会认为，其他区域中心若要成功吸引就业，就必须借鉴和吸纳贯通区、下曼哈顿地区、布鲁克林中心城区等创造与应用的新理念。例如，将公交换乘和区域高铁等问题与重点城市设计协同考虑，充分利用本地深厚的文化、艺术底蕴，改善步行环境，提高生活质量等。同时，所有这些努力都有赖于州政府和商界的不懈支持。

——“棕地”地区

区域规划协会认为，本区域大量存在的废弃的工业用地和垃圾填埋场，即所谓“棕地”，是一笔巨大的潜在财富。全球的其他大都市地区，包括东京、伦敦、巴黎和柏林，都在区域经济发展中充分挖掘了这种潜在的财富——合理利用“棕地”，促进已城市化区实现土地的更佳利用。在新泽西州，区域规划协会将尤宁县（过去25年内就业减量最多的核心城市县之一）的废弃工业用地和垃圾填埋场登记造册之后得出一个结论：“棕地”再开发能满足该地区今后十年内的发展需求。区域规划协会与丹麦开发商合作，改造了这些“棕地”中最大的一块，即位于伊丽莎白镇内、新泽西收费公路与纽瓦克湾之间的废弃城市垃圾填埋场和工业区，将其开发建设成大型零售商业区。如果不利用这块“棕地”，该零售区就有可能在数英里之外的绿地上兴建，而这些分布于本区域外围的绿地一直未被开发过。预计本项目将产生5 000个长期就业岗位和1 700个临时性建筑业就业岗位，并能确保伊丽莎白镇每年新增税收360万美元[11]。

尤宁县现存“棕地”的登记反映了几方面的重要情况。首先，该地区现存“棕地”数超过了185块，可再开发用地的总面积超过了2 500英亩。开发该土地总量的1/10即可容纳尤宁县目前至2010年预计新增的就业岗位。同时，清查还发现，该地区“棕地”平均面积为14英亩，比预计的要大，而清理难度则比预计的要小——一半以上或不需要州政府出面清理，或正在清理，或已处理完毕，随时可用于开发。这些“棕地”的开发成本低于郊区土地。此外，围绕上述“棕地”再开发项目凝聚起一股由社区领袖、开发商和政府官员组成的公私联合攻坚力量。有了这一团队，加上项目经理又由州级机构任命，使得每个参与该项目的人都觉得这是一个应该享有高度优先权的项目，也有助于州政府优先审批相关申请。同时，本地的协调机构也在地方层面发挥着类似作用。结果各项申请在不到一

图表 72 “棕地”地区通常靠近区域中心和现有基础设施，是区域发展的重要潜力

年的时间内全部获得批准，创下审批周期最短的历史纪录[12]。这一成功得益于新泽西州的《工业旧地复兴法》(“New Jersey's Industrial Sites Recovery Act”)。该法阐明了土地所有者的责任、与计划新用途相关的重建标准等相关问题。这些条款在纽约州和康涅狄格州也应予以实施。

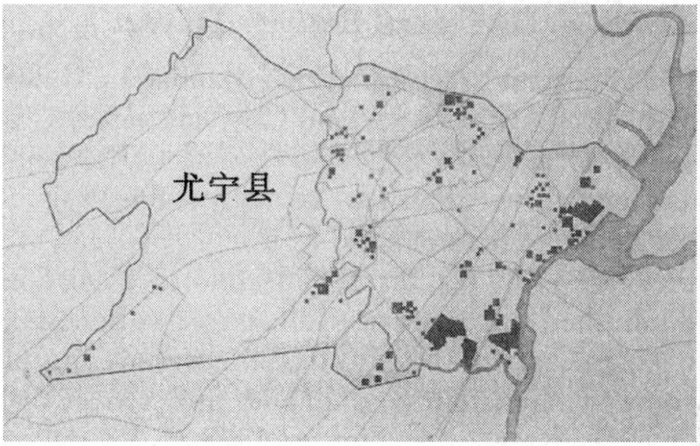

图表 73　尤宁县“棕地”分布图

5. 公交、步行友好型区域中心

关于三州大都市区的中央商务区和中心城区的众多议题、原则和解决方案，最后可总结为适用于各类社区的战略。在以上原则中，公交友好型原则致力于保持和提高社区的发展质量，使人们不必多次换乘即可满足基本的生活、工作、教育、购物和娱乐等出行需要。与其他大都市区不同，三州大都市区拥有许多分布在通勤轨道交通沿线的紧凑型社区，包括远郊聚落、纯粹生活区及重要的多功能区域中心。其中多数社区具有更新、拓展的潜力，能在增强自身活力和经济实力的同时，充分发挥其支撑区域经济、轨道交通发展的作用。

这些公交友好型社区能让区域拥有更多选择，区域规划协会并不指望社区内所有上班族早上都步行到火车站乘坐列车，因为可选择的交通方式实在太多。在纽约市传统的轨道通勤模式中，即使是公交十分便利的社区如斯卡斯代尔，工作出行所占比例也仅停留在 30%的水平[13]。不过，保持这种出行选择，对维持和提高空气质量、交通便捷程度及总体生活质量极具价值。对区域内通勤轨道交通沿线的城镇如此，对纽瓦克地铁沿线地区和已开通地铁的纽约市的几个区如此，对中心城市和郊区也是如此。大多数美国人对于如何去上班别无选择，只能靠自己驾车。但在本区域，人们无须驾车也能去上班。

公交和步行友好型设计构建了一个连贯的交通统一体。公交使用者同时也是步行者，他们或是步行到 Mount Kisco 火车站、Montclair 公交车站，或是从地铁站步行前往纽约市的办公室。公交使用者必然要穿越公共空间，比如地铁站、购物中心、人行道等。如果这些公共空间不够安全、卫生、美观，或是无法让人感受到舒适与愉悦，公共交通的吸引力和区域中心的生活质量就会同时降低。

区划、设计和商业业态变化都能对青睐公交和步行友好的社区产生积极影响，但每一种变化都应考虑对个体环境差异的影响。区域规划协会提出了以下方案，推动区域内中心的发展：

① 关于开发建设中的区划变更的建议。

- 进行混合式开发，以减少不必要的出行，营造有活力的生活环境。
- 单独划分公交用地，鼓励公交沿线提高土地使用强度。
- 减少公交沿线开发项目的停车需求。
- 增加街道活动，使步行变得更具吸引力。
- 减少建筑物后退。
- 对改变开发方式，由远离公交线进行土地开发改为沿公交线高强度开发的发展商，应以中心城区开发权转让的方式进行补偿。
- 鼓励填充式开发城市地区内部的插花地和公交车站附近的用地。
- 集中建设，提高公交使用率。
- 对已有或新建高速公路交叉路口附近的开发加以限制。
- 限制沿高速公路的带状开发。

② 关于改变相关规定以提高设计水平的建议。

- 消除“断头路”，提高道路连接程度，缩短出行距离，使步行和骑车者少绕弯路。
- 建设连续的步行道、自行车道。
- 安装路灯、座椅，铺设有吸引力的路面及布置街道设施等，增强步行的舒适性。
- 改进街道和车道设计，改善公交车运行状况，如为公交车修建港湾式停车站以方便停车和避开过往车辆，为公交车提供足够的转弯半径等。
- 在公交车站为乘客提供遮蔽设施。

插图 2A　新泽西北部三种景象对比：现状(左上)，延续当前发展模式将出现的景象(右上)，遵照区域设计原则将出现的景象(左下)

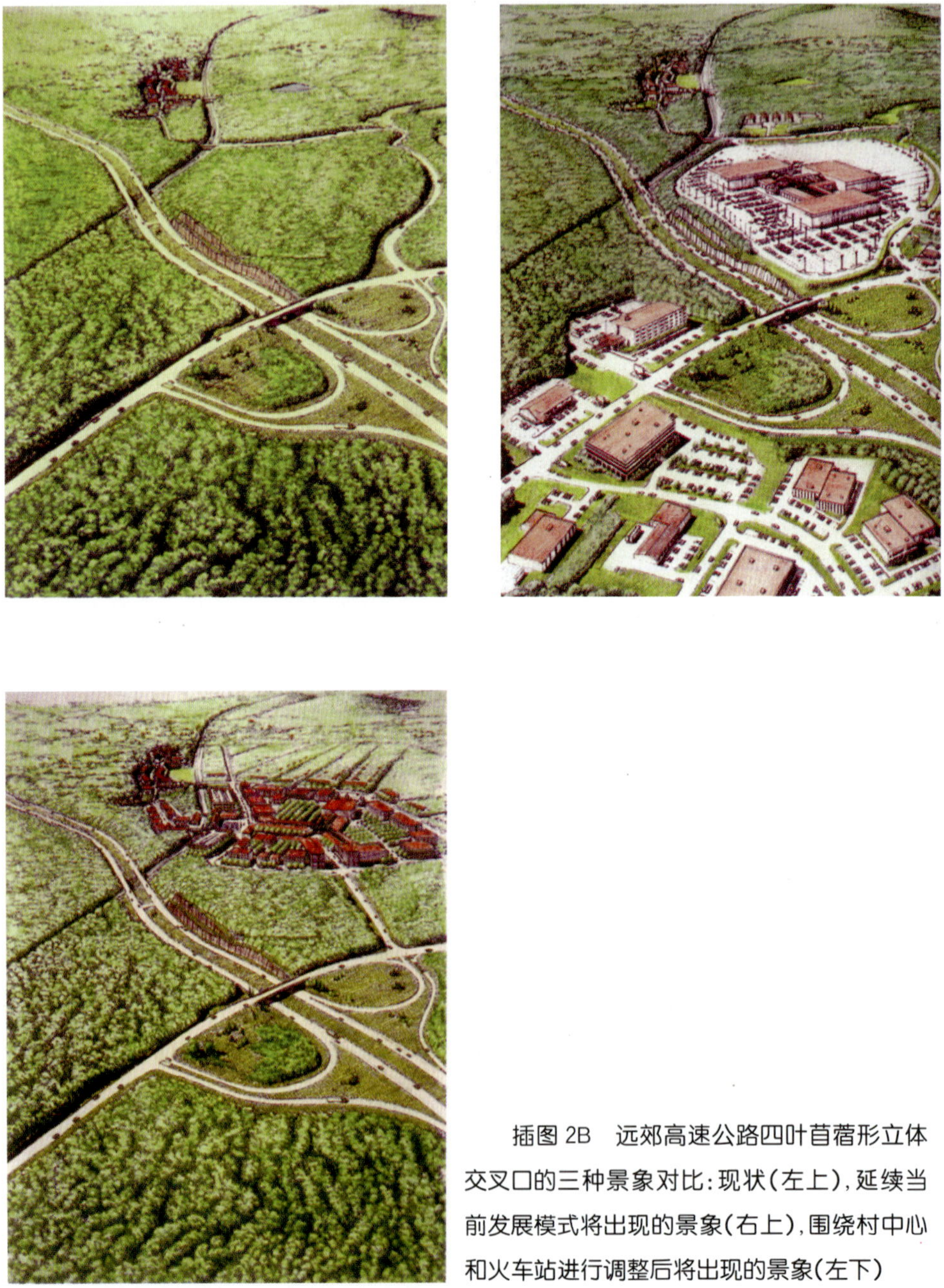

插图 2B　远郊高速公路四叶苜蓿形立体交叉口的三种景象对比：现状（左上），延续当前发展模式将出现的景象（右上），围绕村中心和火车站进行调整后将出现的景象（左下）

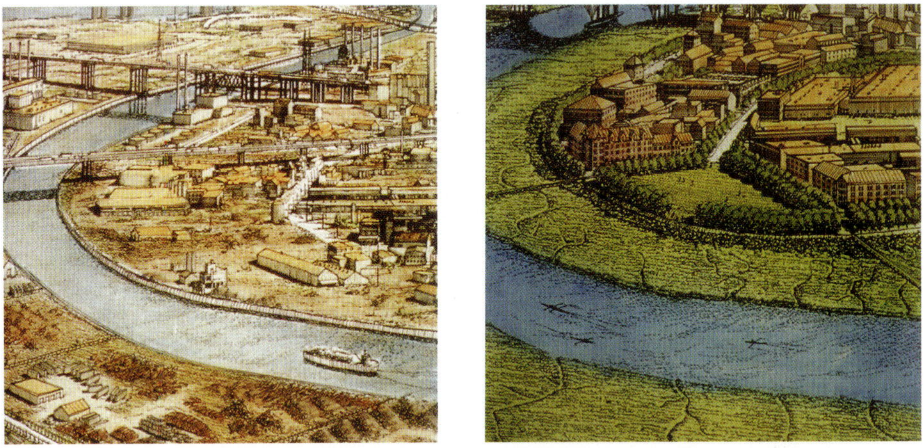

插图 2C　城市工业滨水区的两种景象：运营中的工厂、荒废的工厂及垃圾场混杂的现有景象(左)，重建后的景象(右)

插图 2D　穿越中心街区的轻轨线

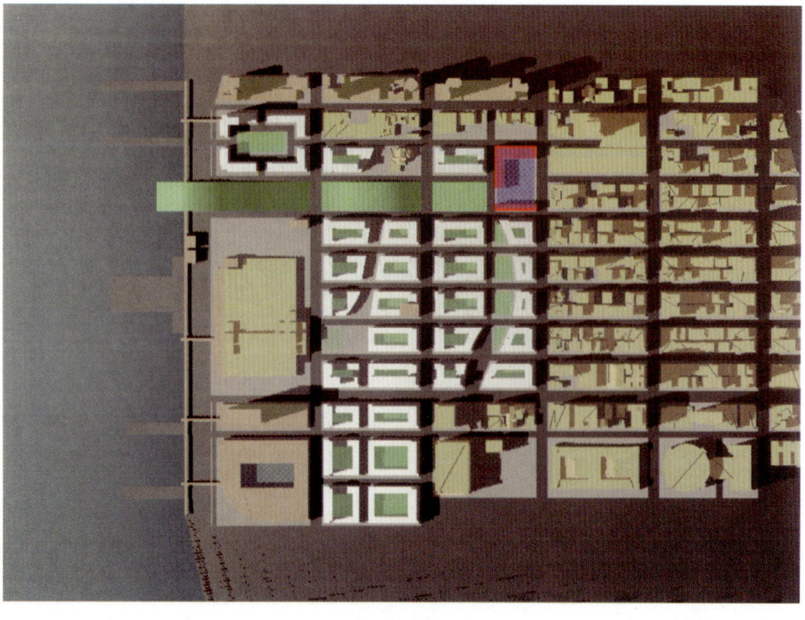

插图 2E　马克斯・邦德(Max Bond)与耐维德・马哈密(Navid Maghami)合作的设计。本设计重点在于第 9 大道以西地区的空置地和废弃建筑物。为优化城市肌理，强化地方街道网络，建设邻里单元，本方案明确了需提升的积极因素，介绍了缺失的因素。公园和建筑物掩住了斜坡(斜坡位于隧道内)，一个波状起伏的公园将港务局客运站与贾维茨会议中心连接起来

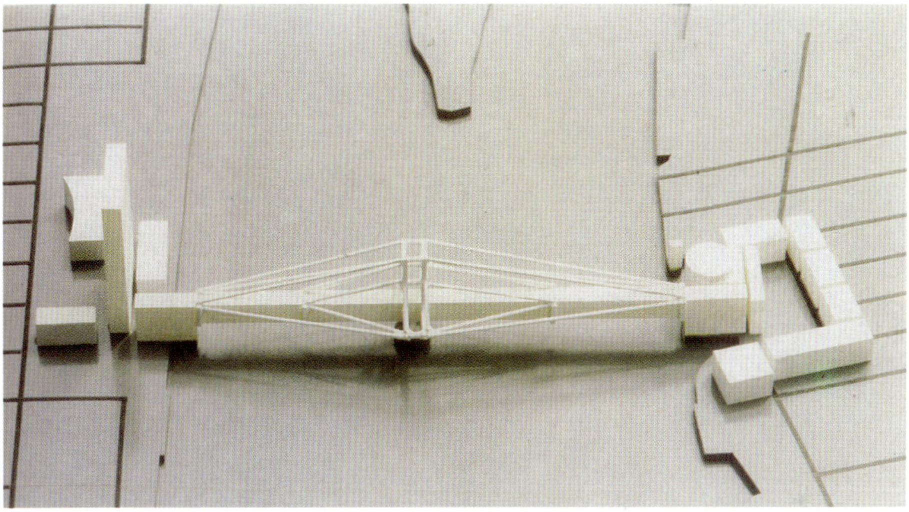

插图 2F　罗伯特·格迪斯的设计。该设计建议联合国在东河上修建一座桥，连接位于第42街的现有联合国总部与皇后滨水区的新联合国广场。双层人行桥将是佛罗伦萨维琪奥桥的现代版本。同时开通公共电车、修建人行长廊、会议室、办公室、商店、餐馆和酒廊等设施，为联合国工作人员和市民服务

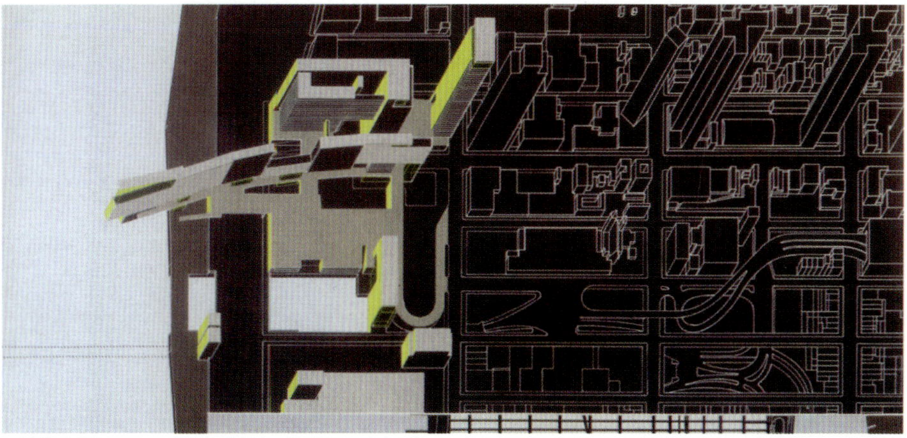

插图 2G　基恩·赖利(Keenen Riley)的设计。该设计形成多层次的公共空间，由步行和车行系统相连接，北至贾维茨会议中心，向西沿哈得孙河延伸，拥有多元功能的中心，内部、外部空间兼具。建筑物主要包括酒店、客运码头、会展中心延伸部分、商务中心、住宅楼及一座污水处理厂。其设计灵感来自周围基础设施的城市要素，包括隧道、桥梁、斜坡、通风塔等

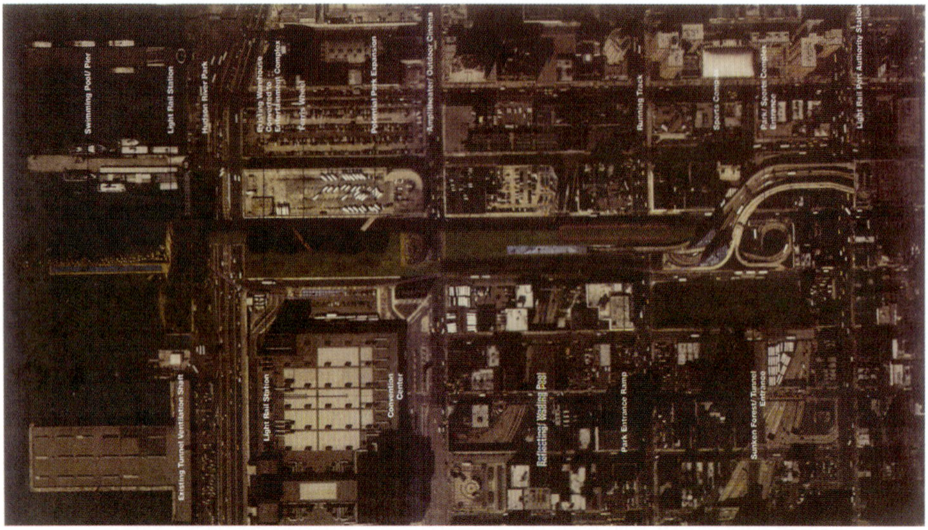

插图 2H　韦恩·伯格(Wayne Berg)关于克林顿公园的设计。该设计主张在港务局客运站采用高架路结构来营造空间，既方便公众使用又不妨碍公共交通。将高架路之下或之间的空间用于开发城市公园，供民众使用。道路高架后车辆可以连续通行，其下部空间也将形成一个从第 9 大道到哈得孙河的公园，并纳入规划中的曼哈顿滨水区哈得孙河公园

插图 2I　服装中心西面庞大的交通体系，如果用来服务于一种 24 小时混合使用的集约型街区，完全可以承载比目前规划所设计的更大的交通容量。科林·卡思卡特(Colin Cathcart)的设计主张采取灵活的顶楼结构及用途，综合考虑噪音、振动、交通和其他各种干扰因素，并采用一种新的有利街区光照的建筑外形

插图 2J　简·汤普森(Jane Thompson)的设计。此设计意在将潘兴广场改造成大中央车站一个有价值的建筑正面，点缀着遮阳树木、休闲椅、咖啡桌的广场将公园大道两侧紧紧相连，形成一座前院。人行天桥下的拱门将重新开放，同时公园大道第 40 街与第 42 街之间的路段禁止行车，变为步行公园

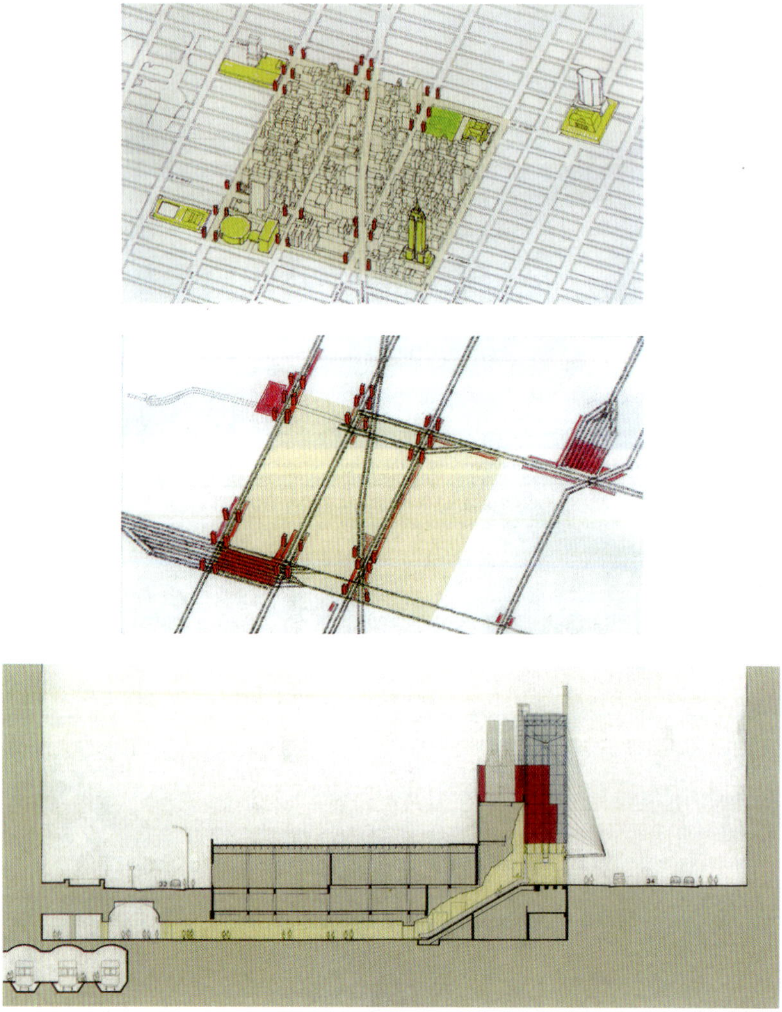

插图 2K　R. M. 克利蒙特(R. M. Kliment)和法国哈尔斯班德(Halsband)建筑师的联合设计。该设计显示了地铁、通勤列车和人行道网的连接情况。透明的亭形建筑将成为巨大的地下交通网的标志及贯通区真正的出入口，承担迎接和遮掩旅客的功能，便于隧道采光，并为城市入口处提供定位点

- 运用交通宁静技术，包括缩窄街道、重新设计等，使道路能同时容纳行人和车辆。

③ 关于商业活动的建议。

- 颁布机动车出行减量条例，要求开发者和雇主减少交通高峰时段的私家车使用量（详见“通达方略”一章）。
- 为自治市获得州级交通改善资金设置前提条件，即编制交通规划。
- 要求公交运营商和市政府针对开发决策进行协调，联合改善公共交通。

图表 74　新不伦瑞克的通勤铁路车站已成为区域性中心城区的新开发和更新改造中心

从某种程度上讲，上述建议可视为州政府给地方政府下达的强制性命令，同时，州政府应有针对性地为市政府提供技术援助和相应的政策激励。现在正是确定这些目标的大好时机，因为，作为区域公共交通局基建计划组成部分，区域内许多社区的公交服务即将得到极大改善。其中，新泽西州的变化最为显著：随着 Kearny 连接线、Montclair 连接线和 Secaucus 公交换乘站的建成，成千上万的新泽西居民将能更快速、更直接地乘列车出行。交通状况改善后，这些地区又将面临新的挑战：确保交通改善不仅能带来提升铁路服务所需的更多停车设施，而且能对强化中心城区的开发类型形成激励，包括为选择步行到火车站的居民提供住房等。

(1) 区域性中央商务区

曼哈顿、布鲁克林中心城区、长岛市和泽西城是本区域多条公交线路的起点，这表明这些城市拥有充满活力的步行环境，认识到这一点十分重要。然而，它们面临着衰退的严峻威胁——人口规模减小，地位也日益弱化。与 1948 年相比，现在步行前往曼哈顿第 60 大街以南地区的人数减少了 10%（从 1948 年的 370 万减少到今天的 330 万），而驾车前往这一地区的人数是过去的两倍（从 66 万增加到 120 万）[14]。私家车带来的影响是损害城市步行系统，进而损害公交系统的生命力。在曼哈顿中城，步行空间只占可利用公共空间的 1/3，其余部分均被机动车占据[15]。多年来街道拓宽挤占了两边的人行道，使得人行道空间一再减少。除此之外，多种障碍物也影响了步行环境，包括报刊亭、小摊贩、灯柱和垃圾桶等街道设施以及通风窗、植物、沿街咖啡馆等。尽管这些设施在交通不太拥挤时能为行人提供舒适的步行环境，但这种情景往往因机动车的存在而遭到破坏。

——集中而非拥挤

优吉·贝拉（Yogi Berra）曾这样描述高密度区域中心的最终命运："太拥挤了，再也没人会去那里了。"为避免这一命运，下面我们将简要地阐述一系列针对高密度中心城区的基本战略。

要实现既紧凑发展又不拥挤，我们必须限制进入和穿行区域中央商务区的机动车数量，同时为行人营造更愉悦的步行环境。限制车辆出行最有效的政策，一是收取更高的通行费，二是限制机动车进入中央商务区以及它们在中央商务区绕行和停放的空间。通过逐步降低进入中央商务区及其内部街道的交通容量，或减少中央商务区内的停车空间，能够减少进入中央商务区的机动车流量，并产生长远效应。有了这些限制措施，人们将改以其他方式进入城市，或选择前往其他地方，甚至干脆不去城市。有人可能会反对这些战略,认为它们将破坏中央商务区作为主要出行目的地的优势。但是,这些人忽视了这样一个事实:那些从此不再驾车进城的人只不过是边缘使用者,他们对城市的经济价值最小。而那些需要进入城市来维持生计的人们,则会一如既往地坚持下去。

图表 75　机动车拥堵降低了区域中央商务区的生活质量,
耽搁了公交运营和重要服务及货物派送

为降低进出中央商务区的车流量,区域规划协会建议如下:

- 永久关闭中央公园南北向车行道。中央公园将恢复最初状态,向市民开放,不受机动车影响。
- 关闭百老汇位于哥伦布环形公园和第 34 大街之间的南向车行道,与贯通区轻轨环线建设相衔接。
- 将布鲁克林中心城区内几条 130 英尺宽的道路缩窄,包括亚当斯大街、提拉里大街和波伦山街,从而形成缓行(或称"交通宁静")的休闲林荫道。

在机动车流量减少的同时,拥堵街道的汽车数量将随之减少,从而赢得更多空间供步行者使用。为此,应采取以下措施:

- 关闭特定街道的车行道,包括过境车流量很小或对货物装卸作用有限的街道。过去这一措施遭到反对,原因是限制了顾客进出。但曼哈顿中城和下曼哈顿地区零售部门的顾客很少驾车或乘出租车到达。只要合理设置标志，特别是在永久关闭路段设置醒目标志，机动车分流应不成问题。通过改进设计，以及将货物派送限定在步行低谷期等方式，能解决货物派送的问题。因车流量小而可考虑关闭的街道包括曼哈顿中城第 41 大街、第 43 大街、下曼哈顿街道各路段和百老汇林肯中心到麦迪逊广场之间的路段。后者严重的拥堵状况超乎想象。由百老汇造就的哥伦布环形公园、时代广场、先锋广场和麦迪逊广场，前后纵横交错，构成了城市中最具活力也最为拥堵的街区。在这些封闭的街道上，只允许货车在非高峰时段(10:00-12:00、14:00-16:00 和 18:00 以后)通行。

- 拓宽以下人行道：曼哈顿地区的麦迪逊大道、莱克星顿大道、第 5 大道和第 42 大街，以及布鲁克林中心城区的亚当斯大街、提拉里大街和波伦山街。目前，麦迪逊大道和莱克星顿大道两侧的有效步行道宽度为 8 英尺，是中央商务区最拥挤的人行道。第 5 大道人行道宽 20 英尺，是中央商务区内最适合步行的街道。从中央公园到第 42 大街之间的路段则十分拥挤。应结合中城有轨电车的建设，拓宽第 42 大街自第 2 大道至第 8 大道路段的人行道。
- 在曼哈顿中城地铁站附近、十字路口以及人行道宽度小于 15 英尺的道路两侧，禁止设摊贩卖。
- 限制出租车在中午及交通高峰时段四处揽客，以减少出租车漫游量。同时设置更多出租车候车点，以缓解此举所带来的影响。虽然出租车仅占机动车总量的 40%，占曼哈顿中城总行驶里程的 50%，但出租车的慢行揽客，造成其载客率在所有的交通方式中最低，平均每英里仅载客 0.74 人[16]。

减少中央商务区内的机动车停放空间：

- 禁止将平整后的办公楼待建用地改变为临时停车场。
- 降低新建办公大楼所需的停车率。
- 取消政府工作人员尤其是那些在市政府、布鲁克林中心行政区和政府大楼工作人员的停车优先权。要想真正减少进入中央商务区的机动车，就必须从其内部工作人员入手。

- 通过价格因素减少车流量，有关措施将在“通达方略”一章详细讨论。

纽约的公交和步行系统存在的问题，似乎与其他地区正好相反，因为这里的步行者太多，使得纽约市陷入窘况，而其他区域性中心城区却是步行者太少。然而，问题总是相互关联的，具有吸引力、适合步行的混合用地型区域中心是区域最宝贵的财富之一。尽管从布鲁克林的卡罗尔花园到新泽西的萨米特等地方的价值已得到高度认同，但这些地方仍面临威胁。我们必须转变观念，在油价、税收政策上进行大力度的调整，以扭转左右社会趋势近 30 年的观念，从而促进商业、零售业在中心城区复兴。当商业、零售业“选择”某一区位时，通过公交和步行友好型城市的设计为其创造良好的环境，可以使上述选择显得更为合情合理。如此一来，商业也能够像居民一样具有更高的灵活性。本区域将告知他们：“商业要获得成功，不一定非得位于郊区商业带或校园式大型写字楼区。”

(2) 区域性中心城区

许多区域性中心城区已针对环境改善和经济复苏进行了大胆的尝试。在纽约的扬克斯，区域规划协会致力于确保该市现有总体规划的实施——以休闲滨水区为特色，充分发挥其一流的公交服务优势，打造混合型的中心区。利用中心城区公交中心的地位，同时结合哈得孙河休闲滨水设施资源，凭着新的哈得孙河博物馆这一文化资源，以及作为纽约州第四大城市所具有的潜在人力资源优势等，扬克斯的滨水中心城区将成为一个全新、便捷、令人愉悦的混合用地型城市中心。南诺沃克、康涅狄格、河皮克斯库和纽约等地区也在实施有效的城市复兴战略，具体做法包括保护特定历史遗迹，宣传、推广“艺术家居所”及其相关活动，增进文化的吸引力，修建通勤铁路以方便游客和居民出入等。

这些城市取得的经验，同样适用于区域内很多历史更悠久、有铁路到达的区域中心，包括纽约的切斯特港口、新罗谢尔、纽堡和亨普斯特德；新泽西的伊丽莎白、帕特逊和莫里斯敦，以及康涅狄格州的沃特伯里和丹伯里。相关措施涉及的范围较广，包括举办公众参与城市设计研讨会以及以下措施：(1)利用本地、州政府或联邦政府的街区发展基金，以及 1991 年联邦政府《地面多元交通运输效率法》所提供的资金，改善中心城区车站附近的外观和车流状况；(2)提升社区层面的活动，增进中心城区的文化和艺术吸引力；(3)设计、建设步行衔接系统；(4)总结、评估以往的总体规划，将其中的相关建议整合，纳入地方规范，包括区划和再开发规范。

(3) 郊区中心

在区域中心之外，大多数郊区的就业集中于自由分布的写字楼集群或办公园区，几乎只有驾车才能到达。区域规划协会针对郊区提出的交通战略中的关键一条，就是为就业者找到替代私家车的出行工具，从而使这些驾车者和其他人都获益。只需稍许降低机动车的使用量，就能确保高峰时段公路的畅通。一些郊区已经或即将获得很好的公交服务，如在沿新泽西通勤铁路和美铁东北走廊线分布的 MetroPark 火车站、火车站周边地区新建的大量高密度写字楼集群，它们均属此列。不过，目前 MetroPark 火车站的布局、设计不够科学，铁路通勤者不得不步行较长距离，穿过既不安全也不美观的停车场才能到达办公地点，因此并不受步行者和乘客们的欢迎。但是，即使是像 MetroPark 火车站这样步行环境较差的地方，改变的可能性也很大。火车站周边地区可以通过修建日托所、健身俱乐部、餐馆及电影院等为乘客营造怡人的使用环境。

我们所面临的挑战是营造适宜步行的舒适环境，使搭乘公交车及步行变得如同自驾车一样具有吸引力。区域内一些规模较小的公交引导型社区正尝试编制规划，以提高火车站地区的密度并进行混合用地型开发。一些地方的规划已开始付诸实践。例如，随着锡考克斯镇换乘站和科耳尼交通联运站的建成通车，未来十年内新泽西将建设数十个火车站，使前往纽瓦克和纽约市的出行变得更快捷、更方便。由此引发了新泽西通勤铁路沿线实施《车站地区指引》(*Station Area Handbook*)中建议的 30 个车站地区的开发。又如，大纽约交通运输管理局提议在奥西宁建立“公交中转村”，以及区域规划协会在帕特森、纽约、普林斯顿中心站和新泽西等地开展的工作。这些行动的目的不是使郊区城市化，而是建造集约型地区，包括在火车站附近修建两、三层的混合功能型商用建筑，或在距车站半英里、适宜步行的范围内建小地块独户住宅。对不少村镇而言，因其邻近新的开发地区，而后者拥有舒适的人行道、充满吸引力的怡人公共空间，故应采取行动，推进敏感的填充式建设，修复城市肌理。若这些村镇因此而吸引到相当份额的区域新增居住量，那么，相关经验就应在区域内加以鼓励和推广。

尽管上述变化是长期积累的结果，但必须立即行动，才会产生效果。各个地方

图表 76　区域规划协会主办的专家研讨会使用过的扬克斯市中心城区缩微模型。摄像机围绕该模型拍摄，制作出一个表现区域不同方位规划情况的影片，该影片在公共视听区和展览馆被用来作为视觉辅助材料

都想保持对社区发展方式的控制权，区划方面也充满戒备。正因为如此，只有当众多居民把这些变化看作其生活的一部分，并不断巩固其家庭和邻里关系时，上述变化才会真正发生。公共机构特别是交通服务的提供者，必须学习如何与区域内地方社区开展合作。

区域规划协会大力支持《重新设计郊区：变蔓延为区域中心发展》(*Redesigning the Suburbs*：*Turning Sprawl into Centers*)（该报告由区域规划协会和 MSM 区域协会合作发布）提出的战略，呼吁市政府出台新的条例，将郊区就业中心改造成为公交便利且适宜步行的地区。除地铁公园外，这一措施还适用于前文提到的区域性中心城区内的希克斯维尔和米里奥拉、长岛的米切尔和哈帕克，以及新泽西的普林斯顿一号线走廊区。

图表 77 重新设计郊区为遏制蔓延提供了新的选择。本图运用最新电脑模拟技术，显示在现有社区内的开发结果与区划模式

《重新设计郊区》(*Redesigning the Suburbs*)针对如何将郊区商业蔓延地带转变成集约型区域中心，开展了一系列案例研究，着重分析了公路沿线开发带、购物中心和办公园区等。该报告为我们提供了使郊区地域在一些基本规范指引下进行自我改造的成套措施，这些规范包括：①布局——街道网络相互连接；②鼓励背街小巷容纳更窄小的宅基地块；③增加行道树、街头景观、街道照明和街道家具；④人行道宽度不少于5英尺；⑤建筑后退——无最低限制，可紧贴人行道侧，但临街的立面不得出现空白地块；⑥鼓励沿街停车，可满足最低停车需求，以帮助这些地区具备提高生活质量所必需的混合功能和怡人尺度。

上述规范采用了原本只适用于破败城区的《新泽西州再开发法》的有关内容，其原意是减少郊区不合理的开发现象，如在空旷地带建购物中心带等。通过运用《新泽西州再开发法》，新泽西州各城市以及其他州具有类似法律框架的城市，都可以制定专项规划来取代通用的区划标准。以“开发密度奖励”的方式，鼓励在建筑物首层建商铺等，这类规划手段有助于实现郊区中心再造的目标。处于城市化水平较低地区的区域中心，大型中心片区50%的土地可能需要保持开敞状态，这需要通过在城市化核心地区之外购地来实现这一目标。

(4) 超级商城

目前,整个国内的零售业都在向更大规模的卖场转变,即所谓的超级商城或"大盒子零售中心"。超级商城涵盖了一大批不同的零售业类型,包括大规模折扣店、大型专卖店(又称"类别杀手"),以及上述类别的集合体,即所谓的"全能中心"。每一类型都有不同的市场、选址要求和交通需要,与已有零售地区的关系也各不相同。

本区域是国内最晚出现上述现象的地区之一。几十年来,大型连锁折扣店和"类别杀手"专卖店均坐落在成熟的中心城区零售区外围,往往削弱了中心城区的活力。近年来,随着连锁超级商城进入三州大都市区,许多市内商业街和早期公路沿线商业地带的优势也因此下降。

目前,本区域面临的问题不在于是否接受"大盒子"商业中心,而是如何容纳它们,如何对其进行布局、设计和运营,使其增强而不是削弱区域性中心城区的活力。问题的关键在于应区别对待以下两种情况,即大多数"大盒子"商业中心能融入或邻接现有中心城区;而少数经营规模大、产品混合程度高的商业活动,诸如建材、家居装饰店等,则宜设置在公路附近相对独立的商业或工业地区。

总体而言,大型连锁折扣店和"类别杀手"专卖店应设置在中心城区周边地区,与中心城区共生并增强该地区的经济实力。很多地方已出现这种情况。例如,在斯坦福、纽约市第14大街、切尔西和牙买加零售区,那些原本位于郊区、一层式环绕停车区的连锁店,已完全适应了城区环境,多数都变成了多层商店。有些设置在改造后的厂房或仓储式建筑物内,有的由以前的百货商店转变而来。它们的形成有赖于重构后的停车系统或公交系统,同时也支援了周边零售区的发展。

上述例子说明,可用"大盒子"来巩固现有中心城区零售区的地位。区域城镇应采取以下措施:

- 科学区划,在中心城区内部或邻近地区及公交便利地区安排大型零售商业活动。
- 要求大型商业设施的选址、设计和运营充分适应中心城区的发展要求。例如,进行合理的多层式开发,优化停车系统结构,在临街位置融入小型零售活动，以及为使用大型公交的顾客提供送货服务等。

- 采取区划措施，防止在公路沿线或工业区发展孤立的商业活动区，但大型建筑预制件供应等特殊需要的商业活动除外。

(5) 宜居地区

在建成环境诸要素中，住房对我们的生活方式、自然环境质量和社会功能影响最大。过去200年以来，居住形式作为对经济、技术和人口等变化的回应，引导了纽约-新泽西-康涅狄格土地利用方式和发展模式的变化。本节主要回顾本区域住房发展情况，评估住房现状，预测未来住房需求，探讨目前存在的适价房供应不足等问题，并提出相应的行动计划。

——将住房纳入规划

将住房、交通运输和就业分布相结合，会对区域发展产生积累性影响。住房问题直接贯穿本规划的三大核心要素：经济、环境和公正。住宅产业是本区域经济中至关重要的组成部分。1993年经批准的新增建设项目总价值达33亿美元，1986年近50亿美元，是距今最近的一次房地产兴盛期的顶峰[17]。1992年，本区域用于装饰、家具、建材和燃油供暖的消费为174亿美元[18]。1987年，建筑业完成的产值高达400亿美元[19]。更重要的是，住房使居民建立起与经济主流之间的联系。如果没有合适的住房，个人在试图参与经济发展时就会处于绝对劣势的地位；相反，住房匮乏、房价太高，将削弱区域吸引并留住人才的能力。从区域层面看，住房政策和相应的土地利用开发所带来的环境效应也是巨大的。

保护和新增绿地的强烈要求，将迫使区域将财力集中投向规模不等的区域中心。新的住房作为主要的土地资源利用者，应兴建在现有区域中心和公交服务便利的城郊地区，而不能布局在外围的绿地上。更新改造工作应侧重于修复现有区域中心和老郊区的住宅，这样的开发模式能充分利用现有道路、给排水系统和商业区等基础设施的优势，同时减少新建公路以满足外围地区的需求。新建、改造住宅也必须与环境因素相结合并进行整体考虑。过去几十年来，住宅成本上升的原因是多方面的，土地成本的增加只是原因之一。有关建材选择、限制铅和石棉含量等环保规范的执行，也提高了住宅的新建和更新成本。情况显示，上述额外成本对于最不具备购房能力的家庭影响最大。

内部填充式开发，即在拥有公交路线、临近就业中心但一直被忽略的城区地段进行建设，能确保社区全体成员得到公平的就业机会和购物服务。在对菲尔费德地区 2 000 名居民的民意调查中，这一概念得到了 2/3 居民的有力支持。该民意调查中的其他内部填充式发展的建议也得到了认同，包括变更区划政策、鼓励建设更多的城镇住宅，以及允许在大面积住宅内建造附属房间。这些关于住宅建设的提议，是公交友好型发展的重要元素，而公交友好战略正是本规划的关键组成部分。

本规划高度重视可持续发展。因此，区域需要修复存量住宅而不是新建住宅。更新现有建筑有着十分显著的节能效应，因为如果现有材料、设备被再次利用，生产新材料的能耗则大为减少。对本区域而言，住宅更新修复在总的房屋建造活动中占据重要地位，产值占建造合同总额的 1/3，“自己动手”类板材零售、景观装饰和家居供应品等方面的销售额超过了 50 亿美元[20]。同时，改造已有住宅几乎不会增加市政服务的负担，且有助于稳定社区环境。

半个世纪以前，随着机动车使用率的不断提高，区域景观发生了巨大变化。私家车普及后，人们在相同时间内出行的距离不断增加，结果越来越多的人随着汽车路线向大都市之外的地方挺进，甚至深入到了似乎不允许进行开发的森林地区和开敞空间。同时，不断增加的城市居民，已非目前拥挤不堪、维护不足的存量住宅所能承受。作为第二次世界大战后经济复苏的手段，由退伍军人管理局制定的《退伍军人权利法》(GI Bill)，以及现有的联邦住房委员会提供的住房贷款，使得更多家庭开始有能力购置房产。

图表 78 许多老式公屋已被开发成私宅

随着人们搬入高速公路附近的新区，住房形式也围绕着环境的变化处于不断调整之中。人们开始更加强调将方便机动车的使用作为邻里设计的首要原则，而对步行者的考虑越来越少。这主要是因为新的低密度居住环境几乎属于没有步行系统的目的地。实际上，到20世纪后半叶，这一势头仍然存在。20世纪80年代，两种新的住宅形式开始在郊区景观中占主导地位，一种是相对高密度的分套公寓，另一种是大型豪华住宅。这两类住宅通常建在远离区域中心或公交设施的原有农地之上，因此，人们变得越来越依赖机动车。

在城市地区，20世纪50～70年代间兴起的清理贫民窟、城市更新运动，产生了大量集中于大型塔式综合楼中的新型住宅单元，这类住宅短期改善了城市住房的标准，但几乎没有考虑社区设计原则。同时，郊区与城市中心及其居民进一步分离。新的郊区区划和设计准则包括了建筑后退、地块规模和住宅单元面积等标准，这些标准使郊区房价上升，超过了低收入家庭的购买能力。此外，大量实例显示，房产经纪人和现有私房业主明显采用了一些手段，来维护业已形成的收入和种族隔离格局。这些做法进一步将穷人和少数族裔家庭排斥在郊区居住区之外。结果是经济实力处于劣势的居民集中在城市，外围邻近地区则由迁出的中产阶级所占据[21]。

——未来住房需求预测

以下三个指标将帮助我们了解本区域未来的住房需求：

① 新增家庭：根据前文的人口预测，区域规划协会估计，为满足人口不断增长的需要，到2020年，本区域需新建100万套住宅。预计由于居民平均年龄逐年提高，组建新家庭和寻找独立住宅的需要将越来越多，其增速甚至可能超过人口增长。据新泽西州适价房委员会预计，到1999年，新泽西需要新建或翻修的适价住宅单元多达8.5万套。

② 收入状况：区域规划协会预测，未来新增家庭的收入趋于下降。1990～2005年间，年收入低于1.75万美元(按1982年美元价计)的家庭将增加100万户，占新增家庭总数的45%。按现行标准，这些家庭没有能力支付售价超过5万美元的住房[22]。不过，区域规划协会相信，那些希望搬进更大住房或希望由租房变为买房的人们，对适价房的潜在需求仍很大，但日益下降的购买力却成了拦路虎。

③ 家庭构成:1980～1985 年间,非家庭住户的数量不断增加,已占本区域新增住户总量的 71%,而家庭住户仅占新增总量的 29%。此外,80%以上的新增家庭是由女性家长组建的。区域规划协会预计这一趋势将持续到 21 世纪初[23]。尽管今天住宅单元的平均面积在逐年增大(20 世纪 50 年代典型的含可调整空间的住宅单元面积约为 800 平方英尺,如今新增住宅单元面积则大于 2 000 平方英尺[24]),住户的人口规模却日渐缩小。

——解决区域住房问题

适价房问题未得到及时解决,源于认识不到位、方法不得当。应将区域住房需求置于核心位置不变,这一点非常重要。

- 适价房不是福利,而是社区活力和区域竞争力的重要元素。
- 贫困问题是我们面临的特别挑战,这不是典型的适价房计划所能解决的。为所有人提供满意的居所是本规划的主要目标之一。要实现这一目标,必须实施多种计划,满足区域内不同居住群体的需要。例如,贫困家庭除住房外,还需要在就业培训、工作安排、幼儿日托和其他方面提供特殊帮助,以维持家庭生活。
- 适宜新建适价房的土地,大量存在于区域中心。建房活动很大一部分将集中在翻修、改善已有建筑上,这一趋势还将继续下去。本区域不应在其外缘地区大规模开发适价房,因为这种行为将危害我们的环境,削弱现有基础设施的功能。
- 公营、私营部门的许多政策和做法,能够起到推动适价房建设的作用。到目前为止,大部分公共援助手段均由供给方提供,如降低房价、提供租房补贴、提供补贴性购房贷款等。实际上还有许多其他方法可与之混合使用并发挥效用,这包括设计、区划、法规程序、建材和建造过程以及劳动力变化等。
- 为 21 世纪建设适价房,并不意味着重复 19 世纪的城市经济公寓。如今我们能以多种形式来建造具有吸引力的适价房,这包括设施集中、分套出售的公寓、联排住宅、复式公寓、零宅地界线(zero-lot line)房、花园洋房、可供出租的附属房,以及经过翻修的房屋等。

- 本区域长期受到种族隔离和收入分异等社会问题的困扰，而成功的社区应包容所有种族、宗教、收入群体和年龄群体。如果我们允许目前这种趋势继续发展下去，那么城市中居住于棚户区或者根本没有住所的贫困人口和无家可归的人群可能继续增加。这个问题是对本区域的竞争力以及我们精神财富的一大拖累。必须保证有需要的每个人都有能力获得一套住房，否则，我们就不可能达到既定目标。

——定义适价房

什么样的住宅才算真正的“适价房”呢？家庭中位收入值是一个典型的基准尺度，可用来决定哪个群体最需要得到住房援助。在此基础上，适价房可分为三类：低/中等收入者住房、中产阶级住房和特殊需求者住房。典型的低/中等收入者通常以家庭收入相当于家庭中位收入值 50%～80%的人群为标志（转换成住宅售价，约在 6.3 万～10.2 万美元之间）[25]；中产阶级住房是指家庭收入相当于家庭中位收入值 80%～120%的家庭所能购买的住房，即售价在 10.2 万～15.7 万美元之间的住房（这一计算需考虑能源税、物业税提高等地区特殊经济因素）；特殊需求者住房指的是残疾人、老年人和单身母亲等要求获得不同程度照顾和帮助的人群可购买的住房。

那么，一套适价房应该给人留下什么印象呢？答案是：像一个家。目前关于适价房有大量设计方案，但绝不会是贫民窟或经济公寓。区域规划协会和“Fairfield 2000”针对格林尼治一块土地的再开发，共同主办了一次适价房设计竞赛。这次竞赛产生了许多颇具吸引力的设计方案，方案对该镇各个价位的住宅单元都加以充分体现[26]。这些设计还充分考虑了标准化施工或集群化开发等新技术，在不降低审美性的前提下降低建造成本。《建筑革新》(*Pogressive Architecture*)杂志社针对在该杂志社总部所在地——克利夫兰建造适价房这一主题举办了一次设计竞赛。获胜作品利用了标准化施工手段，与邻里环境以及其他房屋高度协调。社区和评论界接受了上述方案，这具有十分积极的意义。不过，人们对预先编制设计方案的成见，还是使得社区的态度难免存有异议。

建设更大、更新、设施更舒适的住宅单元的发展趋势，使住宅市场的发展与适价房背道而驰。这种现象部分源于隐性津贴的驱使，主要是联邦政府降低了贷款利息和本地的物业税，刺激了人们对住房的过度消费。从全国范围来看，1970 年最常见的单户家庭住宅面积小于 1 200 平方英尺，有两间浴室，没有中央空调或供暖壁炉；到 1991 年，最常见的同类住宅面积已达 2 400 平方英尺，至少有两间半浴室，装有中央空调设施和至少一个供暖壁炉[27]。上述趋势的另一个评价标准是，市场份额从较小的“首置型”住宅向豪华型住宅转移。1986 年，康涅狄格州售价低于 10 万美元的住宅和公寓的销售额占住宅销售总额的 44%，到 1990 年，这一比例下降到 14%；在同一时期内，住宅市场上售价高于 20 万美元的住宅销售额所占比例从 16%上升到 27%[28]。这就好比当大多数人仅仅需要一辆家庭型轿车时，我们却一直在制造凯迪拉克。

人们在不同年龄段对住房的需求也不尽相同：年轻家庭需要适价的“首置型”住宅；有十来岁小孩的家庭需要更多房间；单亲家庭的住宅要求幼儿日托等便利的社区服务；“空巢家庭”需要面积更小、维护更简便的住宅；此外，很多老年人需要能提供健康服务或社会扶助的住宅。州级、县级或地方层面对适价房需求的发展战略必须具有高度的综合性，应同时针对适价房市场的每个细分部分，提供不同的解决方案。确保不同类型住宅在同一个社区内混合存在，能使居民在生活环境已发生变化的情况下，仍感到生活在土生土长的社区里。事实上，大多数适价房都是为教师、消防员、警察等社区居民提供的，他们希望能住在从小生长或是现在工作的城镇里，尽管其收入无力负担那里的昂贵住房。

——建造适价房

适价房通常与联邦政府、州政府的财政补贴或住房计划联系在一起，或者与非营利和基于社区的开发团体相关联。一些私人开发商试图通过提供适价房来平衡其豪华住宅的“生产线”。非营利组织长期致力于倡导和提供适合于中低收入居民的住房，从 1920 年的菲普斯家(Phipps House)到最近的纽约市住房合作组织发起的项目均在此列，它们试图运用不同手段向同一个目标推进。同时，还有多种类似行动，采用了广泛的战略以及组合的战略来实施适价房计划。我们的目标是扩大、鼓励和推广这些努力成果，从而实现以下区域住房目标：

- 不分种族或收入水平，为区域内全体居民提供可接受的住宅。
- 修建人们既需要又买得起的住宅，避免住宅过剩造成自然资源、财政资源的大量消耗。

- 对住宅市场进行整合，使其为所有种族和经济阶层服务。
- 将新建住宅集中在现有区域中心。
- 降低“最低成本”住宅的价格，使适价房真正让人买得起。

图表 79 珍妮弗·迪恩·菲尔(Jennifer Deanne Fier)和沃伦·坦普尔·史密斯(Warren Temple Smith)赢得费尔菲尔德县适价房设计比赛的获胜作品

多种方法的联合使用，将提高居民对适价房的购买力，减少社会隔离，增强区域竞争力。解决区域住房问题的四大通用方法包括：为适价房做好规划、向开发商提供激励措施、为居民提供补贴和利用区域性公私住房合作组织进行开发建设。可以确定的是，本区域在这方面的个人努力已与上述行动融合在一起，取得了相当的成就。但在目前这个资源短缺的时期，必须建立起全区域范围的住房合作组织与网络。下文将讨论本区域如何运用这四种方法，解决实际问题：

为适价房做好规划。做好适价房规划可有多种方式，其核心是公共部门在建设适价房方面应采取积极姿态。方式之一是清除排外性的区划和开发标准，这些标准往往使房价升高，超出多数新家庭的购买能力；方式之二是避免政府机构对开发活动进行过度的管理和审查，以免增加开发商在住房销售前甚至开工前的运营成本。消除社会隔离无疑是最艰巨的任务，但通过结合联邦《公平住房法》(“Fair Housing Act”)提出新的强化措施，配合上述方法和手段，这一艰巨任务应能完成。

典型的排外性地方区划准则要么强制规定最小地块规模，要么禁止在任何地块上修建公寓式住宅单元。由于土地开发成本在住房开发总成本中占相当大的比重，地块规模越大，获取土地的成本越高，开发成本也就越高。最终结果是，依靠公交服务的低收入居民望房兴叹，而这正是推崇排外性区划政策者所期望的。

大地块土地的收购成本较高，基础设施建设成本也不低，的确不适合建造适价房。通过对平面设计图和区划条例的相关要素进行调整，可有效降低成本，如减少过多的红线后退、缩小地块规模、减少硬质覆盖、降低建筑立面要求以及道路通行权和人行道宽度要求等。进一步的调整措施有：允许建设“零宅地界线”房，即住房可以紧邻产权分界线而建，也可以减少土地需求、降低成本；例如，一个1英亩的方形地块将拥有200英尺以上的沿街建筑立面，远优于1/8英亩地块上临街立面不足70英尺的情况；减少对最小地块规模的规定，可以节省约2/3的基础设施建设成本（主要是街道、路缘石、人行道、下水道、供水管线等公共设施的建设成本）。节省基础设施和开发成本，最终将惠及购房者。

上述调整不仅能压缩过高的开发成本并降低房价，还有利于营造更紧凑的社区邻里。在此环境中，不仅可以步行和骑车，而且充满乐趣，从而进一步增强了居民对社区的归属感。由此，公交服务供给的成本-效益更优，住宅区街道尽管变窄了但安全性更强了，因为私家车行驶速度更慢也更安全了。同时，更多开敞空间得以在社区周边保存下来，给居民以融入自然的感觉。

据估计，开发商执行目前的开发规范所带来的成本，高达新建住房价格的1/4。地方政府必须制定相应的政策和计划来简化新建适价房的规划审批与实施程序。最近一份关于纽约土地开发的研究表明，13个考察项目中有11个因受规范限制和公众反对的共同影响，拖延长达一至五年之久。由于私人从事适价房开发建设的利润空间即使在最优发展环境下也已降到极低水平，因此，这类拖延严重妨碍了私人开发商的发展。

避免拖延和过度审查的一大潜在有效方法，是通过“通用环境影响评价”将地方与区域总体规划结合起来。从本质上讲，这一结合同时设定了社区的开发与保护目标，具体表现为总体规划和相应的区划与开发条例。“通用环境影响评价”可对开发可能引起的环境影响进行“预审核”。这样，如果提出申请的建设项目符合总体规划及通用环境影响评价，其开发商就可当然地预审过关，进而正式启动许可程序，从而避免了既耗时又充满不确定性的审批过程。并且，这些项目可越过既耗时又耗资的环境影响评价环节。如果申请的开发项目超出了“通用环境影响评价”的范围，则采用目的性更强的“补充环境影响评价”[29]。结果是：如果社区项目符合规划，开发商则可将房价控制在最低水平。

另外，可将过于严格的标准替换为绩效标准，后者允许使用替代方案去实现同样的目标。新泽西州目前正在努力建立州域统一选址标准，尽管有人批评这一做法可能会导致备选方案的减少和地方对开发控制的削弱，但这一举措的确可以通过简化项目选址的规划程序来降低开发的不确定性。此外，在已为开发商配备了专业的工程、建筑顾问的条件下，地方政府可允许开发商履行自动许可手续，从而减少审核程序。最后，纽约市已重新修订了房屋翻修方面的建设准则，以便更好地反映房屋更新需求，这种需求与新建房屋的需求区别很大。新泽西目前也在编制房屋更新准则。

奖励兴建适价房。许多创新手段可用来刺激市场、加大适价房的供给，这包括税收信贷、开发基金以及区划和开发密度奖励。补贴适价房建设的一种重要方式，是联邦政府“第 42 条”规定的税收信贷计划。《低收入住房税收信贷计划》（“Low-Income Housing Tax Credit Program”）作为《税收改革法》（“Tax Reform Act”）的组成部分，于 1986 年获得通过，并列入《国内税收规范》（“Internal Revenue Code”）第 42 条。根据该法规的规定，建造低收入居民租赁房的合格承包商可获得联邦税收信贷。通过将此税收信贷出售给投资团体，开发商可获得必要的资助，填补其抵押贷款额与为低收入居民建房实际成本之间的差额[30]。在许多情况下，即使市政当局把建设低价公寓的土地送给开发商，但如离开税收信贷提供的补助资金，开发商们仍无力推进项目实施。

康涅狄格州实施了鼓励建设适价房的补贴计划。在全部土地细分中，开发商必须在指定期限内（通常不少于 30 年）为低收入居民留出一定比例的住宅单元，并保持该比例不变。只有这样，开发商才有资格获得州政府的税收信贷。根据美国住房和城市发展部（HUD）的规定，应给收入少于地区中位值 50％的租房者留出至少 20％的住宅单元，而给收入少于地区中位值 60％的租房者留出不低于 40％的住宅单元。

图表 80 现房翻修为区域性经济带来了数十亿美元的增长，既有利于保护开敞空间，同时又强化了各类区域中心

经州政府授权，康涅狄格州各市已开始通过区划补贴、住房信用基金和开发权转让等方式，鼓励兴建适价房。但由于这些计划的参与水平较低，当地正在寻找新方法，以确保适价房的建设达到相当的水平。1989 年通过的法律诉讼条款（PA 89311）规定了对适价房建设可能存在的问题进行上诉的程序。这一程序规定由城镇而不是承建适价房的开发商负责举证，以表明对健康、安全等公众利益的实质性关注比兴建适价房更为重要。现有存量住房中适价房比例不低于 10％的城镇，不受该诉讼条款的约束。此外，那些积极参与区域公平住宅示范计划或者其他合作计划的城镇，可享受一年的豁免期。一旦过了时限，该城镇就必须达到上文所述的 10％的门槛值。如果没有达到这一门槛值，将失去豁免权，开发商就有可能起诉。

诉讼程序接受多种团体的严密监督。1989年通过的上述法律一直未作修改。但遗憾的是，该法并未在康涅狄格州激起更多的人参与适价房建设。区域规划协会认为，要加强该法律的效力，必须提供强有力的激励机制，鼓励社区为多类型、不同价位、密度不一的住宅进行科学区划。

为刺激适价房的建设，纽约市和纽约州一直在努力制定新的规范性激励制度。此外，还有很多富有创造性的做法，尤其是在纽约市，主要包括税收激励、对翻修出租房的业主实行财产捐赠以及区划奖励等。纽约州的其他地区在规划、区划方面的变化特别令人关注。最近法庭规定，凡未充分考虑区域住房需求的市级区划方案，可能被裁定为无效。特别是1991年的"大陆决议"规定，市政当局必须创造条件，保证在其管辖的地区内按分摊比例建造适价房。就"土地开发指南"的编制，州立顾问委员建议，在市级规划与区划逐渐强化的大背景下，地方官员如拒绝批准适价房开发建设，则应证明其行为的合法性。只有当相应的开发项目确实威胁到公共健康和安全时，诉讼庭的法官才能接受市政当局的意见。这一概念与康涅狄格州实施的新计划相似。同时，区域规划协会再次建议，新的规划和区划必须考虑区域适价房的建设需求[31]。

新泽西州将两大手段成功地结合起来，既调动了开发商的积极性，又坚持了州政府的硬性指标，确保州内各地区供应相当数量的适价房。新泽西州的适价房计划，脱胎于1985年通过的《公平住房法》和1975～1986年间由州最高法院颁布并沿用下来的一系列司法决议[《月桂山决议》("the Mount Laurel Decision")]，其中《公平住房法》还直接促成了州立适价房委员会(COAH)的组建。

最早的两项《月桂山决议》，一是南伯灵顿县全国有色族裔协会对月桂山镇的诉状(1975年)；二是一些排外性区划案例的汇总，现在通常称为《月桂山第二号决议》(1983年)。两项决议明确规定，在州宪法之下，市政当局有责任保障中低收入居民的住房权益。两项决议还就各市公平分摊的适价房数量提供了指南。在缺乏合法机构执行住宅计划的情况下，可任命一个由三位法官组成的评判组来实施这一构思。

起初，鼓励开发商向采取排外性区划政策的城镇提出诉讼，从而实现拟开发场所的变更。当初的规定要求开发商每新建四套市场价住宅，必须配建一套中低收入住宅。面对这一要求，开发商迅速作出了反应。他们对执行排外性区划的市政当局提起了100多项诉讼。这种做法，即所谓的“开发商补偿法”，在市政官员中引起了强烈不满，同时致使规划者面临挑战，不得不为大量新增市场定价住宅寻找空间，以实现为适价房建设提供补贴的目标。结果，州立法机关承受着巨大的压力，不得不想方设法让市政当局就地完成其自身所应承担的适价房建设任务。

依据1985年颁布的《公平住房法》(N. J. 52:27D-301等)，新泽西州成立了适价房委员会，取代由《月桂山决议》授权成立的司法审判组。《公平住房法》明确规定：“通过综合的规划和相应的措施，充分满足全体市民的利益，包括中低收入家庭对适价房的需要。”(N. J. S. A. 52:27D-302(c))。1986年通过的“希尔斯开发公司对伯纳德镇诉讼案”的判决(根据《月桂山第三号决议》)，确认了《公平住房法》符合宪法精神，并正式承认适价房委员会是处理当时法庭尚未裁决的所有住房诉讼案的政府管理机构。

根据《公平住房法》，各市均可向适价房委员会提交计划，阐述市政府打算如何完成其应承担的适价房建设任务。适价房委员会负责审核上述计划是否符合要求，明确市政当局是否已就未来6年内完成建房任务采取了切实可行的措施。适价房委员会的审查程序是非强制性的。虽然各市都应承担建设适价房的责任，但各个镇还是有权选择究竟是由适价房委员会管辖，还是接受排外性区划诉讼。此外，市政当局可以采纳一项规划，然后规定该规划两年内不用接受复审，除非在此期间有开发商起诉该镇。市政当局也可以利用这两年期的规定，鼓励适价房委员会对规划进行非正式审阅。有意思的是，《公平住房法》并不强制市政当局建设适价房，而是要他们采取相应的区划政策，为适价房建设创造切实可行的机会。这一法案假定市场会作出响应，并且会有开发商愿意建设这些适价房。

除了对地方住房计划出具符合性证明之外，适价房委员会的其他职责还包括划分住宅区和就各个市政当局应承担的适价房份额制定指导方针。一个创新性概念——地区贡献协议——允许市政当局将其50%的建房义务转让给同一居住区域内的另一个城市。在该协议下，典型的情况是郊区镇最少支付2万美元给接受转让的社区之后，才可以转移一部分建设适价房的义务。进行转让的社区仍有义务完成其剩余份额。上述地区贡献协议由适价房委员会实行监管和审批。新泽西州高级法院最近规定，处在适价房委员会司法管辖下的市政当局，可以采用强制性的开发经费条例来为适价房建设提供财政支持。

如果地方政府积极参与并科学规划新增住房建设,市政当局将获得《公平住房法》和适价房委员会给予的诸多利益。住宅规划获批的市镇,即可优先获得建房补贴,包括房地产转让税等由州立住房平衡计划及联邦低收入税收信贷计划形成的专项资金。此外,"以和解代替诉讼"的概念,引发了许多自治市向适价房委员会提交规划申请。各个市镇通常能找到审慎的创新方式,既不要市级资金支持又可不在区划中提高密度,就能完成其适价房建设份额。新泽西州的做法是公营和私营部门通力协作,为所有收入阶层的人建造住房营造了一种理想的环境[32]。

直接向家庭提供政府补贴。还有一个保证足够住房供给的方法,即直接向家庭提供政府补贴,从而保证其购房支出占收入的比重不超过一定限额。具体可效仿现有的帮助贫困家庭支付房租的"第 8 条"计划进行设计。适价房补贴计划将使家庭能入住自己选择的地区,并根据周边学校教育质量和其他生活条件作出购房决定。这样的计划将进一步消除居民相互隔离的状况,并使郊区新居民享有与当地原有居民同等的就业机会。

当前的问题是,联邦政府是否应将住房补贴和福利基金结合起来,形成下达给各州的综合专项资金。支持者认为,将这两种基金捆绑起来,州政府可以更好地解决如何分配资源的问题,也可以绕过联邦政府房产部门的烦琐审核;不过,支持者对上述方法也心存担忧,即此举可能削弱联邦政府对贫困者住房问题的重视。特别是由于本区域存在相当数量的贫困家庭,更需要联邦政府在满足住房需求上提供持续援助。一方面,直接补贴有干涉主义的嫌疑;另一方面,即便加大现有联邦政府住房补贴的金额,与联邦政府每年向房主提供 4 250 亿美元的间接补贴相比,也显得微不足道(该间接补贴的实现方式为减免地方物业税和联邦所得税抵押贷款利率)[33]。

最后,尽管很多地区都制订了住宅能源费补助计划,但要削减住宅运营管理费用,则离不开政府部门、公用事业部门和市民及商业组织的跨领域联合行动。不断提高的能源使用费、排污费和水费,已明显加大了家庭的生活成本。作为一个整体,居民是纽约以及康涅狄格地区最大的能源消费群体(消耗量超过了工业和交通业)。同时由于该地住房普遍陈旧,隔音不好,暖气设备过时、低效,自来水节水装置缺乏等因素,也导致维护成本高昂。区域规划协会在布朗克斯地区的研究发现,许多即将入住的居民尽管在房租或抵押贷款方面得到了补贴,但仍难以承担住房开支。纽约市环境保护部和开发商采取了一项双赢措施，即鼓励居民在翻修后的住宅内使用节水装置，从而既满足了环保部门的要求，又降低了低收入租房者的居住成本。这些行动都需继续坚持并加以推广。

保持和扩大“第三方”的工作成果。随着联邦政府、州政府住房计划的持续整体性紧缩成为趋势，地方和区域政府必须在提供适价房和制订全国城市住宅行动计划方面，发挥更为积极的作用。“第三方”由成千上万个社区、商界、环境、宗教团体和邻里组织构成，已成为区域决策过程的重要参与者。这些作为“第三方”的非营利组织和社区组织有能力，并也正在此项行动中扮演着重要角色。同时，这些团体已新增了不少职能。

以社区为单位的开发机构所承担的职责，除建房和营造社区环境外，还包括提供社区服务和促进社区的自我建设。纽瓦克的新社区公司即将着手在市中心建造一个经过规划的社区。权威的城市开发商和规划专家将前往纽瓦克，对社区成员开展规划和建筑方面的培训，以便促使当地居民参与到各个层次的决策中去。由于培训后的居民能更清晰地提出自身的需求，建筑师和规划师团体得以在低收入居民住房再开发中掌握更多的主动权。经过近30年的工作，新社区公司已重建或修复了3 000多套住宅单元，一次又一次地将一度发展无望的中心城区改造为充满活力和有安全感的居民家园。如今，纽瓦克新社区公司已在其他社区及帕特森地区开展了新的项目。他们相信，该计划可推广到本区域其他同样面临着巨大压力的区域中心。

在对未成功实施的低收入居民住房项目进行分析之后，我们认为其失败的主要原因可归结为社会服务不足[34]。若要使居民得到便利，上述社会服务必须选址得当，并与居民的要求、计划相协调。“第三方”特别是以社区为单位的开发机构，在确保建房计划为承租人和房主就近提供新颖、便利、不间断的社会保障服务方面，已积累了许多经验，引导着房地产行业的健康发展。这些组织不仅仅是建造住房，用他们的话说，他们是在建造社区，而且他们建造的社区更具持久性。

不少中介机构，如纽约市房地产合作社、本地赞助公司、纽约市企业基金会和长岛房地产合作社等，不仅帮助开发商和社区机构绕过了政府部门烦琐的官方程序，而且为开发项目找到了多渠道的投资来源。上述中介机构的形成，是对新的财政形势与日趋复杂的开发状况以及相关规定的回应。其职能是担当社区建设的推进者与中间人，保障了项目的顺利完成。还有一个促使它们发展壮大的原因，即政府部门在建设和修缮住房方面的作用越来越弱。纽约房地产合作社已成为全国最大的中介组织之一。该组织将关心社会福利的企业、贷款者、劳动力和社区机构团结起来，与政府部门协同工作，建造了成千上万套新的住房。上述四个团体已建造和计划修建的住房合计超过 2 万套。

在康涅狄格，Fairfield 2000 住宅公司成立了一个由 16 人组成的义务开展工作的指导委员会，并依照特定适价房项目的特征与工作范围，出资聘请相关专业人士担任开发商、担保人、建筑商、咨询专家、经营代理或抵押人等。以最低成本住宅为目标，该机构或独立工作，或与其他非营利机构或私营机构以合资的方式协同工作。它还与州政府以及联邦政府的房地产部门合作，发挥为市镇提供资源的作用。Fairfield 2000 住宅公司不仅能识别适合开发的土地，还能获得新型的、低利率的资金。

两类机构均拥有丰富的经验，并与特定社区保持着良好的关系，这也促使项目得以顺利完成。当住房需求加大，从而必须推进新的住宅项目时，借鉴并推广其成功经验，可节省大量时间。例如，区域规划协会曾帮助布里奇波特的社区组织与新社区公司共同分享经验和想法，从而避免了不必要的重复劳动。随着公共部门住宅建设资金的减缩，这些机构之间以及他们与银行和关心社会福利的企业之间的相互协作，将变得越来越重要。

6. 完善功能，创新机制

要在不确定的未来保持生机和活力，区域中心必须培育新的功能，形成新的机制。城乡社区可以通过吸引新的经济活动，包括在更小的地域范围内成功发展起来的企业、利用远程信息处理技术办公的家庭企业等，来实现与区域经济的紧密联系。此外，一些支撑性资源，如文化艺术活动，为新的发展和繁荣提供了潜在的力量。通过适应并满足新的需求，区域中心将成为可持续发展模式的重要组成部分。

(1) 社区和区域经济

基本经济转型现已起步，并将在 21 世纪前几十年内加速推进。这对于将目前彼此独立的城市和乡村融合为区域经济中的有机体，是一个新的机会。区域规划协会反对在城市远郊无序发展，但同时承认，如果发生以下变化，则有更多的工作机会将出现在区域性中心城区之外。只有在强有力的规划和实施措施的保障下，这种跨越城市的发展才会最终给社区居民的生活带来益处。

将对人们工作与生活的区位选择带来影响的变化主要有：

- 大公司职能层级减少（管理层和生产层减少），以及相关外包活动层次减少。
- 所有权独立的小企业大量增加，预计产生 300 万个新工作岗位，其中 86.6 万个在 2020 年之前产生。
- 居家办公成为趋势，包括自主创业者与工薪阶层，通过电话、传真、邮件、网络与办公室、客户及同事联系。到 2020 年，或许无须通勤上班的劳动者的比例将由今天的 2%上升至 10%。

这其中许多企业和就业都可能分布在相对独立的城市和乡村中心。一方面，这代表了一种逆中心化的作用力；另一方面，将把小城镇和更小规模的紧凑型中心与不断发展的区域经济融为一体，减少交通拥挤，并使区域在住房和生活方式等方面为人们提供更为广泛的选择。应当鼓励居家工作的人们生活在品质优良的城乡社区，该品质特征包括方便、安全、多样、优美、有归属感等。这些地方也需要提供多元化的服务，从办公场所到幼儿看护服务直至有品位的咖啡馆。目前，上述生活品质和舒适特征有些尚不存在。广大城乡社区若要抓住这个发展的良机，就必须清洁和绿化环境，改善学校和其他公共服务。这些投资将得到令人满意的回报：如果他们成功地吸引到新的员工和企业，必将扩大他们的税收和就业基础，增加零售商业活动，分享服务设施。

本区域的社区组织已采取了不少颇具针对性的措施，以促进服务共享，支持企业发展，降低成本和刺激经济。例如，在曼哈顿乃至更远地区的农产品市场，周围村庄的农民可将新鲜的农产品直接卖给城市的消费者。为生产者和消费者建立直接的联系，挽救了许多家庭式农场，也能为城市居民提供种类更多的农产品。又如，纽约州教育合作委员会开展教育合作项目，为学区提供了 2 万美元以上的拨款。通过拨款，有效地推动了学区在交通、采购等方面的合作，从而降低了成本。

区域内的社区也可凭借对新形式居住、就业以及零售业的鼓励来增强区域中心的实力。它们也应为经济结构转型和生活、工作、出行模式的转变做好准备。乡村和城郊社区应尽量使零售业等行业在区域中心集中分布。社区还应禁止发展新的商业带，以减少高速公路干线的拥堵，巩固传统村镇中主要商业街的零售业地位。为此，建议各社区针对其总体规划中明文禁止的“否决条件”列出清单，同时通过项目审查，确保开发方案和交通规划不得破坏社区特色及其统一性。应禁止开发孤立的“大盒子”零售区，因为它们会抑制现有中心城区零售业的发展，加剧高速公路交通压力，减少公交使用量。

(2) 文化资源：艺术、公共交通、城市设计及历史遗产

正如本章通篇所强调的，区域中心未来成功与否，取决于能否为人们提供更多、更好的发展机遇以及高品质的工作、生活环境。由于众多的现代活动如工作、购物、娱乐等都不一定要在区域中心进行，因此，成功的区域中心必须强化自身优势，与郊区特别是远郊区别开来。突出的文化资源一直是区域中心最大的优势。

艺术越来越被认为是中心城区复兴战略的关键环节。作为人类成就感的杰出贡献者，艺术不应被看作是一种奢侈品，而应被视为体现城市个性、宜居性和吸引力的关键环节。将艺术作为区域复兴的重要的持续性力量，将进一步充实和丰富传统商业中心、博彩场所、节假日集市及高技术中心等的发展模式。

从实际出发，艺术之所以成为复兴措施中的重要因素，原因在于艺术已经以各种形式存在于人们的生活之中，如文化机构、社区艺术计划和相关服务组织。城市中心是艺术家和文化机构的天然居所，从古至今他们都聚集于斯、发展于斯。公交、步行系统使得聚居于中心城区的艺术家们能够更加便利地彼此交流，在这里他们有更多的机会参加演讲、集会以及与大众接触。而这些活动，在孤立的乡村和郊区都无法实现。

艺术为居住在区域中心以外的人们提供了归宿，使他们找到了“地方感”；同时，也为区域中心没有机会接触到其他活动方式的居民和社区提供了机遇，带来了实际的收益，这包括接受相关培训、增加就业机会、到当地学校接受艺术熏陶，以及参与社区建设等。这些收益往往难以量化，却十分重要。

为提高艺术在区域中心的地位，应根据各社区的不同需要，分别制定措施。例如：为增强公共场所的吸引力而开展的公共艺术项目，需要政府机构、非营利性的

博物馆以及社区机构、当地学校等通力合作。表演和展览的场地，需要由公共机构和私人业主提供。当地的区划准则也应针对吸引、接纳艺术家以及为其居住型工作室(live/work studio)提供场地等，进行专门修订。

历史上的区域中心，如曼哈顿的时代广场、哈得孙河谷的皮克斯基尔以及纽瓦克和布鲁克林中心城区，都经历过衰落和复兴。各个区域中心的大量项目与措施，都强调了艺术是区域复兴中极具实用价值的要素。

- 以中心城区强有力的就业、零售基础为支撑，布鲁克林地区基金致力于促进社区建设，为建立起当地艺术家群体、文化机构与经常利用的中央商务区及更广泛的地域之间的联系，发挥了纽带和桥梁作用。基金为整个中心城区的艺术家提供聚集场所，以便他们全年在此举办或参加竞赛、展示作品等。具有历史意义的 Kings Majestic 剧场的重新开放，是 651 Kings Majestic 公司与附近的布鲁克林音乐剧院(一个音乐、舞蹈、戏剧与美术兼容的演出中心)成功合作的成果。剧场及其周边地区将成为音乐、舞蹈、辩论、公共艺术和教育的最佳场所。
- 在皮克斯基尔，"艺术家空间项目"激发了一种企业家精神。该计划为一直寻求尽可能接近纽约市的居住型工作室的艺术家们找到了一处位于中心城区的社区，而此地的剩余商用阁楼(loft)将用来改建为他们的工作室。该项目将这些艺术家当作他们想要吸引的小型企业，建立起一种公私合作的关系，促成了艺术家社区的逐步扩大，也为当地居民带来了久违的全新生活与活力(这种活力自商业街一类的零售活动从中心城区迁出后就不复存在)。1991 年后，约有 75 个阁楼被成功地改建为艺术家及其相关产业的活动场所。自从该计划启动以来，中心城区发生了显著变化，地方特色艺术品商店等新型零售店、咖啡馆、画廊、演艺中心和展览场所等陆续开张。温彻斯特社区大学的"卫星艺术计划"已在中心城区启动——艺术家聚集的中心城区，大大促进了当地艺术教育的发展。目前，该市即将开始实施一项新的计划——在城市复兴区建设新的艺术家居住型工作室，设计费用部分将来源于国家艺术基金和纽约州议会艺术委员会的拨款。

图表 81　新泽西表演艺术中心为纽瓦克中心城区带来了新的活动和激动人心的项目,使城市与艺术相得益彰

- 在曼哈顿,第 42 大街开发公司将公共艺术当作复兴长期萧条的街区之重要媒介,使更新后的街区再次具备了吸引公众的魅力。充分利用电影院、露天咖啡厅及人行道本身的魅力,"创意时代"项目荣升为"第 42 大街艺术项目"。这些地产为刺激艺术家的进驻,进而为吸引更多当地的学校、旅游咨询中心、商业和居民的参与,提供了良好的背景。艺术项目已成为整个地区大型复兴计划的重要组成部分。它们还成功地提升了美国街道的形象,使得该地区的不少街道享誉全球。
- 在建的新泽西表演艺术中心位于纽瓦克市,从资金投入和整体理念的角度体现了当地将艺术作为城市核心乃至整个区域复兴动力的决心。它紧邻纽瓦克中心城区博物馆而建,将成为新泽西交响乐团的固定驻地,未来还将接纳其他演出团体,最终形成娱乐与文化集中区。值得注意的是,艺术中心正在引领一股复兴潮流,最终将把林荫道沿线的办公场所、商场和餐厅等全部纳入其内。

艺术被引入公共汽车和轨道交通服务之中。这标志着公共机构意识到，它们是公共场所和公众体验的守护者，而艺术是赢得公众信任的重要因素。比如，纽约的跨区捷运公司，大约在一个世纪之前，就要求采用能振奋乘客精神的装饰图案。这说明公交部门已意识到，艺术的引入将为增强通勤体验提供契机。

将艺术和公共交通相结合的最新计划，是1985年大都市公交管理局发起的"公交艺术计划"。该计划将基本建设费用的1%用于永久性或临时性的公共艺术、展览、音乐表演及诗歌推广。纽约港务局和新泽西艺术委员会想方设法将艺术作品引入其管理的公共场所，包括公交捷运系统、机场、汽车站、火车站等。当20.5英里长、预算为13亿美元的哈得孙-伯根轻轨系统尚在规划设计阶段时，新泽西铁路公司的公交艺术委员就开始向艺术家们征集创意和方案了。

建成环境是对艺术的一种表达，只是尚未引起人们足够的重视。我们拥有的硬件设施(physical plant)存在于建筑设计、城市规划以及建筑、广场、住宅、花园等各个方面，它们发挥着塑造社会的作用，是艺术观念和哲学的表达方式之一。本区域拥有长达200多年历史的优秀建筑与作品，中央公园、海德公园、公园大道、琼斯海滩是其中突出的代表。目前，少数社区对建成环境质量下降的问题采取了漠视的态度，但也有不少社区坚持设计的高水准，已采取的主要措施包括成立建筑审查小组，提供设计指南以及其他法定程序，追求建筑美感。

为帮助社区支持高水准的设计，全美和本区域提出了不少项目和计划，包括美国建筑研究所的区域/城市设计援助组，美国规划协会和非营利机构为社区授课并举办社区设计研讨会等。例如，国家艺术基金会支持的城市设计市长协会，就为全美的市长们提供了参加城市规划和设计研讨会的论坛。市长们在此与设计、开发、规划以及历史遗迹保护方面的专业人士就地区设计、规划方面等问题展开热烈讨论。三州大都市区还拥有几十所建筑、城市规划和设计方面的一流院校，它们经常参与地方社区设计项目，为提高社区设计水平提供了强有力的专业支持。

本区域内的许多区域中心和城镇、乡村都拥有独特的建筑和历史遗迹，能直接为凸显地区的特点、提升地区的价值和吸引力作出贡献。这些资源反映了自殖民地时期以来的文化演变，包括传统民居、民用和宗教性建筑、历史性的著名剧院、公园，以及与上述代表性建筑和历史街区相结合所形成的丰富内涵。

遗憾的是，不少地方未能充分借助公众支持，形成促进城市设计和历史文物保护的系统、程序或地方法规，导致损失惨重。例如，纽约市著名的宾夕法尼亚车站被毁，最终催化了社会各界表态支持美国最先进的地标法。该法案得到最高法院的支持，成功地使纽约中央车站避免陷入类似的厄运。纽约中央车站现在是强化后的曼哈顿中城的功能中心与视觉焦点。

对历史地标（凸显社区特征的中心因素）的保护存在风险，主要原因在于人们对它们所采取的保护行动并不均等。这些历史性资源面临的危机，主要包括毁坏、遗弃、用途变更或使用过度，以及区划调整或道路加宽所带来的无意识的破坏。不过，本区域也不乏在维护社区特质的同时促进适度开发，并在此过程中实现开发、保护双赢的成功案例。例如，提议在韦斯特伯里修建长岛表演艺术剧场，其目的就在于，通过翻修这一始建于 20 世纪 20 年代的古老剧院，刺激文化活动，促进地区经济的发展。

在鉴别社区历史文化资源、编制历史文化遗迹保护规划方面，政府、非营利组织都能提供援助。国家和各州的有关部门都颁布了历史文化资源名录，这些部门中也包括专门从事此项工作的国家历史遗迹注册机构。尽管列入目录不一定就能保证建筑免遭破坏，但确实有利于获得税收激励或专项资金，或使有关部门加大对相关方案的审核力度，减轻不利影响。

不过，地方政府行使权力仍被视为保护建筑、遗址或纪念性环境最为有效的方式。许多社区都已将历史遗迹保护的目标和相关要求纳入当地的总体规划与开发系统中。具体方式包括，或是制定当地的地标保护法并由专门的委员会管理，或是成立对规划委员会负责的地标顾问委员会。新泽西州通过了授权法，要求简化地方保护规章的制定程序。一旦依法设立，这些机构将研究、审核和划定重点地区，并对可能影响地标的变化或新建项目提出意见或加以管理。为此，需采用开发权转让等具体措施，为合理开发提供更大的自由度和更多的经济激励。

纽约州所采用的历史遗迹保护措施，在珀林的总体规划以及马马罗内克、拉伊和罗斯林的地方法规中都得到了充分体现。此外，普兰菲尔德、哈登菲尔德、普林斯顿、新泽西以及格林尼治、韦斯特波特、斯坦福和康涅狄格地区，都已成立历史遗迹保护委员会。

——三州大都市区的文化艺术

活跃于本区域的艺术团体为这里带来了巨大的经济收益，同时对提高生活质量意义重大，主要表现在吸引和留住企业、提高公共空间品质、强化邻里和区域中心。尽管如此，艺术和文化社区的发展仍很脆弱，上述诸多收益仍面临重重风险。

严酷的经济环境导致了本地艺术家、表演者和其他创意人才的流失。对公营、私营艺术机构的长期忽视或持续投资不足，将导致本地区已有的和新增的文化艺术宝贵资产不断贬值。

要维持艺术社区的发展，保持本区域在全国乃至全球的领先地位，确保旅游业的兴盛不衰，必须应对以下六个方面的挑战：

① 确保本区域作为创意人才首选之地的地位。凭借其吸引、培养艺术家及创意人才的能力，本区域在艺术方面得以保持领先。由于多数专业人才在此地往往是白手起家、多方开拓事业生涯，因此，满足这些专业人才创业的“起步”需要，对保证专业人才源源不断地流入至关重要。同时，必须保持本地健康的“孵化器”环境，允许专业人才从小规模、试验性场所脱颖而出，满足专业人才对机会的需要。一定程度上，艺术家们与本区域想要吸引的专业领域人才重点关注的问题是相同的，那就是本地的专业发展机会是否充足；在生活方式的选择上是否有足够的优势；是否避免了高昂的生活成本、犯罪、交通拥堵以及其他不利因素的影响。

② 将艺术融合到本区域的基本机制和相关资源中来。政府的投资动向和娱乐业的经济前景存在着许多不确定性。正因为如此，将艺术与企业、政府的活动及行动更为紧密地结合起来，已变得越来越重要。因此，艺术文化社团面临的一大挑战，就是如何在这些公共事务之上建立合作同盟，既推进文化艺术的兴盛，又促进整个区域的发展。

③ 满足艺术发展的资金需要。尽管文化和艺术对经济和生活质量影响重大，但它们通常被政府和企业看作是奢侈品。此外，文化产业的许多重要研发活动与市场的结合远不像商业化生产那样紧密。许多小型文化机构往往靠小额公共补贴或私人赞助来维系。非营利性机构、商业组织的赢利或成功，并不意味着相关创意的原创者得到了回报，或是社会环境对新创意有利。比如，许多人责问为什么百老

图表 82　艺术是提高本区域生活质量的重要资源

汇的剧场和剧作者们 1994～1995 年只上演了两部新的音乐剧。评论家们注意到，整个文化艺术产业的竞争越来越激烈，很明显，也越来越需要将有创意的想法、内容与市场更紧密地结合起来，并争取更多的公共补贴。

④ 确保在艺术教育、培训方面领先。本区域是艺术家培养中心，也是为本地、全国乃至全球的观众培养天才艺术家、表演者的中心。然而，如果不持续强化文化艺术人才的基础，并在制订系统行动计划等方面采取强有力的措施，本区域将难以保持全球文化艺术中心的地位。与之相矛盾的是，艺术教育又是本区域削减教育经费时首当其冲的项目。伴随文化艺术教育衰落的是人口的转型，新一代人在文化背景和需求的差异性方面明显超过了前一代。因此，无论是培养具有艺术欣赏能力的观众，还是新一代的天才艺术家，都需要艺术教育界付出更多的努力，做出更大的贡献。

⑤ 满足艺术发展对有形环境的要求。文化艺术和由此衍生的旅游业，无不受到运营条件的影响。如果某地的文化艺术资源数量大、种类多且已构成宝贵财富，那么，最大的挑战就是如何为这一财富提供便利的交通和充足的展示空间。本区域的发展规模、人口密度和拥挤的交通系统，已经给本地居民与外地来访者，尤其是那些区域核心以外的居民参与文化活动带来了极大的不便。尽管公交系统发达，但其主要目的是在上班时段连接居住区和主要就业中心，而不是以文化或休闲场所为目的地。随着交通拥堵和运营设施成本的上升、通达性的进一步下降，人们

享受文化设施的机会将进一步减少。如果在制定交通规划时以及在与各部门的合作中，能够更多地考虑人们的文化、艺术需要，将提高区域文化艺术设施的通达性，并吸引更多的游客。

⑥ 使所有社区方便地享受并参与艺术活动。尽管本区域不断增强的文化多样性是区域创新的一笔巨大财富，但在社区与传统艺术、文化机构之间依然存在着鸿沟。提升新一代和低收入群体分享并参与艺术活动的便捷度，既能促进艺术发展，又能巩固当地邻里的发展。文化艺术是塑造多样化的国际大都市和表达个人与集体独特性的重要渠道。艺术也为代际的交流沟通提供了重要机会。确保代表区域多元化的大型文化机构的领先地位并不断增加观众量，是建设区域性文化社区的另一关键要素。区域性文化社区的建设能够从当地丰富的文化资源中受益，反过来又将给这一宝贵资源带来丰厚的回馈。

注释

[1] Judy S. Davis、Arthur C. Nelson 和 Kenneth J. Dueker："The New Burbs：The Exurbs and Their Implications for Planning Policy"，*Journal of the American Planning Association*，1994 年冬季号，第 60 卷，第 1 期。

[2] Kim Kennedy："Edge Cities Dominate Office Market"，*AIA Architect*，1994 年 11 月。

[3] James W. Hughes、K. Tyler Miller 和 Robert Lang："The New Geography of Service and Office Buildings：A Rutgers Regional Report"，新布朗斯维克：罗格斯新泽西州立大学，1992 年，第 13 页。

[4] 美国经济分析局。

[5] "Transportation Choices 2020：Executive Summary"，第 2 页。

[6] 见 Peter Calthorpe：*The Next American Metropolis*，Princeton Architectural Press，1993；或者 Peter Katz：*The New Urbanism：Toward an Architecture of Community*，纽约：麦格劳-希尔有限公司，1994 年。

[7] 这些原则来自对以下文献的修改：Armando Carbonell、Harry Dodson 和 Robert D. Yaro：*Expanding the Ahwahnee Principles*（未出版的专著），1995 年 2 月。

[8] Benton MacKaye：*The New Exploration：A Philosophy of Regional Planning*，哈考特：布莱斯有限公司，1928 年。

[9] 在布鲁克林的工作经历，见 *Downtown Brooklyn Report*，1983 年。

[10] 区域规划协会：*Downtown Brooklyn：Strengths and Challenges Report*，1995 年 6 月。

[11] Linda P. Morgan 等：*Union County Model Site Redevelopment Project：Final Report*，区域规划协会/新泽西，1994 年 6 月。

[12] 同注释[11]。

[13] 1990 年美国人口普查,*Journey to Work*。

[14] 区域规划协会:"Transportation Needs of the Manhattan Central Business District",为纽约大都会交通委员会准备的报告(未发表),1992 年。

[15] Boris Pushkarev 和 Jeffrey M. Zupan:*Urban Space for Pedestrians*,马萨诸塞州剑桥:麻省理工大学出版社,1975 年。

[16] 同上。

[17] 美国人口普查局:"Housing Units Authorized by Building Permit",所选年份。

[18] 美国人口普查局:"Census of Retail Trade",1992 年。

[19] 美国人口普查局:"Census of Construction Industries",1987 年。这是已有的最新数据,很可能这一数字自 20 世纪 80 年代的建设高峰期之后已有所下降。

[20] 美国人口普查局:"Census of Retail Trade","Census of Construction Industries"。

[21] 这是区域规划协会在 20 世纪 60 年代和 70 年代所作的分析预测,当时政府推行的排他性分区规划将导致住房短缺、价格上涨和种族隔离加剧。

[22] 区域规划协会:*Household Formation in the Tri-State Region & the Demand for New Housing,1980-2015*. 雷吉娜·B. 阿姆斯特朗为大都会运输署准备的第 3 号工作文件,1990 年 9 月。

[23] 同上。

[24] 新的平均单位尺寸,源自"Statistical Abstract of the United States,1993"一文,1993 年。

[25] 假设首期付款 5%,按照区域调整中位收入乘以收入范围标准再乘以 2.5 计算,得到粗略的收入与按揭价值比。

[26] 区域规划协会和 Fairfield 2000:"Affordable Housing for Connecticut:The Results of the Greenwich Affordable Housing Competition",1989 年。

[27] 美国人口普查局:"Statistical Abstract of the United States,1992",见表 1213。

[28] 康涅狄格州:康涅狄格州保护和发展政策规划,1992～1997 年。

[29] 要了解纽约州这一方面的更多信息,请参阅纽约市住房合作组织 1993 年发布的"关于改进纽约州土地利用和开发许可审批程序的建议"。

[30] 1993 年的"Revenue Reconciliation Act"重新授权了这个计划,并计划永久实施。税收抵免部分由国家税务局指定的机构进行分配。在新泽西州,由适价房委员会作为负责机构,在康涅狄格州则由住房财务当局负责分发基金。

[31] NYC Housing Partnership,1993 年。

[32] 要了解新泽西适价房计划的更多信息,请参阅新泽西州适价房委员会:*The COAH Handbook...getting though the maze*;新泽西住房部:"Mount Laurel Ⅱ—10 Years Later";和 Art Bernard:"Affordable Housing Seen as a Constitutional Obligation",*Trends In Housing*,第 26 卷,第 6 期(1988 年 4～5 月),第 2 页。

[33] 1990 年美国物业税总收入为 1 550 亿美元,未偿还的房屋按揭贷款每 4 户中就有 1 户,共计 2.7 万亿。如果 10%的按揭贷款(2 700 亿)被扣除,再加上扣除 1 550 亿美元的当

地物业税，共计 4 250 万亿美元。美国住宅和城市发展部对低收入住房援助的预算是 73.7 亿美元（数据来自美国人口普查局："Statistical Abstract of the United States, 1992"）。

[34] Thomas Fischer："Low-Income Housing：Avoiding our Past Failures"，*Progressive Architecture*，1994 年 5 月，第 49-55 页

第八章　通 达 方 略

真正意义上的区域通达，要求实现人员、货物的自由流动。为此，下述的三个要素要达到以下标准：

- 公交体系完善，能为区域内更多的居民提供服务。
- 高速公路网整体上无拥堵。
- 货运交通系统完善。

转型、提升是本章的核心概念。通过重新认识交通运输体系的运行原理，可更快地实现转型、提升的目标，进而为满足人们的迫切需要提供新型服务。

1. 主要问题

交通运输系统固有的限制性，加大了满足区域多元化交通需求的难度。这些限制因素既包括物质因素，更包括制度因素，还有一些超乎想象的因素。我们大都听说过的公交拥挤，即便没有亲身体验也可以想象得到。但有多少人能意识到我们的公交系统还有许多设施尚未使用、使用不足或彼此不衔接呢？举个例子，东河的第 61 街过河隧道由两层组成，上层为快速地铁，下层为通勤铁路。上层已投入使用，但载客量远达不到设计标准，再加上与其他线路衔接程度低，基本上不能为皇后区居民提供良好的交通服务；下层的通勤铁路则从未通车。又如，在延误了十几年后，现在仍需修建从第 2 大道的隧道末段至公园大街下穿越曼哈顿的铁路线（接入纽约中央火车站）。再如，狱门桥作为宾夕法尼亚庞大铁路系统的重要组成部分，其作用本应相当于州际高速公路，运力足以满足区域需要，但至今仍严重闲置[仅承载了美铁（Amtrak）部分列车的运量，服务量甚至不及一条私营线路]。其他公交线路如长岛铁路大西洋支线以及曼哈顿的 BMT

百老汇线，运营情况均十分糟糕，运量远未达到设计水平。

(1) 通勤列车

得益于过去 15 年来在更新设备、车站重建、轨道及信号系统方面的大幅投资，三条区域通勤铁路的运载量持续增长。不过，如何方便地搭乘列车仍是老大难问题。一些人本可从家中出发步行去通勤车站，但众多车站附近的低密度区划限制了这种可能。当火车站的停车位充足时，一些人选择开车到火车站，所以停车位本身就是问题。当地居民通常排斥新增停车设施，因为它们增加交通量并占用商业用地从而影响了税收。另有一些人乘公交车或穿梭巴士去火车站，但提供这类“支线服务”的成本很高，并且对大多数人而言很不方便，难以忍受。要使公交系统具有吸引力，就必须找到多种交通方式的适当组合，同时避免停车带来的消极影响。由此可见，要综合解决这些问题并不容易。

从郊区到曼哈顿的主要就业中心之间缺乏直接、通畅的交通联系，使区域中心和郊区的经济利益同时受损。下曼哈顿受到的限制尤其明显：来自新泽西、长岛、康涅狄格或纽约北部地区的人们乘坐列车进入下曼哈顿，至少需换乘一次。对长岛居民而言，唯一能轻松抵达的是曼哈顿中城西部。居住于纽约大都市区运输署下属的大都会北部铁路和长岛铁路沿线的乘客，由火车站进入曼哈顿中城，就面临着地铁拥挤、出租车车费昂贵以及步行距离过长等问题。前者到曼哈顿西区不便，后者到东曼哈顿困难。此外，目前仅有三条新泽西通勤铁路进入曼哈顿，且随后仅停靠曼哈顿中城西部的宾夕法尼亚车站。其他所有利用新泽西通勤线的乘客都必须在新泽西境内换乘纽新港务局所属的哈得孙河捷运线或轮渡，结果是新泽西居民到曼哈顿中城东部十分不便。

通勤铁路系统还存在以下不便之处：

- 城市员工到郊区就业的“逆高峰方向”服务频率低；同时，郊区办公场所通常距火车站过远，超出了步行距离。
- 缺乏从长岛到新泽西，或从新泽西到威彻斯特、康涅狄格的贯通式交通服务。
- 非高峰时段及周末，许多地区服务受限。例如，长岛通勤铁路的西亨普斯特德和奥伊斯特贝湾线，北通勤线的沃特伯里、丹伯里线，以及新泽西通勤铁路的格拉德斯通、布恩顿、蒙特克莱尔和帕斯凯克峡谷铁路线，都存在类似问题，其中后三条线路完全没有周末服务。

更为严峻的是，本区域不少地方根本没有通勤铁路服务。多数新的郊区，或处于已有线路之间，或超出了上述范围。很多地处城郊公交服务边缘的居住区尽管离区域中心更近，但是，居民们既无法享受城市公交服务，又缺乏通勤铁路服务。新泽西州的伯根县东部和纽约州的罗克兰县虽然到曼哈顿的直线距离相对较近，却是离铁路服务最远的郊区。

针对以上问题，解决方案时有提出，可谓创新思路层出不穷。不过，尽管本区域 70 多年以来一直致力于规划建设新的铁路设施，但在过去半个世纪里所取得的实际成效甚微：新增的快速地铁里程微不足道；通勤铁路线非但没有增加，反遭废弃；高架快速铁路被大量拆除，且再未更替。很明显，行动滞后与公共资金匮乏直接相关。不过也存在以下问题，即区域内的规划人才分散在十几个次区域级公交机构内，各机构各有其行动方案，却无一着眼于长远或区域的目标，并具备相应的工作机制。这些拥有大量敬业职员的公交部门已认识到问题的根源所在，并已开始进行实质性的相互沟通。不过，我们仍须用新的方法来建立真正具有区域意义的轨道交通服务网。

(2) 地铁

纽约地铁系统是本区域轨道交通系统的核心。地铁日载客量超过 300 万人次，年载客量达 10 亿人次，轨道长达 280 余英里，站点 469 个。该系统设施陈旧，且因多年投资不足，状况日益恶化。为摆脱这一窘况，过去 15 年里的投入已超过 100 亿美元。脱轨隐患、火灾隐患、车门失灵和涂鸦现象都已解决，并在车厢内安装了空调。

该地铁系统仍有诸多方面需要改进：

- 除少数特例外，车站的总体状况较差。
- 运行速度慢，平均时速仅 20 英里。从曼哈顿到外围地区如布朗克斯、布鲁克林以及皇后区，需耗费一小时。
- 在四大区内地铁服务覆盖的大多数地方，尽管站点多，但住地离地铁站很远，超出了步行距离。因此，人们不得不乘公交车(另购票一次)再转乘地铁上班。纽约市 25%以上的居民住地距地铁站 1.5 英里以上，他们集中于皇后区东南、东北部、南布鲁克林部分地区、北曼哈顿东北区，以及布朗克斯的中部、东北地区。只有斯塔腾岛小部分居民的住地与单向的南岸斯塔腾岛快速专线距离合理，步行可达。

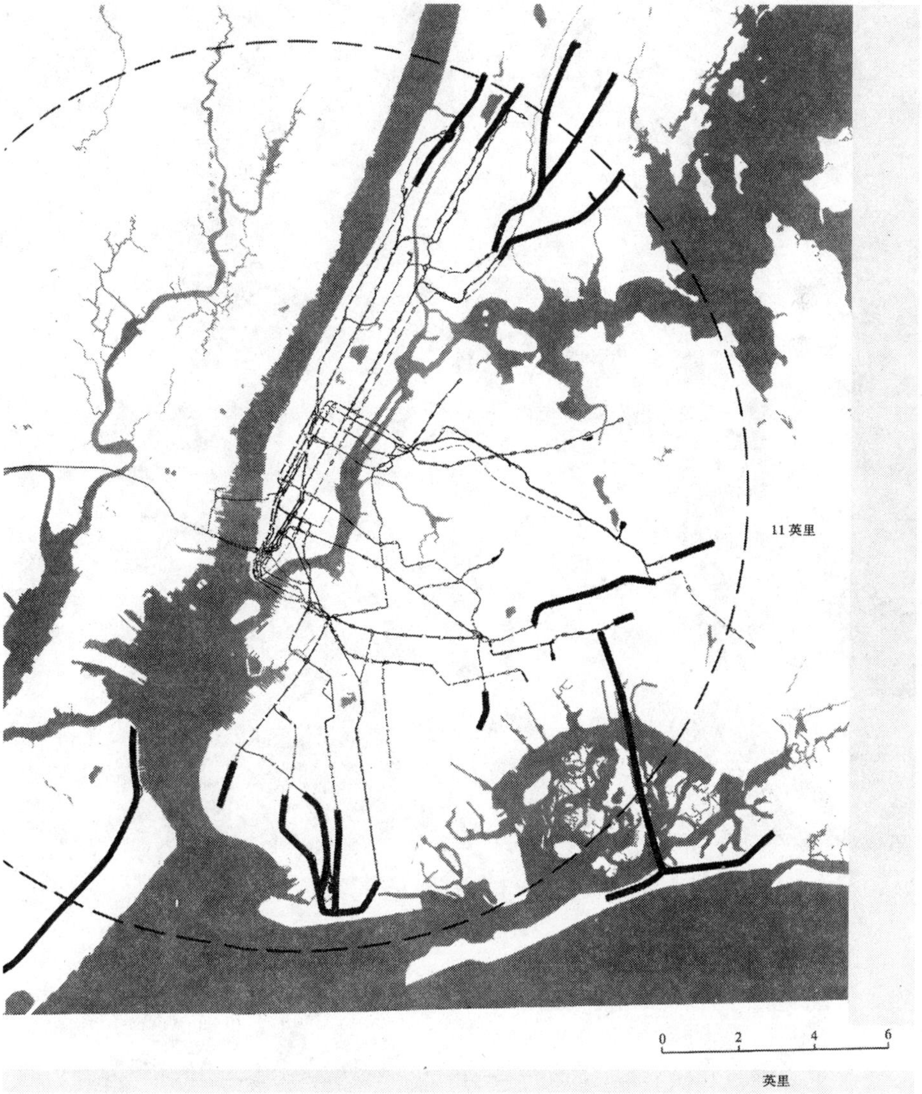

图表83　运行过慢的地铁线路：发自曼哈顿中城（第42街和第6大道）或中心城区（福尔顿大街/百老汇、拿骚）的地铁车行时间超过30分钟

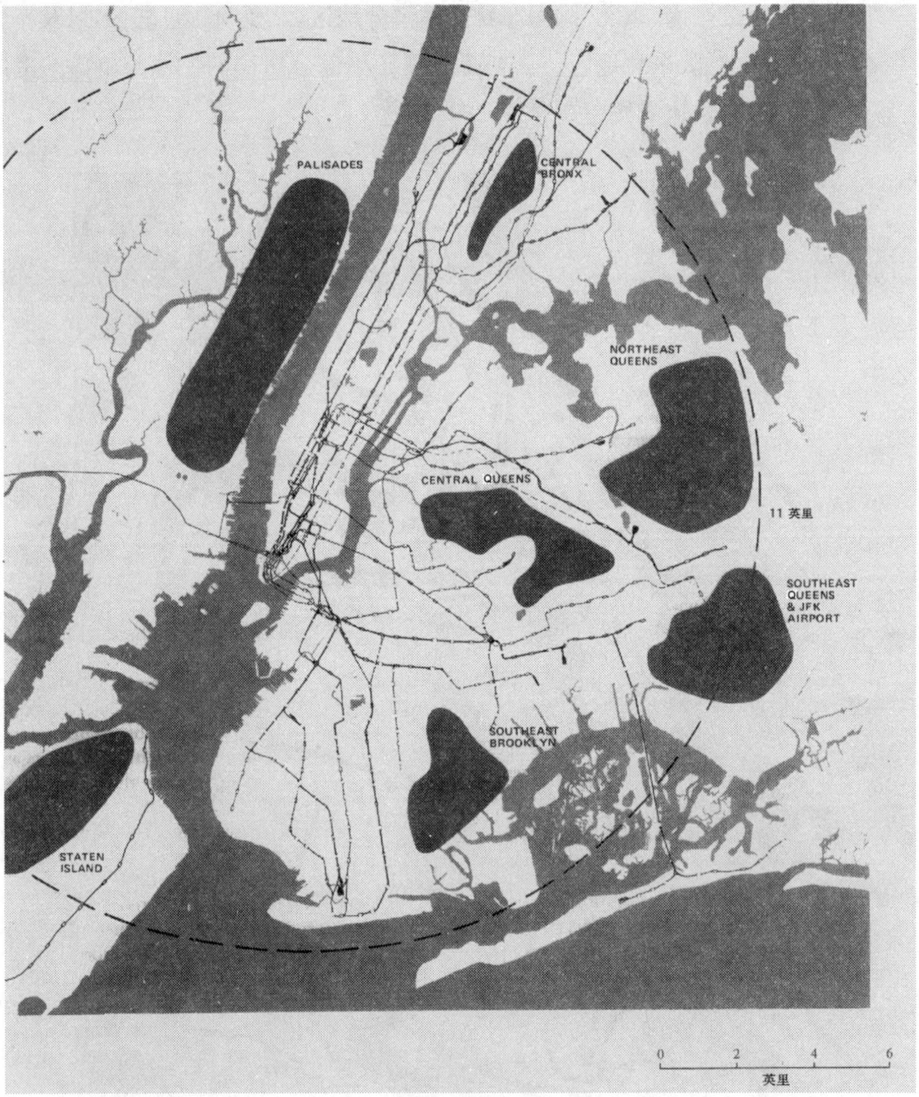

图表 84　地铁服务未覆盖的主要地区

- 许多线路和站点过于拥挤，已到了不堪忍受的程度。情况最为恶劣的是莱克星顿大道线和发自皇后区的 E、F 线。拥挤造成站台阻滞及长时间的站内延误，并增添了不安全因素。这其中又以第 53 街和莱克星顿大道站的问题最为严重。

- 地铁系统中保留了 70 英里长的高架线，它们在经济大萧条前甚至早在国内战争时期就已建成。这些线路破坏了周边的环境，引发民怨，且维护费用高昂。

目前地铁系统最大的问题是公众始终认为地铁不安全。这一观念早在十几年前就已存在。尽管过去 5 年中犯罪率下降了 50%，乞讨等现象也得到遏止，但乘客仍觉得地铁不够安全。人们感到地铁的乘车环境无法控制，更加重了不安全感。由于缺乏维护资金，20 世纪 70～80 年代早期，地铁变成了肮脏晦暗之地。具有讽刺意味的是，尽管用于地铁再投资的资金高达数十亿美元，这一状况却至今仍未改观。地铁是一种公共财产，但很多人怯于使用地铁，在深夜或凌晨更是如此。实际上无论怎么衡量，在地铁中受伤害的几率远远低于私家车可能造成的伤害。但驾车者却坚持认为，驾车时他们能控制，至少是能部分控制可能面临的危险环境。总之，要使对于地铁不安全的认知不再加深，至少应为人们提供舒适的乘车环境，如充足的照明、整洁的洗手间等。

(3) 公共汽车

与轨道交通网络相比，常规公交网络更易根据新的市场需求进行配置，因此更具灵活性。不过，除个别特例外，公交车一般要和其他机动车包括货车一样，在拥堵的道路上行驶，因而准点率非常低。乘客们可能今天准时到家，明天则要迟到 20 分钟，后天甚至迟到 45 分钟。由于更多居民选择乘坐收费便宜的小巴士或者购买私家车，近年来纽约市搭乘公共汽车的乘客已持续减少。在纽约市内，因为公交收入下降而不得不削减服务，已进一步导致了乘客数量的下降，陷入恶性循环。在人口密度更低的地区，潜在乘客数量未达到最低门槛，开展覆盖面广、频率高的公交服务难度更大。

直达巴士从外围地区出发，在地铁服务无法覆盖的地段运营，虽然给居民带来了便利，但也造成了曼哈顿中城内部和巴士沿线邻里街区的交通拥堵和空气污染。从郊区出发的直达巴士所提供的服务，大多限于哈得孙河以西的纽约地区和新泽西，495 路公交专用线使之行驶较为顺畅。该专线堪称世界上最繁忙的路线，即将达到饱和。但在大多数情况下，公交车都必须在拥挤的道路上行驶，晚间高峰时段尤其如此。纽新港务局客运总站的使用效果也大打折扣，因为其距离人们的上班地点过远。

(4) 轮渡服务

从20世纪80年代中期开始，轮渡服务在本区域获得新生。它们为缺乏常规地面交通模式，同时又具备登船场所的地点提供交通服务。这些渡口或是步行易达并与其他交通方式衔接，或是能够提供停车服务。如曼哈顿世界金融中心至新泽西霍博肯线、威尔肯至西38街线以及大西洋下曼哈顿线等轮渡服务就完全符合这些标准，并且在码头设施建设方面均得到了公共投资或私营部门的有力支持。纽约航道公司在上述前两个市场的经营中大获成功：他们在新泽西为乘客提供了舒适的环境和便捷的停车服务；在曼哈顿提供了公交服务。其他轮渡服务之所以不成功，原因在于不具备这些条件。本区域水道众多，因此我们应继续寻找适合轮渡发展的市场空间。

(5) 公路

20世纪50～70年代，高速公路建设爆炸式持续推进。不仅建成了多条收费公路（纽约州收费公路、新泽西州收费公路和花园州公园大道），州际高速公路网也完成大半，同时已将一批州际高速公路拓宽、改造成为限制穿越的公路。目前本区域公路的建设速度已有所放缓——由50年代每年62英里下降至近十年来每年7英里左右，早年的大规模建设局面将难以再现。本区域内的最后一条州际高速公路现已建成。拓展高速公路网络的提议陷入了争议，高速公路预算目前集中于对已老化的高速公路网络的维护，以及利用公路管理系统提高效能与生产效率。

同时，高速公路通行量的增长趋势也逐渐转缓，但现在判断这是短期还是长期趋势仍为时过早。如果高速公路使用量不再大幅增长，我们将无须提高高速公路的通行容量。但如果出现了强劲的开发建设势头，我们就必须将其引导至区域中心。在那里，公交、步行和自行车可替代私家车出行。总体而言，增加道路通行容量的时代已经过去，我们要坚守这一底线。因为如果继续沿用这一模式，将引发新的窒息性交通拥堵以及大面积的蔓延式开发。郊区开发项目最符合地方利益，实际上吸引了更多的汽车进入已十分拥堵的道路。这样的情况重复出现，累积性区域效应致使交通拥堵加剧、生活质量下降、空气质量恶化和区域生产效率降低。

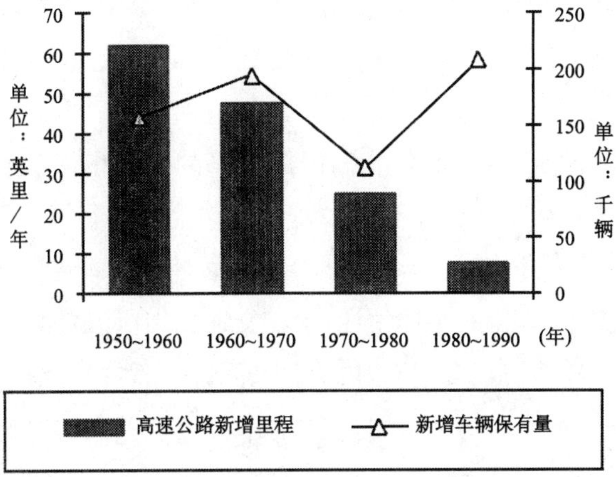

图表 85　年度高速公路新增里程及新增车辆保有量(千辆)的十年变化对比,1950～1990年

导致越来越多的车辆涌入本区域道路系统的因素还包括：

- 区域内大部分停车设施都是免费的。即使不免费,很多雇主也会为其员工支付停车费。联邦税收法允许每月发放150美元的非税附加费,用以补偿员工的停车费。20世纪80年代中期,有关方面对途经哈得孙到曼哈顿的私家车通勤者进行了一项调查,结果表明,一半以上的通勤者得到了雇主的交通补贴。但是根据法律,雇主对使用公共交通的员工只能提供每月60美元的非税附加费,尽管他们的实际支出成本与驾车员工的支出持平。这种差距可理解为政府对公交使用者实施了60%的处罚。
- 与通货膨胀和公交费用上涨相比,油价反而下降。扣除通货膨胀因素之后,油价已降到75年来的最低点[1]。汽油已成为你所能购买的最便宜的液体,比牛奶、啤酒、可口可乐或者是瓶装饮用水都要便宜。但与其他液体不同,汽油是不可再生的。
- 越来越多的人具备了驾驶私家车的能力。在区域内很多地方,持有驾照的人数甚至接近当地的就业人数。20世纪80年代,即使是“婴儿潮”年代出生的最年少市民,也已能满足起始驾车年龄的要求,他们进入劳动力市场后不久,就引发了过去十年驾车出行量的大幅增长。

- 现行道路收费政策落后,它们违背了最基本的市场原则——对稀缺资源收取更高费用。实际情况是,对在最拥挤时段使用道路的通勤者,对他们的收费反而有一定折扣。

可以聊以自慰的是,本区域并非国内最拥挤的大都市区(位居榜首的是洛杉矶),但我们的交通拥堵的问题并不能因此而自动地得到有效改善,这是极具挑战性的重任。否则,我们终将无法承受。况且,交通拥堵成本巨大,已进一步削减了我们的竞争力。据 1991 年的一项估计,由于交通拥堵所浪费的时间和多耗费的汽油已导致本区域每年经济损失达 66 亿美元,即每车年均损失约 1 100 美元。与之相比,达拉斯的这一数字为每车年均 900 美元,而亚特兰大仅为 650 美元[2]。

(6) 货运

本区域的货运交通存在诸多缺陷,大部分基础设施需要更新,亟需修建多条关键接驳线,而交通拥堵问题进一步加剧了这一缺陷。商业货运给主要道路和航道带来拥堵,同时自身又为拥堵所累。作为回应,货运公司对纽约地区的货物配送被一律要求缴纳额外费用。因此,一辆货车由新泽西行驶至长岛的花费,与从新泽西驶往 400 英里之外的匹兹堡相当。许多运输公司已将其货运和仓储基地转至远离城市地区的未开发用地,并沿本区域州际公路主要交叉口分布,如密德萨斯县、纽约收费公路和橙县的 84 号州际公路交会处等。总之,上述举措加大了仓储地距运输目的地的车行距离,因此将产生更多的交通量。而且,这一解决方案只有在油价保持低廉的情况下才能奏效。

由于多种原因,区域内的铁路货运在与公路货运竞争时面临重重困难。首先,城市铁路货运站附近缺乏足够的扩建空间,使得现有的承运商发展受限,潜在的承运商更难以进入市场;同时,纽约地区多数货运轨道垂直净空不足,无法使用双层叠置集装箱火车;另外,奥尔巴尼以南尚无贯穿哈得孙河的铁路交叉点,导致线路迂回、服务迟缓。纽约市和长岛的小型短线货运公司、长岛铁路公路货运部、纽约跨港铁路公司尽管推出了几项新的计划,却因成本高昂、服务缺乏吸引力而失去了市场份额。此外,据估算,重型货车的使用费并未体现里程数与基础设施耗费成本,这既导致了不同交通模式间运营条件的不平等,又将基础设施维护压力转移到了其他交通方式上[3]。

本区域作为国内首要的航空货运枢纽，其地位正因机场状况恶化、机场公路通达性降低和机场周边扩建空间不足而受到威胁。更重要的是，持续的财政不稳定、金融破产、公司兼并以及航空业萎缩，都可能导致大量的承运商和运输线路合并，从而给本区域的发展带来不利影响。大航空公司间的合并可轻易导致航班再分配，以及航空公司运量的再分配。例如，美国航空公司和英国航空公司的合并，导致大量在纽约中转的航班被合并至美国航空公司的匹兹堡枢纽港。

总体而言，本区域的海运码头是大西洋沿岸地区最大的码头，特别是在新泽西和斯塔腾岛，既有扩建的空间，又与主要铁路线和重要公路线紧密相连。然而，本区域港口的市场份额却日趋下降，部分原因在于高成本和对安全问题的担心。自1967年以来，本区域港口吞吐的进出口货物总吨位一直保持稳定，但在北大西洋贸易中占有的份额已从1967年的60%下降到1990年的40%。同时，全球贸易已被太平洋地区所主导，美国港口总贸易在全球的份额已由1967年的近20%下降至1990年的8%以下。此外，我们的航道相对较浅，而通过疏浚来加深航道已引发环境方面的担忧。

2. 区域公交系统发展的新视野

随着道路上私家车越来越多，公交系统亟需改善——以留住现有乘客，吸引更多乘客。公交系统的维护远不止是一项工程性的艰苦工作，能否重新获得人们的信任才是公交系统应当维护的重要衡量指标。在此环境下，维护不再只是进行同类替换，它意味着提升整个系统的标准，从而吸引那些从未使用过公交系统或已多年不使用公交的人们。这一点在地铁系统中尤为明显。地铁是迄今为止公交系统最重要的组成部分，乘客占到搭乘公交的人数总量的一半。然而地铁系统仍需大量的再投资来提升运行速度、降低拥挤程度、扩大服务范围或改进部分地区服务不良的状况。应该说，本区域的通勤铁路已极大地改进了多项服务。下一步，我们要做的将是确保人们更容易到达车站。这意味着要为步行友好型居住区和城市中心的居民们增加步行或骑车到达车站的机会。为此，应在车站附近聚集新的开发活动，同时更妥善地布置停车设施。在区域核心地区内，应进一步提高通勤铁路网进入商业中心的便捷度。同时，必须建好三条现有轨道线路之间新的接驳线，这样才能真正形成公交网络。

线路	最大运营车辆数	线路(英里)	车站数	年客运量(千人)
通勤铁路				
新泽西铁路(NJ Transit)	589	398	158	47 552.1
大都市区运输管理局-长岛铁路(MTA-LIRR)	979	312	134	90 534.0
大都市区运输管理局-大都会北部铁路(MTA-MNRR)	702	268	108	57 398.6
合计	2 270	978	400	195 484.7
快速地铁				
大都市区运输管理局-纽约市捷运局(MTA-NYCTA)	4 877	247	469	1 325 706.5
大都市区运输管理局-斯塔腾岛捷运(MTA-SIRT)	36	14	22	5 355.2
纽新港务局过哈得孙河捷运(PATH)	297	14	13	60 107.8
合计	5 210	275	504	1 391 169.5
轻轨				
新泽西捷运(NJ Transit)	16	4	11	3 283 1
公共汽车				
康涅狄格州-当地公交(CT Local)	200	585	—	43 828.3
新泽西捷运(NJ Transit)	1 551	1 443	—	113 449.9
新泽西-私营(NJ Private)	991	2 337	—	67 507.1
大都市区运输管理局-纽约市捷运局(MTA-NYCTA)	2 963	2 337	—	656 105.2
纽约市-私营(NYC Private)	983	757	—	80 009.7
大都市区运输管理局-长岛公共汽车(MTA-LI Bus)	261	447	—	26 376.3
纽约郊区公交(NY Suburban Local)	29	16	—	36 550.6
合计	6 978	7 922	—	1 023 827.1
总计	14 474	8 201	—	2 613 791.4

图表 86　1991 年区域公交网覆盖范围与乘客数量统计

20 世纪 70 年代后期，因长久以来维护不足，本区域的地铁系统和大部分通勤铁路设施几近瘫痪或崩溃。1982 年兴起的大规模更新运动得以集中力量，力争使上述系统恢复至“良好状态”。虽然这种更新十分必要，但人们几乎没有考虑过对系统进行重大改善或线路调整。今天，我们必须跳出 20 世纪 80 年代早期的拯救心理。过去 25 年来的状况表明，使系统恢复良好状态的确十分重要，现在也依然重要，但花钱更换已有线路的轨道，并不能在现有基础上带来更多的收益。而如果花钱将轨道铺置在新的线路上，或提供一套全新的服务，却能产生新的收益从而提升价值。例如,新的线路通过减少拥挤和向原服务不足的社区提供更快捷、更优质的服务,将吸引更多乘客。同时,由于运行速度更高、车站间隔更合理、线路设置更科学,也就减少了重复服务、降低了路面维护需求,运营成本也由此而降低。此外,将年代久远、需频繁维护的高架线路替换成地下或地面线路,还可消除维多利亚时代遗存的建设性破坏。区域规划协会正是抱着确保每一分钱都应该花得更有价值、更精明的态度,提议对区域轨道交通系统进行调整。

目前,必须更加注重改造衰败、沉闷的车站。除了必要的美化工作外,如更换瓷砖、修补管道渗漏、清理垃圾,还必须重建一些重要车站。成功再建的案例包括新宾夕法尼亚车站——使之成为长岛铁路的总汇集点,以及原百老汇 BMT 线上的第 57 街/卡内基大楼站。新车站工程应更加注重安全问题,并确保提供清晰、准确的地铁运行信息。针对过度拥挤问题,应以每位乘客占用空间 4 平方英尺的最低标准为目标,对系统进行提升。

要解决安全感不足的问题,必须提供更好的照明,对行人稀少的过道和走廊进行重新设计,并运用透光天井等形式扩大车站入口,使车站内能引入更多的光线与新鲜空气。此外,需在车站建筑内部增设更多的楼梯通行设施,减少出入地铁的乘客与沿街行走的人们之间的冲突。楼梯本身也应更宽、台阶更浅、更易于上下。更多的自动扶梯也将有助于改善站台间的人流秩序。其中需要优先改善出入口的车站包括:第 72 街的百老汇车站、第 42 街的时代广场车站、大西洋大街的纽约市快速地铁/长岛铁路交会站、布鲁克林的迪卡尔布大街车站、皇后区的牙买加中心和罗斯福/第 74 街车站,以及布朗克斯的佩勒姆湾和第 161 街车站。

与此类似,通过改善车站条件,包括提供供暖设施、设置售票点和休息室,建造更易上下车的高层站台,以及在特定地点增设停车设施等,也将增强通勤铁路的吸引力(见“区域中心方略”)。

提高车速不仅能增强对乘客的吸引力,还能使车辆的利用更充分,从而提高系统的运行效率。通过改进信号系统、轨闸与转辙系统、铁轨升级、无缝衔接、通用驾驶室信号,以及设置更多跃行站和直达服务等方式,可提高车速、提升舒适度。上述改进还将使载客量的增加成为可能。在非高峰时段和周末,可减少车厢节数、增加车次,以实现更频密的服务。通过在通勤铁路中引入单人操作系统或自助收费系统,可抵消新增劳动力的成本。

通过设立更多的快车和跃行站，也可提高公共汽车的行车速度。在车站的步行距离和车次频率之间，确实需要加以平衡。同时，必须防止邻里间服务不均等问题的出现。新增的公交快车服务应对已有的公交慢车线路形成补充。在公交服务区及服务强化区，公交优先往往能有效减少交通拥堵，在不提供轨道交通服务的走廊地带尤其如此，如新泽西中部的 9 号线走廊。

最后，提供实时、便捷的公交系统信息，对吸引和保住客源，尤其是对偶而搭乘的乘客至关重要。如乘客不能便捷地获知列车到站时间，或公交车停靠地点，以及在哪里购买车票或乘车代币，而私家车却可以随时出发的话，那他肯定不会继续努力寻求解决上述棘手问题的答案了。我们可通过多种方式改善信息系统，从而方便乘客出行。例如，告知乘客列车的延误情况与备选车次、车辆意外情况与相关站台；提前向乘客提供线路和票价信息；在车站、停靠点向乘客提供时刻表、收费标准、周边区位图以及可供选择的道路信息等。电话语音自动信息服务现已投入使用，如美铁和航空公司都已提供这类服务。对用电话咨询或向公交站问讯的乘客而言，随着正在兴起的交互式电脑技术的广泛运用，出行服务信息的精确性和及时性将进一步提高。

3. 有关建议

第一次区域规划提议采取大规模的行动，通过兴建数百英里的公路、铁路来重塑区域。本次规划的目标同样大胆。鉴于一大批独立的交通项目早已在本区域投入运营，现在，只需修建极少量的铁路、公路，就可将整个区域连为一体，方便全体居民的使用。

我们已有七条彼此邻近的很好的区域次级铁路线和地铁线，只要再建几英里的轨道，弥补现有系统间的缺口，即可形成一条专门的、连贯的、高度整合的、构成区域框架并且多段高速运行的铁路线网络——区域高铁系统。本区域轨道交通网络的建成，将使乘列车出行变得和驾车出行一样轻松。因此，区域规划协会提出新建数英里轨道，实际也是公路兴建行动的重要内容。因为实现了轻松的列车出行，十几年后公路的拥堵将不再加剧。

在重塑后的区域内，人们清晨离开家时，可以在一个兜里装私家车钥匙，另一个兜里装铁路通行卡。区域规划协会提出的“消灭拥堵计划”,还得到了另一项行动即“加速货流计划”的大力支持。当人们在道路上不再需要躲避那些移动缓慢的“物件”,如邮政包裹、桶装啤酒、压缩光盘、钢筋或其他货物时,其出行将更加自如。

——16 项交通目标

关于区域在公交系统中究竟最需要什么、最希望得到什么,目前并无统一的意见。区域规划协会认为,相关前景至少应满足以下 16 项目标:

① 增进区域内雇主与劳动力市场之间的交通联系。

② 将郊区的公交网和位于区域中心的所有主要活动中心相连,尤其是有效连接长岛至曼哈顿中城东部、下曼哈顿,北部郊区至曼哈顿中城西部、下曼哈顿,以及新泽西居住区至曼哈顿中城全域和下曼哈顿。

③ 改进通往布鲁克林中心城区、牙买加和纽瓦克等区域主要城市中心的公交服务。

④ 加强区域郊区地段间的联系。

⑤ 加强纽约市外围各区间的联系。

⑥ 改善纽约地铁系统最拥挤路段的交通状况,包括莱克星顿大道线和皇后区 E、F 线。

⑦ 将新泽西铁路梅多兰慈改造工程即卡尼接驳线、蒙特克莱尔接驳线和锡考克斯换乘站建成后可能增加的客流,全部纳入宾夕法尼亚车站换乘范围。

⑧ 将铁路及地铁服务拓展至目前服务不足的地区,包括布朗克斯中部、皇后区东部、伯根东部和罗克兰德县。

⑨ 对从布朗克斯、布鲁克林和皇后区外围地区开往曼哈顿的公交车,采取提速措施。

⑩ 在地铁系统和地面交通两个层面,强化曼哈顿中城内环交通系统。

⑪ 针对通往林肯隧道的专线巴士过分拥堵状况,采取有效的改进措施。

⑫ 建设通往皇后区两大港务局机场的轨道交通线。

⑬ 为所有区域公交建立通用的交通收费系统。

⑭ 打通铁路货运的哈得孙河瓶颈。

⑮ 提高新泽西州与纽约州之间的货车通行能力。

⑯ 减少本区域“内圈层部分”街道及公路上不必要的机动车流量。

本章建议“通达方略”应涉及以上所有目标。这些建议可分为四类:第一类是提升和维护现有公交系统,从而留住现有乘客并吸引更多新的乘客;第二类是将现有轨道交通网改造成为真正的区域性网络,即区域高铁系统,从而提升本区域在全球市场体系中的竞争力;第三类是采取有效措施改善公路拥堵状况,增加公路系统的可靠性,降低延误成本;最后一类是改进货运网络,降低区域内货运成本。以上四方面可分项归纳如下:

① 提升公交系统。

- 减少车厢节数,增加发车频率,提高非高峰时段的行车频率。
- 增设更多的跃行站和快车服务。
- 提供清晰、准确、实时的信息。
- 使区域“智能卡”和自助收费系统得到通用。
- 改善地铁车站的照明条件,重新设计车站,加宽通道,缩减行人稀少区,建造更宽、台阶更浅、更易上下的楼梯和更多的自动扶梯以改善人流状况。
- 使地铁人均空间达标,以缓解拥堵的公交线路。
- 在通勤列车站安装供暖设施,设置售票点、休息室。
- 在通勤列车站建造高层站台,进一步方便上下车。
- 在步行难以到达的地段,增加通勤列车站的停车设施。
- 改进信号系统,提高车速。
- 改进轨道路基,采用无缝衔接铁轨,提高乘坐的舒适度。
- 采用统一的机车调度信号。
- 采用自助服务售票系统以降低成本。
- 采取快车和跃行站等措施,实现公共汽车提速。
- 公交车优先,避免交通拥堵。
- 以新型高速的轮渡系统,占据独特的市场空间,重点在临水区和斯塔腾岛等特殊区位,提供比公共汽车或铁路公交服务更直接、更高效的服务。

② 建造区域高铁系统,新增铁路轨道。

- 将长岛铁路与大中央车站接驳。
- 形成从华盛顿港到肯尼迪机场,途经曼哈顿中城西部、下曼哈顿和布鲁克林中心城区的百老汇高铁系统。

- 形成由哈肯萨克梅多兰慈体育城出发，穿越曼哈顿中城东部至大中央车站，再到下曼哈顿，直至皇后区牙买加的高铁系统。
- 形成从新泽西锡考克斯镇或帕特逊出发，途经曼哈顿中城东部到达皇后区牙买加的高铁系统。
- 新建一条第 2 大道地铁线进入布朗克斯，一条支线发自合作城，另一条发自大广场街，延伸至下曼哈顿和布鲁克林中心城区。
- 形成从斯坦福出发，经由宾夕法尼亚车站至新不伦瑞克的三州高铁系统（Tri-State Rx）。
- 连接布鲁克林、皇后区和布朗克斯的三区高铁系统（Triboro Rx）。
- 将皇后区的地铁线从牙买加延伸到劳雷尔顿。
- 恢复通往奈阿克西部的西岸铁路。
- 修建贯通区轻轨环线。
- 修建纽瓦克至伊丽莎白的轨道接驳线。
- 修建穿越拿骚的轻轨接驳线。
- 修建斯塔腾岛轻轨。
- 在长岛市的森尼赛德区建设新的长岛铁路线车站。
- 更换 1.7 英里长的麦克唐纳德大道和 2.8 英里长的卡纳西高架线。

③ 通过物质环境改变和市场手段，消除交通拥堵。

- 拓宽部分道路。
- 完成“断头”公路间接驳线的建设，支撑区域中心。
- 改造公路瓶颈地段。
- 对可能引发更多土地开发的新建公路项目予以否决。
- 利用供需手段，更好地管理公路交通。
- 促进用人单位采取奖励措施，如发放交通补贴券，向无停车费雇员发放现金等，鼓励员工使用公共交通或“拼车”。
- 取消高峰时段的收费折扣，减轻高峰时段的交通拥堵程度。
- 在免费通行的东河大桥上设置收费站。
- 根据时段及交通拥堵程度的不同，建立差异化的电子收费系统。

④ 提升货运系统竞争力。

- 兴建一条货运铁路线，使之跨过所有穿越哈得孙河的客运线。
- 投资铁路建设，由铁路来承运需长距离运输的固体废弃物，改善基础设施投融资不足的状况。
- 不能用歧视货车的方法来减少交通拥堵。
- 在哈得孙河和东河交汉口，合理设置货车收费站，鼓励货车司机在非高峰时段使用不太拥挤的交通设施。
- 利用新技术减少拥堵，保障货车通行。
- 减轻货物对环境的危害。

4. 区域高铁系统

预测表明，在未来十几年里，人口将快速增长并导致通勤需求的增加，而区域规划协会提出的区域高铁方案几乎能满足所有上述需求。区域规划协会预测，2020 年曼哈顿方向的日均新增工作出行量将超过 23 万人次。这些增量如由轨道交通承运，新增五组轨道即可满足需求；而如果由公路承运则需建 80 个车道。上述新增出行量中，预计 5.6 万人次来自皇后区和布鲁克林；3.2 万人次来自拿骚和萨福克县；从新泽西进入曼哈顿的出行量预计为 7 万人次，主要来自哈得孙、伯根、埃塞克斯和米德尔塞克斯县；另有 1.3 万人次来自邻近纽约的橙县和罗克兰地区。

至于纽约市行政区范围内的出行，预计将有 5 万个新增工作出行产生于皇后区；4.8 万个产生于布鲁克林；超过 4 万个新增工作出行产生于其余四区。对新泽西而言，在邻接纽约市的县，通勤人流将显著增加，最突出的将是埃塞克斯、哈得孙、尤宁县、帕塞伊克和伯根县。如果不通过区域高铁系统或其他工程来为上述新增出行做好准备，则几乎可以肯定地说，上述出行增长将无法实现。区域高铁方案将大大提高出入区域核心地区的通行能力。为满足上述交通需求，必须采取的措施包括：利用东河底部从布鲁克林到下曼哈顿的一条新隧道即第 63 街隧道，开通从布朗克斯到上曼哈顿的一条新线路，以及利用哈得孙河下始于新泽西的一条新隧道，开通新线路。通过开辟新的区间和县间交通线，区域高铁还可为周边城市和近郊的广大地区提供服务。

现有的轨道系统经过改造，能够成为真正的区域轨道交通网，满足三州大都市区多样化的交通需求。要形成该区域轨道交通网,即区域高铁系统,无须修建全新的轨道系统,只需调整已建轨道系统的运行方式和新增关键接驳线路。最终形成的网络将成为区域交通系统的主要支撑:以更高的速度和频率运行,吸引更多的乘客;载客量大大增加,为更多的人提供更满意的服务;系统间充分衔接,无效换乘大为减少;同时针对新的客流市场,进行重新定位。朝着这样的方向努力,我们的区域就一定能创造出一个全新的公交系统,该系统将强化其已受到威胁的核心地区、修复破损的城市肌理、连接多元的活动中心、保护传统社区和开敞空间,并以经济更有效、环境更友好的方式,为居民提供公平的交通服务。

区域轨道交通系统将成为大都市区驱动新一轮发展的起跳板。类似 20 世纪早期列车交通和 20 世纪后期私家车交通开启新的土地开发机会一样,区域轨道交通系统也将激起新的再开发热潮。当今由于环境问题、社会问题和资本成本过高,兴建公路在许多地区已变得越来越不可行,而轨道交通的改造和提升必将成为核心地区经济增长的催化剂。

区域轨道交通快捷、舒适、方便,在出行质量上可与私家车媲美。同时轨道交通是所有人都可以选择的出行方式。本区域已有的轨道交通系统为我们提供了机会,也许是最后一次机会,来保护、重建和再造在私家车文化下长期遭受破坏的传统社区。更进一步,区域轨道系统如果设计合理并充分结合土地利用决策的话,那么,一个真正意义上的区域系统,将能够为目前缺乏轨道交通服务的大面积中等密度地区提供高效的交通服务,同时也将为郊区中心的经济发展提供新的机会。

目前,三州大都市区面临来自其他已有或正在兴起的全球城市的竞争。我们的每个竞争对手都已建立了区域轨道交通系统,或正在雄心勃勃地制订相关计划。巴黎、东京、伦敦以及德国的若干大城市都已建成了轨道交通系统。柏林的公交网络过去因冷战而长期隔裂,现正进行再连接。甚至洛杉矶也动用了数十亿美元来构建轨道交通网,但即便建成也不及我们这一系统的一小部分。通过更有效地使用劳动力、机车车辆和其他基础设施,本区域的轨道交通系统可以更高效地利用公共资金和收费收入,从而提高运行效率。此外,当轨道交通系统实现区域化后,即打破三州之间以及城市和郊区之间的人为障碍之后,公交运营商便可就募集资本、运营资金甚至税源提出更高的诉求;而当区域内居民将整个轨道系统视作“自己的”系统后,更是如此。

由于这些原因,确保区域轨道交通系统吸引更多的乘客至关重要。基于环境方面的考虑,今后私家车出行可能会越来越受到限制,同时传统城市肌理修复也将越来越重要,而这些地方通常是轨道交通覆盖的地区。但是,目前本区域的很多郊区根本没有列车服务,现有的只是低速的、不准点的公共汽车服务,且通往区域核心的公交使用率非常低。

(1) 现有区域公交系统研究

东曼哈顿通达性研究(纽约市公交公司):

- 审核东曼哈顿南北向公交比选方案。
- 正在进行,将于 1997 年 7 月完成。

跨东河交通研究(纽约市公交公司):

- 审核布鲁克林与下曼哈顿之间跨东河公交比选方案,减轻对曼哈顿大桥和威廉斯堡大桥的依赖。
- 正在进行,将于 1996 年春完成。

区域核心地区通达性研究(大都市区运输署、港务局、新泽西公交公司等联合组织):

- 审核新泽西-皇后区之间的东西方向曼哈顿中城公交走廊比选方案。
- 正在进行,将于 1997 年 6 月完成。

长岛铁路东部通达性研究(长岛铁路公司):

- 审核长岛铁路至曼哈顿中城东部的通达性比选方案。
- 正在进行,将于 1997 年 7 月完成。

机场连接通道(纽新港务局):

- 审核通过客运设施收费来为皇后区的两个机场提供公交通道的最佳方案。
- 最初提出的 22 英里自动化系统方案因成本过高已被放弃,目前正在考虑新的方案。

下曼哈顿交通通达经济效益研究(帝国州域开发公司):

- 审核改进后的下曼哈顿公交通道的经济影响。
- 正在进行,将于 1996 年春完成。

长岛市交通需求与机遇研究(大都市区运输署):

- 审核如何提升出入长岛市的公交服务水平的比选方案。
- 正在进行。

要实现上述所有目标,我们必须认识到当前系统存在的局限性,充分考虑为消除这些限制可采用的比选方案,并最终作出科学的抉择。上述公交系统研究清单表明,本区域的交通部门已经下了很大的工夫,在各自的范围内审核相关的解决方案。区域规划协会对此高度赞赏,并希望这些工作能继续进行。选定新项目绝非易事,当需要彼此独立的多个部门同时作出选择时,更是如此。每种比选方案都应充分了解正在审核的其他比选方案的情况,从而清晰地勾画出未来的区域轨道交通网。为实现这一目标,我们必须共同努力。

毋庸置疑,可以通过多种方式实现改进区域轨道交通系统的目标,至少是部分目标。区域规划协会将精力集中于一项规划即区域高铁规划,相信这一目标能够全面实现。现提出这一概念,供本区域居民和正在为未来轨道交通网络作专项规划的交通部门参考。不论区域高铁系统这一概念及其组成部分的未来命运如何,我们终将面对亟需改善恶劣的出行状况、容纳潜在的出行增长等严峻问题。忽视这些问题将导致区域竞争力下降、生活质量降低,公交问题亦将持续增多。

(2) 何谓区域高铁

区域高铁即区域高速铁路,它由几大关键工程组成。在区域现有的 1 250 英里轨道交通网的基础上新增 25 英里公交线路,即仅 2%的增加量,就能提供全新的服务。这些理念大多来自交通部门原有或当前正在开展研究的项目。另一些理念试图重拾上一代人没有实现而最终放弃的投资项目,如第 63 街隧道接驳线、第 2 大道地铁,以及延伸至牙买加地区的阿彻大道地铁。

究竟何谓区域高铁?它是一个通过建设目前所缺失的少数关键接驳线,将现有轨道系统加以整合的新型轨道交通网络。区域高铁的某些部分同我们平常所知的通勤铁路差不多,其他则与快速地铁系统类似(例如纽约市地铁或纽新港务局过哈得孙河捷运),还有就是同时具备了快速地铁系统的运行频率和通勤铁路的舒适环境。最后,这部分"混合式"交通服务将由区域高铁列车提供。高铁列车将参照当今最现代化的快速地铁车辆(如华盛顿地铁中运行的列车)的规格、动能重新设计而成。因此,它们可以在现有的隧道中运行,同时,座椅又可做出相应的布置,如同最舒适的通勤列车。区域高铁设施还能够打破19世纪以来铁路系统之间的产权困局(当时私人铁路公司彼此竞争激烈)。

区域高铁系统建设的时序安排将在下文详述,见插图3A—3D。但这只是一种可能的时序安排,确切的建设时序还有待公开研讨,最终决策取决于资金支持和政府审批程序。

(3) 区域高铁系统的第一阶段

- 三州高铁系统,即从康涅狄格至新泽西(例如,由斯坦福至新不伦瑞克或特伦顿)的直达列车,无须新建即可运行。这些列车可以利用几乎闲置的狱门桥铁路资源,同时在布朗克斯的合作城和位于伊彻斯特并靠近汉斯角的布朗克斯医院综合区增设停靠站。由上述地点可换乘至佩尔汉姆湾的地铁线,或是在皇后区北大道增设停靠站并实现地铁换乘。康涅狄格、威斯特彻斯特东部和布朗克斯东部的居民也能乘坐三州高铁前往宾夕法尼亚车站和纽瓦克机场。此外,三条通勤铁路间也可实现贯通。但实现这一目标要么必须更换动力来源,要么必须使用新的车辆,且不一定能保证实现。如果康涅狄格至新泽西之间要成功实现直达服务,则应再考虑以下线路:一是哈得孙线经宾夕法尼亚车站至长岛,内含美铁线;二是新泽西铁路东北走廊线至长岛线。
- 建成期待已久的长岛至大中央车站接驳线。兴建长岛市位于公园大道与第2大道之间的短距离轨道,连接第63街东河底部闲置的隧道下层,并利用大中央车站下层空间的现有运载量,确保长岛铁路通过该车站。乘坐长岛铁路的乘客有一半左右将转乘驶向大中央车站方向的列车。因此,上述措施能为他们每天节省多达30分钟的出行时间。该接驳线还能让8 000多名长岛居民放弃私家车而使用公共交通,从而减轻皇后区、拿骚县、皇后区大桥,以及皇后区至曼哈顿中城隧道的交通拥堵。
- 同时,长岛铁路的华盛顿港口专线将与第63街地铁隧道上层相接。今后这条线路将被改造为高频服务线路——百老汇高铁线,从而提高以下地区的通达性:西57街、时代广场、先驱广场、第14街、市政厅以及世贸中心和市政府大楼周边地区。

- 另外，利用现有的航空客运收入，建设一条由纽约肯尼迪机场至长岛铁路牙买加车站的轨道交通线。该线路建成后，长岛铁路的乘客只需换乘一次(通过自动扶梯)就能到达肯尼迪机场。同时，还能利用长岛铁路的大西洋线(改造成区域高铁)以及废弃的原市属长岛铁路罗克威线，提供从布鲁克林中心城区前往机场的直达服务(前提是建成肯尼迪机场环线并支持区域高铁类车辆)。此外，利用航空客运收入还可新修一条以现有的皇后区长岛铁路伍德赛德站(已更名为拉瓜迪亚)为起点的线路，其换乘可通过自动扶梯轻松实现。
- 重新设计宾夕法尼亚车站西面的法利邮局，以满足美铁服务要求。在宾夕法尼亚车站开辟更多空间，满足日后通勤铁路的扩容运营。这项工程得益于参议员丹尼尔·帕特里克·莫尼汉(Daniel Patrick Moynihan)的全力争取，并部分由联邦政府提供资助，建成后将为纽约市区间轨道交通新增一个门户。

第一阶段的三州高铁系统和长岛至大中央车站的接驳线工程，增加了驶往宾夕法尼亚车站的发车频率。目前，在高峰时段，长岛铁路进出宾夕法尼亚车站往返东部地区的车次，每小时有近 36 班，其中 7 趟为驶向华盛顿港的列车。长岛铁路线扩容后，每小时车次将达 42 班。随着乘客进入大中央车站转乘，以及华盛顿港列车开始在第 63 街隧道内运行，长岛铁路将有能力让更多列车直接驶入宾夕法尼亚车站(此前持续了一个世纪之久的在牙买加换乘的历史即将结束)。同时，其他正在使用或准备使用宾夕法尼亚车站的多种列车也将在此享有更大的空间，这包括：驶向波士顿的美铁东北走廊高速列车、新泽西-康涅狄格间的直达区域高铁系统。届时，高峰时段从现有长岛铁路线经由皇后区进入曼哈顿的列车总量，将由目前的 36 车次增至 81 车次，从而为通勤列车更好地服务于皇后区居民提供了更多机会。大中央车站接驳线的建设，也使得建设森尼赛换乘联运中心的提议具备了可能性。对于利用华盛顿港列车的乘客而言，区域高铁接驳线不仅扩大了曼哈顿的服务覆盖范围，也提高了列车发车频率，因而能从皇后区东北部吸引大量新增乘客(他们目前不得不搭乘拥挤的纽约地铁 7 号法拉盛延长线)。这一举措反过来又将缓解法拉盛中心城区因大量通勤出行而引起的交通拥堵。最后，这些建设让本区域郊区、曼哈顿中城东西部以及下曼哈顿的居民,都能轻松地搭乘新的区域高铁或已有的长岛铁路,仅换乘一次即可到达肯尼迪机场和拉瓜迪亚机场。

(4) 区域高铁系统的第二阶段

- 拖延已久的第2大道地铁线将启动布朗克斯至下曼哈顿东部路段的建设。自位于第161街的大广场街向南至第2大道,中途新增一条地铁线在第63街利用现有隧道向西,下穿中央公园;另一条则继续沿第2大道直至暂时的终点,即位于华特街的纽约广场。同时,随着第2大道地铁线投入使用,以前穿行于第63街隧道的列车可由第2大道直接进入第34街。
- 随着第2大道地铁线曼哈顿中城段的建成完工,已完成改造的华盛顿港线将开辟第二条区域高铁服务线,即曼哈顿中城高铁。该线路将穿过第63街的上层隧道,回到第2大道。这条线路可以先为前往曼哈顿中城东部的乘客服务,然后西行进入位于第43街的大中央车站下层的新车站。从这个新车站出发,曼哈顿中城高铁将在第43街和哈得孙河之下继续西行直至新泽西(详见第四阶段)。
- 曼哈顿中心城区高铁的始发点位于曼哈顿中城被高铁所利用的大中央车站新站的"下层",沿第2大道向南可到达位于金融区中心的拿骚街。这条线路将使纽约北线通勤列车的乘客,在大中央车站通过自动扶梯轻松换乘通往下曼哈顿的高速、舒适、发车频密的快车线。曼哈顿中心城区的另一条高铁线,将在第2大道之下运行至华特街,再驶往布鲁克林。
- 地铁服务将从牙买加中心扩展到目前的阿彻大道车站范围之外。依靠提升后的华盛顿港线,皇后区东南部的地铁覆盖水平将赶上皇后区东北部。这些项目大部分在20世纪80年代早期已经竣工,只是一直弃之未用。目前,通过建设一条通向地面的短距离匝道,即可将皇后大道地铁服务向东推进3英里,接入长岛铁路的大西洋支线,到达劳雷尔顿和罗斯代尔。长岛铁路该路段目前有限的客流量,将转至与之平行的长岛铁路蒙托克主线,后者将穿过圣奥尔本。圣奥尔本应在区域高铁建设的第一阶段即已建成第三条轨道,以满足新增客流的需要。此外,将简化长岛铁路牙买加车站的运营,拆除原有的破旧的高架线支架。

- 长岛铁路将在森尼赛雅德区新建一个车站，提供新的列车出入口，并促进长岛市该站上盖地区的发展。这一车站建设的条件目前尚不具备，因为若让列车停靠，将实际削减载客量，并使宾夕法尼亚车站至牙买加之间的服务状况恶化。长岛铁路接入大中央车站工程一旦完成，森尼赛雅德区新车站就具备了建设条件。

曼哈顿中心城区高铁系统将提供从大中央车站到下曼哈顿之间的高品质客运服务，这将使得纽约北线通勤列车上的乘客得以避开拥挤的莱克星顿大道地铁线。第二阶段的建设，实质性地缓解了过分拥挤的莱克星顿大道地铁线的压力，将为东区提供更好的地铁服务，提高布朗克斯至曼哈顿的车行速度。皇后大道的部分列车开往第 2 大道，进而将减轻第 53 街线路的拥堵程度，并进一步提高东区的可达性。而且，它将为莱克星顿大道、第 53 街极其拥挤的换乘点减轻压力。伍德赛德车站作为一个能充分发挥多方面作用的换乘点，将使长岛铁路的乘客能方便地换乘华盛顿港高铁列车，为乘客们提供前往曼哈顿中城的六大出入点。皇后区东南部延长线的完工，将保证皇后区东南部享受地铁服务，从而减少进入牙买加中心的公共汽车、货车和私家车的流量，并为牙买加和约克学院带来新的发展机会。最后，新建的森尼赛车站将与皇后广场换乘能力提升工程相结合，为更广大地区带来新的发展机会，这包括公交服务范围内的皇后区与长岛的大部分地区，乃至通过美铁所覆盖的从新英格兰到华盛顿等更远的区域。

(5) 区域高铁系统的第三阶段

- 已兴修至市政厅的百老汇高铁线应通过下穿百老汇的一条新隧道向前延伸，并将停靠点南延，以服务于金融区。然后由东河底部的另一条新隧道通往布鲁克林，并下穿大西洋大道，接入长岛铁路的大西洋大道终点站。这条隧道还能承载运行于华特大街之下的曼哈顿中心城区高铁系统。当然，如果地铁提升工程（对曼哈顿大桥会产生影响）能充分释放 BMT 蒙特格街隧道的通行能力，则没有必要修建这条隧道。这两大高铁将继续沿由长岛铁路大西洋支线改造成的高铁线朝牙买加方向东行，其中一条折向南行至罗克威线直达肯尼迪机场，另一条继续前行至牙买加与长岛铁路交会处。

- 东河下新建的曼哈顿-布鲁克林隧道，将容纳大量进出布鲁克林的列车，这些列车目前从曼哈顿大桥通过（该桥现有的通行能力不可靠且经常关闭）。曼哈顿-布鲁克林隧道的开通将减少列车对设计承载量不足的曼哈顿大桥铁路的依赖。这些列车将在下曼哈顿沿华特街行驶，在克里赛特街接入第 6 大道线，从而为下曼哈顿东部边缘地区提供地铁服务。
- 布朗克斯已建成的第 2 大道线向北延伸至合作城，拆除现有的怀特普莱恩斯大街地铁线破旧的高架段之后，取而代之的将是下穿波士顿邮政大道的隧道与地面现有戴尔大道 IRT 地铁线的结合体。

第三期工程一旦竣工，长岛铁路的乘客将可享受从牙买加到下曼哈顿更频密的双站停靠式（two-stop）服务。曼哈顿中城和下曼哈顿都将有轨道交通直达肯尼迪机场；向北扩展第 2 大道地铁线，将缩短布朗克斯至曼哈顿之间的车行时间，缩短二者的时空距离；把效率低下、问题频出的曼哈顿大桥铁路系统替换成沿华特大街行驶的可靠路线，将使搭乘布鲁克林地铁的乘客大为受益；将为前往下曼哈顿东部边缘地区如南大街港口的乘客开辟一条全新的出行通道。

(6) 区域高铁系统的第四阶段

- 两条区域高铁线将从大中央车站下面的新车站出发，向西运行至新泽西的锡考克斯换乘站。届时，锡考克斯将汇集十条已有的新泽西铁路线，并拥有已恢复通车的通往奈阿克西部的西岸铁路线。锡考克斯换乘站还能为使用新泽西铁路的全体乘客提供穿过第 43 街到大中央车站东面乘坐区域高铁的换乘选择，他们既可使用曼哈顿中城高铁沿第 2 大道北上至第 40 街或第 50 街，也可使用曼哈顿中心城区高铁从第 2 大道至下曼哈顿（详见前文“区域高铁系统的第二阶段”）。
- 两条区域高铁线都可利用恢复通车的西岸铁路线，进一步延伸至新泽西，至少能到达梅多兰慈体育中心，并可经主干线到达帕特逊。

在这一最终阶段，新泽西居民乘坐轨道交通列车可直达或通过简单换乘到达曼哈顿所有的商业区、文化区，也能到达布鲁克林中心城区以及肯尼迪机场、拉瓜迪亚机场。同样，西岸铁路线恢复通车，将一改伯根东部地区和罗克兰县居民几十年的出行方式，提供能够替代公交服务（行车缓慢）的铁路服务。上述改善措施，还将极大地缓解通往林肯隧道的公交专用线日益严重的交通拥堵，为驶入林肯隧道的机动车加速通行提供空间。

已建的地铁系统，大部分以曼哈顿为中心，呈放射状通往布朗克斯、布鲁克林和皇后区等外围区，以保证通勤者顺利到达曼哈顿中央商务区的工作地点。这些早期的地铁线带动了高密度建设，又增加了外围区内部及相互间大量的出行需求。但地铁系统从未满足快速开发所带来的迅速增长的客运需求。三区高铁系统作为新的公交线，垂直穿过现有的放射状地铁线，将吸引大量外围地区的公交乘客。并且，因其穿过现有线路，还能提供许多新的区内、区际出行选择。与三区高铁穿越相交至少一次的地铁线路多达 23 条，其中六条相交两次。幸运的是，大多数路权已经获得，包括布鲁克林的长岛铁路海湾山脊货运线（基本全为四轨）、皇后区的纽约接驳铁路、皇后区和布朗克斯间利用率极低的狱门桥，以及布朗克斯的圣玛丽亚公园隧道[4]，三区高铁列车通过这条隧道再穿过第 161 街可到达扬基体育馆。

三区高铁可从前文阐述的其他区域高铁系统中分离出来进行独立的施工建设，且可分期进行。工程应从布鲁克林启动，以替代现有的 2.8 英里长的加那利塞高架线，重新获得海湾山脊线的路权，并与教堂大道以南 1.7 英里长的在建隧道共同发挥作用，以替代行车缓慢的麦克唐纳德 F 高架线。

上述地铁项目作为一个整体，将为布鲁克林东南部的大部分地区提供地铁服务。为此，必须清除陈旧老化的高架构筑物，将利用率不高的快车轨道与独立的地铁系统 F 线相整合，缩短从布莱顿海滩地区发车的行车时间，并启动环三区高铁系统的建设。

完整的区域高铁系统如图表 87 所示，黑色线路代表区域高铁，灰色线路代表通勤铁路。在两者重叠之处，如新泽西的东北走廊线和纽约北线通勤列车的纽黑文线，标注出了区域高铁阴影区（图表 87 中未标出阴影区。——译者注）。总之，区域规划协会提议的高铁系统具有以下特征：

- 同时利用了东河之下的第 63 街隧道的上、下层，使用率远高于以前。
- 最大限度地利用了曼哈顿中城的两大火车站。
- 最大限度地利用了目前尚未充分使用的地铁和通勤铁路线。
- 打破了通勤铁路网和地铁系统之间的人为障碍，充分发挥和利用了这两大系统的最大优势。

5. 新型轻轨交通线

新泽西铁路公司计划由私人运营商承建新的哈得孙-伯根轻轨系统,串联起沿哈得孙河滨水区分布的众多新兴或复兴的城市中心,并将位于霍博肯的跨哈得孙河捷运车站(停靠时间更长,属纽新港务局),以及在上述线路的起点或终点设置的停车-换乘点连接起来。本项目将为以后修建其他轻轨线路奠定基础。新泽西铁路公司还计划拓展纽瓦克市的地铁,该地铁实际是轻轨系统,它把主要的铁路车站与已建及在建办公区和购物中心连接起来,并通往纽瓦克国际机场和伊丽莎白镇。

新泽西州已启动上述行动计划,它们是对哈得孙东部地区已有规划的落实。在曼哈顿,提议已久的第42街电车系统建设正稳步向前推进。这一系统建成后将扩展至先驱广场,同时由百老汇延展至林肯中心,对此第七章已有阐述。该系统将把曼哈顿所有主要的交通出入口,包括大中央车站、纽新港务局客运总站、宾夕法尼亚车站、纽新港务局所属的跨哈得孙河捷运和纽约轮渡等,与主要的商业区、旅游点和曼哈顿中城的南北向地铁及区域高铁连为一体。这一工程也应采用哈得孙-伯根轻轨线私人运营商所采用的"设计-建设-运营-维护"模式。

在斯塔腾岛,可将使用率极低、效率低下的斯塔腾岛快速地铁线改造成轻轨线路,为人们出入圣乔治轮渡码头提供通道。在斯塔腾岛高速公路的中间点,从现有的斯塔腾岛快速地铁线向西拓展一条新线以连接440号线和卫星电信港,将使斯塔腾岛北部的居民更方便地使用轮渡系统。未来应进一步拓展上述线路,使居民享有直达曼哈顿中城的高速服务。同时,该线路使斯塔腾岛内部的公交出行更为方便,尤其有利于人们获得斯塔腾岛高速公路走廊地带所提供的就业和教育机会。

长岛地区的特定中心区也应考虑轻轨项目。长岛铁路的奥伊斯特贝湾和西汉普斯特德线应转换为跨拿骚的轻轨接驳线,从而提高沿拿骚县南北向的交通便捷程度。在现有的奥伊斯特贝湾和西汉普斯特德线之间,修建一条3.3英里长贯穿汉普斯特德中心城区的接驳线,不仅有助于振兴汉普斯特德,还能提供一个行车频率更高的跨县公交服务线,该线在米尼奥拉、峡谷溪及汉普斯德与长岛铁路列车相接,最终将形成三条服务线,即奥伊斯特贝湾经米尼奥拉到米切尔菲德线、奥伊斯特贝湾经米尼奥拉到峡谷溪线和由米切尔菲德经汉普斯特德到达峡谷溪线。以上轻轨线由大都市区运输署下属的长岛公交公司组成的专门团队运营，并配备自助收费系统。与现有的长岛铁路相比，上述线路可节约大量运营成本，且不必再更换奥伊斯特贝湾支线上的老式柴油机车，主线上成本高昂的三轨分级交叉路口消除工程也随之简化。采用类似哈得孙-伯根轻轨公私合营方式的条件也趋于成熟。

尽管跨拿骚县的建设方案为将低频率、高成本的通勤铁路改造为高频率的轻轨提供了机会，但区域内具有类似机会的郊区数量并不多，原因或在于潜在乘客太少，或在于不具备道路使用权。此外，轻轨离不开中心城区的支撑，哪怕是像米尼奥拉或汉普斯德这样的普通中心城区也能发挥支撑作用。另外，轻轨不适合圆周式出行地带或是带状商业开发主导的地区。

——实施区域公交解决方案的障碍

建设区域高铁的最大障碍是长期以来存在的悲观认识。许多人认为，我们无法负担建设区域高铁所需要的资金。但如果本区域现在不进行投资，则可以肯定地说，我们将永远不会拥有建立这套系统的资源，因为随着我们在全球竞争中地位的下降，我们的经济基础也将遭到破坏。

这些障碍来自制度与资金两大方面，而不是有形的或地理上的障碍。区域高铁系统的多个建设阶段，都离不开运营部门之间特别是大都市区运输署各机构之间密切而持久的合作。区域规划协会认为，必须克服以下六大障碍：

① 即使在同一公交管理部门中也存在矛盾。比如，纽约北线管理部门对于允许长岛铁路列车进入大中央车站十分谨慎，而长岛铁路管理部门同样也担心纽约北线通勤列车进入宾夕法尼亚车站。又如，港务局在编制机场通道规划的过程中，很少认真考虑那些涉及与其他公交系统合作的备选方案。

② 各部门还是基于自身的利益来制定政策。这在缺乏规划协调的情况下可以理解，但对于整个区域来说却难以接受。例如，纽约市公交公司对减轻曼哈顿大桥交通压力的地铁研究方案，就完全漠视长岛铁路在方便长岛居民出入下曼哈顿这一问题上的利益考虑。同样，关于区域核心地区的交通可达性研究，也未研究使下曼哈顿受益的备选方案，因为这项研究的出发点是针对曼哈顿中城走廊地带的。在这样的背景下，不可避免地将作出次优选择。

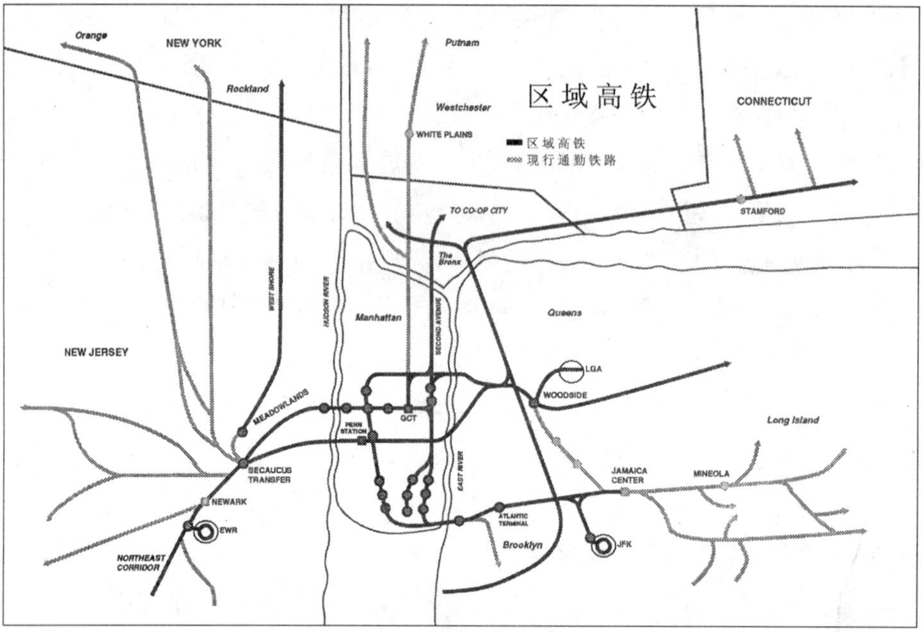

图表 87　区域高铁系统示意图

③ 上述第 2 点决定了针对备选方案缺乏一套广为赞同的、从共同利益出发的通用评估标准。例如，如何权衡运营亏损和资金成本？我们在多大程度上愿意由社区承担影响来换取交通方面的收益？我们在多大程度上愿意为改善城市环境、减少空气污染而减少道路上的机动车通行量，或者是让每一个公交乘客在高峰时段都有座位？

④ 责任分散在跨辖区的多个实体部门，需历经多重审查流程，缺乏统筹的决策过程。从理论上讲，联邦法律规定，这些程序由各大都市区的官方大都市规划机构掌控，但在本区域，每个州的大都市规划机构都相对独立。再者，即使在州内，大都市规划机构对于法律规定的优先项目的决策程序也缺乏明确的控制。因此，亟须搭建跨辖区决策的桥梁。

⑤ 区域性建设资金并不充裕。况且，基建资金是由联邦政府直接拨给各个运营商的。各个独立机构很难放弃那些既有益于自身运营又有助于提高自身支持率的项目，转而支持需与其他行政辖区共享收益的项目。必须改变现行的资助机制，以便为有价值的区域性项目筹集区域性资金。

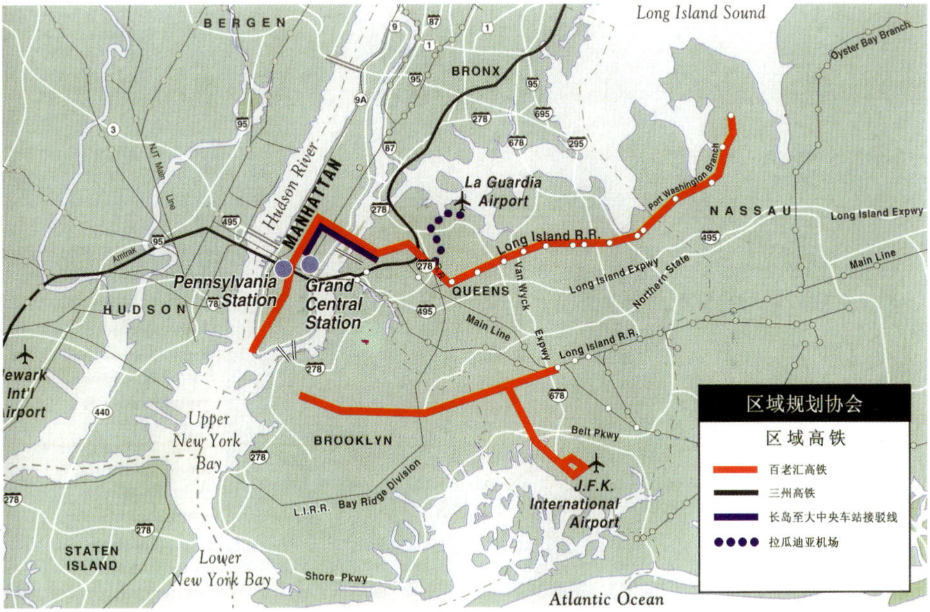

插图 3A 区域高铁系统建设的第一阶段

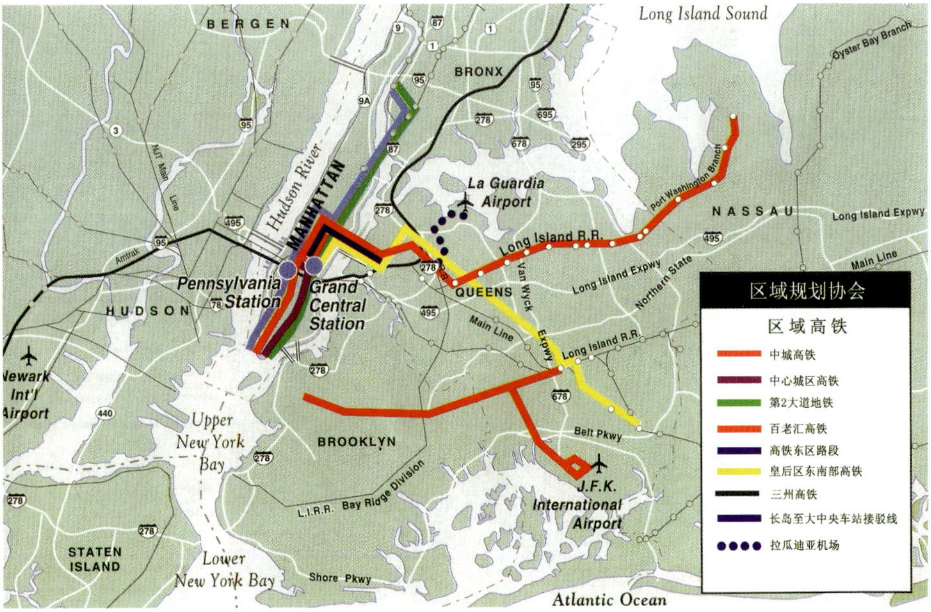

插图 3B 区域高铁系统建设的第二阶段

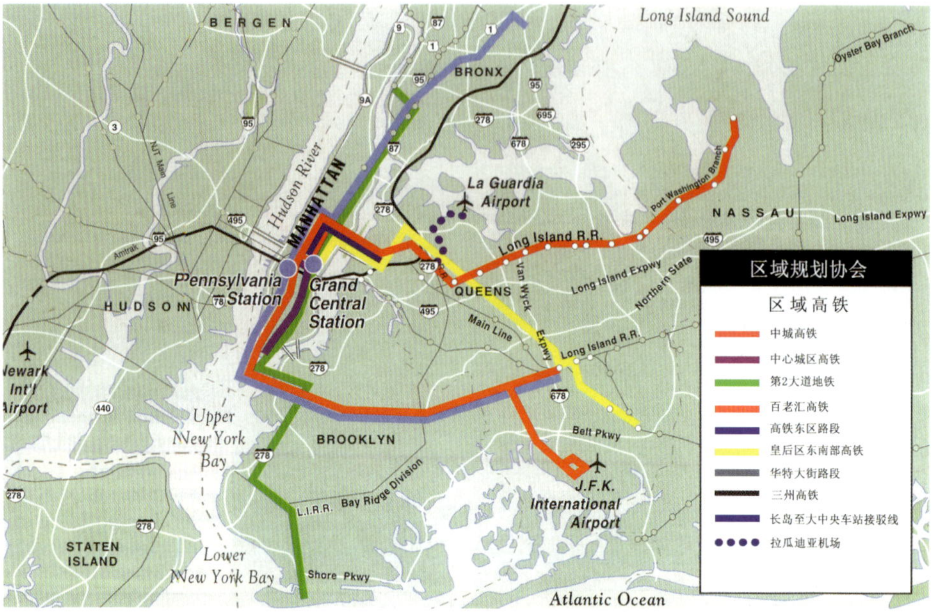

插图 3C　区域高铁系统建设的第三阶段

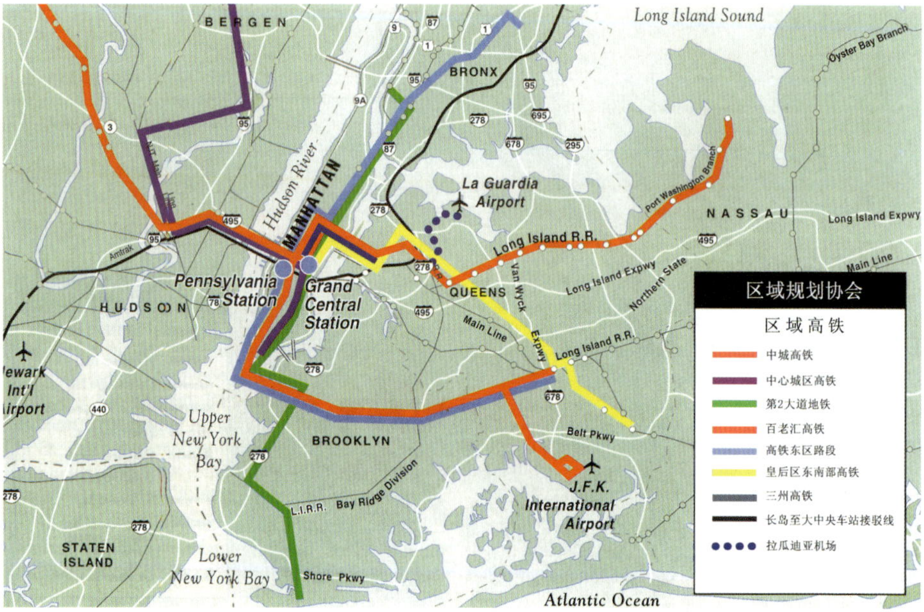

插图 3D　区域高铁系统建设的第四阶段

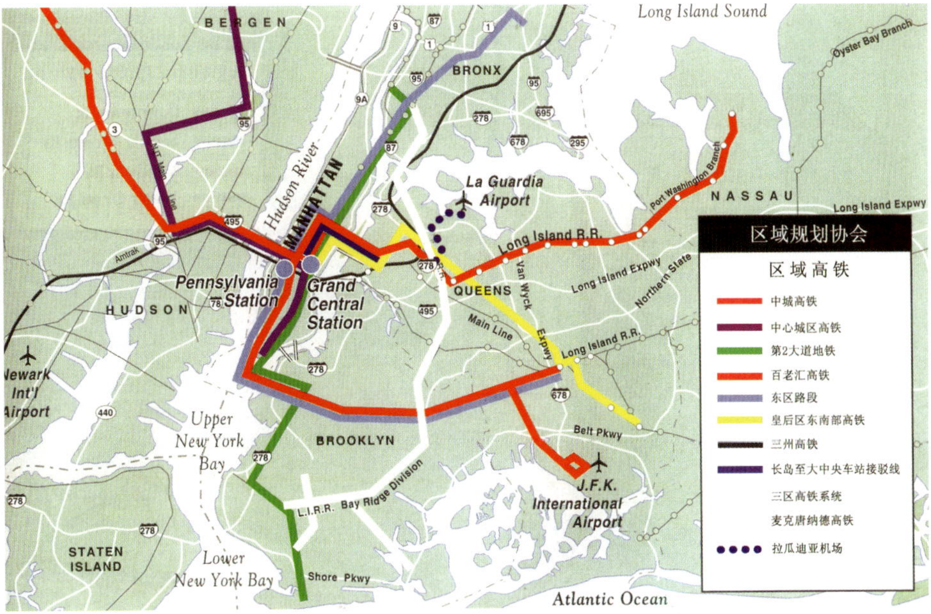

插图 3E　全面建成的区域高铁系统，包括三区高铁系统

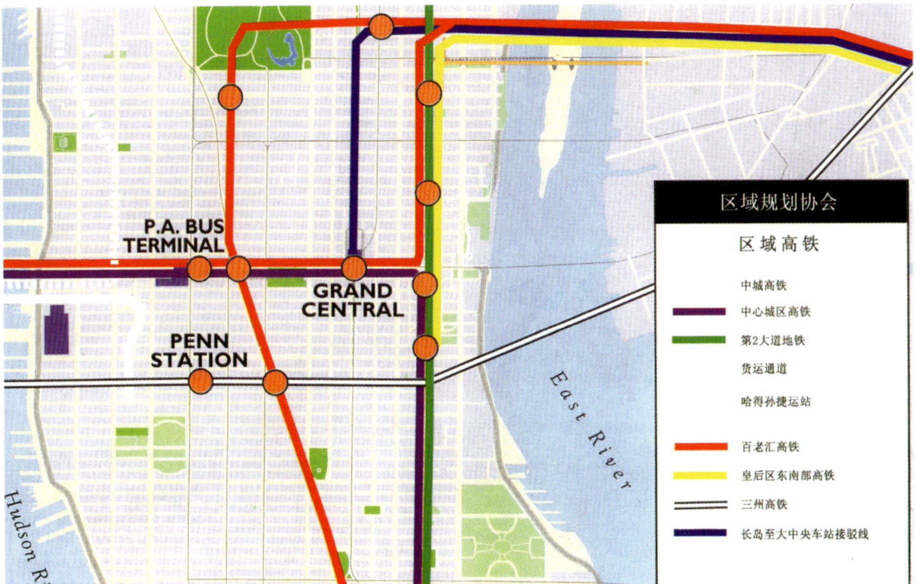

插图 3F　曼哈顿中城的区域高铁系统项目局部图

插图 3G　下曼哈顿的区域高铁系统项目局部图

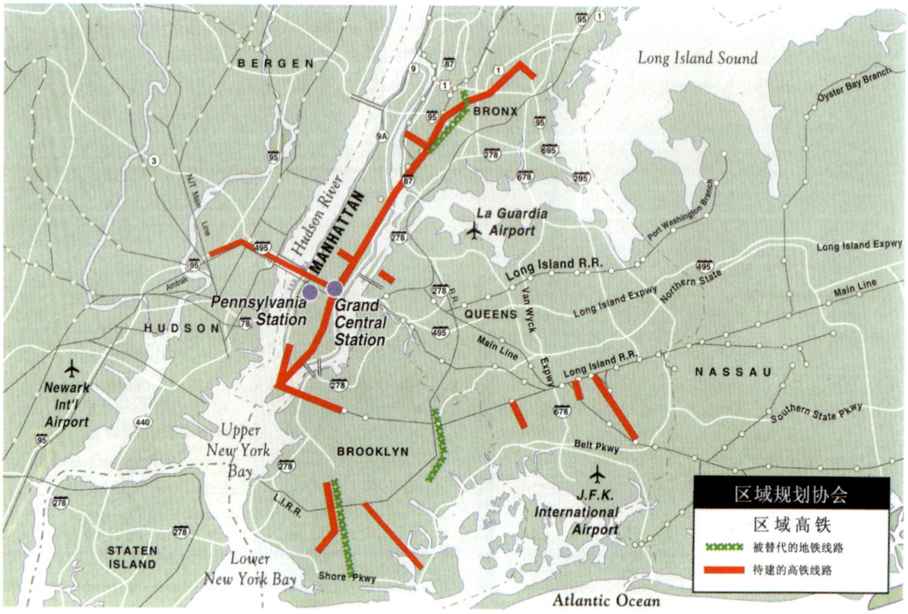

插图 3H　待建的新项目和被区域高铁替代的地铁线路

⑥ 最后一点，各州公众须将整个区域交通系统视为己有。因此，系统必须作为一个无缝的整体呈现在大众面前，而大众最基本的利益就是可以自由地在区域内来往。做到这点的方法之一是采用统一的收费系统，即整合代用币、地铁卡和纸质车票，且涵盖公路、桥梁和隧道费的统一收费系统。

我们的确可采用多种方法改善区域轨道交通网，以造福全区域。但区域规划协会目前全力研究的只有区域高铁系统这一项规划，因为该规划整合了各大方案的优点。区域高铁系统能给众多利益攸关方带来收益，因此，应围绕这一完整的规划建立共识。但实现该规划的前提是，区域内各利益攸关方对该规划中不能直接给他们带来效益的部分也应予以大力支持，并意识到唯有如此才能获得相互支持。必须牢记，该系统受益人群将十分广泛，包括雇主和雇员、房地产经纪人、开发商、各种联合机构、纽约市地铁乘客、郊区通勤铁路乘客，机场乘客及员工等也在此列。受益的地域范围亦十分广泛，包括长岛、新泽西、哈得孙河谷、康涅狄格以及纽约市各区。区域高铁系统将显著增强区域中心的辐射力，最明显的是下曼哈顿、布鲁克林中心城区、长岛市、牙买加、哈得孙河滨水区以及纽瓦克。同时，区域高铁能减少道路上行驶的私家车和货车数量，减轻区域内公路交通拥堵的程度，因此，可以惠及那些不能直接受益于该系统的人群。

6. 通过改造硬件，解决交通拥堵

公路系统确需扩建，但不是大规模扩建。应通过五类项目来应对交通拥堵：①拓宽现有车道，专供大容量车辆行驶；②将已有公路网中的“断头路”连接起来；③改善重点拥堵点的状况；④谨慎对待进入新区的公路新建项目；⑤升级景观道路。

(1) 拓宽车道

由于拓宽现有高速公路受到《清洁空气法(修订案)》的限制，这类项目必须确保拓宽道路不增加车辆行驶里程。为在推进高速公路拓宽计划的同时始终遵守《清洁空气法(修订案)》，公路管理部门提议，重点为载客多于一人的车辆拓宽大容量车辆专用道(HOV)。287 号州际公路的威切斯特、莫里斯敦和森莫塞县段，95

号州际公路康涅狄格段，以及长岛高速公路都计划拓宽专用行车道并给乘坐两人以上的私家车预留道路。长岛快线（十英里长）路段及新泽西 80 号州际公路已划定了大容量车辆专用道，但带来的结果是多样的。根据经验，如不鼓励人们“拼车”或使用公交系统的话，新增大容量车辆专用道很可能增加车辆行驶里程。从长远来看，似乎存在这样的可能：公路更宽，车辆更多，而行车速度更慢，蔓延式土地开发更盛行，空气污染进一步加剧。

最显著的补救措施，即要求一辆车尽可能地搭乘更多的乘客，但很难保证这一目标的实现。“拼车”需走迂回路线，还要取得陌生人的信任，因此，自兴起之初便缺乏灵活性。如果没有其他强有力的奖励措施来推动人们“拼车”或使用公交，那么，这些新建的车道很可能使用不足。当需求过低而引起车道空置时，就面临着对单人驾车者开放车道的压力。此时，所谓的“大容量车辆专用道”就变成拓宽公路的托词了。一个新建议是，允许单人驾车者或货车驾驶者通过付费的方式使用大容量车辆专用道（在南加利福尼亚的 91 号高速公路上已实行），从而既能提高车道的使用率又能增加收入。不过，这一做法可能会产生公正、公平等问题。

彼此的利益竞争明显在发挥作用。拓宽工程需要用多种标准进行评价，例如“人流吞吐量”、车辆行驶里程增减、延误减少率、成本，以及使用大容量车辆专用道情况下的收入问题。这些项目还应注意到关于交通定价的政策变化。只有通过了综合审核，以“大容量车辆专用道”之名来拓宽道路的项目才能实施。

(2) 连接公路的“断头”

是否应连接高速公路系统中的“断头路”，关键要看它们是否为现有的区域中心服务，或直接有助于区域经济的发展。那些将蔓延引至未开发绿地的项目则不应推进。区域规划协会建议，首先连接新泽西以下公路“断头”：一是连接新泽西 21 号公路经帕赛克市到 US46 号公路之间的“断头”，以减轻交通压力；二是连接 80 号州际公路分出接入纽瓦克的 280 号辅助线，为出入中心城区提供更便捷的通道；三是延展康涅狄格纽黑文之外的 34 号公路，连接这条“断头”路。

(3) 破除交通瓶颈

本区域长期存在着大量甚至堪称离奇的交通瓶颈，即便交通需求发生实质性变化，这些瓶颈也难以改善。区域内各地都有各自的难题，收费改革或其他解决方式对这些问题都不太奏效，但最终又必须处理好。在新泽西州，这方面的例子有伯根县境内的 4 号公路和 17 号公路间的交接区，及帕赛克县境内 3 号公路和 46 号公路间的交接区。

(4) 审慎提升容量

完全位于低密度开发区的某些项目可能成为引发蔓延式开发的“罐头启子”。正因为如此，区域规划协会不赞同新泽西州的以下在建工程：位于新泽西收费公路与 1 号公路之间的 92 号公路；新泽西蒙茅斯县的 18 号公路扩建工程。同时，康涅狄格州位于丹伯里和威尔顿之间的“超级 7 号”高速公路应进行有条件的扩建：以景观道路的标准建设该路段，不设立交，通过强有力的土地利用控制措施，防止在道路沿线进行新的蔓延式开发。

(5) 景观道路升级

景观道路在本区域发展史中占有特殊地位。尽管哈钦森河景观道路和萨米尔河景观道路部分路段成功升级后已接近现代标准，但对于试图对威彻斯特县境内的布朗克斯河景观道路以及长岛的南、北州景观道路进行升级改造的规划项目，区域协会建议不予实施，因其缺少重要的周边路权。不过，塔考尼克景观道路的南段可以进行谨慎的重建。莫利特景观道路则只应进行有限的升级而不应拓宽，重点在于提高安全性和为居民提供自行车道。

(6) 改进路网管理

尽管高速公路网扩建项目不多，但为了提高使用率而让道路系统“加足马力”的方式仍有许多：一是改进路网管理，二是降低交通需求。后一种方法主要是指公路系统如何定价，这个问题将在下节讨论(其中价格行动以双星号标示)。为优化高速公路系统管理可采取的行动包括供给方行动，以及合理控制驾乘需求的需求方行动，详见以下文本框。

正在实施的《清洁空气法(修订案)》提出了减少通勤机动车出行量的计划，即雇员车程减少计划，这在雇主和政府监管部门两方面同时引发了混乱。应将这一计划修改为更集中、更简单,也更易于实施的计划。建议采用以下方式,即依据雇主在减轻污染方面的成效来分配相应的分值。雇主根据相应得分,选择与之配套的行动方案,同时对执行该方案的情况进行自我认证。这种方法的设计,既能减少官僚主义的麻烦,又能确保雇主采用最有效的方式和工具去降低污染、减轻拥堵。

供给方主要手段:

事件(incident)管理计划:

- 增设电子收费系统 **
- 智能交通系统为车辆提供即时交通信息
- 智能交通系统预先为驾驶者提供出行信息
- 采用货车行驶同步称重设施,加快货物运送
- 货车和大容量车辆专用道在收费站、车道使用方面享有优先权
- 匝道调节

地方和高速公路管理机构:

- 道路通行管理计划,增加路缘石圆滑程度
- 改进社区设计模式(见第七章)

雇主方:

- 雇主在公交车站接送雇员

需求方主要手段:

高速公路管理机构:

- 增加道路收费 **(属价格行动,应标注双星号,原文未标注。——译者注)

地方政府:

- 制定有利于减少驾车出行的规章

雇主:

- 合理安排工作,鼓励雇员灵活安排上班时间,减少工作日
- 鼓励居家工作
- 对公交车票和支票等给予补贴 **
- 交通补贴 **
- 对无须支付停车费的雇员发放现金 **

7. 运用市场手段，解决交通拥堵

交通定价的市场失衡，刺激了私家车和货车的大量使用。因此，基于市场的定价鼓励是克服道路拥堵的有效手段。不过，如果定价措施仅关心向出行者或货运商额外收费却不保证其受益（在他们看来这一受益可抵消额外成本），或不能有效地鼓励人们使用公交、拼车或至少减少单独驾车的话，这类措施的政治生命力将不会长久。本规划尊重当前的政治现实，但同时也超越了这一现实。本节所概括的交通定价方案，都是本着寻找“蜂蜜”和“醋”之间最优调和比的精神而提出来的，同时符合本次规划所确定的关于交通问题的原则。

这些定价法，可设为收益中立型，也可设计成在交通方面争取新的收益。相对而言，收益中立型的政治负担轻于新增收益型。但交通定价与交通资助之间显然彼此纠缠不清。

相应地，本次规划所建议的收费措施，其设计目的是为交通个体使用者及整个区域带来可度量的收益。例如，如果道路收费是想鼓励人们在不太拥堵的非高峰期出行，那么，它必须证明这项收费将减少高峰时段的交通延误，甚至可能因此减少新建道路设施。如果实行交通补贴或由雇主对无须支付停车费的雇员发放现金，那么也必须让雇主从中受益，例如用于停车的开支更少，或是员工上班更准时、表现更满意。

无数研究证明，交通补贴券、对无须支付停车费的雇员发放现金、灵活的通行费和道路使用费这三种方式，能在很大程度上减少单人驾车出行及其产生的交通拥堵。交通补贴券、对无须支付停车费的雇员发放现金的措施，实际上是雇主们对控制交通拥堵——这个政府部门不愿意或难以处理的问题——采用的一种更有力、更直接的处理方式。如果在特定地区一致实行上述措施，则雇主依靠与其自身运行一致的市场定价机制，就能解决降低雇佣双方生活质量的交通拥堵问题，且不受官僚主义作风的困扰。

交通补贴指的是雇主每月发给雇员的定额交通补助，但如果雇员使用了雇主提供的停车空间，雇主则向雇员收取相当于或超过交通补贴的停车费。那些决定使用公交、拼车、骑车或是步行上班的人，可留下交通补贴自行支配。而对于那些仍然选择驾车的人来说，如果停车费用与交通补贴相同，那么他们不会有什么损失；如果停车费用更高一些，他们可能就有所损失。同时，雇主也可考虑将由此而产生的多余的停车空间租赁出去。

对无须支付停车费的雇员发放现金出于类似的想法。该方法基于这样一种理念：雇主提供的免费停车场实际上是雇员的一种福利。如果雇员选择不占用为其设定的停车空间，则他/她仍有权享有该福利的全部价值，也就是雇主花在这些停车空间上的成本。因此，使用公交、拼车、骑车以及步行上班的人们，应与使用免费车位的人一样，获得同样的福利。在此基础上，雇员可以选择其出行方式，而不用为"是争取还是放弃一笔宝贵的员工利益"所困扰，导致判断不准确。事实上，这部分边际收益使全国企业每年花费 300 亿美元左右[5]。

在以上任一措施的刺激下，人们的出行方式确实发生了改变，同时雇主也能轻松地达到《清洁空气法(修订案)》的要求。此类计划创造了雇主、雇员和区域交通系统三赢的格局，实现了多项有意义的目标：除遵守《清洁空气法(修订案)》之外，减少了雇主花在停车场上的开支，同时减轻了地方交通的拥堵程度。这些措施在本区域尚属新的概念，因而备受争议，但在南加利福尼亚州，"现金发放"措施已实行多年。在对 18 个停车收费案例进行研究后，区域规划协会发现，单人驾车的出行量平均减少了 25%。这表明这些手段收效显著。因此，区域规划协会认为，应将其作为解决高峰时段公路交通拥堵问题的行之有效的方式并加以大力支持。同时，如果人们能轻松地遵守《清洁空气法(修订案)》，由此还能得到清洁的空气、便捷的通勤，员工的生产效率也将更高，那么，也就证明了这是一部有价值的法案，而不是武断、多变的法案。

将服务供给和相应的需求匹配起来的灵活定价方式已得到普遍采用(私营企业更是如此)。最常见的例子是对夜间或周末用电、拨打电话实施折扣价；在非高峰旅行季节推出折扣机票；饭店为早到的顾客提供特别折扣餐；剧院实行日间折扣价以及旅游度假区实行非旺季低价等。"公路收费"对于经济学家和理论家来说都是很有吸引力的。但是，为我们的社会提供经济基础的那些公共部门，如高速公路部门，对这些手段却不感兴趣；相反，我们被迫依赖所谓"先来先得"的公路系统，而这套系统就像旧苏维埃市场里的面包生产线一样效率低下。在这套系统内，我们非但没有减轻交通拥堵，还降低了生产效率；非但没有提高生活质量，反而导致生活水平日益下降;我们的空气非但没有得到净化,反而遭到了更进一步的污染。

给其他车辆带来最严重延误的,正是“最后”一辆车或者说是在道路临界状态进入拥堵交通系统的那辆车。这表明,自身需求最大化,即执意要在特定的道路上行驶,往往降低了这条路上其他人出行的便捷性。因此,当道路将要接近拥堵水平时,减少哪怕一小部分通行车辆,都将大大提高车行速度(那些见识过暑期几个月交通量下降的司机都可以证明这一点)。在最拥堵的时段驾车实际上等于拥有了优先通行权。对这部分驾车者收费,将确保那些最关注时效的出行者,例如商务车、长途车辆或多人驾乘的车辆等在较少阻碍的情况下快速通行,同时鼓励那些时间上不紧迫的出行者选择其他模式出行或调整出发时间。

如今的电子收费系统,例如最近在纽约高速公路部分路段投入使用的系统,包括塔潘泽桥收费站等,都允许预付费车辆不停车通过,从而解决了以往收费站引发交通拥堵的问题。但有一个关键因素仍未确定,即收费多少才能对高峰时段的汽车出行量形成适中影响。在美国,灵活的收费结构还相对少见,但欧洲国家在这方面提供了有益的经验。从 1992 年起,巴黎外围的高速公路在交通拥堵时段对通行车辆的收费提高 25%,而在高峰时段前后两小时收费水平不变。由此削减的车流量大致是 5%。尽管这一削减量似乎不大,但是却能将车流的平均通行速度提高至少 20%。

本区域内最适合实行道路收费的地方具有以下特征:

- 存在公众熟知的严重拥堵问题。
- 估计公路通行能力无法大幅提高。
- 替代单人驾驶私家车出行的其他方式已存在或可能实现。
- 新的收费系统能达到收支平衡,或能带来新的资金,用于改善现有设施。
- 如果道路收费成功,能避免建设造价昂贵的高速公路系统或降低其必要性。
- 高峰时段相对较短。
- 已具备收费系统。

拥堵时段的收费是解决高速公路过度拥堵的非常有效的手段,灵活的收费具有以下五大独特优势:

- 付费者直接从减少的交通拥堵中受益。

- 私家车出行需求总量下降。
- 鼓励人们改用公交系统。
- 具有获取大量资金的潜力，能更好地维护高速公路和公交系统。
- 不通过法规手段，就可以解决交通拥堵问题。

有待克服的障碍主要包括：

- 公众对于“无须等候，付费即可通过”这一原则的接受程度尚不确定。
- 低收入者可能因为收费问题，不得不放弃使用公路系统。
- 路面及车上都需安装里程计量装置。

本区域的收费系统示范点可设在塔潘泽大桥。287 号州际公路上 2/3 的交通量来自塔潘泽大桥。在此设置收费系统，能为威彻斯特境内的 287 号州际公路省去一项造价高达 4.5 亿美元的大容量车辆专用道拓宽工程。同时，针对 287 号州际公路采取有限的改进措施以减少多余车辆的迂回并与新的公交服务联动，确保上午时段设置大容量车辆专用道。此外，在雇主的大力支持下，实施高峰时段收费与停车制、弹性工作时间制和远程居家办公制等，都能有效地减轻威彻斯特境内 287 号州际公路的拥堵程度，并避免上述造价高昂的专用道拓宽工程。

在下一轮的收费提升中，可考虑在港务局管辖的六个交叉路段以及新泽西高速公路先行实施收费措施。以港务局为例，首要任务是取消通勤折扣。由此带来的收入并不追求收支平衡，相关资金可用于其他并行的公交设施工程，如修复开往伯根县的西岸铁路线，以及从斯塔腾岛出发的快速轮渡服务。至于新泽西高速公路，在夜间或正午时段对通行的车辆尤其是货车实行低价收费，有助于缓解高峰时段的交通拥堵。

一旦电子收费系统证实了自身的成功，并能迅速得到普遍采用，那么，对东河上一直免费通行的多座大桥执行的收费政策，也就可实行了，包括皇后区大桥、威廉姆斯堡大桥、曼哈顿大桥以及布鲁克林大桥。收取的通行费将直接用于改进公交设施，尤其是布鲁克林和皇后区通往中央商务区的交通走廊，以及用于翻修这些大桥及其他桥梁。上述收费措施将使布鲁克林中心城区不再塞满那些为躲过布鲁克林至贝特利隧道的收费站而改由曼哈顿大桥和布鲁克林大桥免费通过的车辆。当然，我们也应意识到这是一个政治难题。但是，关注纽约市预算的观察家们都很清楚，这些大桥以及其他桥梁的维护一直以来总是让位于其他紧迫需求。从交通系统的使用者那里获得资金来源,将使桥梁维护成本成为"不占预算"的合理方式,同时还能保证上述资金一直能用于桥梁的永久维护。以下文本框为这方面的一个实例。

"嘘,您想买座桥么?"

这个古老的笑话如今有了新的双关含义。目前进行的NYCTA"东河跨河交通研究"的核心问题,就是曼哈顿大桥和威廉姆斯堡大桥上的公交服务在未来能否继续存在的问题。暂时的答案是:可能存在,但前提是纽约市能适当地维护这些桥梁(它们已有十几年未得到维护了)。区域规划协会相信,私有化东河上的四座大桥,将确保它们得到充分的日常维护,还能缩短居民的通勤时间,创造新的公交机会,从而使城市受益。

纽约市可将东河上这四座桥外租50年甚至更长时间,竞标成功的私营公司或公共机构将享有以下权利:

- 作为对运营、维护桥梁责任的交换,收取过桥费。
- 与市政府共享一部分收益。
- 设计、建设和维护新的配套公交基础设施。

区域规划协会估算,私营公司可能具有50亿美元的债券发行能力;建造本区域亟需的新的配套公交基础设施,如建成长岛铁路至大中央车站间的接驳线,将减少6 000辆私家车的出行;修缮布鲁克林的诺斯特朗德交叉点工程,拓展IRT服务;将布鲁克林中心城区与下曼哈顿相连;建设森尼赛换乘联运车站,刺激长岛市商业发展。

上述私有化措施的益处包括:

- 上述桥梁的运营、维护费不再占用纽约市的基建、运营预算。
- 短期内纽约市政府每年将获得5 000万美元左右的租金(该收入将随着通货膨胀和交通流量的增长而增加)。
- 建成21世纪的关键公交基础设施,从而使通勤者能便捷地到达机场,舒适地出入曼哈顿中城、中心城区。
- 继续驾车的人确信这些桥梁得到了适当的维护与充分的使用。
- 通行于桥梁上的交通流量减少,车速加快。
- 市政府在大胆尝试私有化的同时,继续保有桥梁所有权。

最终，区域内将建立起一套更加完善的道路收费系统，该系统将把已安装和即将安装收费设施的交叉路口，如东河上的几座桥梁全部纳入其中，从而有效地减少交通拥堵，同时产生大量财政收入用于维修日益老化的桥梁，并鼓励人们使用公交。区域规划协会建议将这一系统作为整个行动计划的一部分予以实施。

8. 改善商业运输

受本区域强大的经济实力和多元化发展的推动，本区域商业运输系统的货运总量高达年均7亿吨。由于庞大的群体从事商业活动，在这个巨大市场，竞争历来十分激烈，货运业主也因此一贯具有创新传统。但货运系统仍有扩张空间，特别是新泽西和哈得孙中部及长岛的部分地区（有廉价的土地可用于建造码头、仓库和配送中心）。本区域也将从针对港口和机场的战略性公共投资中受益。此外，本区域的一大优势，还在于有一批快速发展的支撑企业，包括物流公司、保险代理、进出口商和货运代理公司，这些公司大多驻扎在纽约市。而这些公司相对于卡车货运公司、铁路公司和轮运公司而言，是更直接、更重要的就业机会提供者。

然而，问题也十分明显：本区域的基础设施过时、老化，高速公路和铁路缺乏接驳线，城市扩张空间有限，道路拥堵，交通几乎陷入瘫痪等。问题产生的原因是明显的：公共基础设施投资不足、税收不平衡、管理结构不合理（总体而言，私家车的发展环境优于货车，而货车又优于列车）。同时，一些商业行为更加剧了上述问题。例如，商家的即时配送要求，即必须按用户的要求精确配送，以避免货物库存的中间费用。这类送货形式本来值得称道，却增加了货运卡车的行驶时间，在一定程度上加剧了道路的拥堵问题。

尽管公众往往认为政府机构更关注的是私家车出行和公共交通，但货运系统的确也在很大程度上依赖于区域基础设施的公共投资。商业运输系统的公共政策和行动也已产生不同层面的影响与效果。公共资本投资，特别是投向货运基础设施的公共资本，一般而言都是成功的，如港务局对港口、机场的投资。高速公路主要是为机动车修建的，其主要使用者也的确是货车。公共机构对货运经营重视不够，也许原因在于这些企业完全为私营性质。同时，货运比客运更难被人理解。另一方面，也许出于担心被公共机构所控制，大多数私营货运公司对公共规章和补贴往往心存戒备。

所以,必须尽快提出改善货物流动的区域议程。这就要求在区域内建立公私合作的机制,同时推动各管辖部门间的合作。对于商业运输系统来说,多个公共部门负有多项责任,但部门间的合作甚少,这与高速公路及公交系统的情况类似。区域货运交通系统的目标如下:

- 建立灵活、强大、健康的商业运输系统,促使区域在当前及未来多种情况下,在全国乃至全球经济中保持强大的竞争力。
- 发展新型物流业,使全区域的货流及相关数据得以无缝、高效、便捷地传输。
- 为重要的商业运输提供接入区域交通网的平等机会。
- 减少商业运输对环境的污染以及对社会的不良影响。通过环境友好型交通形式,解决相关环境问题。

(1) 建立灵活的商业运输系统

货运业正在发生迅猛的变化,新的空间与金融方面的商业关系也在不断发展。技术、法规和商业活动已完全不同于20年前的情况。技术方面的变化,包括"双层"集装箱服务、能用火车牵引的"公路拖车"、联邦快递等24小时包裹递送服务,以及货运公司为确保对船舶、货车和火车进行更精确控制所采用的通信和计算机系统。这些技术改变了三州大都市区的货运方式。本区域对太平洋地区的贸易运输大多通过海运和铁路,而不仅仅是在船上进行。通过"双层"列车通道的建设,太平洋地区的货物可以通过铁路穿越全美,大大减少了货物在亚洲和西海岸之间往返的运输成本与时间。

实质性地解除针对货车、铁路及航空运输的联邦管制,是一项重要的管制变革。一些公司因此而兴旺起来,尤其是铁路运输公司,而不少卡车货运公司和航空公司则在随之而来的激烈竞争中衰败下去。商业运作方面的显著变化,导致商业运输在结构和本质上都发生了巨变。一些公司将其运输和配送功能转移给其他公司,形成了新的商业活动和合作关系;还有一些公司将其制造、规划、运输以及配送功能与关键客户紧密整合。这样就缩短了产品周期和货运时间,因而降低了成本,提高了服务质量。

图表 88　大型“双层”集装箱列车(上图)是本区域与太平洋地区贸易的主要桥梁。高速公路拖车可放置在列车上(下图),从而结合了铁路与公路货运的优点。以上新技术均未在哈得孙河东部地区得到应用

面对科学技术的日新月异和商业运作模式的不断更新,本区域必须建立尽可能灵活的交通运输系统。就交通运输而言,从现在起五年之内不可能不发生变化,因此,绝不能以过去甚至当前的趋势来推断。

近十年内,全美大部分铁路公司都实现了设施、竞争力和服务的大幅提升。通过创新管理和实践、控制成本、实行目标式资本投入、采纳诸如“双层”运输列车和公路拖车联运服务等新技术,铁路在经历了一个世纪的投资不足和衰落后,终于拥有了强大的竞争资本。铁路货运的复兴,产生了新的货车-列车联运合作模式。例如,一家卡车货运公司从客户那里接过拖车或集装箱,不会长距离驾车送货,而是将拖车或集装箱装载在列车上,通过铁路运输上千公里,从火车站卸下后再由卡车

货运公司承担当地的配送服务。上述过程利用了每种运输方式的优点:货车在接收和运送货物上具有灵活性,而铁路通过若干节车厢和少量操作人员就能长途运送成百上千的集装箱。复杂程度不断提高的市场需求得到了满足,承运商的收入水平也得到了提高。未来这类合作关系将更为普遍。

但是,纽约的货运系统仍处于落后状态。哈得孙东部市场尚不具备容纳来自国内其他地区的"双层"运输列车的现代铁路系统。来往于纽约方向的联运设施主体是停靠新泽西的联运列车,货车在那里将拖车和集装箱运抵哈得孙河彼岸。来自纽约市北部和长岛的拖车-列车联运铁路,随着奥克普特接驳线的建成完工而得到改善,但仍不能容纳标准尺寸的"双层"运输列车[6]。尽管跨港铁路公司能安排"双层"运输列车驶入布鲁克林滨水区,但仍不具备将这些列车向内推进穿越长岛地区的能力。

(2) 改善基础设施

一些区域交通部门的规划研究正在探讨铁路货运改进的问题[7]。所有这些研究都认为应建"双层"运载设施,以便与全美铁路系统,特别是与东南部地区衔接(这两项功能都是奥克普特接驳线目前无法提供的)。任何新的铁路通道都应设计成允许多种交通工具和承运商轻松通过的模式。

"双层"运输线路所需要的理想高度是 22.5 英尺。奥克普特接驳线的高度与之相比低了 3 英尺,布鲁克林、皇后区和长岛地区的铁路净空高度则更低。题为"通向区域核心之路"的研究考虑了一条货运、客运相结合的线路,即从新泽西径直穿过曼哈顿到达长岛市,与长岛铁路相连。这一想法很有吸引力,但造价十分高昂。另一条穿越哈得孙的线路,可与区域高铁系统的客运线路同时建造,以便将伯根北部帕立萨德斯以西的线路与曼哈顿西部副线连接起来。这条线路进入布朗克斯后向东调转,与哈得孙线及奥克普特接驳线相接,后者将重建以满足净空高度要求。这一方案不仅能节省资金,还能加快建设进度。哈得孙东部还需新建若干联运铁路货运站,例如在布鲁克林的第 65 大街,萨福克的驯鹿公园及共和机场等地。另外一个备选的货运站地址是在斯尤塞特的一座废弃的赛罗导管厂,该项目同时也是工业废弃地再开发项目之一。

是否满载向西回运,对于区域铁路系统,特别是哈得孙东部铁路系统的成功运行至关重要。对任何一个铁路公司而言,要想保持其竞争力,都应尽可能地运载那些能产生利润的货物。本区域交通运输服务的耗费量远远高于服务产出量，这一不平衡状态越来越严重，主要原因在于区域制造业的衰落。然而，一种新的货物运输形式将要出现了。由于纽约不久将关闭清水湾垃圾填埋场，因此垃圾处理系统的建设处于紧迫关头。同时，垃圾焚烧引发的问题越来越多，下水道排出的污泥也不能直接倒入海中。区域规划协会正在研究废弃物管理系统，包括资源的回收和再利用，以及现有的或经过优化的铁路系统能否在这些废物的收集、再加工以及处理上发挥积极作用。该方法如果可行，将为向西的船运打下基础，同时为区域铁路设施的完善升级做好扎实的资金准备。

目前，众多制造商在东南亚地区寻找低成本的生产地。因此，本区域的港口面临着开通与远东地区经苏伊士运河全水运贸易线路的全新机遇。由于纽约地区港口的主要目的地是欧洲港口，因此，增加同东欧地区新兴经济体的贸易往来以及向西欧经济体的扩张，有可能增加对港口设施的需求。不过，本区域港口的河道相对较浅，需要不断疏浚清淤；同时，处理淤泥的困难正在不断加大。总之，三种力量正在汇聚，分别是东南亚-苏伊士的新航线、港口作业能力，以及旧船只的替换更新。

各方都赞同持续疏浚、维护新泽西港的泊位和航道以确保通航。但是，如何处置疏浚挖出的弃泥却是一大问题。另一个问题是泊位和航道是否应进一步挖深（例如，挖深到超过港区周边32～40英尺的深度），以便未来更大的船舶只能够安全通过？相关文献并没涉及船舶设计与港口作业能力之间密切的联系。由于船主拥有的货轮使用寿命仅为25年或稍长，因此，必须确保在尽可能多的港口、尽可能省时的航道上运营这些船只。多年来，巴拿马运河的宽度限制了航船的大小，我们的港口也只能停靠此类吨位的船舶；然而，运载量远大于此类船舶的货轮现已投入太平洋贸易（它们无须再经过巴拿马运河）[8]。同时，当前很多油轮无法抵达新泽西和斯塔腾岛的泊位，而不得不在阿普湾或桑迪湖克湾转运，然后靠驳船运至目的地。这样做不仅效率低下，而且也存在巨大风险：一旦石油泄漏，将威胁附近宝贵的休闲旅游区和自然保护区。

如前所述，从东南亚经苏伊士运河到达本区域的航道已经形成。苏伊士运河通行量大，更大的货轮通过这个通道可直达纽约，然而，必须有足够的交通承载力才能满足这些货轮巨大的容量。同时港口要有足够宽、足够深的航道和泊位，以及有更大的货物起重机和更多的码头作业空间，否则通行这类大型的船舶毫无意义。

此外，进一步疏浚基尔文库尔水道(Kill Van Kull)以隔开巴约讷市和斯塔腾岛即便可行，也将是一项非常复杂、成本极高的工程(主要原因在于水道下面是岩床而非淤泥)。与北大西洋港口相比，巴尔的摩和诺福克港口等更有可能在短时间内驶入运载量更大的船舶，而在本区域则必须增加新的泊位和拓深航道。同时，在这些地方为上述“超级货轮”卸货，有可能导致货车穿行于95号州际公路(货物需要送达这里的顾客)，这样就大大削弱了我们的竞争力——既对基础设施造成损害，同时又增加了95号州际公路的交通压力。我们需要编制一份“港口生存”计划，制定出同时满足经济增长和环境质量需要的应急方案。

即使新的港口设施建立起来，我们也不能期望它能够带来显著的就业增长。由于港口运营的集装箱化和机械化，导致十几年来港口的直接就业锐减；然而还是可以探寻增加海运直接就业的办法。尽管每年有几千艘船舶进出，但在哈得孙河两岸仍有大量闲置的船舶维修和维护设施。倘使这些设施重新投入高效使用，将带来大量薪水可观的熟练工岗位，甚至可能超过当前码头上的直接就业岗位。

通过有目的地实施独立硬件供应商/智能交通系统，可以减少拥堵，并快速检测和清理成为拥堵源头的交通事故，从而改善货运交通状况。“EZ-pass”自动收费系统，对减少卡车货运拥堵尤为有效。当货车穿越州界时，无须停车，便可通过新的信息系统处理所有的运输资料。此外，安装“货车动态称重”系统，一方面减少货车在称重处的时间延误，另一方面能有效阻止那些严重毁坏路面和桥梁的超载货车。仅靠执行现有的承重和安全条例(使货车成为道路上受欢迎的角色)是远远不够的。

不过，仍有人表示怀疑，认为除非先缓解私家车拥堵问题，否则上述改进将无法有效地减少主要商业货运走廊的交通压力。例如，哈得孙河十几年来的交通增长大部分归结于快速增长的私家车交通而非货车交通。公路拥堵几乎成了流行病。在本区域的社会产出中，由于交通事故和由交通延误带来的建设方面的损失，每年高达几十亿美元。一辆标准的大型货车，每分钟延误耗费55美分，这还不包括额外的货物腐烂以及因错过销售机会而造成的损失。如果一辆货车每天在交通拥堵中滞留半小时，那么它每年的损失至少为4 200美元。这再次表明，减少交通拥堵最有效的方式是运用价格体系。如果这一体系每年向一辆货车收费500美元，但同时将该货车交通拥堵的时间缩减一半，那么，实际上货车车主将因这笔投资而获得三倍的产出。显然,通过道路收费来减少货车的交通拥堵,对于企业和区域生产力来说都是有益的。重要的是所有收费计划,例如将要在塔潘泽大桥实行的收费计划,都不应设置对货车不利的条件,非高峰时段尤其如此。

(3) 新的物流工具

本区域的物流链非常复杂,在多数情况下,常常延伸至区域边界之外。企业参与全国范围的生产、配送和物流活动。直销商贸公司更是如此,他们将仓储和配送交由第三部门承担。例如,许多电脑零售商利用航空速递服务,确保他们在俄亥俄州的空运枢纽站将货物存放和分配到其他地区,在总部的办公室同时能实现对销售和服务的控制。因此,这类系统保证了任何商品向国内任何地点的交货,都能在第二天一早实现,从而使服务水平更高,零售商的责任感也更强。

在这一新的物流链中,有很多方面与交通无关,而大多涉及通过多种类型的通信技术、复杂的电脑和软件系统来实现可靠的信息传递。的确,在整个订单投递环节中,纯粹的运输时间可能变得不那么重要。物流链中的阻滞,多半出现在接合部分,尤其是客户与订单接收员之间、供应商与运输公司之间以及运输公司与外包承运人之间,都可能存在信息传输不畅的问题。在运输时间中,可能包括部分"虚拟因素"。如果先前的延误使承运商依赖"虚拟时间",那么,本地交通拥堵造成的延误可能将最后的一点时间消耗掉,结果导致延迟到货。

现代物流显然比货车或列车运输复杂得多,我们的竞争地位还取决于信息。这些新的要求显示,需要交通运输、通信和信息服务企业共同开发先进的物流信息系统,特别要确保提高区域物流链中"信息界面"的效率。

(4) 各方公平使用的区域交通网络

目前,本区域的公路、铁路、航空和港口网络也许已基本具备了我们赖以发展的有形承载力。国会已宣布,州际公路系统即将建成。莫里斯敦县到罗克兰县已完工的287号州际公路可能是本区域最后一条需要新建的公路。假设商业出行和个人出行的需求均持续增长,那么,应建立怎样的出行优先权呢?现行政策似乎是这样的,即每个人都有平等的出行权,每个人在交通拥堵中等待的"机会"也平等。在诸如东北铁路走廊、新泽西州的理海线和纽约州的哈得孙线等铁路线上,由于美铁、通勤列车和货运列车共同竞争一席之地，列车往往出现延误。而当一条私有铁路线在给定的交通走廊内拥有并运营包括城际线、郊区线和货运线在内的所有服务时，往往决策科学而高效，从而在整个交通运输网络中获得成功。当前，线路所有者的列车跑到了最前面，而"外来者"的列车落在了最后。更有效的铁路货运、客运服务，需要各方获得公平参与区域铁路基础设施运营的机会。

公平参与政策只有以市场原则为基石才有意义。像南加利福尼亚那样禁止货车在运输高峰期运送货物以改善环境质量的管制政策，原本是好意，却往往引发难以预料的结果。在南加利福尼亚案例中，须向司机和货运业务员支付加班费，同时那些提供或接受夜晚送货的公司也面临着深夜运输的安全问题。替代的方法是通过交通拥堵收费系统解决问题(前文提及)。

区域公路系统的不少路段都禁止货车通行，景观道路尤其如此。尽管这样做从工程方面讲有一定的合理性，主要是宽度与净空不足、桥梁空间不够，以及车道狭窄等，但其他禁令相对来讲更多基于历史原因。例如，纽约市的很多道路起初均设置为观光或休闲道路，而它们现在真实的用途是驾车上班者的通勤道路。上述景观道路的禁令使得货车(无论大小)只能通过范韦克高速公路前往肯尼迪机场，而这条公路早已十分拥堵。因此，应调整相关的管理规定，允许部分景观道路作为运载量适中的商业车辆(如轻型小货车和小型货车)前往肯尼迪机场货物站的备选通道。此外，允许合适的商用和服务性车辆使用纽约市的停车库，既可进一步改善城市商业运输的状况，又可将路边空间释放出来，以便运载量更大的货车使用。

在本区域的一些地方，有必要将商用和客用线路区分开来。例如，从泽西市到奥尔巴尼西岸之间的线路(由联合铁路公司拥有)是一条重要的货运接驳线，不应强制要求只设置通勤列车线路，而不设置旅客专用轨道。另一条重要的货运线是新泽西收费公路。它的部分车道是专门留给私家车使用的，但私家车又可以使用货车和公交车车道，结果导致货车运速下降。我们应认真考虑在交通高峰时段设立只允许货车和公交车通行的预留车道。最后，95 号州际公路划分的 495 号辅助线、林肯隧道、南向的戴尔大道/第 31～34 街区交界处，均应设置类似现有公交专用道的商业车专用道，从而在早高峰期为货车司机节省约 30 分钟的行驶时间。

图表89 本区域的许多景观道路都禁止货车通行，通往肯尼迪国际机场的干道尤其如此，尽管许多商业货车和相应的客车大小完全一样

(5) 成为环境友好型邻居

卡车货运导致了空气污染尤其是一氧化碳和颗粒物污染，货车空载运行和交通拥堵则进一步加剧了上述污染。此外，穿越街道的货车给居住区带来噪音和其他交通影响。内燃机车的粉尘和油烟都是致癌物质，单在纽约市，货车、公交车和其他内燃机车每年产生的颗粒物就超过 3 000 吨。联邦《清洁空气法(修正案)》要求减少内燃机车颗粒物排放，但对货车设定的减排期限比公交车推迟了许多年。以下事实限制着上述法令发挥作用：货车的发动机可以使用多年，而管理条例只适用于新发动机。

重型货车在路面行驶会导致高速公路、自来水干管以及其他地下基础设施受到破坏并失去作用。一辆载重 9 吨的大型货车从标准的道路上经过一次，其作用相当于一辆私家车通过 9 600 次。本区域的国会代表团应该为制定全国通用的货车载重/尺寸限制指标作出积极的努力。该指标应充分认识现状并为那些陈旧的基础设施设计明确的极限。当前规范条例中的漏洞使得超载现象心照不宣地存在着，其他地区也利用了这些漏洞。如不及时制定和强化这样的规定，今后路面上将出现更大型、载重量更大的货车。很多重要道路都已无法承载更大的车辆了，否则，将加速区域基础设施的衰败。

将更多的货运量转为由铁路运输，可能对改变现状有所促进，但需要市场体系积极地推进，而不是靠官僚式命令。方法之一是让各种运输方式在同一个舞台上竞争，每种方式都要支付其真实的成本。这里的一个主要问题是，交通运输市场是否已因直接或间接的公共补贴和税收而出现偏斜？三州"通达方略"分析报告的数据显示，货车所支付的成本只占其全部公共成本的一小部分；相反，纽约铁路的地方物业税负担更为沉重。据估算，在联合铁路公司管理的铁路系统中，向纽约支付的物业税，比向其他各州支付额之和还要多。由此可见，我们确实需要对向货运机构征税的合理性，以及这些税收能否覆盖所产生的公共成本进行深入细致的审视。一旦得到这些信息，公众就可以决定是否需要，以及以何种方式向商业运输系统提供支持或补贴。

注释

[1] 美国石油协会：*The Cost of Motor Gasoline to Consumers*：*1994 Annual Review*，1995年。

[2] 德克萨斯州交通办公室，1994年。

[3] 美国审计总署，1994年。

[4] 应将沿线增加的货运服务考虑在内，像皇后区和布鲁克林区的部分四车道，明显是要共享路权的；而在那些只有两个车道的地方，可能需要新增路权，或者在三区高铁系统频率允许的情况下采用"套式"轨道。可以认为，1995年奥克普特接驳线的完工，将使莫里斯港口的圣玛丽公园隧道的通行能力得到大幅提高。

[5] 区域可持续发展协会："Market-Based Initiatives for Controlling Emission from Motor Vehicles"，1993年。

[6] 公布的数据显示，货运列车因太宽而无法在大部分通勤列车路线上行驶，原因是典型的"双层"运输列车比客运列车宽。因此，需要建设高等级的乘客站台以缩小站台边缘与客运列车车门之间的距离，以及建设第三条铁路电力调度系统来为客车提供电力。

[7] 港务局的"通向区域核心之路"研究将论证建设从新泽西州到曼哈顿或者延续至皇后区的货运接驳线的可行性。大都会北部铁路公司、纽约州城市规划部门和经济发展集团也将分别论证在塔潘泽廊道上建设穿越哈得孙和穿越上湾的铁路货运线路的可行性。以后的研究还将涉及可能引进的新形式悬浮列车。

[8] 巴拿马运河能够容纳38英尺高、106英尺宽的轮船。比运河宽的"超巴拿马型"轮船，比如美国总统轮船公司生产的C-10级轮船，则需要42英尺高和129英尺宽的容量。

第九章　劳动力方略

本区域的时尚产业在全球极具盛名，这是设计师与员工们共同努力的结果。同样，艺术家、作家和计算机工程师们目前正竭尽全力，力争将本区域打造成包括光盘、影碟和游戏软件等行业在内的新型媒体中心。智力与科技的极大聚集产生了无穷的新财富。尤其是今天，信息已日益成为全球新经济的媒介——人们获取信息、加工信息并传播信息。因此，人力资源的发展对本区域的持续成功具有史无前例的重要意义。目前，我们所面临的重大挑战在于如何使本区域吸引更多的世界顶尖人才。本规划的有关章节多次提到改进生活质量与实现这一目标息息相关。另一个同等重要的问题就是，如何将本区域居民的潜能最大限度地挖掘出来，他们或许尚未获得这一潜能，或许虽有潜能却无法充分发挥作用，而这些潜能正是发展新经济所亟需的。

1. 主要问题

随着投资于人力资源的益处日益凸显，制订劳动力发展计划的呼声也愈加强烈。文献表明，对教育与技能的投入有助于提高个人收入(大约每增加一个教育年份，收入将提高 8%)。国家劳动力教育质量中心近期的一项研究表明，企业劳动力的教育水平若提高 10%，生产率可提高近 9%，效果明显优于延长员工的工作时间或引进更先进的电脑设备、机器设备以及其他设备[1]。

在 20 世纪 80 年代，本区域为具有学士学位的劳动力提供了 100 万个以上的就业岗位，而对不具备高中文凭的劳动力而言，本区域提供的就业岗位有所下降。尽管许多年后才会出现大多数工作都需要大学生的情况，但是各行各业的就业岗位对文凭的要求，一直在持续提高。目前，本区域 68%的雇员所拥有的学历在大学之下，与此同时，全国的比例为74%[2]。事实上，实验室技术员、电脑维修员、保健员及儿童保育员、熟练产业工人，以及其他无学位岗位仍将对本区域经济的发展发挥重要作用，但这些就业岗位同样需要其员工掌握足够的文化知识，包括具备计算、技术等专门技能。显然，社区学院、职业培训以及其他中学后教育的专门机构将在保证劳动力质量方面发挥更大的作用。与此同时，在城市中成长的年轻人，很大一部分却无法完成学业。某些城市的这一比例可能高达1/3[3]。各个不同层次的员工们都反映，他们需要提高沟通能力、思考能力以及专业技能，然而，本区域约有300万成年人属于功能性文盲。

教育程度、技能水平高的劳动力，其价值超出了提高生产效率和收入所带来的直接收益。经济发展能否顺应技术及全球市场的快速变化——发展新产业、开发新产品和新服务，关键要靠我们的集体创造力。掌握高新技术的知识阶层与其他劳动者之间的收入差距过大，会日益限制社会的灵活性与创新能力，同样也会加剧社会对抗，并可能由此影响区域的生活质量。

忽视我们的人力资源，不仅会导致本区域在全球经济竞争中所亟需的技术基础遭受威胁，还会导致不平等的危机进一步加剧——富有阶层与弱势群体之间的分歧加大。即使在繁荣的20世纪80年代，也存在富裕阶层收入增长强劲而最贫困家庭收入增长乏力的问题。技术水平的差异尽管不是引起“沙漏经济”的唯一原因，但却是最重要的原因之一。“沙漏经济”使得高收入家庭与低收入家庭数量不断增长，而中等收入水平家庭数量则日益减少。

高技术岗位员工的工资收入(约占个人收入的2/3)一直趋于上升，而以定值美元计算，低技能岗位员工的工资收入却在不断下降。从全国来看，1979年一个拥有高中学历的30岁男性员工，其工资相当于一个拥有学士学位员工的88%。十年后，即1989年，一个高中毕业员工的收入仅相当于大学毕业员工的68%[4]。

20世纪80年代，本区域高中文凭及高中以下文凭劳动力的实际工资下降了，而本科及更高学历员工的工资增加了。工资降幅最大的是那些未完成高中课程的劳动力。工资差异还只是问题的一部分，更严重的是很多人根本无法找到工作。例如，1990年，在当地出生的25～34岁未获得高中文凭的美国男性黑人中，有一半以上无法找到工作[5]。

图表 90　拥有多种技能与多元文化的劳动力，对于提升本区域的全球经济竞争力至关重要

不仅技能上的差异使部分人丧失了获得发展的机会，就业岗位增长中心的地域隔离，以及顽固的种族和文化偏见，都在产生叠加作用。在不同教育水平的劳动者当中，美国黑人、亚裔人和西班牙裔人的平均工资大大低于白人。过去十年税收政策的变化也扩大而不是缩小了上述收入差距。另外，如果以定值美元衡量，公共资助实际支出减少了。

(1) 三大根本转变

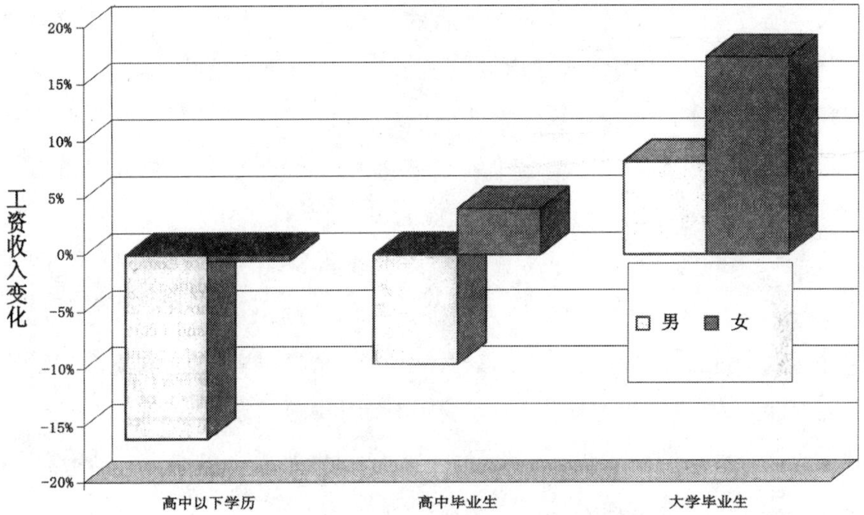

图表 91　不同教育水平实际工资收入变化

资料来源：美国劳工部：*Report on the American Workplace*，1994 年，表 2～5，第 67 页

以下三大转变对本区域竞争力与凝聚力日益构成了挑战，即技术转变、人口转变和地域转变。每个转变均是压倒一切的全球力量击败了地方体制的结果。这三大转变反映了一个现象，即各个区域都在努力参与全球竞争，在某些方面它们甚至已更早、更猛烈地对三州大都市区形成冲击。作为一个领跑型全球中心，我们的部分负担在于，我们必须走在经济和社会变革的前列。

这三大转变是我们必须成功应对的重大挑战。唯有如此，才能保证本区域的人力资源能够符合 21 世纪的要求：

① 产业与通信技术的不断进步，导致经济发展对认知能力、技术要求的无限攀升。

② 20 世纪 70 年代以来持续迁入的大量移民，一方面是技术与活力的源泉，另一方面也使本区域本来就难以就业的低技能人员大量增加。

③ 低技能人员及贫困人口日益聚居并与外界隔离，导致他们的发展机会越来

越少,包括找到工作、接受高品质学校教育和高质量服务。

上述转变也对地方、州或区域的管理规制构成了挑战。飞速的技术进步使得教育及培训机构越来越难以赶上全球经济发展的步伐。本区域大部分的新增就业岗位要求劳动者至少接受过大学或中学后的教育培训。然而,在那些拥有高中文凭的人员中,仍有不少因阅读或使用计算机能力欠佳而未能进入劳动力市场。全国的调查甚至涉及本区域企业领导人的逸闻趣事都显示,雇主们对学校能否培养出具有工作能力的毕业生丝毫不抱希望。一项调查显示,雇主们在决定是否录取某个入门级的员工时,根本不会费心去看他的成绩及学校评价[6]。

1970 年以来的近 300 万移民,在 70 年代后期和 80 年代为本区域的就业增长提供了必要的劳动力和技能。但是,人口的大量涌入超出了当地服务与管理规制所能承受的能力,以致学校必须用走廊和休息室来充当课室,而成人英语教学课程只能满足少部分人的需求。此外,管理结构也限制我们充分利用移民的技能,专业认证部门通常不承认国外鉴定的结果,同时诸多的行业规定也使得一些有前途但未得到官方认证的企业活动无法进入主流经济。

低技能员工和贫困家庭聚居在年久失修的员工住宅区,以及与外界隔离的内城,与城郊就业增长中心存在明显的空间距离。税基下降导致当地公共机构的服务质量不断下降,尤其是公立学校的教学质量趋于下降。再者,社会网络与社区机构、个人发展的重要支撑以及工作接触来源等,通常在贫困人口的集中区域明显弱化。通达的目标通常是为了提高区域核心地区的通达性,或增进郊区的通行能力,结果却导致这些社区与远距离甚至城郊就业中心的交通十分不便。通信网络与新信息技术有冲破这种隔离的潜力,但大部分社区却面临此类基础设施、设备以及相关专业人士严重缺乏的困境。

(2) 国家、地方与个人的创新之举

上述转变涉及范围广泛,要求我们采取的行动已远远超出了我们已有的努力。因此,各级政府以及企业、员工、市民领袖和广大市民必须共同参与。尤其是企业部门,应在设计、管理和资助创新的解决方案等方面发挥带头作用。作为合格劳动力的受益者,作为教育及培训服务的“委托人”,经理阶层和雇主们需要更深入地参与进来,以改善我们当前的学习系统。

在过去的十几年里，州、地方和个人为改革我们的教育与劳动力发展方式付出了辛勤的劳动。其中比较突出的有康涅狄格企业与教育联盟、新泽西就业与培训委员会、纽约人力资源开发与培训委员会等。但由于工作本身的复杂性，加之政治上的困扰，官方机构的行动比较迟缓，预期效果尚未显现。

尽管存在诸多困难，本区域并不乏成功的范例。例如，大纽约医院基金会组织的“各行各业”项目，已与九所公立学校和一个城市雇主协会结成了新型伙伴关系。纽瓦克新社区公司的职业培训中心正在推进一个前景看好的项目，该项目能为低技能未就业的居民提供综合而全面的就业服务。在纽约和新泽西，不少地方已成立了校企联盟，经费来自“学校-就业岗位行动”，以形成一个综合的校企体系。又如在纽约市，纽约市合作组织、纽约市教育委员会、教师联合会、纽约市就业局等部门联手建立了市级校企联盟，推动了就业教育模式全方位、系统性的变化[7]。

上述成功举措，为人们参与终身学习，并将就业与教育重新结合起来提供了范例。但是，要将这些行动继续下去并使它们之间产生关联，还需克服巨大的困难。为此，本区域需要立即行动起来，要从前所未有的高度来认识人力资源问题。经济发展对接受过良好教育、信息充分、有灵活应变能力的劳动力的需求是不断增加的。要跟上这一步伐，本区域就不能让行动缓慢、政治抵制或优先权摇摆不定来分散我们的注意力。如果我们仍然只有部分地方能够提供产业成功所必需的资源，那么，我们的产业发展将无法持续，因为它需要的远不止是由高技能专业人才组成的精英集团。解决这一问题需要新思维，需要机构重组，需要在资源短缺时加大投入，需要市镇、州及个人的首创精神，并使之在区域间交流。只有这样，才能为持续的协同行动奠定强大的组织基础。

以下行动旨在扩大与协调已有的努力，确保本区域朝着以下三个目标迈进，从而成功地应对本区域产业、人口与地域结构发生的巨变：

- 建立终身学习制，将就业与教育重新结合起来。
- 使新增劳动力进入主流劳动力市场。
- 加强社区有形社会基础设施的建设，使社区具备便捷的就业渠道。

区域规划协会提出的这些建议，目的并不仅仅在于确保本区域跟上日新月异的经济发展步伐。如果这些建议得到全方位采用，我们就一定能缩小劳动力与就业岗位、熟练工与非熟练工人之间不断扩大的鸿沟。尽管不少涉及贫困和社会隔裂的困扰源自国家层面的问题，但劳动力资源开发与培训部门及其工作所能取得的成果，最终还是在州或地方的掌控之中。更重要的是，私营领域，包括企业、员工和民间机构，也应该在地方或区域层面上共同努力。通过扩大经济机会，我们或许能打破贫困与无助的恶性循环，而这正是我们的城市社区存在众多社会问题的根源。

2. 有关建议

要使本区域的劳动力在全球经济中更具竞争力，并使全体居民及社区在拥有更多工作岗位的市场中受益，有必要增加投入并实行新的政策。

① 建立终身学习制，将就业与教育重新结合起来。

- 投资于早期儿童发展、儿童保育以及艺术教育，培养儿童的创造力与学习能力。
- 更平等地分配教育资源，提高行政管理效率，营造创新环境，以此提升贫困学区的绩效水平。
- 扩大开展中学后教育之学校、脱盲班和综合职业服务机构的招生能力，满足成年员工的需要。
- 以高质量的大学网络和社区学院网络为基础，为成年员工提供更多的继续教育的资源。
- 为员工提供个人培训账户。
- 帮助小型培训公司集中资源与专业人才，提升私营部门的培训能力。
- 建立由企业、员工、教育部门和市民领袖组成的三州委员会，推动向终身学习制的转变。

② 使新增劳动力进入主流劳动力市场。

- 努力促进联邦移民准入规定的改革，实现包括技能水平、家庭团聚以及其他指标在内的各项准入指标间的平衡。
- 更有力地推进有关策略，为更多的小企业及低收入工作者提供帮助。
- 识别并发展非正式经济部门。
- 加强对移民的制度性支持，帮助他们融入主流社会，包括促进其本土化，以及督促学校与社区对其进行选民登记。

③ 确保社区就业渠道畅通。

- 进一步对社区组织提供有效的支持，包括与区域性雇主或机构建立联盟。
- 采用新技术，建立包括低收入社区在内的就业信息网络。
- 改善低收入社区与就业中心的交通联系，包括提供公共汽车与小货车服务。

3. 就业与教育重新结合

强调就业与教育重新结合，缘于我们认识到，现有的教育方式更适合于过去的年代，而不适合当今以知识为基础的服务型经济时代。自农业社会以来，我国对于教学时间的安排一直没有改变，已落后于部分先进国家。对入门级员工的技能要求和教育标准偏低，而雇主与教育机构均未采取相应的措施去为劳动者提供足够的、持续的、适应就业岗位不断变化要求的技能培训。结果，雇主无法从我们的教育体系中找到符合其要求的员工；员工为适应不断变化的技能要求可以作出的选择也十分有限；已离开劳动力市场或教育系统的人们，所面临的求职前景日益狭窄[8]。

"终身学习"意味着传统思想观念的转变，也意味着制度的变革。必须认识到，教育并非学校的特权，年龄也不应限于 5 岁至 25 岁(而应贯穿一生)。工作机构必须为员工提供学习的环境，课堂必须传授关于就业的知识。终身学习体系具有以下特征：

- 从家庭、学前教育至校园环境，都要从儿童开始，持续培养创造力与学习能力。
- 完善各社区小学、中学的配套功能，为成功的职业发展提供所需的技能基础。
- 实施高中、社区学院及大学的合作计划，针对专门职业提供合理的技能提升服务。
- 对于如何形成新的学习与培训项目，企业和员工要不断发挥实质性作用。要建立与就业相关的学业标准，帮助学生和员工实现从学校到就业的过渡。

- 雇主要加大对雇员技能培训的力度，并通过社区学院与大学，扩展成年人职业发展的培训计划。
- 邀请员工共同策划在职培训与工作流程。
- 为辍学者及失业员工提供综合性职业培训服务。

以下提议重点针对人力资本投资严重不足地区，或教育与就业严重脱节的领域。

(1) 早期教育

要投资于儿童早期发展、儿童保育以及艺术教育，培养儿童的创造力与学习能力。

当今的经济发展要求员工不断地调整其技能，因此，人的学习能力比掌握专业技术显得更为重要。学校显然在培养学习能力方面扮演着重要角色，包括建立学生的自信，帮助勤于思考、富有创造力的学生实现理想等。然而，孩子们的学习倾向是入学前形成的，并在整个儿童时期深受校外环境的影响。美国卡内基基金会发表的关于早期儿童教育的报告——《起点》(*Starting Points*)，有着巨大的影响力。报告指出：人一生中的最初三年之所以重要，在于该阶段的孩子成长发育快、学习能力强。这一时期的变化之迅速，超过了人生的其他任何阶段：如新生儿从一开始完全不能独立存活，发展到可以自己走路、说话、玩耍、探索。三岁儿童的学习经历之所以更重要，是因为他们在学习如何学习[9]。

许多研究表明，对儿童早期教育的投资能够带来巨大收益。其中最著名的是派瑞学前教育计划。这是一项纵向研究，它跟踪一组已完成学前教育计划的儿童，以及一个对照组，直到他们年满 18 岁。尽管尚存争议，但这项研究发现，一个儿童参与该计划需花费 4 800 美元，但对社会的终生回报却是 23 700 美元，主要包括福利支出减少、犯罪率下降以及税收增加。对接受了学前教育计划的儿童而言，研究结果表明："证据有力地证明，该计划能在短期内促进儿童的智商发展，并且降低了他们接受特殊教育的几率。"该组织还发现，"部分证据证明，该计划有可能减少留级，并增加了高中毕业的可能性"[10]。

在校内、校外促进创造力、建立自信心、激发求知欲，对于幼儿之后的发展阶段依然重要。工人家庭尤其是贫困家庭的儿童保育问题，得到了更多的关注。但儿童保育的关键在于学习环境,这应作为学习体系的重要组成部分加以考虑。对此,我们目前的认识还不到位。教育标准的另一个不足是,没有采取积极的措施来激发学生的创造力、学习能力以及自信心。例如,艺术教育的结果显示,接受艺术教育能有效地提高学生的自信心与创造性思维,从而提高学业成绩。1991 年哈里斯调查发现,参加过艺术培训课程的学生的高中辍学率远远低于其他学生,这显示了艺术教育与普通教育之间的差别[11]。

以上阐述启示地方和各州,要努力加大对儿童发展、高品质儿童保育及艺术教育的投入。同样重要的是,必须把这些视为学习体系的核心组成部分,而不是相互分离的支持体系。

(2) 公共教育

要更平等地分配教育资源,并提高行政管理效率及营造创新环境,从而提升贫困学区的绩效水平。

不管其他机构作用如何,小学与中学教育始终是终身学习和员工培养的基础。如果我们的公立学校对青少年的教育仍像目前一样失败,那么,事后的任何补救措施都将是亡羊补牢。教育改革是一个复杂的问题,许多方面已超出了本规划的范围。专项教育改革已在本区域的部分地方,在从高中教学到学校管理的一些领域得到了推进与发展。大胆创新教学方法、不断提高管理与财务工作水平,必须作为至关重要的措施,始终得到州与地方政府的优先考虑。

仅就公共教育的一个方面——学校设施状况而言,我们就可以发现问题的严重性与紧迫性。学校设施维护改革委员会近期发布的一份报告为我们敲响了警钟:纽约州与市政府的投资不足,加上教育局对日常维护的管理不善,已导致纽约市学校建筑的状况令人忧心忡忡。除非立即在学校实施综合的"马歇尔计划",既改善管理又增加新的拨款,否则,不仅学校的修复或重建将因费用高昂而难以实现,而且孩子、老师、校长、监护人员以及整个社会都将因此而陷入危机[12]。

在本区域的所有地方,贫困现象都与低水平的教育紧密相联。在纽约、纽瓦克、泽西城 、布里奇波特、纽黑文以及其他一些地方的低收入学区,学生的学习成绩低,辍学率高,中学后教育绩效差,进入劳动力市场的难度大[13]。康涅狄格州学业测试结果反映出收入与学业表现之间的关系。这个测试考察了该州的十年级学生，主要对他们的学习成绩与学生所在地的社会经济水平作了分区比较。图表92显示，随着收入的降低，学生的测试分数大幅下滑。

收入在几个方面影响着教育结果。首先是刚一出生时，贫困儿童的体重就低于平均水平；更重要的是，贫困家庭与相应社区环境削弱了强化学校教育的基础。因此，贫困地区的学校比富裕地区的学校面临着更多的问题：那里有更多的儿童缺乏学习能力，需要特殊帮助，并存在额外的安全需求；同时，吸引合格的师资力量也更为困难。

遗憾的是，这些学校本身的状况非但没有好转，反而继续恶化。班级人数普遍多于富裕地区，资源越来越短缺。比如，1992～1993年，在纽约市，普通幼儿园一个班平均有26人，而郊区为21人。郊区每个学生拥有20本以上的书，城市地区的孩子每人却不到10本。郊区学校每11个学生拥有一台电脑，而纽约市每17个学生才拥有一台电脑[14]。

	平均家庭收入	数学平均得分	语言技能平均得分*	科学平均得分
第一组	$40 425	31.6	84.2	44.9
第二组	$28 114	29.0	77.1	42.5
第三组	$24 431	27.0	74.8	41.1
第四组	$22 609	25.4	71.8	38.7
第五组	$21 920	24.5	67.6	37.8
第六组	$20 325	21.5	68.1	35.0
第七组	$15 240	13.3	57.9	25.5

* 共有两项语言技能测试，结果反映的是“对文化作品的回应”的测试成绩。

图表92　1994年春季康涅狄格州学业测试结果

资料来源：康涅狄格州教育部(Connecticut State Department of Education)

学业成绩与收入直接相关，而教育资源与教育需求之间却持续失衡。由于教育是地方政府提供的服务，富裕地区可以利用比贫困地区大得多的税基为教育提供经费。各州都向贫困学区提供补助经费，但实施方法各不相同，而且补助的金额远远不能满足需求。学校设施维护改革委员会就更广义的教育经费问题，提出了以下建议：

最后，我们注意到，作为一个委员会，我们开展的工作基于以下理念，即学校面临的是管理问题……现在我们相信管理确实不到位，但最后的分析显示出，这只是全部问题中的一个方面。现在，我们相信各部门的管理正在得到加强，尽管还有大量的工作要做。学校所需的经费仍然严重不足，而这就是问题的关键所在[15]。

数据显示，每个学生的总支出在三个州之间存在相当大的差异。纽约市的平均支出远远低于富裕地区的水平。在1992～1993财年，纽约市100万学生的人均支出是7 900美元，而城郊学生的人均支出则是10 500美元。在本区域的其他大城市，学生的人均支出不等，由最低的布里奇波特的7 200美元到最高的纽瓦克的10 700美元。其他地方，如新泽西州和康涅狄格州的城市，则与整个州的水平持平，或超过该水平[16]。

学生人均总支出只是反映资源分配的指标之一。由于总支出里包含诸多因素，因此，某些地区由于行政管理费、安全保障费、债务还本付息以及其他费用居高不下，结果，尽管学生的人均总开支较高，但实际的教育经费并不高。财务管理与服务需要的不同，也会导致实际教育开支与总开支的比率大不相同。然而总的来说，贫困地区更加需要课堂指导与支持服务，这包括满足大量特殊学生的需要、维修与重建旧教舍，以及支付高额的建筑安全维护费用。

要提高学生的学业水平，我们必须对经费分配系统与教育服务系统进行一系列结构性改革：

- 公共教育资金投入应更符合需要。要大力改善教育资源的分配，各州必须在征收费用与分配资金上担当更重要的角色。“管治方略”一章提出了在改革学校经费分配方面，由州承担主要职责的建议。在进行资金再分配的同时，必须对学校管理加强督察，以保证更有效地利用各种资源。但在大多数情况下，低收入地区需要大幅增加对学校的资金投入。
- 教学过程的成功创新应推广到全区域。即使是在学生需求与支出水平相当的学校，学生的学业表现仍存在很大差别。推广成功的创新方法是各地学校与州政府的共同义务。同时，家长、教师的参与，以及企业、民间组织和员工的支持都具有重要作用。要提供创新空间，实现整体的体制性改进，学校管理层必须在以下三方面的目标间保持平衡：包括明确的责任，持续的领导，以及教师、家长与行政管理人员的积极参与。
- 长期来看，如不改变过去的居住与发展模式，教育不平等的问题就难以完全解决，因为它造成了低收入家庭（其中大部分是美国黑人和西班牙裔人家庭)长期聚集在被分隔的社区里。除可以解决税基不平衡的问题之外,降低贫困学生的地域集中程度,也将增加其个人受到教师关注的机会,还能为其弥补基础教育不足并提供必要的学习环境。“区域中心方略”与“管治方略”中关于规划与土地利用的建议,旨在确保区域内有关资源得到更有效、更平等的利用,并且为了长远的可持续发展而更有效地保护我们的自然资源。另外,也建议构建混合型社区,促进低收入的城市中心实现经济增长。

(3) 成人教育

要扩大开展中学后教育之学校、脱盲班、综合职业服务机构的招生能力,满足成年员工的需要。

终身学习的第三大基石是重新重视中学后教育、成人教育培训和就业服务等,以满足劳动力市场不断变化的需要。这个问题涉及两个方面:对所有员工来说,终身受聘于一个雇主已经是很久以前的事情了。如此一来,不仅工作安全不再有保障,雇主们也不再愿意对提高员工素质进行投资,这导致员工所受教育普遍不足;成人教育问题的另一个方面是,如何改善低技能人员的就业前景。已有人提出了文盲问题,而对其他人来说,问题是技能落后,或缺乏劳动力市场所需的各种经验。

本区域拥有解决上述问题的强大资源,即众多高质量的高等学府,包括从哥伦比亚大学、纽约大学、耶鲁大学、普林斯顿大学到大量的州级大学与社区学院,以及专业技术学校,例如纽约工学院、斯蒂文斯学院、新泽西医科与牙科大学等。这些学院不仅应当培养专门人才,还应当对其所在社区的发展做出贡献。它们能通过广泛的经济渠道筹资,对投资模式及邻里发展发挥催化作用,它们还能为中、小学提供教育服务。

拓展大学与社区学院在社区发展与成人教育中的作用,代表着一个重要的方向。尤其应鼓励高等院校对所在社区提供技术援助,特别是向中小学和小型企业提供援助。其次,应鼓励大学与社团或工会合作,扩大再培训服务、职业发展或成人教育的覆盖面。例如,纽约市立大学与纽约州立大学已与纽约新英格兰电话科技公司及美国通信工作者联合会建立了合作关系,共同设立了“大学技师”培训项目。在此项目中,员工可以自愿加入为期两年、每周一天的培训计划,以提高其技术知识与技能水平。

对员工和成年人进行不间断培训的其他提议包括：

- 实行个人培训账户制，提留一定额度的免税工资用于培训。联邦政府的教育税减免行动令人怀疑，而州级立法无论对于替代还是补充联邦政府的行动而言，都将发挥十分重要的作用。惠特曼州长的经济总体规划委员会已提议，在新泽西全面推行个人培训账户制。
- 教育雇主，使其充分认识到在职培训对提高生产率的重要性。员工接受在职培训能使生产率平均提高 30%，但全美的培训费用只占工资总支出的 1.4%，且接受在职培训的高中或以下学历的员工仅占 1/6。雇主协会或公共经济发展机构应当成为这项教育计划的实施主体。
- 集中资源与专业技术，帮助小型企业成立培训共同体。这里有一个实例：以小企业为主的服装业发展公司，运用全行业的资源，推动了员工培训，从而有效地提高了公司员工的技能水平。

图表 93 服装工业发展联合会是员工与企业合作提高企业生产率及竞争力的成功实例。公司实施的多项计划旨在提高员工的技能水平与生产率。技能水平的提高也有助于员工提升至收入水平更高的岗位。图中，一位缝衣工正在学习制图

本区域用于提高低技能员工文化、技能水平的资金根本无法满足需要。坦率地说，制订并持续执行相应计划来解决如此严重、如此复杂的问题确有困难。不

过，有些地区依然采取了相应行动，并有望从增加的投入中获益，即能够提高就业人员的素质。成人文化教育与英语、外语教育能有效地为许多求职人员扫除重大的求职障碍。但目前这类项目只能满足少数人的需求，总人数甚至可能不到应培训人员总数的5%[17]。

成年人就业计划也在增进就业与提高工资收入方面取得了一定成效。人力资源示范研究公司开展的福利-工作研究项目表明，不同类型的项目能否成功，取决于它的目标是减少领取福利的人数，还是最大限度地提高工资收入。然而，综合性项目，即集技术补习培训、求职帮助、支持服务与跟进式咨询为一体的综合项目，能有效地将自身条件存在缺陷的求职人员带入主流劳动力市场[18]。

(4) 成立三州委员会

要建立由企业、员工、教育部门和市民领袖组成的三州委员会，推动向终身学习制的转变。

在州、区域和地方层面，推进教育体制改革的力度正在不断加大[19]。对本区域而言，虽然州级与地方政府层面已付出了巨大的努力，但形势的发展迫切要求区域层面也要着手解决这一问题。雇主们从本区域的各个社区招聘员工，工作地点通勤范围内劳动力的质量直接影响该社区的收益。许多为社区服务的机构和计划，因与更大范围的就业机会存在纽带关系而获益，甚至还得益于在区域创新方面拥有更为广泛的信息。州级和地方政府也可通过与技术中心等专门性教育学院合作而避免一些不必要的开支。

因此，尽管州级与地方部门是提供教育、培训等基础性服务的主体，但三州委员会也要着力解决以下两大问题，以面对复杂强大的挑战：其一，对州级、地方和私人领域的力量加强协调；其二，私营部门应发挥更大的领导作用。

三州委员会将采用私营组织的构架，组成一个代表企业、员工、市民及教育界领袖的联合体，它将成为本区域建立终身学习制的战略性实体。该委员会还将建立一个论坛，探讨机构间合作的问题，帮助本区域的州、地方继续关注终身学习问题，以及奠定更坚实的基础，以争取联邦政府的支持。例如，三个州的企业、员工、教育部门和市民领袖的共同行动，可以形成更强大的呼声，有助于维持和扩大联邦政府对“从学校到工作岗位”倡议的支持。

该委员会的职责应包括：

- 系统评估本区域学习及劳动力发展的规制体系，明确应采取的行动。
- 为州、地方、企业及员工建立体制改革的基本框架。
- 组织产业层面的雇主联合会，支持校企联盟，发展培训共同体，实施实习生项目以及其他依托企业的行动。
- 建立能满足雇主要求的教育学位与专业认证体系，在区域中统一认证标准。

理想的情形是，三州委员会从发挥指导性作用起步，为三个州承担起特定领域的职责，最终由州政府授权，为特定的政策与行动领域建立框架与标准。

4. 建立新增劳动力与劳动力市场的联系

到21世纪初，本区域的劳动力将主要由美国黑人、亚裔人或西班牙裔人构成，移民及其后代将成为区域劳动力增长的主要来源。即使我们成功地提高了劳动力的教育及技能水平，我们仍需破除僵化的管理体制和残存的文化偏见，因为这些因素将妨碍居民进入劳动力市场，妨碍人们有效地利用已有的技能。

要确保新增劳动力找到工作，有赖于移民及有色族裔工人的成功创新。推动“有色族裔飞地”经济，即建立为特定有色族裔社团服务并由其拥有的企业或移民就业网络，开展法律允许的非正式经济活动，将为区域提供可观的资本、劳动力和创业动力。但这些方法自身存在诸多局限，不利于员工及创业者提高经济地位，也阻碍了他们发挥巨大潜力而进入主流经济。

显然，根深蒂固的种族、文化偏见是妨碍全体居民进入劳动力市场和参与经济活动的主要障碍，无论是政府的政策还是民间的努力都难以改变这一事实。然而，多样化恰恰是本区域最大的经济发展动力。我们必须反复强调这一事实，直到它被认可，被真正视为机遇而非限制。另外，一些法律和管治方面的问题超出了区域的管辖范畴。因此，如果期望人人都能参与到劳动力市场的竞争之中，就必须采取一系列有效措施，既包括社区基层的努力，又离不开州级、市级政府的管理体制改革，甚至需要在全国开展对移民问题的辩论，需要联邦政府对此采取支持行动。围绕这些行动，应该形成长远战略。

(1) 移民政策

寻求联邦移民准入制度的改革，达到包括技能水平、家庭团聚以及其他指标在内的各项准入指标间的平衡。

本区域在以往的全球经济竞争中获得了成功，其中的一个基本原因是外来移民，将来我们也离不开这些外来移民。但是，目前的联邦准入标准过于偏向家庭团聚，而未能对劳动力市场的变化作出灵活反应。

本区域一半的移民因家庭团聚原因而被准入，因工作需要获得准入签证的人数不足10%。前者中的大多数技能水平不高，因此，大大增加了本区域低技能人员的数量。与此同时，适合低技能人员的就业岗位却日趋减少，从而给本地劳动力市场带来了巨大的压力。他们长时间在恶劣的工作环境下工作，领取低于最低标准的工资，有的甚至被卷入了“血汗工厂”经济，部分人则替代了原本收入较高的本地员工。

更合理的政策是，根据国家经济及劳动力市场的状况，对外来移民实行逐年准入制，对当前最需要的技术型、知识型人才给予更多的优先考虑。这种方法能更好地实现移民政策的新目标：家庭团聚、提升经济的技术水平，以及降低低技能人员的失业率。

(2) 支持行动

更有力地推进有关策略，为更多的小企业及低收入工作者提供帮助。

支持行动对于有色族裔商人所属企业的成功创建与运营，起到了有益的促进作用。这些公司雇用美国黑人、西班牙裔人及亚裔人的数量相对多于非有色族裔所属的企业。当前，不少美国公司裁员的目标锁定在低收入家庭及移民工人，为此，需要采取更有力的行动来保障这些人士的就业。这些行动可以是相关支持项目，包括针对授权地区的计划项目，如帮助在有色族裔和低收入社区开办企业，也可以是鼓励大公司和有色族裔所属的公司提供志愿服务。后者包括辅导年轻创业者，以及为尚不稳固的有色族裔所属的企业增加外包业务。

(3) 非正式经济

识别并发展非正式经济部门。

一些未领取证照、难以监管的商业活动，包括小型手工业生产商、家庭作坊式服务经营、街边商贩和小货车服务等，尽管难以精确统计，却代表了区域经济中一个相当重要并可能继续扩大的组成部分。这些行业在为移民提供低起点工作机会方面，发挥着特别重要的作用。但这些企业的属性，决定了它们不可能像收入更高的正规部门那样得到可观的发展提升，因为他们缺乏相应的证照、技能或机会。危害健康、违反劳工法或安全规定等现象，在这些未经授权的企业中较为普遍地存在着，但如果这些企业能融入到正规部门的经济之中，上述问题就能迎刃而解。

通过鼓励当地经济发展以提供更多的就业机会，通过促进企业更重视健康与安全，并与主流经济建立采购关系，将有助于扭转忽视或削弱非正规经济活动的趋势。这将是一项富有成效的战略。这项战略承认非正规经济活动在经济中的重要作用，并采取激励措施，帮助它们发展成为完全合法的经济活动。启动这一过程需要采取以下行动：

- 如果经营活动不会对健康、安全构成威胁，就可使之合法化。例如，在住宅区内进行的小规模的、家庭作坊式的服务经营。
- 不管是已授权企业还是未授权企业，都要不断加大对健康法规、安全法规、禁用童工法规的执行力度。降低其他的企业门槛，如非法人企业税等。
- 为街边商贩提供专门场所或设置集市，允许并鼓励他们在指定地区贩卖。
- 落实对未授权企业的支持项目，使之成为支持小企业计划的组成部分。尤其要帮助它们取得合法地位，进一步扩大市场范围。例如，在未授权企业集中的地区，建立供起步运营的孵化器，提供集中的会计、市场营销和广告等服务。
- 承认国外认证。尽管不少国外教育机构能够达到我们的质量标准，但我们对资格证书的苛求却将许多持有国外证书的专业人才拒之门外。对这些管理办法进行改革，使这类人才顺利地进入我们的劳动力市场，就可以在不降低质量要求的同时，为我们提供大量迫切需要的技术人才。承认国外认证同样能缓解低技能人员的就业压力,因为得不到认证承认的人会去竞争非专业性的工作。此外,如果国外认证达不到我们认可的标准,我们就应考虑对相关人员进行额外培训,施行速成认证。

(4) 加速本地化

加强对移民的制度性支持,帮助他们融入主流社会。

与最初的移民浪潮相比,现在的外来移民对于获得公民身份或追求文化同化的要求减少了。这导致"飞地经济"的迅速发展,带来了活跃的多元文化;但同时也使许多社区被隔绝在广泛的发展机会之外,限制了外来移民与主流文化的融合。在尊重外来移民传统习俗的同时,加快对移民及其子女的文化同化,鼓励其参与市民活动,将对移民社区及区域经济带来重要益处:一方面我们可以更充分地利用移民所拥有的特殊技能,另一方面他们的收入来源也随之拓宽。他们将获得更多的就业渠道,享有更多的公民权力,政治过程也将因为他们的参与而变得更加丰富。主流文化将得到新的发展,各族裔社区也将为主流文化提供更丰富的营养。

应在移民社区内外采取一些特殊措施以促进文化同化:

- 对于移民儿童,中小学教育的首要目标是使其迅速掌握英语。如果没有熟练的英语技能,接受教育的机会以及在经济上获得成功的机会将大受限制,也不利于移民有效地参与市民活动。同样地,应力促本地出生的儿童掌握第二门语言。如果要在未来的全球经济竞争中取得成功,我们就必须能与本区域其他语种的居民,乃至世界上其他国家的有关人士进行有效沟通。
- 增强移民的市民意识,促进本土化,开展选民登记。与最初的移民潮相比,如今的移民由于获得公民身份比率的下降,导致其参选率不及当年,这就限制了他们进入社区公共生活和享有各种公共服务的机会。同时,由于政府不能代表这些"隐形的"选民而采取相应的行动,也影响了当地政府对这些移民承担应有的责任。
- 大学及社区学院是开发移民子女潜能的重要机构。这些机构可以先行一步,开展一些包括鼓励外来移民进行选民登记和参与市民活动等的行动。

5. 建立社区与就业岗位的联系

技能低下、体制障碍和文化偏见，是贫困社区居民充分参与经济活动的主要障碍。同时，贫困社区与外界的有形隔离，不仅减少了求职渠道，还使得技术差距、文化偏见及误解长期存在。贫困社区的税基水平偏低，邻里环境消极且不稳定，导致这些地区的居民缺乏接受良好教育的机会。居住地族群分隔的状况也导致社会对新移民一直心存偏见或持歧视态度，减少了贫困社区经济发展的机会。

应对这些问题的长远解决方案，在本规划的有关章节中已有所涉及：

- "区域中心方略"提出，在大多数低收入居民便于到达的区域性中心城区创造更多的就业岗位。与这一行动紧密相关的"通达方略"则建议，改善城市、近郊社区来往就业中心的公交运行状况。
- "区域中心方略"提出，增加适价房的供给，减少居住方面的族群隔离。这一措施的核心在于，由州政府对土地利用开发和分区管理进行严格管制。

另外，仍须采取行动来构建低收入社区同就业中心之间的技术与人际交流网络。下文将介绍这一行动的设想，它们将迅速地带来一系列收益，并且为长远的基础设施和人力资本投资构筑有效的基础。

(1) 社区组织

对社区组织提供进一步的有效支持，促使其与区域性雇主或机构建立联盟。

本区域已成立了几十个以社区为基础的住房与发展组织，如纽瓦克的新社区公司、布朗克斯的"绝望的人"、大牙买加发展公司、特伦顿的 ISLES 居住与再绿化行动等。这些组织所取得的成就，充分显示了当地组织和城市中心复兴计划的重要价值。近期也不乏成功的实例：从布里奇波特东部有效打击犯罪，到新泽西的哈勒姆、红色银行区等社区发起的适价房开发项目，都是其中的例子。而由私人发起的组织，如纽约市合作组织与菲普斯住房公司，则充分展示了它们所具有的撬动私人与公共资金的能力，并有能力运用于对中低收入家庭住宅进行建造、翻修与管理的创新。

然而，这类组织大都缺乏与主流经济、社会与政治网络的联系。因此，它们亟需获得关于就业与商业机会的资金、专业技术及信息。目前，成功壮大社区组织的模式是存在的，即促使社区与外界资源建立更紧密的联系，为社区搭建获得就业培训、企业发展机会以及住房与社会服务的平台。例如，地方行动计划支持公司向社区发展公司提供资金与技术支持，使其能通过地方咨询委员会和国家项目的支持，获得外部资源。通过这些支持机制与国家资助，地方行动计划支持公司为社区发展争取了 20 多亿美元的资金，新建或重建了 57 000 套适价房，还开发了 1 000 万平方英尺的商业空间。

通过已有的支持性机构，或者参照相关成功模式建立自己的"合作委员会"，社区居民与企业得以拓宽其区域就业与经商渠道。这些委员会由社区内外的企业、员工、市民领袖等组成，将提供更广泛的知识、资源和沟通平台。围绕特定目标，委员会能够从以下几方面提供帮助：

- 建立雇主与社区组织间的就业联系纽带，制订雇用计划，提供通勤服务及就业培训服务，增加居民获得在郊区与中心城区就业的机会。
- 通过金融机构的代理服务以及创建集团企业，以集中资源、分担风险，并改善社区企业的财务状况。
- 向区域性产业寻求外包机会及采购机会，并利用专业技能创造这些机会。
- 在社区组织间建立支持网络，提高其政治影响力，并为这些组织学习外地的成功经验提供机会。

(2) 就业信息网络

采用新技术来扩展就业信息网络。

不能及时获得就业信息，已成为低收入社区居民求职的主要障碍。主要的表现是，对于远距离的雇主，居民缺乏获得就业信息的渠道，也不具备求职所需要的文化水平与求职技巧。互联网的普及方便了从消费品到政府文件等各方面信息的网上传播，但也使低收入社区的居民面临新的问题。随着越来越多的就业机会通过网络或其他互动媒体发布，没有上网设施、不会使用电脑便成为求职者的另一障碍。不过，这项技术也提供了扩展信息空间的机会——甚至以往发布较少的关于低薪就业岗位的信息，也会时常出现在网络广告中。为保障社区能有效利用这些发展机会，应采取以下行动：

- 所有社区都应配备通信基础设施并与信息高速公路全面接轨。发展信息产业的首要任务应是提供获取信息的渠道。
- 提供有利于居民从多媒体渠道获得就业信息的硬件设施、培训服务及相关支持。
- 州级与地方政府应围绕就业服务，与雇主和社区组织建立合作关系，开辟就业信息在低收入社区广泛传播的途径。

(3) 交通联系

提供公共汽车与小货车服务，改善低收入社区与就业中心的通勤联系。

“通达方略”建议兴建的区域高铁系统，将大大拓展低收入社区居民的就业机会。例如，三州高铁系统将为纽瓦克、伊丽莎白、布里奇波特和纽黑文等地的居民提供直接的铁路服务，方便当地居民前往更多的郊区就业点。地铁服务在皇后区东南部的拓展，也大大减少了往返曼哈顿的通勤时间。

除铁路之外，其他交通方式对改善低收入社区与就业点之间的联系也发挥了重要作用。目前提供这种交通服务的主要是公共汽车与小货车，但往往未领取相关证照。有时雇主出资的小货车能提供从社区往返工作地点的服务，在一定程度上弥补了公交系统的不足。许多住宅区的公交服务都亟待改善，私营小货车服务也应得到决策者、社区机构和雇主们的更多重视。小货车服务是非正规经济的重要组成部分，满足了人们对廉价、灵活服务的需求。应通过加强管理与采取强制措施，鼓励这类服务的发展，同时最大限度地降低安全与事故隐患。例如，使小货车运营合法化将减少安全隐患。另外，雇主出资为低收入社区提供的通勤服务，可成为培训与就业计划的一个重要组成部分。在技术与体制问题得到解决的情况下，这种通勤服务为人们提供了出行便利。

6. 投资需求

大幅增加对人力资源的公共投入是本规划的重要建议，包括增加对城市学校的资金投入，增加对儿童早期发展与儿童保育的投入，增加对成人学习、再教育及就业服务的投入。在这些投入中，只有学校的经费大部分由州政府及地方提供，而投放于儿童保育与成人教育的资金将大部分来自联邦政府与私人渠道。

本区域对劳动力资源的投入不足是显而易见的。缺口的资金总额还有待确定，但可以粗略估算如下：如果将纽约市学生的平均支出提高到郊区水平，则每年需增加25亿美元支出。上述数据表明，即使行政经费宽裕，要将市区整体服务水平提升到郊区标准，还存在巨大的资金缺口。

儿童保育与儿童早期发展所需资金同样难以计算。不过，1990年三个州用于各种形式的保育活动与儿童早期教育的总投入为3.5亿美元，且等待资助的人数庞大。纽约州规定：作为儿童保育金，政府应对年龄在14岁以下的儿童每人年均资助约70美元，但目前只有14%的低收入家庭得到资助。如果要资助全部符合要求的家庭，那么州政府用于低收入家庭的儿童保育金将高达3亿多美元，而非现在的4 600万美元[20]。如果我们用"有需要"来定义那些未获得补贴或资助的低收入家庭，或甚至考虑托管式保育与高质量保育之间的差异，则本区域未落实的此项投资将超过10亿美元。

文化教育计划所需费用缺口较大。对文盲的人数以及教育计划的容纳量，以往有过于乐观的测算，但已不能反映目前的现实。但是即使我们假设250万成年文盲不接受培训，而仅仅对除此之外的人员进行文化培训，我们的支出也将超过10亿美元。失业人员也需要再培训和就业服务，因其人数太多，所需的费用无法估量。

仅从需求来看，每年用于"劳动力方略"的新增开支至少达几十亿美元。显然，我们必须更有效、更明智地使用现有的经费。在巩固经济和税收基础的同时，要处理好各项新增开支的先后次序。与此同时，我们仍需挑战自我，以更明确的方式来提高对未来人力资本的投入水平。

对诸多迫切的需求做出排序是一件十分困难的事情，但始终要把对人力资本的投入放在首位。通过提高效率而从其他管治领域获得的收入也应更多地投入到这一领域。长远来看，这些投入将降低政府在社会服务、福利、医疗服务和司法等方面的支出，从而为本区域经济的进一步繁荣与社会公正奠定良好的基础。

注释

[1] 国家劳动力教育质量中心：*The Other Shoe：Education's Contribution to the Productivity*

of Establishment，1995 年，第 2 页。

[2]　1990 年美国人口普查。

[3]　用不同测量方法计算出的退学率差距很大。例如，纽约市某一年的平均退学率在 6%左右；然而，四年之后，1994 届班级的退学率达到 18%（纽约城市教育委员会）。在纽瓦克，1993 届班级只有 2/3 的人如期毕业（新泽西教育委员会）。布里奇波特和纽黑文的年退学率各为 10.4%和 8%（康涅狄格教育委员会）。

[4]　David A. Brauer 和 Susan Hickok："Explaining the Growth in Inequality in Wages Across Skill Levels"，*Economic Policy Review*，第 1 卷，第 1 期，1995 年 1 月，第 62 页。数据来自美国当前人口调查。

[5]　1990 年美国人口普查。

[6]　国家劳动力教育质量中心：*First Findings from the EQW National Employer Survey*，1995 年，第 4 页和第 14 页。

[7]　*New York Citywide School-to-Work Alliance*，由纽约教育董事会合作伙伴、纽约市合作伙伴、纽约市立大学、国家教师联合会、纽约人力资本中心、全市家长领导小组、纽约教育中心、就业指导中心以及市长办公室于 1995 年 5 月 5 日共同提交给纽约州立教育部门的申请。

[8]　参见纽约城市劳动力发展委员会："The New Workforce: Investing in New York City's Competitiveness"，1993 年 12 月。

[9]　*Starting Point: Meeting the Needs of Our Youngest Children*，纽约卡内基公司，缩写本，1994 年 8 月，第 5 页。

[10]　Ellen Gallinsky 和 Dana F. Friedman：*Education Before School: Investing in Quality Child Care*，学者出版社，1993 年，第 72～79 页。

[11]　Richard S. Gurin：*The Arts Education Standards: A Payoff for Business*，源自 Perspectives on Implementation: Arts Education Standards for America's Students，全美音乐教育工作者大会，1994 年。

[12]　*Report of the Commission on School Facilities and Maintenance Reform*，1995 年 6 月，行政审查。

[13]　*Statistical Profile of Public School Districts*，纽约州教育部；*New Jersey School Report Card*，新泽西州教育部；*Connecticut Academic Performance Tests*，康涅狄格州教育委员会。

[14]　社区服务学会：*Separate, Unequal and Inadequate, Educational Opportunities and Outcomes in New York City Schools*，1995 年。

[15]　*Report of the Commission on School Facilities and Maintenance Reform*，1995 年 6 月，行政审查。

[16]　*Statistic Profile of Public School Districts*，纽约州教育部；*New Jersey School Report Card*，新泽西州教育部，1993 年全州总结；*Connecticut Public School Expenditure Report*，康涅狄格州教育部。

[17] Urbanomics："Illiteracy in the Tri-State Region"，1989 年 1 月。

[18] Judith Gueron 和 Edmund Pauly：*From Welfare to Work*（摘要），人力示范研究公司，1991 年。

[19] 参见世界大型企业联合会的报告"Business and Education Reform：The Fourth Wave"。

[20] Gina Adam 和 Jodi Sandfort：*State Investments in Child Care and Early Childhood Development*，1992 年 3 月；以及 Nancy Ebb：*Child Care Tradeoffs*：*States Make Painful Choices*，1994 年 1 月。两篇文章均源于儿童保护基金会的报告。

第十章 管治方略

目前，三州大都市区范围内的地方政府、委员会和特别区等有关职能部门，总量估计已超过 2 000 个。区域规划协会于 1961 年发布的题为《1 400 个政府》(1400 *Governments*)的报告，作为迄今为止对区域管治最生动的描绘，在许多方面反映了本区域管治的现状。尽管区域规划协会当年的一些重要建议，如成立大都市区交通运输管理局已经成为现实，但报告中的许多内容至今仍有意义。其原因在于：三州大都市区所包含的县已由当时的 22 个增加到目前的 31 个[1]。城市的传统功能如就业与居住，随着 40 多年来的逆中心化发展而配置在越来越分散的区域，使得政府服务如今需要覆盖到郊区乃至远郊地区。与此同时，城市居民的迁徙也意味着政府服务必须增加。

管治的支离破碎与冗繁，导致了支出的增加，加剧了地区间发展的不协调和不均衡，削弱了政府的公信力，同时导致各种服务(由不同政府及其部门提供)之间的彼此分割。因此，各地在削减政府服务的同时，不得不紧缩开支。这种现象表明，支撑区域政府运行的收入已经耗尽。这些收入大部分来自当地的物业税(本区域的数额居全国之首)，其余部分来自州、联邦政府的资助款，以及桥梁、隧道等的通行费。

1. 主要问题

本区域几乎所有问题的根源都在于区域内各级政府机构间缺乏基本的协调性与相容性：每个州都有自己的交通、住宅、环境和经济发展管理部门，而且每个州的内部都有数百个独立的自治市、职能部门、特别区，以及其他按照自己的计划和目标提供服务的政府机构。此外，三州内的一些区域性功能机构在地域上也存在重复设置的问题。

上述管治体系对本区域实现土地和财政资源的有效利用带来了两大基本问题：

- 公共教育投资来源于地方物业税，迫使各自治市鼓励不科学、不切实际以及不顾环境敏感性的开发活动。
- 规划缺乏协调，无法提供相应的机制来评估地方开发决策所带来的累积性影响，而这些开发可能超出了区域资源和基础设施的承载能力。

(1) 土地利用缺乏协调性、相容性

60多年来，在协调区域、州和地方公共服务及加强相容性方面，本区域已取得了重要的进步。在某些基本的功能性领域，例如公共安全、建筑及消防准则、基础设施开发及学校课程设置标准等方面，标准化的程序和指标已经确立并得到了运用。

然而，州政府在其他对区域竞争力和可持续发展能力具有同等重要影响的领域，却很少或根本没有向地方政府提供决策的框架。康涅狄格、纽约以及新泽西州历来将管理土地和土地利用的权力赋予最低层级的政府机构，且很少受到政府部门以外的机构的监管。州政府未能建立有效的土地利用规章，造成了本区域今天所面临的众多环境、经济及社会问题。

本区域大量非专业的、志愿的土地利用委员会每个月都要作出成百上千个决策，而这些决策影响着区域的生活质量、生活成本、机会的获得以及环境的完整性。

迄今为止，三个州仍缺乏实质性的州域开发规划或土地利用规划，以指导地方的土地利用决策。康涅狄格是首个制定类似规划的州，但该规划纯粹是指导性的。该州的169个自治市在编制地方综合性规划时，根本不受上述规划的约束。1992年，在经历了长时间的公众咨询和立法程序后，新泽西通过了《州域土地利用与开发规划》，促进了有价值的规划与土地利用准则的形成，例如将新的开发集中于指定的区域中心内。自治市、县以及州立机构对新泽西州域规划的执行完全出于自愿，但也存在激励因素。纽约州未能开展任何形式的州域规划改革。事实上，地方规划与区划法在纽约州仍然只是一个可选择的事项。

结果，整个区域内的自治市继续自行其事，所制定的开发与增长决策大部分局限于关注本地区市场的驱动，而与更大地域范围的交通、环保、就业或经济开发计划不相关联。事实上，区域内一些重要地区，例如纽约州北部的流域，其增长与开发就连地方规划都无法完全控制。

区域无法协调土地利用决策，导致郊区蔓延加剧、区域中心被废弃、越来越依赖私家车出行（随之而来的是交通拥堵、空气污染和基础设施的高投入）、区域绿色基础设施遭到破坏、种族与经济分隔、就业与住房机会不均，以及生活、经商成本提高。这一系列问题对增强区域竞争力和可持续发展能力构成了主要障碍。

(2) 地方税收

地方税收和政府收入分配存在两大主要问题：一是对地方物业税收入的依赖，导致地方政府为吸引特定类型的项目而开展“课税竞争”，却不考虑长远发展和区域性问题。二是教育资金分配不均，致使许多社区的居民失去了接受高品质教育的机会，而这，正是他们获得个人与事业成功的基本途径。

——物业税与土地利用

自治市需要提供服务并控制成本。一般的城镇都认为必须通过地方物业税系统来增加收入，但依靠的不是提高税率而是吸引更多纳税人进入该系统。随着州政府和联邦政府不断削减资金的支持，自治市将更多地依赖地方税以维持必需的服务；同时由于税基被侵蚀、州政府教育方案遭多重冲击等因素，城市中心面临激烈的竞争，结果是内城与郊区之间的差距日益扩大。

康涅狄格、纽约和新泽西州所属的自治市采取了以下应对措施：通过州政府赋予的土地利用控制权来保证对税基的控制。对地方政府而言，在其权限范围内促成高物业税收回报的土地利用，往往是其决策选项。过去 40 年来，本区域内的市、镇、村都努力通过相应的土地区划和土地利用决策，来形成良好的物业税评估结果，以使物业税收入最大化。自治市一味地开展“课税竞争”，导致它们在吸引发展商时，既不充分考虑增长可能带来的无法预料的副作用，也未考虑是否符合当地的长远利益。它们吹嘘在城镇边缘发展商业或工业有巨大的好处，因为这种模式能产生大量税收而不带来学龄人口。事实上这是极其荒谬的：它忽视了大量成本，这些成本包括交通拥堵、水污染、新住宅的二次增长、道路等现有基础设施的损耗，以及必须提供公共安全等服务[2]。

另一个关于郊区的荒谬的说法是，住宅租赁带来学龄人口和相应的学区花费与物业税收不成比例。因此，郊区社区普遍不欢迎住宅租赁，以免由此导致教育成本的增加超出地方税基的支撑力。具有讽刺意味的是，与国内其他地方的做法相反,纽约市和拿骚县采取了激进的税收政策,所制定的住宅租赁的税率高于单户住宅、合住住宅及公寓。

郊区发展的一个更为明显的倾向是,郊区的土地利用和土地区划热衷于提供大地块的住宅用地而不鼓励发展租赁房,因之能使土地估价、住宅造价更高,进而产生更高的物业税。与之类似,带状商业用地区划企图吸引低支出且能带来高额物业税收入的企业入驻。地方政府尤其是郊区政府将这两项土地利用形式作为有利于产生税源的发展类型加以支持,加剧了区域的逆中心化发展。

大地块住宅区划和主干道沿线的带状商业开发以及独立的校园、公园或购物城,通常被认为不需要基础设施投入,所需服务也很少。自从蔓延式开发模式允许一定规模的地块自行就地配套污水处理系统和设置独立水井之后,高成本的给排水工程也可免除了。然而,很少有区划法、地块细分法以及地方卫生准则提出关于保护更大的区域系统的要求,例如保护纽约市和纽瓦克市的饮用水源地,使其免遭不合理的污水处理系统及土地利用的破坏。

购物中心和商务办公园区确实没有带来学龄人口,低密度郊区的中小学学生人数也的确少于高密度的城区。因此,当地确实有可能因这种土地利用形态而节约成本。然而,如果将其他变量也加以考虑,例如人们上学的交通成本、警察和消防服务、道路维修和积雪清除等,就不难得出完全不同的结论。由此可以看出,即使在地方层面,紧凑的开发模式也应具有更好的成本效益。

为了在削减成本的同时负担起地方政府的高额运转开支,郊区社区采用了蔓延式的开发模式,但实际上他们并没有实现自己的愿望,其表现为:开敞空间和农田以惊人的速度被消耗;受大地块区划政策鼓励,建造了高成本的独立住宅;住宅之间以及住宅与就业、零售中心之间的分离,导致对私家车的严重依赖,同时公交系统的价值也大受影响。

就业岗位减少及中产阶级搬离城市核心地区等问题,因新移民向城市地区聚集及贫困人口无法迁出而进一步复杂化。贫困人口聚集带来的区域性影响包括:

- 城市地区的税收趋于减少。
- 基本服务水平与质量日益降低。
- 贫富差距扩大。
- 城市和郊区所获得的教育资金极不均等。

这种以物业税为基础的高度分散的管治体系造成了严重后果，致使本区域的生活成本高居全国之首，而居民的生活质量却不断下降。同时，这一趋势形成了不可持续的增长与开发模式；未来的劳动力接受教育不全面、就业不充足；低密度和依赖私家车的蔓延大行其道；各种规模的区域中心面临着居住、就业功能以及零售设施的日益衰落；开敞空间和自然资源遭受破坏。

解决区域管治体系分散且不协调这一涉及面广泛的问题已势在必行。对于保护绿地和保护区域的饮用水源、建立区域高铁系统、确保利用已有的基础设施，以及在区域中心地区提供新的就业机会与适价房而言，高度协调的土地利用决策至关重要。

图表 94 本区域分散、低效的管治体系，造成许多地方不得不抑制其对服务的迫切需要

为此，区域管治体系改革必须在以下几个原则指导下推进：

- 必须利用区域和州级目标指导地方的土地利用规划。我们必须共享区域未来，必须明白——我们可以作出哪些选择，以及相应的选择将带来哪些影响。
- 我们需要一个协调框架，在这一框架之内各个独立的政府部门都能为实现共同的目标而努力。
- 以地方自治规则为基础的管治体系应得到改善和调整而非摒弃。
- 我们要逐步摒弃税收驱动型的决策机制。
- 我们应采取可持续的、高效的工作方法，促使决策正确、简易可行。

改善区域管治必将从根本上改变多层级的决策系统。例如，鼓励自治市政府充分考虑其决策所涉及的更广泛、更长远的影响，以及对于有争议的土地利用问题，保证市、镇协同决策而不是各行其道。

——教育经费

地方学区的大部分收入来自于本地的物业税。例如，在纽约州，57%的学校的开支由物业税承担，州政府的资助仅占39%，余下的4%来自联邦政府资助和其他途径。这些学校的费用总额往往占地方物业税总量的60%以上，某些情况下甚至高达80%。在纽约州，物业税在地方税收总额(包括销售税和所得税)中占32%[3]。

当前，共同的趋势是削减开支，联邦政府和州政府对地方的资助与干预也在减少，因而地方产生的收入将日益成为资助学校、地方服务以及投资的重要来源。此外，发展趋势还表明，联邦政府和州政府对于某些服务将不再承担责任，而是将责任移交给地方政府，同时也不再提供相关资助。这些因素，与各级政府的运作成本的历史性螺旋式上升以及人力成本的提高相结合，迫使地方政府寻求减少政府开支、增加物业税收入的办法。

在地方政府对物业税的依赖日益加深的同时，不动产价值上升地区与停滞甚至下降地区之间的发展差距也在日益扩大。由于物业税的高低是由不动产价值决定的，因此，城市和近郊如果试图获得足够的税收以支撑必要的地方服务和教育，将面临越来越大的压力。相反，远郊学区的情况比较乐观。因为在过去几十年里，该类地区吸引了大量的商业开发，物业价值也得以提升。

“劳动力方略”一章阐述了这一趋势，指出上述情况催生了公立学校系统的二元化，即远郊学区能取得更好的教学成绩，而近郊学区则产生了辍学率偏高、教学成绩较差、大学入学率偏低等问题。

2. 有关建议

要成功地实施第三次区域规划，需要更新的、协调程度更高的、工作重点更明确的公共机构和公共财政机制。以下为几个方面的建议：前四条建议解决政府间协调的问题，以提供更好的政府服务；后三条建议创设几大公共机构，为区域提供新的服务；最后一部分建议直指当前的决策程序（该程序未能真正反映环境成本）。

①协调区域管治。

- 为实现区域中心再发展的目标，要努力改进州域增长管理系统，健全地方规划和管治体制，形成激励机制。同时，确立有效的城市增长边界，保护区域性保护区和其他绿地。
- 促进相邻自治市的政府共享服务，优化政府机构规模，形成规模经济效益，同时维护地方政府的控制力和明确相关责任。
- 改革教育的财政支持模式，促使城市学校系统获得平等的财政支持，消除出于财政考虑的区划诱因。
- 让所有居民拥有入住体面住宅的机会。

②创设新的公共机构，以资助和提供区域层面的服务。

- 成立区域交通运输管理局。
- 重组港务局，确保其能够集中力量完成核心任务。
- 创立三州基础设施银行，通过一整套专门用途税（以下简称专用税）、费的安排，将资金投放到需要优先考虑的建设项目。

③改进公营、私营决策程序。

- 按照可持续发展的原则，构建合理的基本建设预算和税收及管理体系，确保在产业发展与开发过程之中，形成既利于经济发展又利于环境改善的激励机制。
- 通过运用精明基础设施概念，促进多元利用和明确多元目标，选择替代方案，从而减少基础设施的建设成本。

3. 强化管治协调

(1)州域增长管理系统

区域规划协会致力于地方规划、区划制度和其他土地利用管理的机制创新已超过65年。早在20世纪30年代初期,区域规划协会就促成了地方规划委员会的诞生,帮助地方形成并广泛采用了自治市区划制度。这是实施第一次区域规划最重要的手段之一。然而,自20世纪70年代以来,区域逆中心化的土地利用管理体系明显诱发了蔓延,限制了居住选择,减少了居民收入,加剧了种族隔离。在这种情形下,数百个城市的区划工作无法得到区域规划或州域规划的指导,在某些地方甚至没有城市一级的综合规划或总体规划。

除了不协调、没有联动地处理区域性事务之外,本区域现有的规划、土地利用管理,以及开发许可体系所形成的投资氛围也是缺乏竞争力的,甚至是将人拒之门外的。尽管不少社区已采用区划制度(或是细分制度)来引导企业选址以及开展住宅和商业开发,但实际上,鲜有城市的规划能真正清晰地展现出该地区的发展前景,特别是不能确切地体现其需要哪种类型的开发,以及该类开发的最佳区位。这种模棱两可的做法导致了项目开发许可的申请充满争议。在这一过程之中,开发商、邻里、环境团体或其他利益集团由于缺乏明晰的基本规则而纠缠不清。结果往往是时间的延误、成本的增加,以及开发选址甚至规划设计都不科学。

一个更为理性的规划和土地利用管理系统,应明确地指出某处是否允许或禁止开发,以及在何种程度上予以许可。此外,地方土地利用管理制度,包括区划制度、细分规则以及环境保护条例,都应与当地的综合规划保持一致。一个理性的规划体系还应鼓励地方层面更多地考虑区域性需求,并应与邻近城市相互协调,以确保那些管理权存在交叉的领域,诸如住宅市场、交通运输体系以及环境资源等,得到高度相容的处理。

从根本上讲,一个有效的土地利用系统应该确立以下目标:为开发活动识别合适的区位,并向市民、企业和开发商提供合理的机制性保障,确保土地利用决策是确定的、迅速的、开放的。

美国的其他州也在关注类似的问题，这促进了州域规划和增长管理系统的形成。夏威夷于1961年采纳了州级区划系统，所产生的现象被称之为“土地利用规则的一场静悄悄的革命”。20世纪70年代，俄勒冈、佛罗里达以及佛蒙特州采纳了州域增长管理系统。十年后，佐治亚、华盛顿、缅因州以及罗得岛前后采纳了相似的系统。总之，在过去的30年里，共有10个州采纳了新的规划系统。俄勒冈州等地的经验表明，州域增长管理战略不仅能刺激经济和交通运输的发展，促进住宅建设，并且能在降低土地消耗和环境损害的同时，强化社区特征。

除夏威夷之外，州政府并不介入区划管理。相反，它们为完善地方的规划提供州级政策指引，主要的技术手段包括：

- 一系列指引性原则或目标，通常包括紧凑型发展模式的推广。
- 要求城市的规划、规制与州的发展目标保持一致。
- 要求州级部门的功能性规划与州的发展目标保持一致。
- 为城市的规划与规制设定一系列符合州级规划的审核程序。
- 为城市的规划提供州级资助。

为实现第三次区域规划提出的诸多目标，包括重建区域中心、提高公交系统的使用率、保护绿地以及确定区域增长边界等，建立更为有效的增长管理系统十分必要。自20世纪80年代以来，区域规划协会已促使本区域形成了有效的州域增长管理系统，区域规划协会计划把这一重要行动继续推进下去。

区域规划协会目前正在为纽约、新泽西以及康涅狄格州引入经改进的州域增长管理系统，遵循的原则如下：

①通过开放式的公共程序，形成州域或区域的增长、发展与资源保护目标及政策。这些政策应当包括：

- 对能带来理想增长的基础设施加大投入，包括交通、供水、污水处理等设施。
- 促进经济发展，增加就业机会。
- 为全体居民提供价格适宜的体面住宅。
- 实现与自然环境保护相互促进的增长，必须保护和保存水源地、湿地、蓄水层、洪泛平原、海(河)口、河道、山脊、森林及农田。
- 保护和保存文化、历史及考古资源。

- 加强对开敞空间资源的保护，包括提供和改善亲水通道、将开敞空间特征更好地融入社区。
- 将长远的环境、社会利益及成本纳入经济分析。

②要求地方的综合规划和土地利用管理与州级、县级的政策保持一致。地方综合规划应进一步明确具体的增长类型、经济发展、生活质量以及保护目标。合理设计地方土地利用管理系统以实施上述规划，并为所有符合规划的开发行为提供可预期的许可。

③确保州级部门的功能性规划与计划保持一致。部门的功能性规划、规章和投资应当一致，并反映州级发展目标和城市规划的诉求。

④为地方规划工作提供支持。这包括让地方规划得到技术支持；将州级自由支配资金投向遵守高层级规划的城市；对于那些敢于顶住压力、按照高层级规划制定规章的地方政府，应提供州级补偿或奖励。

⑤创设州域规划管理实体。现有或新设的州级规划机构或政府部门应进一步明确州级目标、确保与其他机构相协调，并引入确保开发许可和地方综合规划相衔接的激励机制。

⑥简化环境与土地利用的管制过程。正式通过的地方规划应视为符合通用的环境影响评价的规制；一切符合地方规划并在指定范围内的开发都应被视为获得预审通过。

⑦建立相关财政机制。必须投放充足的资金用于编制地方规划、制定管理办法及规章。该项资金既可以是州级基本建设预算的一部分，也可以来自新开发项目的评估收费。作为回报，开发商如在指定的发展区内进行符合规划要求的开发，他们将通过许可程序的简化而获益。

⑧在州政府、地方政府及私人利益攸关方之间建立合作关系，形成并实施相关战略，以保护重要的资源区和满足其他共同目标。由州一级成立新的区域实体机构但由地方控制，是一种合作保护特有资源、实现共同目标和推进跨自治市协调的有效途径。

(2) 城镇政府服务共享

区域内的城镇之间，可达成市际服务共享与协作的协议，以确保规模经济效益,并减少冗余和重复建设造成的浪费。

在许多功能领域,本区域的各级政府已开展合作,或是使用相互衔接的规章标准。例如,确立标准化的程序和指标,同时也运用于公共安全、建筑与消防、废弃物管理、基础设施建设以及学校课程设置等方面。

尽管在一定领域内大家正朝着相容性方向迈进,但本区域的地方政府仍独立地提供广泛的服务,由此产生了低效现象并增加了不必要的运行成本。当邻近的城、镇、村仅面向各自的居民分别提供医疗、治安、消防、刑事司法、给排水、个人和社会服务、固体废弃物处理、图书馆、道路维护、公园与休闲以及大量的其他服务时,由此形成的重复与冗余必将代价高昂。诚然,城市偶尔可通过某些项目,诸如警车的联合购买协议来节省成本,但是这类共享并未在市政采购或服务提供等方面实现普及。高度的地方自治传统与以物业税为基础的地方财政体系相结合,强化了地方政府以自我为中心的特征,妨碍了与邻近城市开展合作协调。

——服务共享现状

康涅狄格、纽约和新泽西州的立法机关已经意识到:目前以地方为中心的管治体系有着固有的无效性。奥尔巴尼已颁布了允许城市政府与县政府签订市际服务共享协议的法律。此外,还准许多个城市合作制订卫生保健福利计划。奥尔巴尼首府区也颁布了特别法,鼓励在大宗购买、固体废弃物处理、治安、通信、公共工程及其他领域开展市际合作。类似地,长岛松林地带管理委员会已为松林地带上的三镇地域编制了土地利用与管理规划,该规划将为规划范围内的土地利用和开发决策提供指导。

在许多地方,已出现了城市之间共享服务和合作协调的自觉行动。这些地方多数不在三州大都市区范围之内,但其经验值得借鉴。在纽约州北部的塔格山区域,12个城镇成立了联合规划委员会,力图通过整合资源以保证专业的规划支持,并在城镇之间协调土地利用决策而不是由各城镇政府分别决策。在北威彻斯特县,三个城镇共建的供水工程,节约了过滤饮用水的成本,并在联合采购、装备使用等方面实现了共享。

不过,这种城市之间的协议并未形成可供市政府采用的标准化的运作程序。因此,并未完全实现费用节省和规模经济效益,表现为政府开支仍在不断增加。

Somerset 未来研究联盟分析了新泽西州 Somerset 县服务共享的潜力，并认为每个社区都拥有服务共享的机会。可有效共享的服务包括刑事司法、数据处理、老年人交通、紧急警备、公共工程以及固体废弃物管理等方面。此外，Somerset 联盟确定了一些应由更高层级政府承担的地方服务领域，包括环境健康、社会服务管理和规划。这项研究回应了“州和地方财政收支政策委员会”(SLERP)关于某些地方功能应由州政府来承担的建议，包括审判庭和公共援助项目。

比城市之间服务共享协议更罕见的是市际或区域性税基共享。地方物业税作为地方政府的首要财源，被当地政府牢牢地控制着，并引导着地方的决策行为。将物业税从这些决策中剥离出来，将极大地影响地方土地利用和开发的方式。新泽西州的哈肯萨克牧场委员会是区域性税基共享的唯一案例，其物业税不由地方征收，而是由该委员会征收，并在公平共享的基础上分配到各自治市。

——优化政府机构规模

通过服务共享协议来减少政府成本，尽管不是一副包医百病的万能药，却是一种被证实为行之有效的工作方法，值得推广。“政府机构规模优化”是另一种具有广泛适应性的工作方法。这种方法承认自治传统和管治分散、部门割据的现状，但它寻求在更合适也更有效的政府层面上提供服务。“政府机构规模优化”同样建立在新型区域实体模式之上，如哈肯萨克牧场委员会、长岛松林地带管理委员会、大都市区交通运输管理局等。

本区域各级政府的收入和开销增长惊人，显示出管治的失效。以定值美元计算，将相关机构包含在内，本区域各级政府的总收入和总开销从 1977 年的 709 亿美元和 618 亿美元，分别增加到了 1993 年的 859 亿美元和 907 亿美元。16 年内总收入增长了 21%，总开销增长了 42%，而区域人口仅增长了 2%。

总收入

	1967 年	1977 年	1987 年	1993 年
31 县区域	39 780 299	63 765 158	67 700 111	76 955 456
相关机构	—	7 127 838	9 648 343	8 969 229
总计	39 780 299	70 892 996	77 348 454	85 924 685

总支出

	1967年	1977年	1987年	1993年
31县区域	38 095 179	57 221 990	60 555 223	83 892 437
相关机构	—	4 615 837	6 839 346	6 761 189
总计	38 095 179	61 837 827	67 394 569	90 653 626

图表95　三州大都市区各级政府总收入与总支出

为实施好第三次区域规划，需要实现政府机构规模优化、市政府服务共享以及现有的和新设立的政府机构之间责权的移交。重组港务局、组建实施“绿地方略”的区域委员会，以及合理分配教育经费、重构物业税征收与分配体系等，这些都是政府机构规模优化的关键环节。唯有如此，才能确保本区域在21世纪继续保持强大的经济与环境竞争力。

(3) 教育经费分配改革

缩小城市、郊区在学校经费安排上的差距，是区域规划协会竭力倡导的目标。本规划涉及的三个州都有诉讼案件，认为上述不平等违反了州的宪法。新泽西州最高法庭已经责令该州切实解决经费分配不平等的问题，充分表明三个州都有必要寻求结构性的解决方案。

改革教育经费分配的目标是，更有效地分配公共资源，以改善本区域学校的表现。增加对贫困地区，特别是城市学校的教育投入，是十分必要的。只有进一步提高学校的教育绩效，并在区域文化和经济中成功地承载现有人口、预期增加的人口以及外来移民，才能保证本区域未来的劳动力能够适应其产业发展的需要。只要学校的教学质量、学生的成绩水平与房地产税的不平等分配相关，税收分配系统就需要重新评价与重组。只有这样，才能使学校经费的分配趋于均等化。

城市学区中贫困、少数族裔以及英语不熟练学生的比例过大，妨碍了基本教育计划的实施。同时，物业税基不断缩小，加之州级资助不足，进一步加剧了上述问题的严重程度。

区域规划协会认为，要减少学校经费分配对于地方物业税的依赖，是一件相当复杂的事情。然而，建立一个能满足日益严峻的经济形势所需要的学校系统，并确保本区域所有学校都获得平等的资助,是十分必要的。为此,区域规划协会建议由州政府承担教育经费,依照地方需求而非地方经济环境来向当地学区分配资金,以服务所有的学生。

——州政府承担学校经费

将分配学校经费的职责从当地学区或自治市层面移交至上级政府,需要州政府专责征税用于学校教育。此外,这种移交需要建立新的、公平的分配规则,即按人头进行公平资助,而不管特定地区的物业估价基础如何。同时,这个分配系统必须考虑补偿型资助,以满足学校中的贫困生、存在特殊需求及英语不熟练学生的需要。

当前,三州大都市区尚无关于由州级机构征收物业税的规定。然而,无论公平与否,三州确实建立了平衡标准,并实施了学校援助分配计划。华盛顿州采取的办法是,由州征收目前用于当地学区的那部分地方物业税,从而实现州的资助目标。另一模式是混合税收来源。密歇根州最近采用了以下方法:将该州的销售税从4%提高到6%,并开征新的烟草税,以及针对新的高端住宅建设征收特定的物业税。

如果由州承担经费配给的工作,就应进一步明确州和地方各自的责任。区域规划协会建议,由三州政府承担分配教育经费的基本责任,同时调整资金分配标准以确保所有学龄人口至少能接受最基本的教育。该标准应当依照州级管理的标准化绩效测验来确定。这意味着分配方案中实际包含补偿性费用与特殊需求费用。远郊地区学校的这类需求很少,而城市和近郊学校的该类需求远远高于前者。

由州承担经费配给的目标本质上不在于平等化本身,而在于改善经费不足地区的表现。在没有节余或新收入的情况下,重新分配现有经费并不足以改善贫困地区的状况,甚至可能降低郊区的水平。因此,首先要提高学校系统的自身效率;其次,当公共部门的其他环节因效率提高而产生节余时,教育工作应获得更高的优先权。从根本上讲,如何资助教育,反映出我们对教育工作的认知程度,这对塑造未来的发展十分重要。

——区域性税基共享

另一项建议是将学区物业税的税基扩展到更广的地域,以平衡富裕的郊区与贫困的中心城区之间的差距。一些地方已进行了相应的探索。例如,在纽约市,33个社区学校委员会由五个大区征收的物业税提供经费。与之相类似但条件存在差异的是，不少低密度的郊区已建立了多城镇支持的学区，即五个或更多的城镇共同资助一所中学的模式，而这些城镇的平均收入可能存在较大差别。

不过，在当前情况下，由于家庭收入、房地产税税基与学龄人口的需求不相匹配，现有的税基共享方案即使能缩小地方差异，也无法彻底解决学校经费区域性分配不均衡的问题。根本的问题在于，当前区域内学校经费的税基共享实验并没有扩展到一个足够大的地域。为响应上述模式，明尼阿波利斯-圣保罗"双城"区域于20世纪70年代采取了一种大都市税基共享系统，在该系统内40%的新的工商业税收汇集到区域层面，基于需求向各地重新分配。鉴于持续的税收不均，明尼苏达州即将通过立法，规定将新的、富裕的地区并入区域税库。1996年，大多伦多地区专责委员会也建议采纳类似于"双城"模式的税基共享系统。

1985年，新泽西州成立了"州和地方财政收支政策委员会"即SLERP委员会。该委员会基于对州级市政财政结构的系统评价，提出了一系列的改革建议，重点在于削减地方承担的财政责任等[4]。具体包括：改变地方学校经费分配的性质；新的税基规制要确保自治市分配到不少于目前份额的教育经费；减少县、学区和自治市的开销，确保在其他层面减轻其日益沉重的财政压力；建立一个新的机构，以县为主体管理物业税。SLERP委员会还建议，实施《新泽西州开发与再开发规划》("New Jersey State Development and Redevelopment Plan")，以节约地方政府开支。SLERP委员会的这些建议虽然还没有得到执行，但确实有着重要的现实意义，因为州级规划已被认为是一项节约开支的举措。

包括教育经费在内的地方政府开支趋于不断增长，而城市政府和学校的运作几乎完全依赖于物业税收入，这构成了"财政区划"和"课税竞争"的基础。这种地方土地利用决策以产生物业税为导向的趋势，正如上文所讨论的，可以通过将学校经费从物业税中剥离出来的方式加以解决；同时，直接减少市级服务支出、提高服务效能，也将是行之有效的方法。

4. 创设区域性机构

在20世纪的大部分时间里，三州大都市区在创立区域性机构、满足大都市基础设施融资、建设与管理等方面一直领跑全国，这包括组建纽约-新泽西港务局、纽约和新泽西过境公路管理局、不久前成立的大都市区交通运输管理局，以及大都市北部铁路局、新泽西公共交通-运输局等。20 多年来，当本区域的创新脚步放缓时，国内其他区域相继创建了新形式的大都市管理机构。波特兰、俄勒冈的大都市服务区（或称 Metro），可能是众多地区中最为雄心勃勃的，已拥有了一个由选民直接选举产生的管理委员会。现在的 Metro 在许多方面表现出一个真正政府的形象，被赋予了管理区域增长的多项责任，包括管理经州政府审定的城市增长边界、供水、废弃物处理，以及其他服务于整个大都市区的工作。

先进的公共交通、货运以及其他交通运输系统，长期以来一直是本区域最关键的经济资产。20 世纪 60 年代，经规划的区域高速公路网得以兴建，提高了整个区域的通达性。但在最近的几十年里，当我们满足于彼此隔离、割据的规划与管理，以及满足于停滞于 20 世纪中期水平的公交、货运系统时，国内外的竞争者已扩展了其基础设施，以满足 21 世纪发展的需要。东京、巴黎、伦敦、洛杉矶以及其他大都市区已纷纷建造或规划了高度整合的区域铁路系统。而在过去的几十年里，我们的系统容量却几乎没有得到任何提升。

我们分散的公交系统，由多重规划与运营部门承担管理职责。当时成立这些政府部门，多半是为了接管经营失败的私营铁路。私营铁路公司彼此曾是残酷的竞争对手，而新成立的管理机构似乎继承了这一弊端。分散、割据式管理所带来的严重后果，在本区域每天都有所体现，包括通勤衔接条件恶劣、订票与购票不便，以及其他种种浪费时间的低效现象。直到最近，在全世界知名的中心城市中，唯有柏林与我们共享这种特征。但自从推倒柏林墙之后，柏林整合了管理系统，并正在规划扩张以满足整合与增长中的区域需求。

除了管理分散之外，本区域的交通运输管理部门也常常忽视其核心任务。十几年来，纽约和新泽西州的管理者不顾专业人员的劝告，不断要求港务局和其他机构介入商业房地产、废弃物管理和旧城复兴等活动。这些工程大部分满足了公共需求，却削减了该机构为完成其最根本责任所需的资源和集中管理。例如，港务局将上亿美元投放到纽瓦克中心城区新的写字楼项目以及皇后区、霍博肯（Hoboken）的滨水区再开发工程、布朗克斯（Bronx）和扬克斯（Yonkers）的工业园、新泽西的废物回收工厂，再就是新不伦瑞克的罗格斯大学学术大楼等工程。这些机构还常常向州政府提供一次性资金，以减少州年度预算赤字，如纽约和新泽西过境公路管理局向州政府“购买”高速公路。为此，21 世纪的高速公路使用者将持续付费，以弥补自 20 世纪 90 年代初期以来的政府预算缺口。

结果，机场和其他交通运输设施的基建和运营资金趋于短缺，难以保证其处于较佳的运营状态。现有设施的再开发与兴建新设施的计划均被推迟或取消。当港务局由于资金短缺取消肯尼迪机场新的中央航站楼建设计划时，本区域的首要国际门户就注定不合标准，并将继续失去其市场份额。于是，肯尼迪机场通常被国际旅客认定为全球最差的国际机场之一。

一些机构趋于不理会公众的需求和全球市场发展的现实，导致它们丧失了公众的信任，从此很难为其关键的行动计划争取到必要的政治与经济支持。例如，自 1970 年以来，大都市区交通运输管理局几乎将全部补贴的增加额用于提高工资，必然地，公众对其服务能力不再抱任何幻想。近 30 年里，港务局没有兴建任何基础设施，似乎已忘掉了自身的首要职责。这些公共机构还受到目光短浅的政治干预的影响。例如，通行费和车票价格过低，难以支撑必要的基建投资或提高服务水平，产生了服务质量下降、公交乘客数量及公众支持度下降的螺旋式下滑。

一方面，已有的机构无法满足当前需求；另一方面，区域并未设置能够应对区域挑战、承担相应职责的机构。三州区域规划委员会于 20 世纪 80 年代早期瓦解后，被几个大都市区规划组织(MPOs)所取代。如今这些机构遵照联邦《地面多元交通运输效率法》的要求，负责制定长期交通运输规划。本区域是全国唯一拥有十多个大都市区规划组织的区域，然而这些组织无一开展跨州界的协调工作。这种责任的割据造成一些机构对前景理解的短视、片面，以及狭隘地界定政治与经济利益，而不具备联邦法所要求的更宽广、更长远的视角。此外，本区域的大都市区规划组织也不具有相应的权力来妥善处理与交通运输相关的土地利用和空气质量问题，而这正是《地面多元交通运输效率法》所要求的。

(1) 机构间合作的潜力

要实现本区域的交通运输和环境保护目标，必须重新审视区域机构的结构和使命。通过现有机构之间的合作，巴黎和东京已实现了区域铁路系统的建设和运营。在大伦敦，政府将公共铁路系统转变成公有线路上实施私营管理的网络，列车时刻表、车费和线路无一不是协调的结果。通过新的机构合作模式，本区域的高铁系统可以实现新的发展，但前提条件是现有机构完全整合其运输服务和收入体系。港务局收取的桥梁和隧道通行费应当投放于建设本区域高铁的州际联络线，例如新建的横贯哈得孙的高铁通勤铁路和铁路货运隧道。向本区域高铁工程提供专项经费支持，将有助于港务局重新获得公众的信任，并避免将资金转向非核心的工程，或被临时用来填补州政府的预算缺口。

最近，港务局、新泽西交通运输管理局以及大都市区交通运输管理局同意在规划方面进行协作，以改善曼哈顿核心地区的可达性。这表明他们具有合作的潜力。但本区域以及其他区域的经验都显示，政府机构间的自愿合作模式，并不能产生规划、建造和运营新的重大投资项目所需要的长远合作。尽管近年来机构间合作已有所改善，但跨州工程的优先度几乎总是低于那些完全处于机构控制之下的项目。结果是区域性交通运输设施的状况趋于持续恶化，公众对本区域未来发展的信心也由此下降。

洛杉矶、波士顿和芝加哥均建立了区域级机构，并负责管理地铁和区域轨道交通系统的建设与运营。这些重要的大都市区在管理上有其优势，那就是其地域范围均未超出一个州，而三州大都市区如其名称所示，由三个州共同组成。构建一个与现有机构完全不同(无论在地域范围还是在管理职责上)的新机构，是满足本区域21世纪公共交通需要的最佳解决方案。

(2) 机构改革模式

本区域的管治体系不是重大的先见之明或是综合设计的产物，而是殖民时代以来数百年演化和发展的结果。一位来访的英国公务员在会见了一批选民、不动产业主、督导员、委员会成员以及高级市政官员后，对这一系统的特征感叹不已。他评论道，该系统所管辖的村庄、城镇、部落、大区、城市以及县，是这个世界硕果仅存的英国中世纪管理体系的典型代表。事实上，为应对经济与社会的变革，几乎其他任何地方的类似体系都经历过改革甚至是多次改革。但在这里，尽管我们已创设了公共机构、税区、新的自治市，其中最引人注目的成就包括：于1898年创建大纽约，以及20世纪60年代康涅狄格州决定去除县一级的管制。除此之外，本区域对其管治体系再未进行过任何综合性改革。

然而，我们并不是全球大都市区中唯一处于逆中心化发展阶段、缺乏协调的政府管理体系的区域。在整个工业化世界,大都市区的发展已超越了其半个多世纪前形成的行政边界。甚至那些直到20世纪60～70年代才建立大都市区政府的地方,其发展也已超出了确定的边界。只有少数地方,特别是在美国南部和西南部增长的"阳光地带",能够随着区域增长而调整"弹性"的边界。

1898年建立大纽约时,五个大区构成了当时的整个城市区域,并成为世界上第一个真正的大都市区政府。然而,大纽约的发展在20世纪20年代越过上述边界。目前,没有人建议纽约市应扩张到包含31个县的范围。美国的普遍趋势是放松管制,尽量减少新的政府机构及相应的管理层级。我们所面临的挑战是严峻的:我们能创造一个更好的管治体系,更好地管理和支撑区域发展,塑造有利于区域发展的基础设施系统,管理好区域增长并保护我们的环境系统吗?

其他大都市区的经历为我们提供了借鉴。在东京,城市和郊区之间不存在行政上的约束关系,建设省(建设部)虽然能够通过运作国家首都规划机构,来协调重大基础设施的规划,但是该机构却不能为地方投入提供机会,也无权处理区域所面临的更大的社会、经济及土地利用问题。这种系统的缺点已经被过度拥挤、基础设施投资重复以及环境系统恶化和生活质量下降所证实,其弊端正在变得更加明显。

伴随着伦敦的辐射范围逐步扩张至英格兰东南部的大部分地区,该区域先后拥有过多种形式的大都市区政府:开始是伦敦县议会,随后演变成大伦敦议会(GLC)。然而,在20世纪80年代早期,大伦敦议会被废除,这个区域的大部分市镇已不为大伦敦议会所管辖。从那以后,一系列的服务区和顾问机构承担过各种规划和基础设施管理责任,其中包括伦敦研究中心和伦敦规划顾问委员会。不过,该区域一直没有组建力量强大、能促进增长或者协调地方政府间投资与政策的机构。

更靠近本区域的两个大都市区是俄勒冈州的波特兰和安大略省的多伦多,它们提供了本区域可资借鉴的模式。

在波特兰,选民批准建立了大都市区服务委员会,即波特兰Metro,负责土地利用和基础设施规划以及重大基础设施建设规划,包括公园、固体废弃物处理设施、会展中心以及其他设施。Metro的管理委员会由选民直选产生,具有民主合法性,也赢得了公众的广泛支持。1994年选民赋予Metro以新的权力,使其可以要求自治市的规划、规章必须与区域新的长远规划相一致。当这项权力与Metro现有权力相结合,并明确划定和管理区域城市增长边界时,波特兰就注定要发展成为一个有效控制蔓延、提供适价房与基础设施的国家级模范。

多伦多一直是探索大都市区有效管治的实验地。1954年，多伦多创建了一个覆盖整个区域的大都市区政府。自此以后，大多伦多区一直处于逆中心化进程之中。大多伦多区内四个郊区的“自治市”部分，产生了许多类似于东京和本区域所面临的管治问题。为应对这些问题，安大略省政府成立了大多伦多地区(GTA)专责委员会，提出了新的改革建议。

大多伦多地区专责委员会建议用新的大多伦多区域(GTR)政府来代替现有的政府和四个郊区自治市政府。大多伦多区域政府的功能与波特兰大都市区域服务区类似，将承担建设区域基础设施系统、大都市增长管理、经济发展、环境保护以及其他区域性职责。此外，委员会还建议组建一个代表市长和政治团体的区域委员会，主要目的包括减少地方、区域和省政府之间的管辖重叠，改革物业税系统，以及将特定的权力由州移交到区域层面。

(3) 相关经验对三州大都市区的启示

在三州大都市区推行上述彻底的改革难度很大。新泽西、康涅狄格以及纽约州的边界在联邦体系下不允许改变，州政府也不愿放弃任何权力或是交出税务部门。此外，本区域的大多数居民、商人以及政治领袖们对高高在上的管理层充满了怀疑。因此，关于任何削弱符合自治传统的地方服务、学校教育以及实施土地利用控制的建议，都可能遭到抵制。正因为如此，就管治而言，区域规划协会建议改革现有的区域机构，创设区域性的与单一职能的机构，促进州际自愿合作，改革州级税收与基础设施融资及规划体系。与波特兰的改革和多伦多的建议方案相比，这些建议相对温和。

不过，如果三州大都市区打算建立一个新的大都市区服务委员会，就新的实体应如何管理、组织而言，波特兰和多伦多的经验或许有借鉴意义。通过服务委员会，州政府可将有关的职权和税权转移到区域层面。市政府仍可保留大部分职权，但其土地利用控制和基础设施财政必须符合已制定的区域性政策。同时，许多现有的公共机构可能被取消、重组或是私有化。所组建的大都市区服务委员会，应履行以下全部或部分责任：

- 管理区域的城市增长边界，监管区域内土地利用规划，力促市级规划与区域目标保持一致。

- 统一交通运输规划和基本建设预算，对所拥有的高速公路、桥梁和铁路线网承担相应的责任，与现有公营部门或私营机构签署相应的合同，并维护和运营好这一系统。
- 对于本区域应实施保护的地区，大都市区服务委员会可资助收购相关的土地，确保对州级与区域级公园、景观道路及绿道实施控制。
- 可承担原来由州政府负责的工作，包括环境规划与规制，甚至包括固体废弃物管理、污水处理以及公共给水等。
- 州政府可移交环境、土地利用和其他管制责任，甚至交出税权。

创建大都市区服务委员会将意味着实质性地背离现有的管治体系，因而需要公众的支持和现有工作模式的根本转变。在俄勒冈州，创建波特兰 Metro 的动力来自区域的选民，他们渴求更好的增长管理。在多伦多，改革的动力来自省政府削减成本的强烈愿望，以及商界领袖和具有高度责任感的市民对于改革经济发展模式、增长管理及税收体系的渴求。

本区域迫切需要一个能支撑较高生活质量和竞争力的管治体系。对此，本区域的居民和领袖们应该深有感触。但进行改革的先决条件是拥有大胆而持之以恒的公共领导力。即使这样的领导力已经形成，我们仍需几十年的时间来实现管治体系的结构性改变。基于以上考虑，本规划在财政、建设和管理基础设施、资助公共教育和协调土地利用规划等方面提出的全套改革思路是温和的、渐进式的。本规划同样提倡州与州之间开展自愿合作，以协调经济发展、交通运输、土地利用、环境保护等方面的政策。这些改革将在近期极大地改善区域管治，并有助于促进信心和区域意识的建立，而这正是未来构建更有效的大都市区管治系统所必需的。

(4) 机构重组

时代的发展要求建设责任型政府和绩效导向型、成本效益型政府。长期以来，三个州对于新的管理层级和所谓超级管理机构都持怀疑态度，这是十分正常的。因此，如前所述，创设一个真正意义上的区域政府或者区域服务委员会，在可预见的未来，也许不具政治可行性。

更可行的途径定位于创设更有效的区域性机构，同时改革现有的州级机构。

要重组这些机构,即对其进行重塑以适应新的时代需要。这种方法变动较小,最易接受,成本也最低,并能使政府贴近其所服务的人民。这是首次一并考虑这些机构安排的问题。由于本区域面临的所有问题都是相互关联的,既超越了行政边界又超出了功能区域;因此,我们必须对负责这些事务的区域性机构及其形式同时加以考虑。

作为实现这一目标的综合方法,创建三州区域交通运输管理局将涉及对几大主要机构,包括交通运输管理局、港务局和大都市区交通运输管理局进行根本性重组,同时理顺它们与康涅狄格、纽约和新泽西州运输局、新泽西公交管理局的关系。

——区域交通运输管理局

目前,大都市区交通运输管理局仅在纽约和康涅狄格州履行职责。新泽西州的通勤铁路和公交服务由新泽西公共交通运输管理局负责。跨哈得孙河的桥梁、隧道以及 PATH 系统(纽新港务局过哈得孙河捷运系统)由港务局控制。如需整合上述公共交通、收费公路、桥梁和隧道服务,就应当建立统一的区域交通运输管理局。

这一新机构将把当前区域内七个分散的铁路系统整合成区域高铁网络,或称区域高铁系统。构建区域高铁系统的目标是明确的,即通过改善州际和城郊间的通勤,将服务扩展到曼哈顿核心地区的多个目的地,以及改进区域内部通勤和往返式通勤,从而为区域业已形成的逆中心式聚居形态提供新型支撑。如果不能建立一体化的区域交通运输规划、财政与管理体制,这个目标就不可能实现。

新机构应改革工作规则、工资水平和用人模式;不仅在总部办公室如此,在各运营路段也应该如此。要系统地审核私人运营的可行性,范围应涵盖维修、终点站作业、公共汽车及列车运营等。选择之一是新机构拥有固定资产(铁路、轨道、车站等),运营和维护的签约外包。以集中投资预算、财务控制和分散化运营为特征的大都市交通运输管理局的管理方式,在新的区域交通运输管理局应继续沿用。在这个框架下,新泽西公交管理局、大都市区北部铁路公司以及长岛铁路公司运营的通勤铁路服务将保留重要的运营自治权。康涅狄格州也可将其东岸线通勤服务转移到大都市区北部的铁路公司。公共汽车的运营也应采用类似模式。区域交通运输管理局应研究如何改善公交系统的运营,包括运用新的技术和新的运输工具,实施通畅的电话预约接送、小货车承运以及其他灵活的、客户导向的服务。我们再一次强调，必须认真考虑如何实现上述服务的私人运营。港务局公交车终点站和曼哈顿宾夕法尼亚车站的管理，也应移交给区域交通运输管理局。

要赢得并维持公众的信心，设计好区域交通运输管理局的架构，使其真正履行对于服务人群所肩负的职责，是至关重要的关键环节。但在界定究竟由谁与公众对话等方面，州长、州、县、地方官员和其他团体之间，总是存在紧张关系。同样，在督促区域交通运输管理局立即负起政治责任，减少对其指手画脚的政治干预这两项事务之间，也存在对抗。

要使大众与区域交通运输管理局形成关联意识，方法之一是由选民直接选出至少一部分委员会成员。俄勒冈州波特兰的 Metro 由选举产生，从而获得了广泛的公众支持。1993 年，选民通过公民投票的方式，赋予 Metro 对地方规划和规制的重要审核权，反映出公众对该委员会的全力支持。同时，委员会成员应当拥有"任期届满后延期再任"的权力，以确保其对于区域日常政治事务具有一定程度的独立性，即相对超脱。

良好的财政基础对于新的机构十分关键。为确保财政基础稳固，需要把港务局对于跨哈得孙河的桥梁、隧道的管理权移交给区域交通运输管理局，提供对公交服务的"跨部门补贴"。这在很大程度上类似于港务局利用桥梁、隧道费的节余来补贴 PATH 服务。在这种模式下，纽约市东河上的桥梁也应移交给区域交通运输管理局并安装电子收费系统，以利于桥梁维护及对公交改善项目进行"跨部门补贴"。后者有利于减少桥梁等交叉口的拥堵。现有的收费，如新泽西收费公路和纽约过境公路之大都市区路段的收费，或在其他公路上收取的拥堵费用，同样可以移交到区域交通运输管理局。这一移交应充分关注债券持有人的利益，因为这可能对港务局仍保有的运营项目，特别是航运产生冲击。

——港务局

把跨哈得孙河相关交通设施移交给区域交通运输管理局的建议，实质上也主张将 PATH 和公交车站的运营权移交区域交通运输管理局，同时重组港务局其余的职责。港务局应将精力重新集中于自身的核心任务——确保航空港和海港作为通向世界的高品质门户的地位。为此，要尽可能地出售、出租或是私营化其他运营业务。重组港务局的建议包括：

- 将 PATH、公交车站以及桥梁、隧道管理权移交至区域交通运输管理局。

- 参照伦敦、洛杉矶和匹兹堡机场的做法,将航空港和海港的运营业务签约承包给私人运营商以提高效率。私人运营商将负责管理资本投资,节余额将用于改进航空港和海港的设施或运营。
- 向私人运营商出售或出租世贸中心等非主营业务。

改组后的港务局将集中力量履行核心使命,即建设和运营世界级的航空港与海港设施,努力使本区域发展成为人流、商品流的国际门户。它将监督设施的管理,并在直接经营设施或是签署外包管理协议之间享有相当的灵活性。出售或出租港务局设施带来的收益,将用于改进航空港和海港设施或运营。

——三州基础设施银行

区域规划协会建议成立三州基础设施银行,并由其负责制订区域交通运输和环境投资所需的长期投资计划。这项投资计划将为诸如区域高铁系统之类的新建系统融资,同时维护现有的资本类资产。区域规划协会的建议借鉴了其他州的成功模式,也采纳了成立全国基础设施银行等相关建议的观点。例如,费利克斯·罗哈廷建议,该银行应通过专项的汽油税筹措经费。成立这类银行基本理由如下:

- 需要成立一家基础设施银行,制订和实施长期的基础设施投资计划,以保持大都市区在全球市场的竞争力。
- 将所增加的汽油税列为交通运输设施建设投入的重要来源,有助于实现国家关于节约能源、改善空气质量和平衡收支的目标。同时,汽油税将与所提供的服务直接关联。
- 在经济转型时期,这些投资将带来建筑业就业岗位的增加,并将为技能水平相对较低的居民提供大量的、必需的培训与就业机会。

本区域缺乏协调的、长期的资金预算,对实施中的交通与环境投资项目,也缺少有保障的财政资助手段。纽约市和纽约州提出的1996年年度预算,已危及大都市交通运输管理局的五年基础设施投资计划,导致公交系统的健康发展充满风险。对有保障的财政资助的需求也进一步凸显。康涅狄格州的交通运输计划也提出了相似的裁减建议,包括取消东海岸列车服务等。只有新泽西州设法保留了长期的交通运输信托基金,并有专项收入作为资金来源。不过,该州同样在预算上玩了个小花招,以避免增加机动车燃油税、通行费或车费。

此外，能投放于本区域基础设施建设的资金正在被转移，用以平衡州预算或用于资助其他方面的经济开发计划。这对满足本区域基础设施建设的需求毫无帮助。例如，三州和纽约市每年花在“边界战争”上的金额高达10亿美元（为吸引商业跨州落户而实行的税收鼓励），而这项资金本应更好地加以利用。结果是，有关机构和州政府没有足够的资金来维护现有的交通及环境系统，也无力进行资本投资来改善和扩展上述系统。目前，联邦政府在交通和环境工程上资助资金的削减，使得本区域比其他任何时候都更需要意向明确的财政安排和组织化的手段，来落实规划所确定的基础设施投资。

银行的目标应当是确保本区域拥有稳定的财政制度，以保障基础设施的建设需求得到满足，同时确保该系统处于良好的运行状态。银行将针对基建项目，引导形成有益于区域的专项收益流，以便实现交通运输、环境保护和其他服务的重大改善。要获得银行的资助，相关机构必须制订投资计划，既要明确维护建设需求，又要有长远的投资安排。

在公众对政府及其税收政策颇为不满的年代，银行要获得公众的支持和具备政治生存能力，应当具备如下前提条件：在满足区域基础设施建设需要的同时，作出富有责任感的投资决策，同时确保广泛的公众参与，并能带来高标准的管理和维护。与此同时，能有效地改善机构的资本预算，确保长远的财政稳定性。成立于20世纪80年代的“华盛顿公共建设基金”很好地履行了这些职责，特别是在向公众负责方面表现得尤为突出，因而赢得了广泛的认同，在政治上也获得了有力的支持。

三州基础设施银行可采用多种方式组建和管理。在三个州分别创设独立的州级基础设施银行是可选择的方案之一，但要明确协调机制或开展州际基础设施投资。三州也可建立统一的、轮流运作的、重点关注大都市区范围内31个县的三州机构。作为第一步，三个州的州长应任命一个由州政府官员、立法官员以及财政部门领导人组成的特别委员会，制定出详细的方案。

创建区域基础设施银行的首次行动始于1991年，实际是《地面多元交通运输效率法》的组成部分。这项行动允许建立州级基础设施银行，以保障那些借贷有困难的地方能够获得联邦政府的资金。

今后十年可能持续存在的就业方面的缓慢增长，以及城市失业率的居高不下，进一步表明了投资的极端重要性——不仅可直接提供就业岗位，还能为可持续的长远发展做好硬件设施准备。在随后的25年里，在基础设施方面新增的750亿美元的投资，将为本区域提供大量的就业岗位。

为确保这些工作有助于改善贫困社区居民的技能水平和收入，银行应保留一定比例的资金，用于建筑业员工的岗位培训和入门教育。应当引导资金投放到低收入社区中拥有有效就业岗位的机构中去，并为那些顺利完成上述培训计划的员工预留出一定数量的工作岗位。

区域规划协会建议，通过"用户付费"系统来支持银行开展相关活动，为执行规划中的交通和环境投资方案筹集资金。这类似于大多数工业化国家已运用的系统。在该系统下，成本基本上由纳税人承担。最近的一项研究估计，新泽西州政府每年用于补贴机动车的物业税超过了10亿美元。

应将这些开支转换成与交通相关的税费。这与区域规划协会1995年开展生活质量调查时得出的结论一致。该项民意测验表明，本区域大多数居民普遍支持通过征收专用税和使用费来提高生活质量，而反对为了这一目的而增收所得税或物业税。

公交系统与公路的改善将减少拥堵和延误，减少能源使用和空气污染，同时还带来其他益处。也许常规的政治家会指出，我们难以承担这些开支。但如果我们更多地关注区域未来的繁荣，我们就无法承担不这样做的后果。目前油价处于历史最低价位，我们在这方面的花费是其他工业国家的1/3，甚至更少。基于这一原因，第三次区域规划提倡征收汽油税和增加与公路使用相关的收费，以及推出增值税方案等。这样，开支的负担才能从单一的物业税转移到范围更为广泛的税基上去。

——使用费

区域规划协会于1995年开展了生活质量调查，结果表明：2/3的本区域居民愿意多支出税费以确保享有清洁的空气和水体，愿意支付的金额为每年25～100美元。当被问及希望以何种方式支付这些支出时，只有15％的人选择了更高的所得税、物业税或销售税；相反，68％的人表示希望新的政府收入来自使用费（例如服务费），或是专用税（例如汽油税或能源税）。该项民意测验的重大发现表明，在削减成本和精简管理的时代，新的开支只要明显地与所提供的公共服务直接关联，人们是愿意为所增加的服务付费的[5]。

针对可用于交通投资的众多潜在的收入，包括汽车能源税和消费税，各种机动车收费、停车费和拥堵计价费，以及增值税等，区域规划协会进行了深入的调查。区域规划协会还对潜在收益、累进制、就业影响、边界效益、管制放松，以及公众对于每个潜在收入来源的政治接受程度进行了评估。与货运公司和其他高速公路用户群的初步讨论显示，人们越来越愿意接受运输需求管理措施，例如在高峰时段征收高速公路或桥梁的拥堵费。区域规划协会还设计和测试了一个计量经济模型，预测相关交通改善建议对居住和商业财产可能带来的财产价值以及出行方面的影响。该模型在哈得孙河谷的大都市交通运输管理局已得到运用。

为了上述目的，由专项税、使用费产生的收入将由三州基础设施银行接管和分配。然后，银行将对那些编制了长期投资计划的机构，按重点项目待遇分配资金，特别是那些既服务于地方也服务于区域需求的机构。相反，如果相关机构希望将经费用于未经投资计划确认的地方建设项目，则基础设施银行或许只能给予较低级别的支持。

改善交通运输的税收来源是以下专项税费的混合体：

- 专有的区域汽油税。
- 汽车年检时额外收取的行车里程费(反映每年车辆行驶的里程数)。
- 高峰拥堵时段使用公路、桥梁和隧道所支付的拥堵费。

每加仑 20 美分的区域汽油税能够带来近 10 亿美元的年收入，足够资助区域高铁系统和其他重点公路改善项目的建设。每英里 1.5 美分的行车里程费带来的收益与前者相当。二者结合起来，例如每加仑 10 美分的汽油税加每英里 0.5 美分的行车里程费，或者再加上每英里 10 美分的高峰时段拥堵费，必将前所未有地满足区域交通投资需求，同时减少私家车和货车的拥堵时间。拥堵给区域带来的直接成本每年都高达 70 亿美元。仅仅通过减少拥堵这一项，甚至仅仅通过避免增加新的拥堵所节约的成本，本区域就可以很充裕地资助区域高铁系统与其他重点公路改善项目了。

另外，通过类似的给排水使用费及“绿地方略”一章建议的影响费，可落实改善环境所需要的投资。

5. 优化决策程序

(1)可持续的经济发展

通过对价格结构和自然资源价值的调整,将环境的成本和收益充分整合到经济决策中去,将使我们拥有更好的机会来保证下一代所需要的自然资源财富和生活质量。但要通过市场机制来实现"外部性"因素的内在化,需要新的思维,需要改变生产者和消费者的行为,并实施有助于找到正确答案的公众性战略行动。

《里约热内卢环境与发展宣言》("The Rio Declaration on Environment and Development")建议采用环境-经济的统一核算系统。这一新的核算系统调整了对国内生产总值的度量方式,充分考虑了我们所拥有的可再生与不可再生的自然资源,包括无法直接估算市场价值的清洁空气和水体等资产价值的损耗或增加。至今已有包括美国在内的近 20 个国家,正在设计具有环境资源度量手段的国内生产总值核算系统,即所谓的"绿色 GDP"。当"绿色 GDP"运用于某个特定行业时,因其考虑了自然资源利用的差异,将更精确地度量不同部门的产出值与收益率,从而能为产品与服务实现全成本定价提供更为准确的基础,以更好地维护环境价值。

在区域政策层面,可持续发展的全成本定价原则,可纳入资本预算、税收和管理系统。这样的政策将鼓励采用有利于保护自然资源系统,以及反映可再生、不可再生资源之真实价值的定价方法。

拟建的三州基础设施银行,必须制订一份长远的区域资金预算,明确规划项目与必需的基础设施投资项目、可供选择的资助来源和机制,以及遵守新环境法规的成本。为实现可持续的发展,对于区域资金预算方案所建议的项目,都应就自然与环境资源的使用进行经济估价,并作出成本-效益分析。区域资金预算的设计应采用这样一种思路,即从环境调整的社会效益净现值中确定重点投资项目。除了资源核算,一个"绿色"的区域资金预算还将考虑基于固定资产投资的生命周期折旧、包含"绿色费用"在内的替代资助方式,以及有助于将环境"外部性"因素内在化的公共政策与投资。

收取"绿色费",是为实现可持续发展而重组财政系统,并在资源保护的基础上资助三州基础设施银行的一种方式。其目标是通过对污染物和污染行为所导致的不可持续发展的产品和生产过程收费或征税,同时对提供就业岗位、节约及投资于环境的个人和行动减免税费,从而为环境保护筹集资金。因此,通过正反两方面的激励,将促使洁净的环境和有活力的经济尽早形成。通过收取“绿色费”,将实现以下重要的公共收益和环境收益:

- 拥堵计价或高峰时段收费,将减少道路上的车流量。
- 对排放二氧化碳的化石燃料收取碳税,将鼓励家庭、工厂和各类交通工具提高能源使用率。
- 按袋计征收家庭垃圾费,将减少固体废弃物的产生量。

康涅狄格和新泽西州已形成新的州级规划原则。两个州的规划都认识到,保存自然资源与保护环境对提高生活质量和繁荣经济十分重要。但是这两个州以及纽约州的规划都没有考虑现有的发展趋势下环境的最大承载力,或确定公营、私营部门产生的环境成本的全部价值。以当前发展模式下未来可能实现的增长为基础,管治体系就能确定家庭、企业和政府将承担的蔓延发展的成本。上述全部成本明确之后,应在开发许可程序中反映出来。蔓延成本应包括:

- 增加的道路与电力、燃气设施的维护费用,控制暴雨影响的开支,以及通信成本和支持分散式开发的维护成本。
- 铺设下水管道和建设污水处理设施的单体式方案与社区级方案的相对经济效益。
- 进行防御性环境保护的投入,目的在于控制蔓延对空气、水体和土壤质量造成的不良影响。
- 因损坏自然资源和开敞空间而产生的机会成本。
- 服务的空间负荷密度下降,对政府工作效率产生直接影响。

(2) 精明基础设施理念

对区域环境基础设施的投资,有助于保持区域竞争力和减少政府开支。关键要避免仅关注“硬质基础设施”或“硬质基础设施”替代品的建设投资(“硬质基础设施”包括水过滤设施或污水处理设施);同时,对于与基础设施项目相关的环境保护、许可和管理过程中的支出,却大幅度地予以削减。这类做法已延误了基础设施的建设，而且每年增加了约10亿美元的费用。区域规划协会为此提出了精明基础设施理念，希望有关部门的审查过程能进一步加快，并进一步促进合理化建设及努力产生捎带式效应(piggybacking)。这意味着，尽可能将一美元当成两美元甚至更多来使用。

斯塔腾岛南部的"蓝带"工程，是公共投资战略的一个范例。这个城市没有修建昂贵的雨水收集管网，而是让岛屿的自然溪流来稀释从城市街道流出的雨水。方法是在提供野生动植物栖居场所、公共开敞空间和休闲区的同时，也提供排水管道。溪流还有助于净化雨水，城市因此避免了建造污水处理厂的投入[6]。

另一个例子是纽约市牙买加海湾海(河)口的重建。就该项目而言，精明基础设施的方法——通过保护和恢复自然系统、动植物栖息地，取代所谓的"末端"治理方法，达到了同样的水质改善效果。结果是，野生动植物特别是鱼类栖息地的环境大为改善，并带来了大量的休闲旅游收益，清洁预算却减少了50%[7]。同类方法还可运用到本区域其他的重要海(河)口地区，这包括三个已成为国际海(河)口研究领域的焦点地区：纽约-新泽西海港、长岛海峡以及佩科尼克湾海(河)口系统。

图表96　在牙买加海湾，运用精明基础设施建设理念，即通过保护与重建自然系统和动植物栖息地，实现了水质的改善

区域规划协会相信,这将极大地减少清洁开支——在州和联邦政府财政资助大幅降低的时代,这是本区域所面临的最主要问题之一,同时获得了保有大面积野生动植物栖息地、文娱活动场所,以及发展商业性渔业、休闲旅游业的收益。

另一个运用精明基础设施理念进行废弃物管理的例子表明,可以通过开辟新的市场来加强对可回收材料的利用。1995 年,一组废弃物回收利用人员共同制定并实施了一项高度协调的关于混彩碎玻璃前期市场的营销策略。区域规划协会估计,随着废弃物管理方法的重大转变,1995～2015 年期间,他们回收的材料将增加 430%,同时,由于市场的扩张,废弃物公共管理部门的经理们将获得年均 2.3 亿美元的收入[8]。

注释

[1] 这 31 个县包括康涅狄格州的费尔菲尔德、纽黑文和里奇菲尔德等县,其作为县的职能仅限于法庭系统。

[2] *Impact Assessment of The New Jersey Interim State Development and Redevelopment Plan*,这份总报告于 1992 年 5 月由罗格斯大学城市政策研究中心提交新泽西州域规划办公室。

[3] 美国政府人口普查,"Compendium of Government Finances"。

[4] 新泽西州和地方财政收支政策委员会:*Final Report*,1988 年。

[5] 区域规划协会以及昆尼皮亚克大学民意调查研究所:*Comparative Quality of Life Poll*,1995 年。这项民意调查也显示,56%的人愿意付费保护空地和管理公园,24%的人愿意付费减少交通拥堵。

[6] 纽约城市规划部:*South Richmond's Open Space Network: An Agenda for Action*,1989 年 10 月。

[7] 纽约市环保部:*Jamaica Bay Comprehensive Watershed Management Plan*,1993 年 12 月。

[8] 区域规划协会:*Existing and Future Solid Waste Management Systems in the Regional Plan Association Region*,区域规划协会第 16 号工作文件,1992 年。

第四部分　从规划到行动

本规划建议扭转那些不利于经济发展与环境改善，以及限制公民发展机会的趋势。这些趋势已导致了一个“现实导向型”的规划模式。在这一模式下，本区域不假思索地支持蔓延式开发，造成景观和基础设施的不经济使用，并削弱了区域独特的自治体协作优势。与此同时，我们对于大大小小的城市——区域的发展基础——却投资不足。我们得到了报应：一个蔓延的郊区景观。我们并非情愿地默默承受着拥堵的高速公路、衰败的城市、居高不下的房价、日益割裂的种族与社会、肮脏的空气与水体，以及最为沉重的税务负担。这些问题已经导致区域生活质量的降低、经济竞争力的削弱。

现在已到了为这些失误买单的时候了。而那些承诺尽快解决问题的人们或替罪羊，最多只是推迟了必然结果的发生。我们现在发现：在许多情形下，我们不可能从这些问题中脱身，或找到可接受的技术性解决途径。我们的饮用水很快就需要进行昂贵的过滤，这将产生巨大的花费；高速公路正变得日益拥堵，这将要求新增车道和进行新的建设，并再一次导致巨大的投入，而获得的好处却只是暂时的；房价将越来越难以承受，而物业税也将持续攀升。继续这个现实导向型的规划模式，将削弱我们所剩无几的竞争优势，降低我们的生活质量。如果我们相信那些令人感觉良好的花言巧语，或是采取过于简单的解决方案，区域将继续动荡不安；并且，当代和下一代公民所拥有的发展机遇将越来越少。

如果我们能够制定出明智的政策并加大投入来抓住这些机遇，区域将能够利用新技术以及正在出现的全球化市场，创造一个更为光明、更加繁荣的未来。但问题在于我们已不再具有大胆领跑的能力。政府官员们过于关心下一次民意测验或选举，商业领袖们过于关注底线或竞争，而市民领袖们过于关注狭隘的地方事务。我们已由一个绝不错失任何发展机遇的地方，变成一个即将失去重要发展机遇的地方。

在如何为有争议的政策和昂贵的公共工程争取公众支持方面，先驱规划师弗雷德里克·劳·奥姆斯特德为我们提供了灵感。一个世纪以前(指19世纪。——译者注)，奥姆斯特德提出了一系列的理由，推进了本区域19世纪最大的公园和林荫大道的建设，包括中央公园、展望公园、布朗克斯公园、布兰奇布鲁克公园和滨海公园，以及滨海林荫大道、东部林荫大道和佩勒姆林荫大道。

对那些关注经济效益的市民，奥姆斯特德指出，公园的潜能在于提高物业的价值，提升社区的形象；对于关注社会福利的个人和团体，奥姆斯特德详细介绍了公园所具有的提供新鲜空气、文娱场所和市民交往空间的作用；对于那些关注饮用水、公共卫生、排涝或希望改善高速公路状况的个人和团体，奥姆斯特德强调公园将满足这些目标。其结果是组成了个人和团体的广泛联盟，虽然他们都出自于对自身利益的关切，却共享一个投资理念，即提供更广泛的公共福利。

同奥姆斯特德时期一样，政府官员、商界领袖和市民继续被不同的关注对象所推动。因此，第三次区域规划的建议必须以广泛的共享利益为依据，这些广泛的利益包括：

- 改善生活质量和自然环境。
- 拓展教育和文化机会。
- 扩大在住房、美化环境以及社区安全方面的选择和供应能力。
- 减少交通拥堵，加快人员流动及保障货物运输。
- 增加工作及创业的机会。

但是，如果延续现有的规划方法，则必将导致机会减少、生活质量降低，无法实现真正的增长。这是因为，日趋严重的交通拥堵、素质低下的劳动力、持续的高房价以及其他障碍性因素，将极大地限制本区域的经济活力。

区域规划协会已编制出一项雄心勃勃的规划，要求在不确定的未来，对可持续发展以及持续繁荣制定新的政策和进行必要的投入。这项规划要求对现状进行根本变革，并大胆发挥公众的主动性和责任意识。其中一些建议代价高昂，但是三州大都市区不能不进行这些投资。预测和分析表明，我们目前已走到了短期解决方案的尽头，必须开始关注日益严重的问题及其基本成因。根源在于，这些问题都是区域性的，只有采取综合性的处理方法，才能有效地解决问题。

三州大都市区已开始尝试将区域作为整体来思考，或者说对影响我们生存的根本性问题寻求区域性答案。这里不存在独立的区域性政府,或许永远也不会出现这类政府。这是一个汇集了许多领袖与众多公众声音的区域。尽管这里不乏富于创造力的领袖,但在团结人们去共同关注区域事务甚至地方事务的区域影响方面,却缺乏实践经验。

区域规划协会正在倡导一种新的方法,即在公共事务方面构建领袖阶层。通过这一方法能够将本区域内具有创造力的领袖动员起来。区域规划协会的方法建立在民间组织的整合上,即整合区域内第三方的领袖阶层,包括多达 5 万个社区、商业、环境、宗教团体以及邻里小组,形成一股强大的力量。在区域规划协会的模式下,第三方联合会将被召集起来,共同推动特定主题的行动,这将使我们更接近规划的重要目标,例如立法、规制改革、新生产实践或对关键公共基础设施的投资。除了减少政府机构与工商业界的隔阂,这个方法还具有另外的潜力,即鼓励民选官员对重要问题采取大胆行动,以此来强化对这一区域的领导。

本规划已提出了"五大方略"的实施倡议,以重建本区域的生活品质,并增强竞争力、公正性和可持续性。对于每一项倡议而言,如果想最终有所收获,第三方领袖阶层的作用十分关键。区域规划协会将对这些方略作出引导,并分别组建第三方联盟,以便实质性推进每项倡议的落实。每个联盟有必要在组成和工作安排上与其他联盟有所不同,关键在于突出其长处、重点及成员的知识构成。举例来说,一个在康涅狄格州开展教育或税制改革的联盟,其活动应与促进新泽西州高地保护的联盟有所不同。

传统的实践表明,杰出的商界领袖在 20 世纪大多数时期是领导本区域居民生活的一股强大力量,并且帮助人们渡过了早期的经济、政治和社会危机。20 世纪初期的一些商界领袖如乔治·麦卡内尼(George McAneny)和查尔斯·戴尔·诺顿(Charles Dyer Norton),引导了规划和建造区域高速公路、公园的方略。当纽约的城市经济还笼罩在大萧条阴影之下时,小约翰·D. 洛克菲勒(John D. Rockefeller, Jr.)富有远见地作出了兴建洛克菲勒中心的决定。30 年后,他的儿子表现得同样出色——建设了大通曼哈顿广场,增强了人们对下曼哈顿未来发展的信心。而当 20 世纪 70 年代中期财政危机再次威胁纽约市的财政状况时,费利克斯·罗哈廷(Felix Rohatyn)、沃尔特·里斯顿(Walter Wriston)和其他领袖,则致力于重建财政责任和公众信任。

不过,近年来,这一优良传统却已大大削弱。这归咎于一种普遍意义上的观望心理。人们不难看出商界对于参与公共事务表现出如此巨大前后落差的原因:职业经理人们被其所面临的激烈竞争弄得心烦意乱,企业结构调整也迫使他们更关注短期收益而不是远景。对其他人而言,全球化已使其感到更像世界公民,而不只是纽约、新泽西或康涅狄格州的公民。

专家们指出,他们的短视行为是错误的。专家们日益形成共识:三州大都市区是美国参与未来全球竞争的关键地区[1]。正确的座右铭必须是:全球性竞争,区域性行动。

尽管商界和政府的力量已经减弱,基层领袖的能力和主动性却引领着区域内社区的深刻变化。在布朗克斯南部,由于个人和市民组织的持久倡导,所产生的投资确保了整个邻里社区的重建和稳定。类似的重建还出现在纽瓦克、特伦顿、布里奇波特和其他社区。此外,家长、教师联盟及社区领袖已使一些地方衰落的学校开始复苏。

面对挑战,备受关注的行动包括组建第三方联盟,从而给商家、员工以及社区领袖提供一个重要的论坛。建设第三方联盟是区域规划协会在相当长的时期内一直致力的重要事务之一。使之与一系列区域性首创行动相互合作,并参与强有力的区域领导,将导致一个创新性团体的产生。而区域规划协会将是这一过程的催化剂。就以下几个方面而言,第三方联盟应立即组建起来,并切实关注第三次区域规划所清晰阐述的倡议,包括创立三州协议、协调三州州长峰会、组建三州立法代表会议、安排各部门首长会议、监测规划实施进展等。

注释

[1] "Papers of the World Bank",华盛顿:城市人居财政联盟,1995 年 9 月。

第十一章　为实施规划而加大投入

如果本规划确立的“五大方略”得以全面实施，给本区域带来的收益将是多方面的，包括更强劲与可持续的经济增长、区域资源分配更公平、社会更和谐、大气和水体更洁净、交通更顺畅、社区更具吸引力，给子孙后代留下的财富也更丰厚。

上述诸多益处是难以量化的，或因为缺乏行之有效的量化方法，或因为这些收益表现为区域生活质量的提高。举例来说，关于健康和教育为社会生产所作出的贡献，我们进行过粗略的估计；但关于非正式的经济行业、志愿者和家庭作坊在社会经济中所起的作用，则缺乏清晰的理解。生产、投资和公共服务的真实成本甚至更难测定（因为经济计算体系一直未将自然资源和公共资源的消耗纳入成本），公共投资决策并未确定高速公路、房地产开发和公共服务及设施的全部成本[1]。

即便采用传统的经济增长测量法，也会因为缺少区域数据而使效益评估受到制约。然而，即使在这些限制条件之下，仍可对区域发展两种选择之间的差异进行可靠的预测。是以目前的趋势继续发展，还是对人力、物力和自然资源采取更积极的再投资战略？近几十年来，本区域在全美经济总量中占有的份额越来越低，且自20世纪80年代后期以来这一下降趋势一直在加速。如果本区域在全美经济中的份额以70年代以来的平均速度下降，那么，到2020年，本区域占全国GDP（按照全国产品和服务产出的基本估量法计算）的份额，将由9%降至约7%；相反，如果我们占全国经济总量的份额在未来25年内保持稳定，到2020年，本区域的经济总量将比第一种情况下高出2 000多亿美元[2]。

发展设想	1995 年	2000 年	2005 年	2010 年	2015 年	2020 年
① 占国家的份额持续下降	6 400	6 900	7 300	7 600	7 800	8 000
②占国家的份额保持稳定	6 400	7 000	7 600	8 300	9 000	10 100
差额	0	100	300	700	1 200	2 100

注:①假设本区域占国民生产总值的份额以 1975～1995 年的平均速率下降。

②假设在教育、基础设施、环境和政府改革方面的投入确保本区域得到充分发展,所占的国家份额保持稳定。

图表 97 区域发展的两种方案(以所预测的区域生产总值衡量,单位:亿美元)

期望在短期内本区域的经济增长速度达到全国平均水平是不现实的,因为要突破本区域在生活质量、成本和效率方面的瓶颈,还需进行若干年的投资。然而,从长远来看,尽管美国经济的发展有可能放缓,但全球经济却可能加速发展。由于本区域在经济、体制方面与全球经济的联系远比国内其他区域更为紧密,如果进行有效的投资,使本区域得以保持其充满活力的全球中心的地位,本区域是有机会赶上甚至超过全国增长速度的。而且,与其他区域不同,本区域已具备基本的基础设施系统,下一步只需投资于现有系统的修复、提升和连接,而不需为扩展或新建系统进行高额投入。

本规划的“五大方略”所倡导的投资、政策和管治革新并不一定能保证本区域将发生预期的变化。技术革新的速度、国家和世界政治格局及消费者需求变化等因素,都将深刻影响全球经济的发展和本区域在国家乃至全球经济扩张中的相对优势。然而,考虑到本区域在全球经济中的优势,以及本规划有关建议可能带来的区域生活质量与经济效率的大幅提高,要求本区域在国家经济中保有稳定的份额,并将其作为长远目标是合理的。

如果与国家等速发展是可能的,那么这一速度是否符合要求呢？高于或低于全国经济增长或与全国经济增长同速并无实质意义。事实上,甚至可以说,稍缓的增长,反而更可持续,对环境的损害也更小。对于本区域这样的发展成熟的高密度地区来说更是如此。然而,必须记住,美国在未来的几十年里很可能降低增长速度。即便本区域的增长速度确实超过了全国平均水平,其增速仍可能低于 20 世纪 70 年代后期和 80 年代繁荣时期的水平。同时,不管经济发展的总体水平怎样，低收入阶层工资下降的压力一直在不断加大。只有提高增长速度，才能拥有更多的资源来缓解工资下降的压力，并实现就业岗位在中心城区的重新集聚，提高低技能劳动者的技能水平，同时为其提供更多就业机会。这些因素与区域经济财富积聚共同作用，才能切实增加就业，获得更多的税收来满足劳动力的需求，从而最终减少收入差距。

经济在下一个十年增速发展的可能性虽然没有接下来的几年大，但仍十分重要。本规划的短期贡献包括：基础设施投资对建筑等相关行业的经济刺激；经济运行效率迅速提高，如三州区域高铁系统的建成，土地利用管理程序相容性、便捷性的提高；生活质量提高，包括新增公园和休闲设施，高速公路、桥梁上的拥堵减少。这些成就不仅将为本区域带来全新的积极感受，也将改变当前生活质量日趋下降的形象。根据历年的趋势外推可以预见，本区域在未来十年占有的国家经济份额将趋于下降，但下降速度可能会放缓一半左右，即到 2005 年区域生产总值比现在增加 300 亿美元。

1. 评估成本与可能收入

要实现上述潜在的增长并获得其他效益，必须依靠公共资金的投入、政府的决心和市民的力量。本规划所提及的“五大方略”中的四大方略（绿地、区域中心、通达和劳动力），都呼吁在各系统增加公共投资，以重新提高区域竞争力、社会公正度和生活质量。第五大方略——“管治方略”，则阐述了筹措资金和提供公共服务的方式。投资带有重要的价格标签，必须将这些价格标签正确地计入当前支出、潜在税收来源和预期回报中去。在联邦政府不断下放权力（至少短期内如此）的背景下，本区域需要在来自联邦政府的引导和支持日益减少的情况下，制定自己的投融资策略。目前，州和地方政府在本区域公共部门的投入，除去基础设施部分，共计 800 亿美元左右[3]。此外，根据可引用的官方数据，区域规划协会估计本区域用于基础设施的投资每年达 120 亿美元。交通支出作为本区域资金预算的主要部分，将大部分用于支付高速公路的维护和建造的费用。

区域规划协会估计，未来 25 年内，本区域必须在现有的水平之上新增投入 750 亿美元。只有这样，才能全面实施本规划所提出的绿地、区域中心、通达三大方略。为塑造区域框架所进行的某些更大规模的投资,如区域高铁系统、区域性生态保护区建设和中心城区改造,要在 15 年内完成。在此期间每年需增加约 40 亿美元的投入。

管辖区域	基础设施支出(亿美元)
纽约市	42
MTA	19
新泽西交通系统	6
港务局	8
纽约州-交通	19
纽约州-其他	8
康涅狄格州	6
新泽西州	10
三州(Tri-State Localities)	5
合计	123

图表 98 1995 年州和地方政府的基础设施投资

资料来源:Compilation based on available agency capital ex-penditure reports,这是艾伯特·A. 阿普尔顿(Albert A. Appleton)为区域规划协会准备的报告

"劳动力方略"对人力资本总成本没有具体估算,但要满足公众教育、儿童早期教育、成人教育与培训的需求,所需的资金投入将接近以上三大方略的投入水平。假定未来 15 年内学龄人口增加 70 万,仅为满足这些学生的入学需要,就必须大幅度增加公立学校的建设资金和运营资金。仅修缮纽约市的学校以满足扩招需要一项,开销就高达 250 亿美元[4]。教学条件的实际改善,包括缩小班级规模,增加科学、艺术和语言课程,启动学校-工作岗位行动等,也需要在区域层面投入类似规模的资金,同时还必须不断提高效率。对儿童早期教育、日托和成人扫盲等事务投入资金,也是"劳动力方略"的重要组成部分,且需要相当规模的投入。

图表 99 中有关各方略的详细投资情况如下:

- "绿地方略"要求建设 11 个生态保护区、绿道和城市开敞空间。估计将花费 110 亿美元,其中大部分将用于长岛地区和纽约-新泽西港口地区的湿地恢复、通道联络改善和滨水区再开发。

- “区域中心方略”需投入 170 亿美元，目标是引导就业岗位和开发活动向区域性中心城区集中，并在建造适价房等方面取得显著进展。其中，住房建设约需 100 亿美元，为本方略支出中的最大一项。
- “通达方略”提出要建设世界级快速交通系统和改善公路与货物运输状况，这将花费 470 亿美元。其中区域高铁系统约需 210 亿美元，为资金预算的最高项。

方案建议	估计成本(亿美元)
绿地方略	
区域性生态保护区	60
绿道	10
城市公园、自然资源与滨水区再开发	40
小计(绿地)	110
区域中心方略	
住房	100
中心城区更新改造	40
艺术和历史文物保护	20
“棕地”	10
小计(区域中心)	170
通达方略	
区域高铁	210
换乘系统升级	150
高速公路	40
货运和机场	70
小计(通达)	470
合计	750

图表 99　区域规划协会提出的基础设施投资方案

本规划关于资金投入的建议，不包括交通系统、环境系统正常营运所需要的基本维护费，也不包括新建或改善现有污水收集系统和污水处理设施所需要的费用。上述费用连同本规划确定的项目与规划建议，都应纳入本区域的投资计划，并通过综合成本-效益分析来确定建设时序。

区域规划协会建议，通过采用提高政府效能或向用户收费的组合策略，而不仅仅是增加总体税收，来实现上述投资。区域规划协会认为，本区域应仿效过去十年中各经济部门所完成的重组工作，通过精简和重组政府机构，充分利用新的组织方式、沟通方式和数据管理方式带来的优势，实现对公共资金的更高效利用。通过这一方式，政府可以少花钱却能够提供相同的服务，实现相同的目标。三个州和纽约市都已针对本地的问题实施过类似的重构行动计划。新增的、可用于投资的收入，应通过收费系统来收取，收费对象应为需求者或最能从新投资中获益的群体。

2. 提高公共部门效率

为提高投资效益，可持续发展的经营原则要求私营企业重点关注污染预防而非环境治理；与之相类似，政府也应实现公共资金使用的成本-效益更大化。现提出以下四项建议，以满足规划方案中的部分资金需求，包括精明基础设施建设、优化政府机构规模（“管治方略”部分已有阐述）、采取创新办法对低效的经济开发进行调整，以及缩减蔓延式开发的成本。

(1) 精明基础设施建设

纽约市以及其他地区的现有案例证明，一些精明基础设施项目能比传统方法节省一半甚至更多的资金。前文曾提及的三个例子包括：

- 牙买加湾修复。原建议的工程设施投入为 23 亿美元，而运用生态系统修复策略，预计可节省投资 11 亿美元。
- 本区域准备采用的综合固体废弃物管理系统（包括废弃物预警），与填埋策略相比，预计到 2015 年，这一策略每年可为公共机构节约 4.75 亿美元的废弃物管理资金。
- 纽约市综合性流域保护项目投资约 15 亿美元，大大少于当初预计的 60 亿美元，主要原因是不再建造世界上最大的水过滤系统（但同时保证至少不降低水质标准）。

交通和其他类型的基础设施建设，难以像上述环境案例那样，实现大幅度的资金节省。但研究表明，采购改革、减少重复督察、部分系统与设施民营化，也具有相当的资金节约潜力。如果本区域通过采纳精明基础设施理念可节约10%的资金，则意味着每年节约12亿美元，25年共节约300亿美元[5]。特别是推行民营化的效果将更为明显，而这一措施目前仅在一系列有争议或具试验性的计划中进行。计划中的公共设施项目，已超出同私人鉴定服务合同的程度，而成为真正的私人资本投资，随之产生了私人对公共设施的所有权问题。这些举措的效果还需在前景良好且条件成熟的领域进一步加以验证。

但是，这并不意味着公共监督的废止；相反，这对公共机构所扮演的角色提出了新的要求，即为民营化的基础设施建设和运营设定合理的标准。

（2）优化政府机构规模

优化政府机构规模，也将为大幅节省公共开支，特别是为区域层面节省资金提供机会。州和地方政府的支出，除去公共机构的开支，自1967年以来实际上已增加了两倍多[6]。其主要缘由是医疗、社会福利和环境保护成本的大幅增加，此外也与大部分区域服务水平的提高有关。本阶段其他区域也出现了政府支出大幅增加的问题。对此，很多区域正在采取积极的措施，包括提高效率和推行民营化。不包含资本支出，仅公共机构运行支出本身，本区域迄今为止的总花费就高达800亿美元。如果通过规制改革、机构合并、加强区域间合作等措施，可使上述开销减少5%，则25年总计可节省1 000亿美元。

目前，本区域的政治领导者已意识到提高政府效能的必要性，但主要是与减少税收结合起来考虑的。减少税收可使本区域在短期内更具竞争力。但更重要的是，节省的资金应精明地投资于人力资源，从而一方面保障经济长期增长，另一方面解决白领阶层和低技能劳动者之间收入差距扩大的问题。特别是，由于低技能劳动者和弱势群体极易受到政府就业岗位缩减的冲击，因此，使这些人获取其他就业机会就更具紧迫性。

（3）压缩蔓延式开发所带来的成本

成功实施本规划提出的“绿地方略”、“区域中心方略”和“通达方略”，将带来第三大方面的资金节约和效率提高，即压缩蔓延式开发模式所带来的成本。各类研究都通过案例分析表明，依据规划进行城市开发可为地方政府节省支出，在道路和设施服务方面尤其明显。举例来说，在紧凑式开发模式之下需要建设的道路和设施更少，学区可满额高效运行，大约可节省 25％的道路建设和维护费用、15％的设施费用，公共教育费用也可实现少量节约[7]。所有这些累积起来，节约的服务成本就十分可观。对新泽西州规划的一项综合研究表明，如果新的开发严格遵循州域规划的导则，那么，在城市和学区层面将节约 4 亿美元的开支（本区域节约的总额可能为新泽西州的两倍）[8]。假设需先花十年时间来消除蔓延式开发的影响，然后才有明显的成本节约成效，那么，到 2010 年底，政府的花费每年将减少 10 亿美元。

(4) 消除边界冲突

第四种更有效地使用政府资源的方法，就是终结“边界冲突”式的经济发展策略（在该策略的引导下，区域内的不同地方通过竞相降低税收的办法来吸引商业投资）。免税和经济发展激励，意味着放弃大量可用于投资的政府收入。纽约市仅为争取商业留在或重新迁回中心城区一项，所免除的物业税、营业税和消费税每年高达 8 亿美元左右[9]。

某些免税措施是包含在为吸引或留住特殊企业所制定的鼓励政策之内的，如 1995 年吸引瑞士银行进驻斯坦福，以及将瑞士信贷第一波士顿银行留守纽约市都属此列。这些行为对区域经济没有任何好处，反而耗尽了本来可以用于整体减税、改善服务水平或基本建设的收入。这些支出大部分属于依规章执行的一系列计划（凡搬迁到指定地区的公司均可获得），例如纽约市 9 600 万美元的工商业激励计划，对象是位于曼哈顿中央商务区以外的公司；工业界计划；对贝特瑞公园城、世贸中心等公共部门所有财产的免税等。即使是这些依规章执行的行动计划，区域内部各市镇之间对工作岗位和税收的竞争仍然十分激烈，正如各地方政府对特定产业进行地域再定位时所作出的回应一样。

定向激励机制作为经济发展的杠杆之一，非常值得怀疑的一点是，它是否比普遍减税或将相等的资金投资于基础设施或教育更有效？这样做也许帮助特定企业减少了运营成本，但却并不是致力于提高总体的生产力或效率，从而也不会有利于提升本区域作为生活和工作场所的吸引力，反而容易导致颇具破坏性的边界冲突。

当然,完全取消免税计划和定向激励计划在短期内既不可行,也不完全合适。许多交易在未来几年里还有法律效力,而且,一些依规章执行的行动计划作为将就业导向中心城区的综合策略的一部分,可能是十分重要的工具。然而,对于总体政策导向来说,其重点应放在减少对激励机制的依赖,同时加大对劳动力、交通和环境方面投资的支持。假设区域范围内的经济发展激励已超过10亿美元,则可行的目标是将激励逐步转向对区域中心和社区的投资。假设新的激励协议采用分期偿付,且以每年5 000万美元的金额逐渐减少,那么激励计划总额在十年之内可减少一半。

3. 来自使用费与专用税的新增收入

即使采纳了上述种种节约办法,满足本规划所要求的投资仍需增加新的公共投入。区域规划协会建议:不要简单地寻求更多的资金用于公共开销,而应以新的方式来获得和分配新的公共资金;不宜增加总体税率,而应将重点放在建立收费与服务间的联系上。将税收与服务直接挂钩,可更好地保证公众所缴纳的税费专门用于提升特定的服务,也能使政府更多地依靠市场的力量来实现公共目标。例如,对高峰时段和非高峰时段收取不同的通行费,可以减少拥堵,并由消费者自己决定是时间优先还是开支优先。又如专用税(如为卫生保健提供基金的烟草税,为改善交通系统提供基金的汽油税)的缴纳者与特定服务间并不存在直接联系,但它将对具有社会外部成本(医疗成本和高速公路维护成本等)的消费行为产生影响。

为了给公共资金提供新的来源,本规划建议对交通及其他系统征收使用费或专用税。研究表明,征收使用费可以更有效地实现公共目标,如减少拥堵、增强责任感。这在区域规划协会1995年开展的生活质量民意调查中已有说明。该调查发现,在投入减少、政府开支缩减的年代,只要新的收费与有效提高公共服务水平直接相关,人们是愿意为服务的改善而付费的[10]。

基于为三州基础设施银行融资的目标,区域规划协会提出针对驾车出行征收若干使用费和专用税。如每加仑收20美分的区域汽油税,每年即可提供大约12

亿美元;如车辆年检时每车每英里收 1.5 美分,即可提供 15 亿美元的收入[11]。两种方法合并,比如每加仑 10 美分的汽油税加每车每英里 1 美分的年检费,每年可为三州基础设施银行筹措 16 亿美元左右的资金。这一战略将长期以来未发挥作用的市场力运用到区域交通政策上来,不但能筹集到改善基础设施所需要的资金,区域高速公路系统的拥堵状况也将得到改善,特别是当新的或升级的运输方式启动之时,更是如此。

随着时间的推移,我们的目标应当定位于尽可能地实现使用费对专用税的替代。采用自动通行费、运输费收费系统等新技术,即根据驾车者使用交通系统的程度来收费,则新增资金的潜力是巨大的(收费可由距离和基于拥堵的定价共同决定)。这项技术一旦到位,区别性通行费、运输费带来的收入,将使减少专用税成为可能。然而,除非真正启用这个系统,否则很难测定实际将产生多少收入。

这些机动车税、费看似很多,但实际只占现行纳税人对私家车、货车使用者予以直接补贴的一小部分(仅纽约州 1990 年的这一补贴就达 19 亿美元)。与欧洲、亚洲国家所付的机动车税费相比,这些更是微不足道[12]。

同样地,为获得和保护区域自然资源与开敞空间,应启用新的收费系统和专用税。新泽西松林地带的经验表明,一个地方的开敞空间和生态系统得到保护后,可使土地迅速升值。土地增值应有部分用于相应的保护措施。“绿地方略”中提出了具体方案,包括对大型的土地开发活动或短期交易征收房地产专用税,及进行物业税追征,已部分地反映了因临近自然保护区而获得的房产增值。另外,对从区域自然保护地取水的地区增收水费,可为阿巴拉契亚高地和其他汇水区的土地保护、净水基础设施建设与水污染防治计划提供资金。这些新增收费连同对环境质量改善直接受益者的收费,每年可为环境保护工作筹资 3 亿美元以上。

4. 来自经济增长的收入

最后一项增收来源于经济发展速度提升的前提下区域可能增加的税收。如果本规划的实施可以使本区域经济总量占全国的份额稳定在一定水平,那么税收将逐年实现实质性增长。

如前所述，本区域占全国经济总量的份额若稳定在一定水平，到 2020 年底，每年将增加 2 000 多亿美元的区域生产总值(GRP)。目前，州和地方税收接近区域生产总值的 13%。如果税收以相当于每年 GRP 增量的 10%来衡量，那么到 2020 年，本区域每年将增加 200 亿美元的税收。未来 25 年内，无须改变税率，就可以形成 1 800 亿美元的税收。

5. 未来 25 年的长远投资战略

前文所阐述的潜在收入来源是一个多元集合体，既包括州和城市政府依靠提高政府效率而节省的费用，也包括州和城市政府征收的使用费、专用税，以及以激励经济发展的方式对现有收入进行的重新分配，以及加快经济发展所带来的税收潜力。要落实这些工作需要更多的努力、付出和聪明才智，但只要政府有决心，这些宏伟目标还是能够实现的。

为确保提高效率和增加收入将带来服务质量的大幅提升和经济的强劲增长，本规划建议，本区域应着手建立具体的筹资机制并制订方案，包括：

① 建立三州基础设施银行，协调交通和环境改善方面的长期资金预算。

②如果由州承担教育经费的筹措，则应要求将教育系统的资金节余重新投放到学校。近些年来，教育系统的节约所带来的收益被用来平衡政府预算、减税或其他用途。既然各级政府越来越强调优先考虑儿童教育，上述节余(除其他领域优化管治规模带来的节余外)就应当用于对学校的再投资。

③为特定的涉及提高劳动力素质的行动，明确专门的收入来源，并结合强有力的管理改革，确保实现目标。在这方面，作为起步，应实施好“学校设施及维护改革委员会”倡议的投资计划，从而为其他区域与领域提供范例。

基础设施银行将从与环境、交通相关领域的收费和税收中筹集资金。将这些收入中的一部分投放到培训和就业服务领域，可使低收入群体获得更多的就业机会，特别是那些与基础设施投资直接相关的建筑业就业机会。这些投入也可以缓解建设高峰期的劳动力短缺状况，进而降低总的建设成本。

基础设施银行所筹措的资金，可从政府收入中直接支付(“现购现付”)，或通过政府债券以还本付息的方式从混合收益的多出部分中支付。“现购现付”方法的优势在于降低政府负债率，更多地根据现有的收入而非预期的收入采取行动。它的劣势是增加了前期工作的成本，削弱了资金计划的早期刺激作用。以下方案假设整个计划以传统的政府债券的方式筹措资金。对这种规模的计划来说，至少采用部分“现购现付”的方法是合理的，尽管它会影响规划初期的实施进度。

图表 100 描绘出 25 年筹措 750 亿美元，投资于规划所确定的基本建设项目的大致情形，并假定所有的专项收入都用于偿还政府的债券项目。如果通过精明基础设施计划可以实现规划建议的 10％的节约，资金成本将减少 75 亿美元。余下的债务偿还，在 25 年的规划期内约为 1 000 亿美元。

	1996～2000 年	2001～2005 年	2006～2010 年	2011～2015 年	2016～2020 年	合计
资金成本	150	225	225	75	75	750
提高效率节约 10％[13]	15	23	23	8	8	75
剩余成本偿还债务[14]	35	128	23	29	324	1 007
汽车使用费和专用税[15]	80	80	80	80	80	400
自然生态保护费[16]	15	15	15	15	15	75
就业与培训基金[17]	−8	−8	−8	−8	−8	−40
税、费利息[18]	7	16	9	0	0	32
引导式激励[19]	8	22	25	25	25	104
税、费合计	102	125	121	112	112	571
减去还债后剩余金额	67	−4	−109	−178	−212	−436
需从经济增长筹资额[20]	0	0	46	178	212	436

图表 100　本次规划所确定的成本与收入潜力估算(单位:亿美元)

在第一个 5 年的启动阶段，基本建设的支出将低于随后的 10 年。但假如 2010 年能建成区域高铁系统和其他大系统，那么以后的支出将再次下降。如果从计划的第一年起就充分发挥使用费和相关专用税的作用，那么，在计划的第一阶段，这些专项收费所带来的收入就足以偿还债务。由于后部分年份的负债率有所提升，必须通过加速增长来满足更多的支出需求。

私家车使用税、费每年可带来 16 亿美元收入，25 年共计 400 亿美元，足够支付“通达方略”所投入的 2008 年到期的债券。每年 3 亿美元的自然生态保护费，25 年共计 75 亿美元，在 2005 年以前足够支付“绿地方略”的投资。同样地，到 2000

年左右，引导经济发展的激励措施将为“区域中心方略”筹措到更多的生产性投资。

税、费结合可达到还本付息偿债支出的一半以上。如果区域占全国经济的份额保持当前的水平，余下需额外投入的440亿美元，将不及区域可实现收入的1/4。2020年以后，偿债需求将稳定在每年70亿美元左右；但因规划引发的生产率提升和生活质量改善必将带来新的经济增长，故收入还会不断增加。即使经济增长达不到最大的潜力水平，仍足以应对不断增加的偿债需求。

很明显，实施本规划所建议的提高效率、节省支出和征收使用费等计划，对一个财政困难的区域而言，无疑是重大的挑战。然而，如果市民和政府有决心，这些方法就是可行的。从许多方面考虑，本区域目前面临的挑战，并不比区域规划协会开展首次规划编制时少（尽管当时基础设施建设的需求远比现在大，经济萧条的情形也比现在经济增长趋缓的形势严峻得多），但是，要为今后两代人的发展奠定更好的基础，本区域依然具备条件。在过去成功的基础上建立更平等、可持续发展的社会，需要相当的付出与努力。

注释

[1]　在国家和全球层面，将清洁或者污染空气、水，使用不可再生资源等方面的价值或成本纳入公共账户的努力，已持续了长达10年之久。美国国家统计办公室、美国商务部经济分析局、世界野生动物基金等机构，重新定义了进程组织和全球环境管理研究所等企业组织，都对拓展增长的构成要素与计量方法作出了贡献。

[2]　关于区域生产总值（GRP），目前唯一确定的计算方法是由雷吉娜·B．阿姆斯特朗提出的（*Regional Accounts：Structure and Performance of the New York Region's Economy in the Seventies*，区域规划协会，1980年）。根据这个研究，1975年本区域生产总值占国内生产总值的10.8%。麦格劳-希尔咨询顾问公司预测了自1970年以来本区域在全国工业总产值中所占的份额，与区域生产总值的计算方法不同，但以相同的比率变化。如果1975～1995年区域生产总值所占的份额与工业总产值以同样的比率下降，则到1995年，所占的份额将是8.9%，或6 400亿美元。

[3]　林迪·科莫特（Lynndee Kemmet）和杰里·本杰明（Jerry Benjamin）1995年9月的专题报告（未发表），他们来自位于奥尔巴尼的纽约州立大学洛克菲勒研究院。

[4]　参见对教育委员会1993年总体规划的评估，来自*Report of the Commission on School Facilities and Maintenance Reform*，1995年6月，第4～10页。

[5]　Albert F. Appleton：“Infrastructure，Environmental Investment and the Tri-State Region：A Monograph Prepared for the Regional Plan Association Third Regional Plan.”，1995年6月30日，第16～17页。作者为区域规划协会资深会员。

[6] 1967年的数据来自政府的"Compendium of Government Finances";1993年纽约的数据来自New York State Comptroller's Special Report on Municipal Affairs,1993年;1993年康涅狄格的数据来自"Fiscal Indicators for Connecticut Municipalities,Fiscal Years Ended 1992~1993";1993年新泽西的数据来自1991年新泽西州教育部和"54th Annual Report of the Division of Local Government Services,1991",1991年的美元值已校正至1993年的水平。

[7] 参见新泽西州规划办公室:*Impact Assessment of the New Jersey Interim State Development and Redevelopment Plan. Report Ⅱ:Research Findings*,新泽西特伦顿:1992年;Burchell和Listoskin:*Land,Infrastructure,Housing Costs and Fiscal Impacts Associated with Growth:The Literature on the Impacts of Sprawl versus Managed Growth*,1995年。

[8] "Impact Assessment of the New Jersey Interim State Development and Redevelopment Plan: Executive Summary",这份报告由罗格斯大学城市政策研究中心于1992年2月提交新泽西州域规划办公室。

[9] 纽约市财政部:1994年财政年度税收支出报告,第8页和第63页。享受5.11亿美元物业税豁免的纳税人和2.67亿美元营业税与消费税减免的众多纳税人,变成了商业税和工业税的纳税人,推动了经济的发展。尽管缺乏其余区域的数据,但其总量可能高达几亿美元。

[10] 区域规划协会与昆尼皮亚克大学民意调查研究所:*Comparative Quality of Life Poll*,1995年。这项民意调查发现,66%的居民愿意付费净化空气和水质,56%的人愿意付费保留空地和公园管理,24%的人愿意付费减少交通拥堵。

[11] John D. Dean和Jeffrey M. Zupan:"Financing Transportation in the New York Region",区域规划协会第10号工作文件,1992年3月。

[12] Charles Komanoff和Brian Ketcham:*Win-Win Transportation:A No Losers Approach to Financing and Transport in New York City and the Region*,该文为提交美国科学促进会的论文(未发表),1993年。

[13] 假设该地区的资金成本可以通过"精明基础设施"减少10%。

[14] 假设年度还本付息占资本支出的比率是1/10。

[15] 包括每年从每加仑10美分汽油税获得的6亿美元和每年从每英里1美分年检费获得的10亿美元。

[16] 在"绿地方略"中提到的为每年3亿美元。

[17] 提留10%,用于针对低技术和少数族裔员工进行与建筑业相关的就业培训。

[18] 当收益支出有盈余时,假设5%的年利息费用在年初以信托方式持有。

[19] 1996年重新定向2亿美元经济奖励,确保2002年前年度水准每年提升500美元。

[20] 计划投资促进经济增长,从而增加财政收入。

第十二章　协调规划实施

为取得本次规划实施的实质成效，区域规划协会建议在包括各级政府和市民领袖在内的各个层面上进行协调，从州长、首席执行官到市政府乃至基层组织。这种方式也是区域规划协会的第一次、第二次规划所倡导的规划实施办法，即自上而下的过程要与自下而上的过程相结合。

联邦政府的行为也将决定本区域采纳这些建议的程度，即联邦政府和州政府之间的职责划分以及联邦税收和支出的政策，将影响整个国家城镇地区的状况，包括本区域投资于居民和基础设施的能力。

1. 三州商务委员会

源于“区域竞争力行动”的一项主要建议，要求本区域必须更好地在全球宣传、推介自己。目前所作的大多数宣传与推介往往只涉及一个州或一个次区域。其结果是，来访的欧洲或日本的主管人员在考察美国总部或生产现场时，只需参观几个企业或政府举办的商品交易会，就形成这样一种印象，即纽瓦克、长岛、纽约市和康涅狄格既不邻近，彼此间也缺乏联系。1995 年以来，港务局实施的推广活动日益减少，为区域寻找新的推介方式——避免重复行动，用一个统一的声音与世界对话——显得比以往更为迫切。

与此相关，区域性商会和企业合作伙伴也必须找到进行联合游说和宣传的新方法，要影响整个地区的联邦与州的投资和政策等，则更须如此。

虽然现有团体之间的竞争已使得区域商务委员会很难获得财政和政治支持，但从长远来说，由这一委员会来承担这些责任是可行的。一个阶段性和替代性的措施是，将现有的团体联合起来，就共同关心的主要问题定期召开会议。这些团体包括：SACIA、威彻斯特郡（县）协会、哈得孙河流域协调委员会、纽约市合作伙伴、大纽瓦克地区商业联盟、长岛协会及其他团体，也就是三州商务委员会的会员。起初它们的身份可能是特别团体，但将来也有可能演变成一个更为正式的协调机构。区域规划协会将负责组建该商务委员会，并提供初步的人力支持。有关活动包括：

- 共同努力，通过商品交易会、广告，以及其他国家、国际层面的宣传工作，推介三州大都市区。
- 就联邦投资、立法（如联邦运输法的授权、银行改革以及《清洁水法》）所进行的相关游说进行协调。
- 在交通运输、环境保护、税务等方面促进州际合作，如建设区域高铁系统、清洁长岛海峡、开征通勤税等。

2. 三州协议

为取得成效，区域规划协会计划推动三州协议的制定。通过协议，确保州长、市政官员、商界和市民领袖承诺共同采取若干关键行动。

新泽西、纽约、康涅狄格州的州长应承诺支持以下行动：

- 减少使用经济激励措施，确保区域工商业的合理布局。
- 继续推进税收、财政预算及规制等方面的改革，确保上述系统比全美其他地区更具竞争力。
- 优先投资于本规划所涉及的基础设施和教育领域，包括区域快速铁路建设（区域高铁系统）、劳动力方面的创新及环境改善。
- 将受益用户交纳的使用费作为资金来源，创建三州基础设施建设银行，进行相关的投融资活动。
- 改革现有的区域机构，如港口管理局、大都市区交通局等，确保其具备建设、运营世界一流基础设施的能力。
- 实施有效的州级增长管理规划，改善地方土地利用决策，确保州级基础设施建设计划与区域规划建议相一致，促进区域中心的发展。
- 保护绿地和其他自然系统，维护本区域的生活质量和绿色基础设施，包括公共供水、大气环境、高产农场和海（河）口等。

- 研究建立更公平的地方税收与学校财务体系。

市长以及区域内县、城、镇、村的其他主要民选官员应承诺：

- 在规划和法规的采用上，要确保发展模式是推动而不是破坏区域一体化，具体措施包括：鼓励公交导向型和中心城区的发展，反对兴建孤立的商业地带和写字楼区。
- 在绿地建设方面，实施区域性行动，从而保护、管理好重要的自然、农业及休闲景观资源。
- 与邻近社区合作，共享服务和设施以降低成本。

商界领袖应承诺：

- 参与或引导组建第三方联盟，推进规划所确定的优先行动。
- 参与或引导"从学校到就业的创新计划"及教育改革。
- 以社区为基础开展组织合作，拓展经济发展机会。
- 在作出选址和扩建决策时，努力注重公共交通的可达性与支持区域中心的发展。
- 采用相关核算办法和生产工艺，最大限度地减少污染，反映可持续经济发展的现实状况。

市民领袖应承诺：

- 参与或引导组建第三方联盟，宣传本规划的关键成果。
- 针对重大的区域性社会、环境问题以及其他受到普遍关注的问题，发挥引导作用。

3. 三州州长峰会

每年的七国峰会，是七个工业大国的政府首脑共同探讨全球经济问题的重要会议。区域规划协会建议，每年举行一次由新泽西、纽约和康涅狄格州州长参加的会议。仿效 G7 峰会，可称之为 G3 峰会。

1996 年应召开首次峰会，签署区域协议，并在随后几年里监测区域目标的完成情况，为下一阶段的行动设定目标，协调区域性基础设施投资与政策，维持公众对规划实施的支持。G3 峰会应包括公开会议和内部会议，以建立州长和其他政治领袖之间的信任，鼓励媒体、民间团体，以及其他个人和团体参与本区域所涉及的关键事务。

区域规划协会能在如下几方面协助组织会议和提供人力支持：帮助制定议程和协调媒体宣传报道；编制落实三州协议及实施区域规划的年度报告，并在每年的峰会上予以发布。

4. 三州立法代表会议

三州议会代表团的成员每年至少应召开一次会议，内容可包括协调立法战略、讨论国家立法、财政预算案以及其他影响到三州大都市区的主要问题。如果该代表团在国会的影响力与其他州的代表团等同，那么，本区域在参议院就拥有了三倍的表决权。三州立法代表应特别关注交通、环境、艺术领域的联邦政府投入，金融监管与通信等重点行业，以及移民政策和规划优先关注的其他问题。

5. 与联邦机构的合作

除了实施广泛的全国性政策外，联邦机构可通过技术援助、资助示范项目、制订发展计划等手段，推进区域复兴。最为关键的联邦机构高级官员来自以下部门：住房和城市发展部、劳工部、教育部、商业部、内政部和交通部。他们应与三州立法代表会议成员、三位州长以及区域内的公民、工商界领袖组织定期会晤，使联邦政策与区域性行动的实施相互协调。在多数情形下，联邦政府的支持，能引发新的重要行动，例如从学校到就业创新计划、公交基础设施或住宅更新等。作为全美最大的都市区和最重要的全球性中心，在本区域实施的联邦计划将影响国家整体的健康发展。

举例来说，“州际补偿计划”作为1991年《地面多元交通运输效率法》中的一项条款，由参议员莫伊尼汉提出。根据这一法案，对于20世纪50年代初兴建的州际高速公路，即在获得联邦资助之前兴建的州际高速公路，联邦政府将以当前的美元折现率对州政府予以补偿。由此，今后15年间，纽约州可获得约50亿美元的资金，新泽西州约为19亿美元，康涅狄格州约为17亿美元。不过，《地面多元交通运输效率法》的这些规定，必须在1997财年之后得到后续立法的重新确认。获得这些资金并不意味着“天降横财”，只是表明这些州的收益没有被联邦政府克扣。根据规定，半数以上的资金可用于《地面多元交通运输效率法》下合法的运输项目计划。因此，三个州利用这些资金去实施区域高铁建设的首期方案将是可行的。

6. 各部门首长会议

交通运输、环境保护、经济发展、艺术与旅游等部门的首长每年至少应召开两次会议来协调行动及投资，特别是应更多地关注塑造区域形象的行动安排。此外，负责州域规划的官员——新泽西州规划办公室主任、康涅狄格州政策与管理秘书、纽约州长指派的专门官员等也应就各州如何采用、强化和运行有效的增长管理系统，开展协调工作。

7. 区域指标

自20世纪20年代成立以来，区域规划协会一直积极地监测区域事务的进展。随着第三次区域规划的推出，区域规划协会将以该规划的建议为监测重点，通过可测度的指标来评价区域目标的实现情况。

指标体系的作用是显示系统以什么速度向什么方向运行。作为反馈机制，指标体系很早以前就在自然科学、经济、公共政策、健康以及其他领域得到了有效运用。随着形势的发展，设立指标体系的目的在于将更大的系统纳入监测体系[1]。对于区域规划协会而言，它将显示出区域整体是如何运行的。应当运用相应的指标，整合过去从未联系起来的趋势和观念，建立信息基础，从而进行更为精确的统计分析。反映更长远、更广泛的区域系统状况的指标，将显示本区域经济、社会或环境健康等领域的基本情况。它们必须是在一个特定的地理区域内可监测的，而且在数据收集和监测方面具有可行性。更重要的是，这些指标作为描述趋势和状况的一种有效方法，应当是社区成员能够理解和可接受的。

目前反映区域进展的指标，时常导致得出相互矛盾或具有误导性的结论。例如，在目前情况下，我们应为区域生活质量贴上什么标签——正或负？整体平均收入在上升,但越来越多的儿童生活在贫困线以下。在道路拥堵问题日益加剧的情况下,人均拥有汽车的成倍增长是否意味着通达性的提高?在就业人数不断下降的情况下,地区经济总量增长是否意味着经济健康发展?

区域规划协会列出了一个指标清单,以确保我们能够将区域性和相互关联的问题纳入监测范畴,也因此希望它能够得到广泛运用(文本框)。这些指标将不断强化经济、环境的可持续发展意识。选择和使用正确的指标,可以帮助我们在公共政策制定、增长管理甚至个人生活方式确定等方面作出正确的选择。大气和水体的质量、道路拥堵、交通运输的效率、开敞空间的面积、就业数据、通信网络等都是相互关联的。这些指标使我们能够跟踪上述系统的整体运行,并反映我们行动的成效。

第三次区域规划指标

下列指标将用于监测第三次区域规划的实施情况。其中一些指标在本规划的其他部分中已有列举。它们有些为年度监测指标,有些为长期监测指标。数据将显示所监测的状况的变化正在变好或是变坏。区域规划协会将充分利用这些指标以及其他指标,就第三次区域规划执行的情况,每年发布一份年度报告。

经济

- 人均收入
- 区域内就业岗位数
- 人口就业率
- 实际平均工资
- 区域生产总值增量

公正

- 家庭平均收入:最高的20%与最低的20%之比
- 贫困线以下各族裔的情况

环境

- 开敞空间与已开发用地的面积
- 空气质量

- 废弃物循环利用率
- 人均的固体废弃物收集处理量

交通运输

- 汽车在桥梁、隧道中耽搁的时间
- 乘客舒适度
- 公交乘客里程

区域中心与通达性

- 居住于紧凑社区的人口比例
- 到区域中心的出行量
- 中心城区提供的工作岗位

住房

- 平均房价与平均收入之比

艺术和文化

- 艺术类职业的从业人数
- 博物馆和影剧院的观众人数
- 公营、私营机构对艺术事业的财政支持
- 艺术教育机构的毕业生

公共安全

- 严重犯罪案件数

除了定量统计数据，我们还将使用一些定性指标反映规划实施的效果。例如，将三州土地规划和增长管理的效果纳入监测、评估；改革城市与郊区间不平等的税制，为学校提供更平等的资助，以及实现各自治市之间的服务同享。以上这些倡议也将纳入监测范围。对本区域行政机构进行评价的其他指标还包括负责程度、成本效益以及所提供的服务。

区域规划协会正在与区域内的相关团体开展合作，包括新泽西州规划办公室、新泽西州运输部等，合作的内容包括数据共享、数据采集共享、提出形式兼容的指标等，以方便居民理解，从而为社区、区域的行动奠定更为坚实的基础。

注释

[1] 1992年在里约热内卢举行的全球高峰会议激励着全球、国家和社区等不同层面就完善与链接指标方面做出共同努力。联合国可持续发展委员会、美国可持续发展委员会、美国多个州和城市(包括俄勒冈州、西雅图、杰克逊维尔和查塔努加等),均在采用这些指标,目标在于量度和促进可持续的生活质量的提高。

结论:再现希望

区域规划协会已经制定了一份雄心勃勃的规划,目标是增加必要的投资,从而确保本区域在充满变数的未来,实现可持续的增长与繁荣。本规划呼吁从根本上改变现状,并大胆发挥公众的责任意识。其中一些建议可能代价高昂,但三州大都市区如果不采取相应的行动,损失将会更大。分析和预测表明,我们目前已经走到了寻求短期解决方案的尽头,必须切实关注日益严重的问题及其根本成因。而根源就在于,这些问题都是区域性的,因而必须采取综合的、全面的处理方法。唯有如此,才能真正使问题迎刃而解。

每项方略都需要政府、商界以及市民领袖的积极努力与合作。如果民选的官员选择无所作为,则我们必须形成新的公民联盟以适应变革。事实上,新的联盟正在形成。这是一个环保主义者与开发商之间、政府与商界之间、地方利益与区域需求之间的联盟。尽管彼此间存在利益冲突,但毕竟找到了解决老问题的新途径。只有以长远的眼光审视经济、公正、环境等因素相互交织而成的发展目标,我们才能造就辉煌,为21世纪的经济增长和繁荣占据战略的制高点。关键是我们必须立即行动起来。世界正处于剧变之中,本区域发展的竞争力和可持续性还充满了悬念。

附录：两种未来

为说明方案选择的重要性，需要展现不同方案将带来的不同效果，即展望本区域未来的两大假想图景。一种假设是现有趋势和“现实导向型”规划所确定的政策将延续下去；另一种假设是采纳本次规划提出的政策、建议，并进行相应的投资。

1.“现实导向型”规划方案

在此种图景之下，区域按照“现实导向型”规划所确定的政策发展。该规划整合了现有的公营、私营部门的政策、投资计划和相关区位的选择。

时间假定为 2020 年。25 年来，区域发生了多方面的变化。区域的外部边界已模糊不清，因为从曼哈顿蔓延而来的城市远郊区(距曼哈顿 100 多英里)，已与从费城、奥尔巴尼、哈特福德和波士顿蔓延而来的同类地域融为一体。

由于大量企业搬迁至远郊，纽约市就业人口在区域就业人口总数中的份额降至 20%左右。纽瓦克、斯坦福、布里奇波特和怀特普莱恩斯的就业份额也有所下降。因为城市内的企业不断减少，很多企业都迁往日益兴盛的远郊，而居家上班的居民也搬到了与外界相对隔离的郊区。

下曼哈顿已由金融区变为住宅区。20 世纪曾叱咤一时的超高层写字楼宇已被改造为住宅，金融机构也迁至曼哈顿中城、郊区等地。25 年前，作为世界经济的心脏，这里车水马龙，一派繁华景象；而现在，这里的街道已变得异常冷清，情形与那时的周末大致相仿。

本地居民大多能看到曼哈顿桥的废墟(自 2008 年一段主路崩塌后，这座桥就被关闭停用)，这是十多年来维护和基本建设投资不足的结果。之所以未重建此桥，主要原因在于中心城区的通勤数量已大大减少，并且市财政预算资金已用于兴建污水处理设施以保障纽约州北部饮用水源的水质,以及兴建监狱用于关押不断增加的罪犯。同时,对于如何以最佳方式维修曼哈顿桥,从而使之重新投入使用,相关的研究和条例审查已持续了十多年。

在新泽西州,城市内的工作岗位已经减少,中产阶级居民也纷纷搬离,过去的乡村地区面临着更大的开发压力。2007 年,特伦顿北部仅剩的一个商业性农场被保护起来,成了"花园州"(新泽西州的别称)重要自然遗产的户外博物馆。新泽西州已成为全国郊区化程度最高的州,该农场则成为该州最受欢迎的旅游景点之一。

20 世纪 90 年代以来日益汹涌的郊区化浪潮,使纽约、康涅狄格州也发生了相似的变化。长岛中部、东部居民必须驱车几小时才能到达真正的乡村。很多家庭购买了模拟登山和钓鱼活动的编程游戏。

纽约市外围和其他大城市的大部分地区变成了贫困人口聚集、日益与外界隔离的飞地,充斥着高税收、高失业率、种族冲突和街头犯罪等严峻问题。自 20 世纪 80 年代起,中高收入的白人和黑人如潮水般外迁,这一问题在世纪之交变得日益严重,加速了本区域的经济衰退。纽约第一个美籍韩裔市长——金市长——许诺要打破种族藩篱,措施之一是推行她的理念,将位于曼哈顿的原联合国总部建成新的城市文化中心。2005 年,联合国总部搬迁至日内瓦,原因是对纽约的城市衰退和机场交通不便深感不满并彻底失望。遗憾的是,无论是纽约市还是其他城市,整个区域在使穷人接受教育和拥有远郊就业岗位等方面,几乎无计可施。

本区域增长最快的就业中心,是位于康涅狄格、哈得孙河谷和新泽西北部、毗邻 84-287 州际内环线的新型写字楼区及配送中心。

电子商务已很普及,所有的谈判活动皆以视频会议的方式进行(复杂的谈判也不例外)。正因为如此,远郊地区逐步成为理想的商业区位。不过,高速公路空前拥挤——塞满了通勤者和满载货物的卡车。本区域的物资全部依赖外地输入,同时却缺乏有效联接日益庞大的国家铁路货运系统的铁路基础设施。就本区域的雇主与其专业雇员而言,最大的问题是如何到达距此地最近的、位于匹兹堡或弗吉尼亚的、能起降超音速喷气机的机场。首先,他们不得不沿着落后、拥堵的高速公路赶到本区域三大机场之一,再由此转飞其他机场。由于本区域未开通超音速国际航班服务,而拥有这项服务的其他城市发展迅猛,结果是本区域在全国金融与商业系统中所占的份额持续下降。

无论如何，大多数经理们已无须进入纽约市或本区域的其他城市内部，因为绝大多数的就业岗位都集中在区域外围。一些爱猎奇的远郊居民可能偶尔会到访曼哈顿，且只能驱车前往。吸引他们的是那里不断增加的亚洲、非洲和俄罗斯移民所带来的文化气息及烹饪用品展销与零售活动等。

自20世纪90年代末以来，本区域大多数的大运量公交系统皆因投资不足而濒临关闭，市场份额、政治支持率不断下降。即便是1999年和2006年的石油价格震荡，也未能持续有效地增加选择公交的乘客人数，本区域对国外石油将更为依赖。

大部分公交乘客由城市向郊区逆向通勤，其中大多数是劳动力短缺的远郊区所需要的移民或有色族裔员工。他们先开车到郊区车站，再由此乘坐穿梭巴士穿越拥堵的高速公路，到达距纽约、纽瓦克和布里奇波特50英里以上的写字楼区。大多数新的就业地点距公交车站至少10英里，而这一公交系统已将近一个世纪没有更新换代了。

持续的拥堵以及城市中心、近郊犯罪率的上升，导致就业、居住越来越远离中心城区。由于新联邦法减少了合法移民的数量，世纪之交，城市中心和近郊出现了大范围的房屋废弃现象。距离以往的区域中心50～100英里以外的远郊尽管很拥挤、税收高、房价高且缺乏社区感，却成为留守本区的中、高收入居民的无奈选择。

越来越多的老龄居民不得不作出选择，要么继续生活在日益缺乏安全感的城市，要么搬至生活不便的郊区，而实际上，两者都无法满足其社会服务和交通可达性的要求。

在远郊地区，大多数原本风景如画的乡村和农庄，已变成三五英亩大小的住宅用地、商业区或写字楼区，当初吸引居民的怡人环境已荡然无存。随着交通量越来越大，以及在市政污水收集管网和处理设施未覆盖地段的大面积开发，水和空气质量大受影响。

尽管如此，在纽约州的亚迪隆达克、宾夕法尼亚州波科诺山区域和马萨诸塞州西部的伯克县等开敞空间尚未被大面积开发吞噬之前，从远郊去这些地方还比较便利。这股蔓延压力已彻底改变了区域景观。

2. 区域规划协会的方案

该图景假定,区域已采纳了本次规划所提出的大多数政策与投资建议。

时间假定为2020年,区域变化显著,且大多是向好的方向发展。在此选取几个典型场景,以管窥区域内大部分居民的美好生活。这些地区从20世纪90年代以来的果断领导和精明投资中受益良多。

早上8点20分,正值上班高峰,在布里奇波特、北布鲁斯特、亨廷顿、莫里斯敦镇以及其他区域高铁线的站台上,大量乘客搭乘豪华的混合动力穿梭通勤列车,从附近的城区、郊区到达此地,并将由此转车前往区域的写字楼区、媒体中心、全球行政中心、研发科技园和专业化工厂。在布里奇波特区域高铁换乘站,很多年轻的乘客悠闲地吃过早饭后,将小孩送到了学校或日托中心。

他们的配偶不少人居家上班,本区域先进的电信系统将他们与虚拟办公室及客户连为一体。区域内的小城市和镇中心的居民都得到了就近就业的新机会,同时高速公路的拥堵状况大为缓解,自驾车出行更为轻松、高效。

自经济前景尚不明朗的20世纪90年代以来,区域发生了翻天覆地的变化!最大的变化表现为区域内生活、工作和出行选择方式的增加,以及出行时间的缩短和房价的下降。自1998年三州区域高铁系统启用以来,从布里奇波特到曼哈顿和其他区域就业中心的通勤时间大幅缩短,原本耗时且折磨人的出行变得便捷、愉快。

前往曼哈顿方向的区域高铁隔几分钟发车一趟,搭载上班一族前往加工制造业中心,并搭载观光游客前往更新改造后的布里奇波特滨水旅游区。这类加工制造企业不少是为了充分利用区域高铁所带来的更大范围劳动力供应而搬到布里奇波特等地的;当然,也有不少工人从改造过的城市蓝领居住区出发,走路或坐小货车去上班。改造提升后的学校和社区大学将基本知识、基本技能传授给青少年与成年人,以满足他们在不断增长的技术型、信息型行业就业的需要。

在驶往曼哈顿方向的区域高铁的站台上,男女乘客们数量相当,他们的肤色与民族各不相同。其中一些人在长岛工作,还有一些人在纽瓦克和怀特普莱恩斯工作。然而,只能将一小部分经济增长归功于区域高铁系统,真正擦亮区域形象的是,信息行业、传媒产业和其他产业出口服务的迅猛发展,以及销往世界市场的高附加值工业品。它们帮助本区域恢复了世界级金融、服务中心的形象。许多公司重新迁回本区域或在此地扩大规模,以充分利用本区域训练有素、极富创造力的劳动力资源,以及世界级水平的交通和电信系统。2002年,一家大公司的CEO因严重缺乏远见而被毫不留情地解雇了,原因是1988年他将公司总部从本区域迁往了弗吉尼亚州。

区域复兴还包括:纽约市在该市首位美籍韩裔市长金市长的领导下,成功地实施了安全、友好型社区与曼哈顿商务区建设行动,以及中小学学校体系重构行动。这些学校为社会输送了大量训练有素的专门人才及辅助性人员,他们总体上能熟练使用世界上几乎所有的语言。与其他世界中心城市相比,这是本区域独具一格的宝贵财富。区域内其他城市的市长纷纷效仿金市长的策略,州政府也为各城市重新安排了必要的资金,支持上述成功探索。

一些乘客在开往枢纽站的区域高铁车厢内抬头远望,看到了布朗克斯经改造后的社区和公园,看到了哈勒姆河上的划艇比赛,也欣赏到了远处林木繁茂的绿色背景;乘客们还从狱门桥看到了哈勒姆区——20世纪90年代末期的"哈勒姆区二次复兴"行动,将其变成了美国黑人和非洲裔犹太人文化的全球传媒中心。

20世纪90年代初,失业严重、吸毒和犯罪盛行。而如今这一切已成为遥远的记忆。由于就业和经商机会增加、教育体系改善,以及对住宅和零售服务业实现了战略性投资,本区域在新世纪初得到了新生。

许多区域高铁乘客在位于第8大道的宾夕法尼亚站下车。重建后的车站外观优雅,老市民们记得这里曾是一个邮局。1999年该站修复一新,重新投入使用,其照片登上了《经济学家》杂志的封面,该杂志称其为城市与区域复兴的象征。那些没有下车和从宾夕法尼亚站上车的乘客,其目的地是纽瓦克、不伦瑞克和特伦顿等地。区域高铁其他线路的乘客,在重建后的大中央车站换乘中心城区高铁,经过八分钟的行程,到达了改造后的新华尔街金融区和新传媒区。

从两个车站出发的乘客都乘上了贯通区轻轨,到达皇后区滨水地带的联合国城。该城为本区域增添了国际行政管理中心的独特魅力,联合国议会——一个秉持良知、经选举产生的联合国咨询顾问机构(原主要办公场所在巴黎、日内瓦、东京等其他中心城市)就坐落在这里。将联合国议会和公共席位迁往纽约,是美国国会在 1997 年以退出联合国相威胁之后,联合国作出的决定。2004 年由选举产生的国会成员和总统,促使美国重新介入国际事务,并通过政治手腕和贷款保障等手段,将联合国活动引入纽约市。与此同时,联邦基金资助建设了区域高铁-机场联接线,将联合国城与区域其他地区紧密地连接起来。

反映本区域全新国际形象的另一代表是位于美洲大街的美洲经济联盟总部,这是西半球对欧盟作出的回应。2002 年,一批著名的慈善家在拍卖会上向破产的董事会买下了洛克菲勒中心大厦,并将其捐给了美洲经济联盟。

本区域的另一大魅力,还在于时代广场周边经改造后形成的全美最优雅、最具活力的娱乐中心。这里汇集了上百家世界各国风味的餐厅,为本区域的跨国公司和政府雇员提供各种美食。这些餐馆的兴盛,还离不开本区域的若干重要资源,包括新鲜的农产品、乳制品,来自长岛东部、新泽西中部、哈得孙河谷和卡茨基尔农田保护区的优质葡萄酒,以及从长岛湾、纽约湾净化后的河水中捕获的新鲜鱼类、贝类。

城市与繁荣的乡村耕作景观相邻接,乡村居民与自然和谐相处,大大增强了本区域作为国际旅游胜地的魅力。附近的高地保护区休闲地带,由特拉华河一直延伸到里茨菲尔德山,为本区域的城市地区构筑了一道永久的绿色屏障。在哈得孙河谷和卡茨基尔山,风景如画的农场、森林与繁荣的城镇、村庄相邻,这里的小型办公室和工厂通过先进的区域电信系统与外界紧密相连。"斯科哈里之源"是本区域的首要旅游目的地,在那里,水库中的水经装瓶后充入碳酸气,可出售给欧洲和东亚的高档消费者,并成为区域环境质量优良的国际性标志。

东亚经济的迅猛发展和 1997 年爆发的第二次海湾战争,引发了世界性石油短缺,由此出现了 1997 年、2006 年两次石油市场震荡,油价飙升。与洛杉矶、亚特兰大等区域几乎完全依赖私家车出行的情况不同,本区域拥有大范围、高水准的公交系统,从而具备了巨大的竞争优势。

2020 年回首往昔,历史学家们惊诧于本区域自 20 世纪 90 年代中期"低迷期"后所发生的巨大变化。一些人认为,转型始于 1996 年。就在这一年,区域的领导者和市民们因全新的未来而重新集合起来,并朝着这一美好的未来迈出了第一步。

致　谢

本次区域规划的编制工作，得到了来自大纽约三州都市区和其他地区数百名专家的精心指导与大力支持，吸纳了专家们的诸多意见和建议，堪称世纪盛事。

在规划编制的过程中，20多位区域规划协会的其他成员组成专门委员会，倾注了大量心血，义务审阅并修订了《规划》的初稿，确保了规划成果于1994年、1995年定稿。其中要特别感谢来自新泽西州的协会联合主席克里斯托弗·达格特、财务主管威廉·帕雷特、塞拉芬·玛丽埃尔和罗斯科·布朗博士。这四名委员数次审阅《规划》初稿的多个版本，并与规划编制人员一道修订了规划政策的建议部分。此外，来自昆尼皮亚克学院的约翰·莱希博士对1995年度生活质量民意调查给予了大力支持，鲁斯·西姆斯对多方面内容提出了宝贵建议，芭芭拉·法伊夫有关艺术的章节的编制贡献良多。同时，还要特别感谢区域规划协会的州属委员会成员迈克尔·卡卡切、英格里德·里德和威廉·林德阁下；其中，迈克尔·卡卡切主持了康涅狄格州土地利用联盟的工作，洛克菲勒大学的英格里德·里德为规划编制提供了多方面的帮助，纽瓦克新社区公司的威廉·林德阁下对社会公正和劳动力章节的编制提供了指导。通用基金的社区事务助理戴安娜·杰普森参与了规划编制的全过程工作，作出了重要贡献，在此一并致谢。

“区域未来发展理事会”经过1990～1992年间数次会议的研讨，形成了本次区域规划的基本框架。该理事会由理查德·拉维奇主持，成员包括来自企业界、宗教界、市民团体和社区领袖的100多位代表。在规划编制的后期，第三次区域规划编制委员会（最初由小罗伯特·F. 瓦格纳主持，后来由罗伯特·基利接任）带领一支由学者、企业家与市民代表组成的小型研究团队，敲定了本次规划的政策与投资建议。

《规划》涉及的经济原理来自于“区域竞争力行动小组”所提供的素材。该小组最初由20世纪基金的理查德·莱昂内主持，后来由城市议会的理查德·卡亨主持。“区域竞争力行动小组”的首任总裁马克·洛克菲勒先生领导的工作组负责相关内容的研究与撰写工作，工作组汇集了来自区域八大主导产业的220位企业家代表。他们的深思熟虑与严谨分析，强化了《规划》对生活质量、劳动力、基础设施投资和区域竞争力提升等方面的高度关注。“区域未来发展理事会”、“第三次区域规划编制委员会”和“区域竞争力行动小组”三大力量的合作，使本次规划得到了区域中最具奉献精神和才干的市民代表、企业家与社区领袖的精心指导。他们的意见在区域规划协会举办的年度区域集会和区域论坛上，得到了成千上万的市民的进一步补充、评论与审核。

同时，区域规划协会还受益于一个松散的网络型顾问团队，该团队成员包括来自三州大都市区、北美洲其他地区以及欧洲、日本的区域发展领域的著名思想家与实践家。他们的名字在此不一一列举，但仍要特别感谢罗伯特·格迪斯、理查德·卡亨、理查德·卡普兰三位专家。罗伯特·格迪斯提供了多方面的宝贵支持，由他主持的建筑师委员会还对新型区域空间结构、跨地区发展模式构想的提出，给予了大力帮助。城市学院的理查德·卡亨主持了“提升区域竞争力行动”，并指导编制了劳动力和管治两大章节。J. M. 卡普兰基金会的理查德·卡普兰引导区域规划协会形成了关于区域设计、自然资源保护和中心城区振兴等方面的思路，并提供了全程支持。

哈里·多得森建立了区域模拟模型，协助区域规划协会提出了城市、郊区和农村的优化发展模式。乔纳森·巴尼特指导了区域设计和公交友好型社区方案等内容的编写。新学院大学的迈克尔·夸特勒就如何缓解城郊蔓延，为区域规划协会提供了宽广的思路。乔尔·拉塞尔和菲利普·赫尔提出了农村社区的规划模式及管理要求。黛安·布雷克为郊区设计概念的完善提供了帮助。区域规划协会前任副主席珍妮特·卢森霍普发起了“棕地”改造项目。

罗格斯大学城市政策研究中心的诺曼·格里克曼，联合有关工作人员分析了区域经济状况以及纽约市与区域内其他地区的经济联系。格里克曼博士协助发起并组织了“美日大都市区规划交流”项目(他主持美方事务)。康恩·爱迪生公司的卢瑟·泰、斯图尔特·纳赫米亚斯和NYNEX公司的帕特里克·马尔赫恩协助推动“区域竞争力行动小组”的工作，提出了经济发展方面的规划建议。米切尔·莫斯和休·奥尼尔提供了许多有价值的见解，率先指出本区域发展知识型经济的重要性。

区域规划协会负责研究和规划的前任副主席博尔西·普世卡拉夫协助开展了交通与土地价值研究和区域高铁工程研究。罗伯特·奥姆斯特德也参与了区域高铁工程研究项目，赫布·莱文森就多项交通问题向区域规划协会提出了建议。马克·意大利公司制作了区域高铁规划图。纽约大学的伊曼纽尔·托比尔在多位学者和社区顾问的帮助下开展了区域规划协会有关移民问题的研究，贾米森·多依格教授提出了区域规划协会关于重构区域管理架构的思路。洛克菲勒研究所的杰里·本杰明和理查德·内森向区域规划协会提出了关于州和地方一级政府构架的思路。区域规划协会前任副主席胡珀·布鲁克斯帮助形成了绿地方略方案并开展了区域绿道网络规划。昆尼皮亚克学院的道格拉斯·施瓦茨组织进行了 1995 年度生活质量民意调查。

瑟德纳基金会的埃德·斯克卢特，洛克菲勒兄弟基金会的柯林·坎佩尔和本·舒特，伊特尔森基金会的托尼·伍德，乔伊斯·默茨-吉尔摩基金会的鲍勃·克兰，J. M. 卡普兰基金会的琼·戴维森，以及美日基金会的罗恩·阿夸，都为规划中的科学理念大声疾呼并提供了强有力的经济支持。鲍勃·塞勒、兰迪·布尔沙伊德、南希·梅尔、佐治·瓦赫特尔和特德·柏杰共同参与了区域规划协会的人文艺术行动，并提出了宝贵的建议。波士顿特勒斯研究所的约翰·沙尔和迈克尔·辛普森、资源公司的肯德尔·克里斯廷森，以及本杰明·米勒共同为废弃物管理计划提供了帮助。

俄勒冈州波特兰大都市研究所的伊桑·赛尔策，以及在波特兰市开展“国家增长管理领导项目”的亨利·里士满，就改革州级与区域规划体系、区域内部社会公正等多个问题提供了广泛指导。多伦多约克大学的加德纳·丘奇参与规划中管治部分的定稿工作，并建议采用 3E 示意图。北美洲知名区域学者、前多伦多市长大卫·克龙比，极力主张集中研究区域存在的理由。佛罗里达州亚特兰大大学的约翰·德格罗夫在州级规划和区域规划的多个问题上提出了重要建议。缅因州伍利奇市的南希·康纳里提出了基础设施银行贷款构想。明尼阿波利斯州议会议员迈伦·奥菲尔德协助区域规划协会形成了在税收、基础设施和社会公正等方面建立城市-郊区联合体的思路。

科德角委员会的阿曼多·卡博内尔建议设立区域土地利用管理委员会,下设长岛松林地带管理委员会。旧金山的彼得·卡尔索普协助启动区域设计计划,并就若干关键问题提出建议。华盛顿特区技术评估办公室的罗勃·阿特金森、加州门洛公园未来研究院的安德里亚·撒弗里和曼哈顿研究院的彼得·休伯积极帮助规划编制人员认识到新兴电信技术将给城市形态和经济活动带来的巨大影响。曼哈顿研究院的罗杰·斯达尔对有关问题给出了建设性评论。麦格劳-希尔经济顾问公司旧金山办公室的斯蒂夫·沃德霍恩、吉姆·戈洛布和理查德·格罗斯协助制定了"区域竞争力行动小组"工作流程并亲自参与其中。

旧金山绿带联盟的拉里·奥曼、芝加哥开敞空间计划的格里·阿德尔曼、宾夕法尼亚州环境委员会的乔安妮·登沃思和帕特里克·斯达尔,以及美国农业部森林服务中心的罗伯特·内维尔,借助他们参与国家大都市区绿地行动的经验,协助提出了本规划的绿地方略。

本区域数名环境领袖帮助深化了绿地方略概念,并审阅了该章节的草案。他们分别是:新泽西塞拉俱乐部的蒂莫尼·迪林厄姆,"纽约-新泽西山脉通道论坛"的乔安妮·多兰,ABC新闻中心的保罗·多兰,公园理事会的夏洛特·范和琳达·大卫杜夫,新泽西奥杜邦社团的托马斯·吉尔摩、比尔·尼尔和里奇·凯恩,莫霍克自然保护区的格伦·霍格兰,特拉华河绿道项目的南希·琼斯,生态系统研究院的斯图尔德·皮克特和亚历杭德罗·弗洛里斯,美国农业部森林服务中心的理查德·波亚特、鲍勃·内维尔和韦恩·齐柏尔,哈得孙河绿道社区委员会的大卫·桑普森,公用土地信托机构的安迪·斯通,康涅狄格州环境质量委员会的卡尔·瓦格纳,美国耕地信托机构的鲍勃·瓦格纳,豪萨托尼克流域协会的林恩·沃纳,纽约公园和自然保护区协会的理查德·怀特·斯密斯,美国海岸协会的安迪·维尔纳,以及环境行动联盟的南希·沃尔夫。

为更好地借鉴其他世界级中心城市解决类似问题的经验,区域规划协会与罗格斯大学城市政策研究中心共同实施了"美日大都市区规划交流"项目。来自纽约和东京的规划师、政府官员及市民领袖组成团队,共同参与美日两国的案例研究项目,这些项目为区域高铁和公交友好型社区等概念的形成提供了灵感。该合作项目由美日基金会和日本国际合作基金中心资助,目前仍在执行,20多名日本规划师参加了交流计划。在此要特别感谢筑波大学的谷村英彦教授(项目日方负责人)、名古屋综研公司的谷昭彦(项目日方联络人),以及现任职于哈佛大学的安迪和海古吉元民。

英国切尔腾纳姆乡村委员会的理查德·劳埃德协助完善了绿地方略,并向区域内其他相关团体作概念解释。英国东苏塞克斯郡议会的保罗·米尔莫向区域规划协会、长岛及卡茨基尔居民和地方官员们提出了绿色旅游和乡村管理方面的建议。巴黎国际生态规划公司的埃里克·布里顿协助区域规划协会解决了大都市区共同面临的"新工作岗位"问题。

来自企业界、环境领域和社区领袖群体的数十位代表对本区域规划编制工作给予了大力支持,在此要特别感谢南福克社团的凯文·麦当劳,纽约州住宅建筑协会的鲍勃·威博尔特,达奇斯郡规划署的罗杰·埃克列夫,NYNEX公司的帕特里克·马尔赫恩,市立艺术协会的肯特·巴威克,纽约州环境保护部前任官员鲍勃·本迪克,萨福克郡水务局的迈克尔·洛格兰德,长岛松林地带协会的理查德·安培,德勤会计事务所的保罗·马林纳齐奥,哥伦比亚大学的萨斯基亚·撒森和埃里奥特·斯科拉尔,SOM设计事务所的玛丽莲·泰勒,大都会北方铁路的霍华德·柏马特,《今日新闻》报业的欧内斯特·托勒森,环境倡议会的李·沃瑟曼,新泽西州适价房委员会的雪莉·毕晓普,罗格斯大学的大卫·利斯托金,以及纽约市住房合作组织的凯瑟琳·怀尔德。他们共同审阅了规划文本中的住宅部分。小G. M. 威廉针对交通部分内容提出了意见和建议,田纳西大学的大卫·约翰逊审阅了规划的最初文本。

最后,必须重申的是,本次区域规划编制工作得以顺利开展,离不开区域规划协会前任主席约翰·基思、理查德·安德森和前任会长威廉·伍德赛德、威廉·诺尔斯的坚强领导。

罗伯特·D. 亚罗

区域规划协会执行主席

主题词对照表

译者后记

规划实施是令我们颇为头痛的话题。城市规划如此，区域规划更是如此。但是，美国的系列文献表明，区域规划协会制定的《纽约-新泽西-康涅狄格三州大都市区规划》得到了有效实施，它所坚持的基本理念和目标已深刻地影响了这一地区的发展。奥利弗·吉勒姆在《无边的城市》中称，“通过建立多维的联盟和高质量的规划工作，已经使三州大都市区获得了重要成果——‘精明增长’已经有了某种程度的反映。在新泽西的发展规划中已经提出了类似于马里兰的一些政策和措施，包括发展建成区、保护开放空间等。新泽西也提出了学校财政改革的规划，建立了全州范围内的教育成果标准。纽约市正在推进保护湿地的项目，这些项目包括建立新的土地使用规范、保护纽约大都市边缘区的土地，交换条件是城市向地方社区提供经济发展的资金。长岛 10 万英亩荒野地区的主要部分，目前已经交由‘长岛中心荒地委员会’进行保护”。对此，新都市主义的创始人彼得·卡尔索普在他的《区域城市》中亦如数家珍：“在开放空间的保护上，奥伦奇购买了 15 800 英亩森林；新泽西的州长许诺要花 10 亿美元购买这个州 40%的土地以作为保护用地。类似地，区域快速轻轨规划也刺激了新的市民组织围绕这个规划的推荐意见而展开活动，例如‘商业-市民-环境联盟’开始研究沿康涅狄格境内的 I-95 走廊的交通问题。”总之，自 1996 年以来，为了保持在新经济中的竞争力，大纽约都市区更加积极地利用全区域的资源和力量，掀起了一场实现区域协同发展蓝图的现实行动。

众所周知，纽约-新泽西-康涅狄格三州大都市区是全球首屈一指的世界级城市群。为这一区域制定规划并获得认同、得到实施，需要雄才伟略、需要勇气和真知灼见。那么其力量之源何在？用本书作者罗伯特·D. 亚罗的话来说，区域规划协会作为一个非营利、非官方的市民团体，其力量来源于研究成果的说服力和协会委员们的影响力,并最终取决于规划建议所包含的智慧。

为了将这些智慧清晰地展现给中国城乡规划业界特别是城乡区域规划的工作者,我们力图完整地将三州大都市区规划介绍给各位读者。这是一个典型的区域规划,它的地域是跨行政区界限的——涵盖美国东北部的三个州;它的内容是跨专业学科的——不仅包括城乡规划,还涉及经济社会发展、环境保护等,具有集经济、社会、生态环境综合发展于一体的特色。如规划提出要通过实施"五大方略",重新赋予地区活力,并共同支撑区域的生活质量和竞争力。这就是一个综合性很强的命题。"五大方略"中的"绿地方略"旨在保护区域绿色基础设施,包括森林、流域、海(河)口和农田等,以建立框定未来发展的绿色"基底";"区域中心方略"力图促使区域现有的主要就业中心和居住区发展成为未来建设的焦点;"通达方略"注重改进区域的交通网络,将强化后的区域中心连接起来;"劳动力方略"的着眼点是生活在本区域的群体和个人,目标在于提供将其带入经济主流所必需的技能和对外联系;为了实现这些目标,需要通过新的途径来组织区域的政治机构与市民机构,并为其注入活力,这就是"管治方略"。同时,这是一个典型的市场经济条件下的区域规划。市场经济国家的各级政府是有限政府,综合性规划的制定和实施需要各级政府的合作与社会各界的参与、协同。因此,管治概念以及如何形成社会各界都能参与的管治机制,构成本规划的核心内容。

特别值得指出的是,三州大都市区规划的编制工作由区域规划协会编制,其性质为非官方、非营利组织,是典型的"第三方"。这一实践表明,在没有一个正式的具有权利的区域政府或一个正式的规划机构的条件下,这样的"第三方"能够鼓励政府和社会各界围绕共同目标而共同制定规划,并共同促进规划的实施,从而创新为各界认同的规划技术路径,以及构建独特的政府、企业和社会合作的规划实施模式、调控机制。这一切构成了三州大都市区规划的"亮点"。规划篇章主旨鲜明、构思缜密、论证科学,以翔实的事实和数据为基础,博采众多代表性研究成果之精华,完全可以作为一本城乡规划专业的教科书。从指导实践的角度来看,规划提出了大量理念和构想,如开发权转让的理念,为规划实施设计财政收支账目的方法等,具有相当的实用价值。

希望本书能够对当前方兴未艾的中国城乡——区域规划特别是大珠三角、泛珠三角地区建设优质生活圈和宜居城乡的实践与相关理论研究带来一些裨益。如能有助于各位读者加深理解各利益相关方在城乡——区域规划编制、实施方面的巨大作用及其空间的话，将是我们最大的荣幸。

我们的水平十分有限，错误之处在所难免，敬希读者批评指正。

蔡瀛　徐永健

2009年2月于广州

图书在版编目(CIP)数据

危机挑战区域发展:纽约-新泽西-康涅狄格三州大都市区第三次区域规划/〔美〕亚罗等著;蔡瀛等译.—北京:商务印书馆,2010

ISBN 978-7-100-07020-1

Ⅰ.危… Ⅱ.①亚…②蔡…③徐… Ⅲ.城市规划-研究-纽约 Ⅳ.TU984.712

中国版本图书馆CIP数据核字(2010)第049942号

危机挑战区域发展

——纽约-新泽西-康涅狄格三州大都市区第三次区域规划

〔美〕罗伯特·D.亚罗 〔美〕托尼·西斯 著

蔡瀛 徐永健 译

商 务 印 书 馆 出 版

(北京王府井大街36号 邮政编码100710)

商 务 印 书 馆 发 行

北京瑞古冠中印刷厂印刷

ISBN 978-7-100-07020-1

2010年6月第1版 开本787×960 1/16

2010年12月北京第2次印刷 印张25¾ 插页8

定价:55.00元